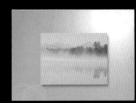

⬆ 11.1 简单的视频动画

⬆ 11.2 倒计时片头及画中画

效果欣赏

↑ 11.4 简单的特效滤镜效果

↑ 12.1 游动字幕

↑ 12.2 滚动字幕

**12.3 使用字幕工具绘制花纹图案**

**13.3 轨道遮罩**

效果欣赏

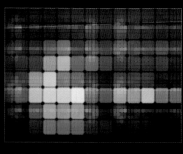

 13.4 超级颜色键

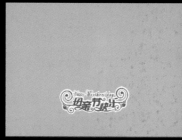

13.1 绿屏抠像

 13.2 蓝屏抠像

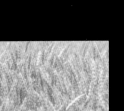

14.1 缩放转场

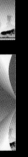

14.2 翻页转场

效果欣赏

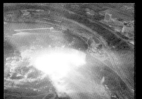

14.3 不规则图形转场

14.4 不同转场特技的应用

15.1 夜景照明特效

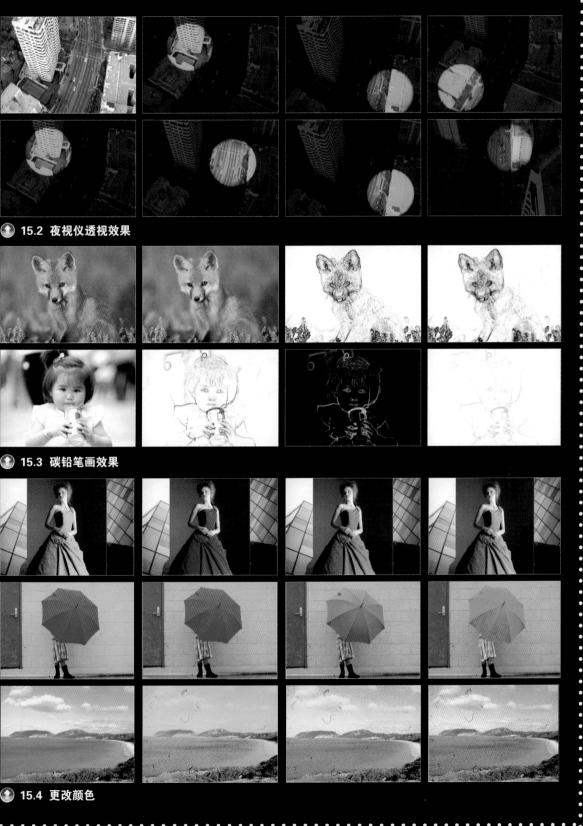

15.2 夜视仪透视效果

15.3 碳铅笔画效果

15.4 更改颜色

效果欣赏

15.7 视频特效组合

15.8 书写特效

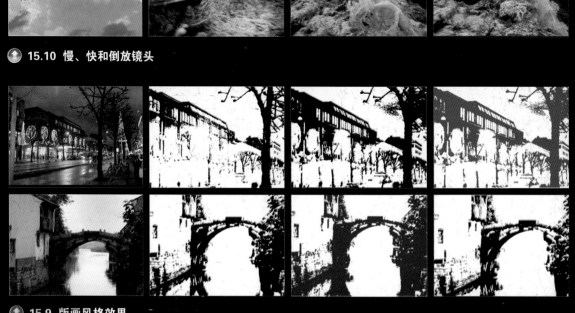

15.10 慢、快和倒放镜头

15.9 版画风格效果

纯真 記憶

效果欣赏

大型电视纪录片

中國建築

第 17 章　纪录片片头——《中国建筑》

第 18 章　音乐栏目片头——《摇滚世界》

效果欣赏

# 光盘使用说明（1DVD）

## 3个大型综合案例的效果文件　29个案例的素材文件
## 124个动手操作视频录像

本书附赠1DVD配套光盘，提供了书中所有案例的源文件、最终效果文件及视频教学。

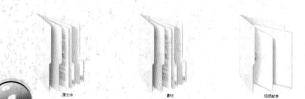

**提示** 如果您的电脑硬盘有足够的空间，请将光盘中的所有内容拷贝到您的硬盘上，这样便于您的学习和欣赏！

**1** 双击 源文件 图标，进入【源文件】文件夹，该文件夹以章节为单元，提供了本书所有教学案例的工程文件。例如，【第15章】文件夹中存放的是第15章所涉及案例的源文件，其他以此类推。

**2** 双击 素材 图标，进入【素材】文件夹，该文件夹以章节为单元，提供了本书所有案例的素材文件。

**3** 双击 视频教学 图标，进入【视频教学】文件夹，该文件夹提供了本书所有动手操作案例的全程同步语音视频教学。本图例只显示了部分文件，全部视频教学文件参见光盘目录。

# 01

## 视频导读 Premiere Pro CS5
SHIPINDAODU

# 03 视频导读 Premiere Pro CS5

SHIPINDAODU

视频导读 **Premiere Pro CS5**
SHIPINDAODU

# Premiere Pro CS5
# 完全学习手册

新视角文化行 编著

超值版

人民邮电出版社
北京

**图书在版编目（ＣＩＰ）数据**

Premiere Pro CS5完全学习手册：超值版 ／ 新视角
文化行编著. -- 北京：人民邮电出版社，2012.6
ISBN 978-7-115-27840-1

Ⅰ．①P… Ⅱ．①新… Ⅲ．①图形软件，Premiere
Pro CS5－手册 Ⅳ．①TP391.41-62

中国版本图书馆CIP数据核字(2012)第046450号

## 内 容 提 要

　　《Premiere Pro CS5 完全学习手册》一经上市便受到了广大读者的好评，但由于是彩书，相对来说定价较高，影响了读者的购买力。一段时间销售之后，经过市场调查和研究决定推出超值版，以便读者能够更好地感受设计的魅力。

　　本书是"完全学习手册"系列图书中的一本。本书遵循人们的学习规律和方法，精心设计章节内容的讲解顺序，循序渐进地介绍了 Premiere Pro CS5 的基础知识、使用方法和范例制作技巧。

　　全书共 4 篇 18 章，分别介绍了 Premiere Pro CS5 的基础知识，工作界面，项目应用与系统参数设置，素材的导入、采集和编辑，过渡特技，字幕和图形，运动、透明和抠像，视频特效，音频特效，影片的输出及多个案例制作等内容。随书附带 1 张 DVD 光盘，包含源文件、素材文件、最终渲染输出文件和所有案例的视频教学文件。

　　本书结构清晰、内容丰富、图文并茂，具有很强的实用性和指导性，不仅适合作为视频编辑初、中级读者的学习用书，而且也可以作为大、中专院校相关专业及社会培训班的教材。

**Premiere Pro CS5 完全学习手册（超值版）**

◆ 编　　著　新视角文化行
　　责任编辑　郭发明

◆ 人民邮电出版社出版发行　　北京市崇文区夕照寺街 14 号
　　邮编　100061　　电子邮件　315@ptpress.com.cn
　　网址　http://www.ptpress.com.cn
　　北京中新伟业印刷有限公司印刷

◆ 开本：787×1092　1/16
　　印张：29.25　　　　　　　　彩插：8
　　字数：1 037 千字　　　　　 2012 年 6 月第 1 版
　　印数：1- 3 500 册　　　　　2012 年 6 月北京第 1 次印刷

ISBN 978-7-115-27840-1
定价：49.80 元（附 1DVD）

读者服务热线：**(010)67132692**　印装质量热线：**(010)67129223**
反盗版热线：**(010)67171154**
广告经营许可证：京崇工商广字第 0021 号

# 前 言

Premiere Pro 是 Adobe 公司推出的一款非常优秀的视频编辑软件，它为高质量的视频处理提供了完整的解决方案，在业内受到了广大视频编辑人员和视频爱好者的一致好评。Premiere Pro CS5 兼顾广大视频用户的不同需求，以其全新的合理化界面和通用的高端工具，为视频制作者提供了前所未有的生产能力、控制能力和灵活性，它不仅给专业的影视工作者带来了福音，也为业余爱好者进行自己的 DV 制作带来了方便，能够在娱乐的同时体会"电影大师"的感觉。

## 全书共 4 篇 18 章，具体特点如下。

1. **完全自学手册**。本书第 1~2 篇从 Premiere Pro 的基础操作入手，循序渐进地讲解了工作界面，项目应用与系统参数设置，素材的导入、采集和编辑，过渡特效，字幕和图形，运动、透明和抠像、视频特效、音频特效、影片的输出等知识；第 3~4 篇则通过列举众多案例进行实战演练。书中内容包含全面的理论知识点和丰富的案例制作应用，是一本完全适合自学的工具手册。

2. **激发兴趣，提高技能**。本书从基本的动手操作到高级的效果制作，从简单的动画设置到复杂的效果实现，都从读者感兴趣的角度进行了设计，可以使读者在不断的动手练习中提高实战技能。

3. **专业、丰富的实用案例**。全书共计 123 个动手操作、26 个案例实战和 3 个大型综合应用，通过这些专业、丰富和实用的案例，读者可以有效、全面地使用软件进行制作。

4. **超大容量光盘，便于学习**。本书附带 1 张 DVD 光盘，包含源文件、素材文件、最终渲染输出文件和所有案例的视频教学文件，帮助读者轻松学习、快速掌握 Premiere Pro CS5 软件。

本书采用了"详细的手册对比讲解"+"丰富的案例"+"DVD 光盘视频教学"的全新教学模式，整个学习过程紧密、连贯，范例环环相扣，一气呵成。读者学习时可以一边看书一边观看 DVD 光盘的多媒体视频教学，在掌握非线性编辑的同时，享受着视频制作的学习乐趣。

本书由新视角文化行组织策划，由制作公司和软件教学的一线专业人员编著，在成书的过程中得到了杜昌国、邹庆俊、易兵、宋国庆、汪建强、罗丙太、王泉宏、李晓杰、王大勇、王日东、高立平、杨新颖、李洪辉、邹焦平、张立峰、邢金辉、杜昌丽、王艾琴、吴晓光、崔洪禹、田成立、梁静、任宏、吴井云、钟丽、段群兴、郭兵等人的帮助和支持，在此一并表示感谢。

由于编写水平有限，书中难免有错误和疏漏之处，恳请广大读者批评、指正。在学习本书的过程中，如果遇到问题，可以联系作者（电子邮件 nvangle@163.com），也可以与本书策划编辑郭发明联系交流（guofaming@ptpress.com.cn）。

新视角文化行

2012 年 5 月

# 目　录

# 基础入门篇

- 基础知识
- 工作界面详解
- 项目应用与系统参数设置
- 素材导入、采集和编辑

# 第 1 章
# 基础知识

## 1.1　Adobe Premiere Pro CS5简介

Adobe Premiere Pro CS5 是 由 美 国 Adobe Sys-ems Incorporated 公司基于 Macintosh（苹果）和 Windows（窗口）平台开发的一款非常优秀的非线性编辑软件，它集视频、音频素材和强大的视、音频特效编辑于一身，被广泛用于电视节目制作、广告制作和电影制作等领域。配合 Adobe 公司开发 的 After Effects CS5、Photoshop CS5、Audition CS5 和 Encore DVD CS5 软件，可将制作创意人员从繁杂的工作流程中解脱出来，使最庞大、最复杂的设计项目在一条流水制作线上轻轻松松地完成，从而极大地提高了工作效率，降低了制作成本。

无论你是要设计制作简单的电子相册，还是要 DV 短片剪辑，又或者是要进行商业视频制作，这一套视频软件都将是你的好帮手、好伙伴。

### 发展历程

◆ 1991 年，Adobe 公司首次推出 Adobe Premiere。

◆ 1993 年，Adobe 公司推出 Adobe Premiere for Windows 1.1 版。

◆ 1994 年，Adobe 公司推出 Adobe Premiere for Windows 3.0 版。

◆ 1995 年 6 月，Adobe 公司推出 Adobe Premiere 4.0，同年 11 月，Adobe 公司推出改进版 Adobe Premiere 4.2。

◆ 1998 年，Adobe 公司推出 Adobe Premiere 5.0。

◆ 1999 年，Adobe 公司推出 Adobe Premiere 5.5。

◆ 2001 年，Adobe 公司推出 Adobe Premiere 6.0。

◆ 2002 年 9 月，Adobe 公司推出 Adobe Premiere 6.5，全新设计了字幕编辑器并支持影片的实时浏览，使功能更趋专业化。

◆ 2003 年 7 月，Adobe 公司 推 出 Premiere Pro，将非线编辑能力提升到了一个新的层次。配合新一代英特尔奔腾处理器的超线程能力，运行于 Windows XP 系统，提供强大、高效的增强功能和先进的专业工具，包括尖端的色彩修正、强大的音频控制功能和多个嵌套的时间轴，使剪辑工作轻松而高效。

◆ 2004 年 6 月，Adobe 公司推出了 Premiere Pro 的 升 级 版 本 Premiere Pro 1.5。支持 HD 高清视频的编辑是此新版本的最大特点，它支持 BlackMagic、Bluefish、BOXX Technologies、Canopus、CineForm、Matrox 等 公 司 的 HD 格式。同 时，支 持 Edit Decision Lists（EDL）和 Advanced Authoring Format（AAF）格式的导入与导出，支持 Panasonic's line of 24P DV cameras。

◆ 2006 年，推 出 了 Adobe Premiere Pro 2.0 版本，提供了更加强大、高效的功能和专业工具集。从 DV 到未经压缩的 HD，几乎可以获取和编辑任何格式并输出到录像带、DVD 和 Web 格式。Adobe Premiere Pro 2.0 提供了其他 Adobe 软件无法比拟的集成功能，为高效数字电影制作设立了新的标准。

◆ 2007 年，Adobe Premiere Pro CS3 正 式推出，并且第一次在正式版发行之前，其官方网站就提供测试版，使更多的用户免费体验该软件强大功能。Adobe Premiere Pro CS3 提供了众多新的功能和更多的格式支持，尤其与 Adobe 家族的其他软件（如 Adobe After Effects CS3 和 Adobe Photoshop CS3 等）结合更为紧密，使视频编辑的工作流程合为一个整体，大大提高了工作效率。

◆ 2008 年，Adobe 公司推出了 Adobe Premiere Pro CS3 的升级版本 Adobe Premiere Pro CS4，新版本增强了对目前流行的文件格式的读取能力，支持各种格式、制式的文件混合编辑。尤其值得一提的是其输出功能，它作为一个独立运行的程序，可以批量输出 AE CS4 和 Pr CS4 的项目文件，并且提供了各种文件格式之间的完美转换功能。

◆ 2010 年，Adobe 公司在中国正式发布了 Adobe Creative Suite 5 产品系列，此版本将为传统的创意工作流程带来突破性改变！以交互性、高性能为重点，Creative Suite 5 产品线实现了旗舰版创意工具的全面升级，有效地改进设计师和开发人员的工作流程，为数字化内容和营销活动带来全新震撼效果！首度整合在线内容和数字化营销的最佳化功能，Creative Suite 5 能够运用强大的 Omniture 技术，搜集、存储和分析来自网站和其他资源的信息。

借助 64 位 CPU 的强劲运算能力及 GPU 的硬件加速渲染，Adobe Premiere Pro CS5 软件支持从低到高的几乎所有视频格式，从脚本编写到编辑、编码和最终交付，实现视频制作的一步到位。图 1-1 所示为 Adobe Premiere Pro CS5 的启动界面。

图1-1　Adobe Premiere Pro CS5软件启动界面

## 1.2 系统要求

### Windows 系统

- Intel Core2 Duo 或 AMD Phenom® II 处理器，需要 64 位支持。
- 64 位操作系统：Microsoft Windows Vista Home Premium、Business、Ultimate 或 Enterprise（带有 Service Pack 1）或者 Windows 7。
- 2GB 内存（推荐 4GB 或更大内存）。
- 10GB 可用硬盘空间用于安装；安装过程中需要额外的可用空间（无法安装在基于闪存的可移动存储设备上）。
- 编辑压缩视频格式需要 7200 转硬盘驱动器；未压缩视频格式需要 RAID 0。
- 1280×900 屏幕，OpenGL2.0 兼容图形卡。
- GPU 加速性能需要经 Adobe 认证的 GPU 卡。
- 为 SD/HD 工作流程捕获并导出到磁带需要经 Adobe 认证的卡。
- 需要 OHCI 兼容型 IEEE1394 端口进行 DV 和 HDV 捕获、导出到磁带并传输到 DV 设备。
- ASIO 协议或 Microsoft Windows Driver Model 兼容声卡。
- 双层 DVD（DVD+-R 刻录机用于刻录 DVD；Blu-ray 刻录机用于创建 Blu-ray Disc 媒体）兼容 DVD-ROM 驱动器。
- 需要 QuickTime 7.6.2 软件实现 QuickTime 功能。
- 在线服务需要宽带 Internet 连接。

### Mac OS 系统

- Intel 多核处理器含 64 位支持。
- Mac OS X 10.5.7 或 v10.6.3 版；GPU 加速性能需要 Mac OS X 10.6.3 版。
- 2GB 内存（推荐 4GB 或更大内存）。
- 10GB 可用硬盘空间用于安装；安装过程中需要额外的可用空间（无法安装在使用区分大小写的文件系统的卷或基于闪存的可移动存储设备上）。
- 编辑压缩视频格式需要 7200 转硬盘驱动器；未压缩视频格式需要 RAID 0。
- 1280×900 屏幕，OpenGL 2.0 兼容图形卡。
- GPU 加速性能需要经 Adobe 认证的 GPU 卡。
- Core Audio 兼容声卡。
- 双层 DVD（SuperDrive 用于刻录 DVD；外接 Blu-ray 刻录机用于创建 Blu-ray Disc 媒体）兼容 DVD-ROM 驱动器。
- 需要 QuickTime 7.6.2 软件实现 QuickTime 功能。
- 在线服务需要宽带 Internet 连接。

### 为实现 GPU 加速支持的 NVIDIA 图形卡

- GeForce GTX 285（Windows 和 Mac OS）
- GeForce GTX 470（Windows）
- Quadro 4000（Windows）
- Quadro 5000（Windows）
- Quadro FX 3800（Windows）
- Quadro FX 4800（Windows 和 Mac OS）

● Quadro FX 5800（Windows）　　　　　● Quadro CX（Windows）

# 1.3　Premiere Pro CS5新特性

◆配置要求：新版本的 Premiere Pro CS5 必须在 64 位的操作系统下才可以运行，32 位的系统无法支持该版本软件，为高清、2K 或 4K 视频提供了高速顺畅剪辑的软件环境。支持全新的 GPU 加速特性，为在不同格式之间转换视频或进行实时编辑提供了强有力的硬件支持。

◆ AAF 和 XML 格式间无缝切换：新版本的 Adobe Premiere Pro CS5 不但可以输出 AAF 和 XML 格式的文件，还可以通过 AAF 和 XML 格式打开 Avid Media Composert 和 Apple Final Cut Pro 的工程视频，更方便地在不同剪辑平台之间调用文件。图 1-2 所示为不同剪辑平台之间的切换方法。

图1-2　不同剪辑平台间切换

◆兼容众多流行的视频格式：新版本中可以直接导入 P2、XDCAM EX、HD、RED、XDCAM、AVCHD、AVCCAM、CANON EOS 5D MARK II、NIKON D90 等众多目前最流行、最前沿设备的视频文件，无需编码间转换，工作效率成倍提高。图 1-3 所示为 Adobe Premiere Pro CS5 所兼容的众多流行视频格式。

图1-3　兼容众多视频格式

◆语音识别：更准确、更快速的语音识别功能，可将影片中人物的对白、解说词等语音信息快速转换为文字数据。图 1-4 所示为语音识别功能的应用。

图1-4　语音识别

◆ 输出带 Alpha 通道的 PNG 文件：Adobe Premiere Pro CS5 可以输出带 Alpha 通道的 PNG 序列视频文件，这为视频的特效处理带来了极大的方便。图 1-5 所示为导出 PNG 文件的设置窗口。

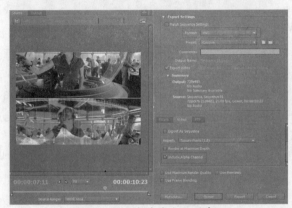

图1-5　PNG文件导出设置窗口

◆快速输出静帧图像：在以往的版本中，要输出一张静帧图像，必须通过导出窗口才能完成，操作极不方便。新版本的 Premiere 将此功能直接集成到监视器窗口的工具栏中，方便又快捷。图 1-6 所示为导出一张静帧图像的设置选项。

图1-6　导出静帧图像

◆快速设置入、出点：在新版本的 Premiere 中，用户可以快速设置原始素材的入、出点。图 1-7 所示为快速设置素材的入、出点。

◆简化的媒体编码器：在新版本的 Premiere 中，如果输出一段视频，可直接在输出窗口中单击 Export（导出）按钮；如果要同时输出一系列的视频，则单击 Queue（队列）按钮，打开 Adobe Media Encoder（媒体队列编码器）窗口，以队列的形式统一输出。图 1-8 所示为两种不同的导出方式。

图1-7 设置素材入、出点

 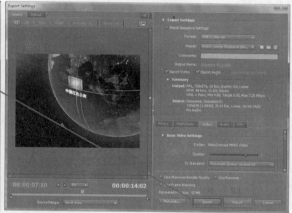

图1-8 两种不同导出方式

◆ Ultra Key（超抠像器）：新版本的 Premiere 软件具有快速、准确的色度抠像特效滤镜，能实现高清视频的完美抠像。图 1-9 所示为抠像前、后的对比效果。

图1-9 抠像前、后对比效果

◆直接导入 VOB 视频素材：新版本的 Premiere 可以直接导入 DVD 视频格式 VOB 进行再剪辑，在以往的版本中要实现 VOB 再编辑，必须经过格式转换才能导入与编辑，费时又费力，现在这一切都变得简单高效。图 1-10 所示为导入 VOB 视频素材。

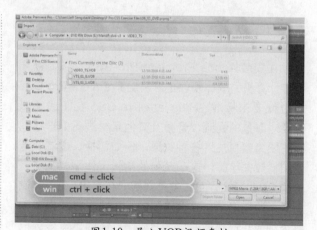

图1-10 导入VOB视频素材

◆导出众多视频格式：新版本的 Premiere 几乎可以导出目前最流行、最前沿的所有视频格式文件，而不需要编码再转换，极大地方便了视、音的成品输出。图 1-11 所示为可直接导出的视、音频格式列表。

| Audio Interchange File Format | AVC-Intra Class100 1080 | Apple iPod, Apple iPhone Audio | 1920 x 1080 24p Full Range |
| --- | --- | --- | --- |
| Microsoft AVI | AVC-Intra Class100 720 | Apple iPod, Apple iPhone Video | 1920 x 1080 24p Full Range (max bit depth) |
| Windows Bitmap | AVC-Intra Class50 1080 | Apple iPod, Apple iPhone Widescreen Video | 1920 x 1080 24p Over Range |
| DPX | AVC-Intra Class50 720 | Apple TV 480p | 1920 x 1080 24p Over Range (max bit depth) |
| Animated GIF | DVCPROHD 1080i 50 | Apple TV 720p | 1920 x 1080 24p Standard |
| GIF | DVCPROHD 1080i 60 | HDTV 1080p 24 High Quality | 1920 x 1080 24p Standard (max bit depth) |
| JPEG | DVCPROHD 720p 24 | HDTV 1080p 25 High Quality | 1920 x 1080 24p Video |
| MP3 | DVCPROHD 720p 30 | HDTV 1080p 29.97 High Quality | 1920 x 1080 24p Video (max bit depth) |
| P2 Movie | DVCPROHD 720p 50 | HDTV 720p 24 High Quality | 1920 x 1080 25p Full Range (8bit) |
| PNG | DVCPROHD 720p 60 | HDTV 720p 25 High Quality | 1920 x 1080 25p Full Range (max bit depth) |
| QuickTime | NTSC DVCPro50 24p | HDTV 720p 29.97 High Quality | 1920 x 1080 25p Over Range |
| Targa | NTSC DVCPro50 Widescreen 24p | NTSC DV High Quality | 1920 x 1080 25p Over Range (8bit) |
| TIFF | NTSC DVCPro50 Widescreen | NTSC DV Widescreen High Quality | 1920 x 1080 25p Over Range (max bit depth) |
| Uncompressed Microsoft AVI | NTSC DVCPro50 | PAL DV High Quality | 1920 x 1080 25p Standard (max bit depth) |
| Windows Waveform | PAL DVCPro50 Widescreen | PAL DV Widescreen High Quality | 1920 x 1080 25p Video |
| Audio Only | PAL DVCPro50 | TiVo® Series3™ (NTSC) | 1920 x 1080 25p Video (max bit depth) |
| FLV | F4V | | TiVo® Series3™ HD | 1920 x 1080 30p Full Range (8bit) |
| H.264 | | Vimeo HD | 1920 x 1080 30p Full Range (max bit depth) |
| H.264 Blu-ray | | Vimeo SD | 1920 x 1080 30p Over Range (8bit) |
| MPEG4 | | YouTube SD | 1920 x 1080 30p Over Range (max bit depth) |
| MPEG2 | | YouTube Widescreen HD | 1920 x 1080 30p Standard |
| MPEG2-DVD | | YouTube Widescreen SD | 1920 x 1080 30p Standard (max bit depth) |
| MPEG2 Blu-ray | | 3GPP 176 x 144 15fps Level 1 | 1920 x 1080 30p Video (8bit) |
| Windows Media | | 3GPP 176 x 144 15fps | 1920 x 1080 30p Video (max bit depth) |
| | | 3GPP 220 x 176 15fps | 2048 x 1152 24p Full Range (8bit) |
| | | 3GPP 320 x 240 15fps | 2048 x 1152 24p Over Range (8bit) |
| | | 3GPP 352 x 288 15fps | 2048 x 1152 24p Standard (8bit) |
| | | 3GPP 640 x 480 15fps | 2048 x 1152 24p Video (8bit) |
| | | | 4096 x 2048 24p Full Range (max bit depth) |
| | | | 4096 x 2048 24p Over Range (max bit depth) |
| | | | 4096 x 2048 24p Standard (max bit depth) |
| | | | 4096 x 2048 24p Video (max bit depth) |

图1-11 可导出的格式列表

除了上述新增特性外，Adobe Premiere Pro CS5 还具有与 Adobe CS5 软件家族中其他软件结合更紧密，可进行波纹剪辑，精确的关键帧设置和双场显示等新特性。

## 1.4 安装Adobe Premiere Pro CS5

当你购买了 Adobe Premiere Pro CS5 光盘版的软件安装包后，你便成为了 Adobe 公司的合法用户。合法的注册用户将享有 Adobe 公司提供的软件再升级、技术支持等权利。

### 1.4.1 准备工作

在安装 Adobe Premiere Pro CS5 之前，需要检查计算机的软、硬件是否满足 Premiere Pro CS5 的最低要求标准。Premiere Pro CS5 在非线编辑时要对海量的视频、音频及其他素材进行处理，同时还要为素材加入各种效果，例如切换、过滤、运动和特效文字等，这一系列的编辑工作需要花费大量的 CPU 运算时间和磁盘空间。在 CPU 和内存满足要求的情况下，硬盘空间的多少将直接决定我们能否编辑小时级影片。1TB 或几 TB 的硬盘阵列已不是什么奢望之事，配备大容量硬盘或用多个大容量硬盘组成磁盘阵列是我们首要考虑的一环。

视频和音频的采集在非线编辑中也是不可缺少的重要组成部分，因此还应在计算机上配备数字采集卡、声卡、麦克风等硬件设备。

详细的系统配置可参考 1.2 节。

### 1.4.2 安装Adobe Premiere Pro CS5的过程

软件的安装不是简单地从一个存储设备复制到另一个存储设备上，安装的过程是软件与操作系统建立一种协同的工作环境。软件受控于操作系统，操作系统分配给软件所需的一切资源，包括磁盘容量、硬件操控等权限。这个过程从程序代码上分析是很复杂的，好在这个过程由应用软件自带的安装程序来自动完成。我们只要按照安装程序的引导一步一步完成，就可以顺利安装软件。

### 动手操作 01 安装 Adobe Premiere Pro CS5

(Step01) 将 Adobe Premiere Pro CS5 安装光盘放入 CD-ROM 或 DVD-ROM，双击"Setup.exe"文件，启动安装程序，如图 1-12 所示。

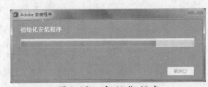

图1-12 初始化程序

**Step02** 进入软件许可协议界面，系统提示用户是否接受软件授权协议，单击　接受　按钮继续安装，如图1-13所示。

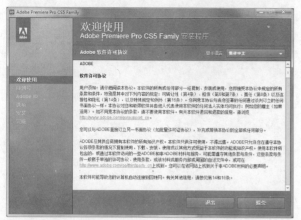

图1-13　软件许可协议界面

**Step03** 输入序列号或选择试用版，单击　下一步　按钮继续安装，如图1-14所示。

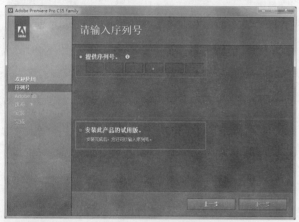

图1-14　输入序列号

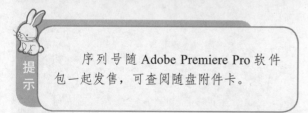
序列号随Adobe Premiere Pro软件包一起发售，可查阅随盘附件卡。

**Step04** 进入安装选项界面，可以在安装组件列表中选择或取消选择相应的程序，然后指定安装路径，本书采用默认选项。单击　安装　按钮，如图1-15所示。

**Step05** 接着上一步，安装程序正在准备安装，如图1-16所示。

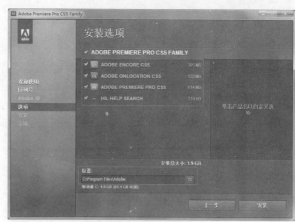

图1-15　安装选项

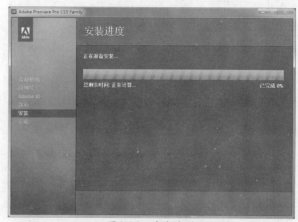

图1-16　准备安装

**Step06** 安装程序开始将光盘中的文件复制到硬盘中，如图1-17所示。

图1-17　复制文件至硬盘

**Step07** 文件复制完成后，出现如图1-18所示对话框，单击"完成"按钮。

图1-18　安装完成

### 1.4.3　卸载Adobe Premiere Pro CS5

卸载软件与安装软件一样，都需要有效的方法和步骤。当我们不再使用 Premiere Pro 软件时，就需要卸载该软件。这样不仅可以腾出一部分磁盘空间，同时也减轻了操作系统的管理负担。

卸载不能简单地理解为把 Premiere Pro 安装目录删除。如果直接删除安装目录，Premiere Pro 将不能彻底从磁盘清除，反而给操作系统留下大量的注册表垃圾文件和动态链接库文件。这样不仅磁盘空间被无用文件占用，而且会给操作系统带来负担。长此以往，操作系统会出现莫名的错误，甚至崩溃。

### 动手操作 02　Premiere Pro CS5 的卸载

Step01 单击"开始 > 设置 > 控制面板"命令，在弹出的"控制面板"窗口中，双击"程序和功能"图标，在弹出的对话框中选择 Adobe Premiere Pro CS5，最后单击"卸载"按钮，如图 1-19 所示。

图1-19　"程序和功能"窗口

Step02 弹出卸载对话框，勾选 Adobe Premiere Pro CS5 相应的组件，单击　卸载　按钮，如图 1-20 所示。

图1-20　卸载对话框

Step03 卸载中，如图 1-21 所示。

图1-21　卸载进度

Step04 单击"完成"按钮完成卸载，如图 1-22 所示。

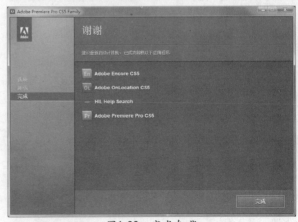

图1-22　完成卸载

如果你的操作步骤和上面一致，那么，恭喜你已成功卸载了 Adobe Premiere Pro CS5!

## 1.5 Adobe Premiere Pro CS5剪辑常用术语

非线性编辑软件是一个复杂而庞大的工作平台。对于初学者来说，在学习 Adobe Premiere Pro CS5 的过程中，经常会遇到一些专业名词或概念，例如项目、采集、序列、入点、出点、转场、抠像等，这些名词将会影响我们的学习进度和对剪辑技术的理解。

这一节将对 Adobe Premiere Pro CS5 非线性剪辑工作中遇到的常用术语进行解释，使读者在后续章节内容的学习中，不再有疑惑和无助！

### ◆ 项目

在 Adobe Premiere Pro CS5 中制作视频的第一步就是创建"项目"。"项目"是对视频作品的规格进行定义，例如帧尺寸、帧速率、像素纵横比、音频采样、场等，这些参数的定义会直接决定视频作品输出的质量及规格。项目结构如图 1-23 所示。

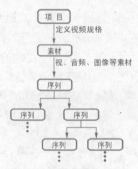

图1-23 项目结构示意图

### ◆ 帧尺寸

"帧尺寸"就是视频作品在屏幕上显示的长和宽。在视频编辑软件中，帧尺寸通常以像素（Pixel）为单位来测量，像素的形状是非常小的正方形。

在数字视频行业中，帧尺寸有统一的标准，包括 NTSC 和 PAL 制式。NTSC 制式的帧尺寸为 720×480，PAL 制式的帧尺寸为 720×576。北美和日本采用的是 NTSC 式，欧洲和我国采用 PAL 式，如图 1-24 所示。

所以，我们在着手创建项目时必须将帧尺寸设定为 720×576。

| 电视制式 | 分辨率 | 速率 |
|---|---|---|
| NTSC | 720×480 | 29.97 |
| PAL、SECAM | 720×576 | 25 |

图1-24 电视制式表

### ◆ 帧速率

"帧速率"就是影片每秒钟播放的画面数。最形象的例子就是电影胶片，它以 24 幅胶片画格组成一个播放单位，按秒来递增播放。

在数字视频行业中，帧速率也有统一标准，NTSC 式为 29.97 帧 / 秒，电影速率为 24 帧 / 秒，PAL 式为 25 帧 / 秒。

所以，读者在创建项目时应设定速率为 25 帧 / 秒。

### ◆ 像素纵横比

一幅图像由若干个小方形组成，这些小方形就是构成影像的最小单位——像素（Pixel）。像素可以是方形的，也可以是矩形的。影像像素越高，其拥有的色系就越丰富，越能表达颜色的真实感。

所谓"像素纵横比"就是组成图像的小方形像素在水平方向与垂直方向之比；而"帧纵横比"就是一帧图像的宽度和高度之比。

计算机产生的像素永远是 1∶1 的，即方形。而电视所使用的图像像素通常是矩形的。在影视编辑中，视频用相同帧纵横比时，可以采用不同的像素纵横比，例如帧纵横比为 4∶3 时，可以用 1.0（方形）的像素比输出视频，也可以用 0.9（矩形）的像素比输出视频。以我国的电视制式 PAL-D 为例，帧纵横比为 4∶3 输出视频时，像素纵横比通常选择 1.067。

### ◆ 音频采样率

在数字化的音频中，数字声波的频率称为"采样率"（Sample Rate）。"采样率"为 32kHz 的音频，每秒采样 32000 个点的大小生成采样点。在数字化后，由一系列 1 和 0（或称作"位"）组成。采样位数（16 位、24 位等）越高，音乐品质还原率越高。

所以，读者在创建项目时应根据源音频采样率来设置参数值。

### ◆ SMPTE 时间码

"时间码"是用来显示、度量视频长度的一种表码，在剪辑影片或对影片设置关键帧动画时，常用来定位某一画面和声音元素。SMPTE 是常用的一种形式，它以"小时：分钟：秒：帧"形式来确定每一帧的地址。在视频编辑中或在 3D 软件中除了以 SMPTE 时间码表示外，还有以 Frame（帧）、

FRAME：TICKS（帧：滴答数）、MM：SS：TICKS（分钟：秒钟：滴答数）3 种时间码形式。

通常我们用 SMPTE 时间码或 Frame 帧码两种形式。

### ◆ 场

从电视机工作原理讲，一帧就是扫描获得的一幅完整图像的模拟信号。扫描从第一行左边到右边，然后迅速另起一行继续扫描。当扫描行从屏幕左上角到屏幕右下角结束时，就可获得一幅完整的图像。而后扫描点从图像的右下角迅速返回到屏幕左上角进行下一帧扫描。从右下角返回左上角的时间间隔称为垂直扫描。通常所说的行频是指每秒扫描多少行，场频表示每秒扫描多少场，帧频表示每秒扫描多少帧。

逐行扫描方式的一帧为一个垂直扫描场，方式为顺序依次行间扫描。

隔行扫描方式的一帧为两个垂直扫描场。方式为奇数行扫描获得一个垂直扫描场，再从偶数行扫描获得一个垂直扫描场。一帧为 2 场，一秒为 50 场，如图 1-25 所示。

图1-25　隔行扫描工作方式

电视机采用隔行扫描方式来处理图像，而计算机显示器则大多采用逐行扫描方式。

视频作品从计算机量化到电视机回放都需要设置场。场的另外一个概念就是场的优先扫描，即首先扫描奇数行（上场优先）还是偶数行（下场优先）。

PAL 式的影视节目为上场优先。

### ◆ 采集

"采集"也称为"捕获"，是将摄像机、录像机的视、音频数据传输到计算机的一个过程。在模拟设备中将视、音频信号量化需要由专门的卡来完成，俗称捕获卡。卡的性能决定了采集数据的品质。现在的数字视频设备都有 IEEE1394 接口，如果你的计算机也有此接口，可以直接将源数据数字化后保存到硬盘中。

### ◆ 序列

在 Adobe Premiere Pro CS5 中，"序列"就是将各种素材编辑（添加特效、转场、运动等）完成后的作品。Premiere Pro CS5 允许一个"项目"中有多个"序列"存在，而且"序列"可以作为普通素材被另一个"序列"所引用和编辑，通常将这种情况称为"嵌套序列"。

### ◆ 入点和出点

从一段素材中截取有效的素材帧，有效素材的起始画面即为"入点"，有效素材的终止画面即为"出点"。一段素材可以重复连续进行"入点"和"出点"剪辑，如图 1-26 所示。

图1-26　入、出点剪辑

### ◆ 转场

从一个镜头转到另一个镜头，通常称为场景切换。场景之间的切换加入一定的技巧，即为转场特技。"转场"给场景之间的过渡添加了生动的效果，使画面切换更为流畅自然。图 1-27 所示为转场的实例效果。

图1-27　转场实例效果

### ◆ 抠像

"抠像"在英文中称作 Key，意思是吸取画面中的某一种颜色作为透明色，将它从画面中抠去，从而使背景透出来，形成二层或多层画面的叠加合成。标准的"抠像"为"蓝抠"或"绿抠"，即影像的背景为蓝色（PANTONE2735）或绿色（PANTONE354），电视台主持人的背景通常为这两种色系，以方便后期合成处理。图 1-28 所示为抠像前后的效果。

图1-28　抠像前、后的效果

◆ 关键帧和关键帧动画

一组连续运动的画面中作为转折点的那一帧即为"关键帧"。"关键帧动画"是指记录转折点变化量的过程，如图 1-29 所示。在 Premiere Pro CS5 中，"关键帧动画"可以指特效的变化、透明度的变化、音频音量大小的变化等过程。

图1-30　时间线中的标记点

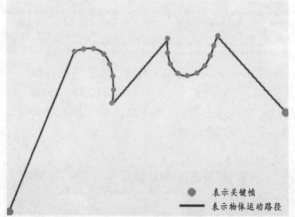
图1-29　关键帧示例图

◆ 脱机文件

"脱机文件"是在剪辑素材时磁盘上不可用的素材文件的占位符，它记录了源素材的信息。用"脱机文件"剪辑是非线编辑不可缺少的剪辑手段之一。当剪辑高画质、超大容量的素材时，计算机会承担繁重的计算量，不但耗时而且会出现意外的错误，用"脱机文件"将会解决这些问题。具体方法是先用"脱机文件"代替源素材进行编辑，输出成品时再用源素材替换"脱机文件"进行渲染输出。

◆ 标记点

"标记点"是记录重要时间点的一个指针。在剪辑影片时，我们会在影片的不同时间段进行编辑，例如在某一时间段对画面进行校色、在某一点提升音量等，这时候就需要设置"标记点"，以标注此点被编辑或在重新修改这些操作时快速而准确地定位，如图 1-30 所示。

◆ 视频特效和音频特效

特效是一种程式化的程序。"视频特效"和"音频特效"是对影片素材和声音素材进行修补或再加工的程序，例如对源彩色影片素材进行转黑白片处理，对源音频素材进行混响、环绕声处理等。在 Premiere Pro CS5 中，特效是学习的重点也是难点，灵活、熟练应用特效是非线剪辑人员的基本技能。

◆ 字幕安全区和图像安全区

由于电视机的工作特性，我们制作的影视节目在播出时图像的边缘部分会被自动裁切。为了保证字幕的完整性和重要图像不被破坏，通常在处理字幕时，文本内容应该创建在"字幕安全区"内；而在处理一些重要图像，例如 Logo 或辅助图像时，应保持它们的位置在"图像安全区"内，如图 1-31 所示。

图1-31　安全框示例

## 1.6　本章小结

本章首先对 Adobe Premiere Pro CS5 软件的系统要求和主要新增功能进行了介绍，熟悉新版本软件的新特性有利于掌握最新的剪辑技术。然后，讲解了 Adobe Premiere Pro CS5 软件的安装及卸载步骤。最后，对非线剪辑中常见的专业术语进行了详细解释，为我们系统学习 Adobe Premiere Pro CS5 软件做好充分的准备！

# 第 2 章
# 工作界面详解

## 2.1　Adobe Premiere Pro CS5界面分布

Adobe Premiere Pro CS5 软件为剪辑人员提供了非常强大而实用的工具，能让用户更加得心应手地完成剪辑任务。软件最大的特点就是为用户营造了更加合理的界面组合方式。

图 2-1 所示为 Edit（编辑）模式下的界面，在此模式下，Monitor（监视器）窗口和 Timelines（时间线）窗口是主要的工作区域，给剪辑人员编辑影片留有足够的操作空间。

图2-1　Edit（编辑）模式下的界面布局

图 2-2 所示为 Color Correction（色彩校正）模式下的界面，在此模式下，Timelines（时间线）窗口被压缩，Effect Controls（特效控制）窗口被放大，新增加一个 Reference（参考）窗口，以随时观察色彩变化前后的效果。

在上面这些界面中，用户还可以根据个人习惯随意组合，并且可以保存起来，以方便随时调用。

单击菜单栏中 Window（窗口）>Workspace（工作区）命令，可以进行界面修改、保存和调用等操作，详细内容见本章 2.2.8 小节。

图2-2 Color Correction（色彩校正）模式下的界面布局

## 2.2 Adobe Premiere Pro CS5菜单

和 Windows 操 作 系 统 的 其 他 软 件 一 样，
Adobe Premiere Pro CS5 也采用了两种操作方式，
即菜单式和图形窗口式。

◆ 菜单栏提供了软件最常用的操作命令，例如
文件的打开、保存和打印等，可对文件内容进行简
单的操作，例如剪切、复制和粘贴等，还含有自带
的帮助文档、软件产品信息和联机开发商信息等。

◆ 图形窗口操作方式提供了软件直观、简洁
的友好操作环境，所有的操作只需单击直观易懂的
图形按钮即可完成，为用户节省不少宝贵时间。

Adobe Premiere Pro CS5 的菜单栏由 9 组菜
单构成，如图 2-3 所示。

Adobe Premiere Pro - C:\用户\edip\我的文档\Adobe\Premiere Pro 5.0\1 *
File  Edit  Project  Clip  Sequence  Marker  Title  Window  Help

图2-3 Premiere Pro CS5菜单栏

◆ File（文件）菜单：主要是打开、新建项目、
存储、素材采集和渲染输出等操作命令。

◆ Edit（编辑）菜单：主要对素材进行操作，
例如复制、清除、查找、编辑原始素材等。

◆ Project（项目）菜单：主要对项目工程和
项目窗口进行设置和操作，例如项目设置、造成脱
机、项目管理、导出项目为 AAF 等。

◆ Clip（素材）菜单：主要对素材进行剪辑操
作，例如重命名、插入、成组、同步、设置速度 /
持续时间等。

◆ Sequence（序列）菜单：主要对时间轴上
的影片进行操作，例如渲染工作区、提升、分离、
添加轨道、导出剪辑日志等。

◆ Marker（标记）菜单：主要对素材和时间
线窗口做标记，例如设置序列标记、素材标记、转
到标记、清除标记等。

◆ Title（字幕）菜单：主要对字幕进行操作，例
如新建字幕、模板、调整排列方式、设置对齐方式等。

◆ Window（窗 口）菜 单：主 要 设 置 Adobe
Premiere Pro 各个窗口及面板的显示或隐藏状态，例
如工作区、历史、信息、调音台、字幕设计等窗口。

◆ Help（帮助）菜单：主要提供联机帮助和
在线教程等信息。

每个菜单组又由主菜单和子菜单构成。选择带有 ， （子菜单）项的主菜单，可以弹出下级子菜单，选择带有 … 的菜单项，将弹出此菜单选项窗口。

各菜单组的左侧为命令名称，右侧为与之相对应的快捷键。

## 2.2.1 File（文件）菜单

File（文件）菜单命令主要用于新项目的创建、存储、素材采集和渲染输出等操作，如图2-4所示。

图2-4 File（文件）菜单

◆ New（新建）：用于建立新项目、字幕和倒计时片头素材等，子菜单如图2-5所示。

图2-5 New（新建）子菜单

◆ Project（项目）：新建一个项目工程文件，用于组织、管理项目中的素材。Adobe Premiere Pro 一次只允许操作和编辑一个项目工程文件。

◆ Sequence（序列）：在项目工程文件中创建多个 Sequence（序列）素材，用于复杂的编辑和嵌套。如图2-6所示，在时间线窗口中"序列02"素材嵌套了"序列01"素材。

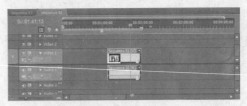

图2-6 Sequence（序列）嵌套实例

● Bin（文件夹）：在项目工程文件中创建新文件夹，主要用于分类管理各个类型的素材。

● Offline File（脱机文件）：脱机文件可以代替丢失的素材位或在编辑时作为临时素材操作。

● Title（字幕）：新建文字素材。

● Photoshop File（Photoshop 文件）：在 Adobe Premiere Pro CS5 中新建一个与 Adobe Photoshop CS5 软件协同工作的 PSD 文件。

● Bars and Tone（测试彩条）：创建一个导引彩色条纹图像素材。

● Black Video（黑场）：创建一个黑屏图像素材。

● Color Matte（彩色蒙版）：创建一个颜色底纹素材，常作背景素材。

● Universal Counting Leader（通用倒计时片头）：创建一个倒计时片头导引素材。

● Transparent Video（透明视频）：新建一个透明视频素材。

◆ Open Project（打开项目）：打开保存在磁盘中的项目工程文件。

◆ Open Recent Project（打开最近项目）：单击 ， （子菜单），展开近期编辑过的项目工程文件。

◆ Browse in Bridge（在 Bridge 内浏览）：在 Adobe Bridge 中浏览、组织和预览文件。

◆ Close Project（关闭项目）：关闭指定项目工程文件。

◆ Close（关闭）：关闭当前编辑的项目工程文件。

◆ Save（保存）：快速保存当前编辑的项目工程文件。

◆ Save As（另存为）：将当前编辑的项目工程文件更名另存为一个项目。

◆ Save a Copy（保存副本）：将当前编辑的项目工程文件复制，保存为一个备份文件。

◆ Revert（返回）：放弃当前编辑操作，恢复到项目工程文件最后一次保存的状态。

◆ Capture（采集）：通过采集设备进行视频和音频素材的采集。

◆ Batch Capture（批量采集）：通过采集设备大批量、多分段进行采集。

◆ Adobe Dynamic Link（Adobe 动态链接）：可以创建或调用 Adobe Effects Composition，使其与 Adobe 产品相互整合。

◆ Import from Media Browser（从浏览器导入）：从 Adobe Premiere Pro CS5 的媒体浏览窗口中导入素材。

◆ Import（导入）：导入要编辑的素材，如视、音频素材、静帧图像和 PSD 格式素材等。

◆ Import Recent File（导入最近文件）：单击 ▸（子菜单），展开近期导入过的素材文件。

◆ Export（导出）：将编辑完成的项目工程文件渲染输出为某种类型的成品文件，子菜单如图2-7 所示。

图2-7　Export（导出）子菜单

● Media（媒体）：可以将编辑好的项目工程输出为 Windows Bitmap、Filmstrip、Animated GIF、GIF、Quick Time、Targa、TIFF、Microsoft AVI、Microsoft DV AVI 和 Windows Waveform 等格式的文件。

● Title（字幕）：可将字幕单独输出为字幕文件。

● Tape（磁带）：将项目工程文件直接渲染输出到磁带。

● EDL（EDL 格式）：将编辑完成的视、音频输出为编辑表单。

● OMF（OMF 格式）：导出带有音频媒体的 OMF 文件，简化整合过程。

● AAf（AAF 格式）：导出 AAF 格式。AAF 格式包含了比 EDL 更多的编辑数据，以方便各平台间快速整合。

● Final Cut Pro XML（XML 格式）：导出 Apple Final Cut Pro 剪辑平台可读取的 XML 格式。

◆ Get Properties for（获取信息自）：对磁盘上的文件和项目工程中的素材进行分析，给出如文件类型、文件容量、像素深度和像素纵横比等信息，如图 2-8 所示为某文件的信息表与 Get Properties for（获取信息自）的子菜单。

图2-8　素材"001.wmv"的信息表

● File（文件）：对磁盘上的任意媒体文件进行分析并给出结果。

● Selection（选择）：对项目工程中选择的素材进行分析并给出结果。

◆ Reveal in Bridge（在 Bridge 浏览）：将在项目工程中选择的素材显示在浏览器中。

◆ Exit（退出）：关闭 Adobe Premiere Pro CS5。

### 2.2.2　Edit（编辑）菜单

Edit（编辑）菜单命令主要用于对素材进行操作，例如剪切、复制和粘贴素材等，如图 2-9 所示。

图2-9　Edit（编辑）菜单

◆ Undo（撤销）：取消对文件最后一次的修改，恢复到之前的状态。

◆ Redo（重做）：重复执行最后一次的操作。

◆ Cut（剪切）：将选定区域的内容剪切到剪贴板中，以供粘贴命令使用。剪切会破坏原内容。

◆ Copy（复制）：将选定区域的内容复制到剪贴板中，以供粘贴命令使用。复制对原内容不做任何修改。

◆ Paste（粘贴）：将通过剪切或复制命令保存在剪贴板中的内容粘贴到指定区域。可以多次粘贴剪贴板中的内容。

◆ Paste Insert（粘贴插入）：将通过剪切或复制命令保存在剪贴板中的内容插入粘贴到指定区域。可以重复粘贴插入剪贴板中的内容。

◆ Paste Attributes（粘贴属性）：将某一素材的效果、运动、透明度等数值复制粘贴给另一段素材。当两段或多段素材具有相同的效果、运动、透明度等属性时，粘贴属性命令是很好的选择。

◆ Clear（清除）：删除选择的内容。

◆ Ripple Delete（波纹删除）：在时间线窗口中删除素材与素材之间的空白间距，未被锁定的素材将会自动填补这个空白，最后素材与素材首尾对齐。

◆ Duplicate（副本）：将项目窗口中选择的素材复制一个副本保存于项目窗口，此时项目窗口会出现两个相同的素材文件。

◆ Select All（全选）：选择激活窗口中的所有对象。

◆ Deselect All（取消全选）：取消选择所有的对象。

◆ Find（查找）：按照名称、标签、标记、备注、磁带名或类型等条件查找项目窗口中的素材，如图 2-10 所示。

图 2-10　Find（查找）对话框

◆ Find Faces（查找面）：按文件名或字符串进行快速查找。

◆ Label（标签）：可以定义素材在项目窗口或时间线轨道中的标签颜色，如图 2-11 和图 2-12 所示。

◆ Edit Original（编辑原始素材）：将项目窗口或时间线轨道中的素材以其默认的编辑软件打开并进行编辑。

图 2-11　Project（项目）窗口中素材标签颜色

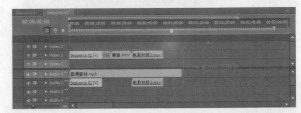

图 2-12　Timelines（时间线）窗口中素材标签颜色

◆ Edit in Adobe Audition（在 Adobe Audition 中编辑）：在 Adobe Audition 音频软件中对项目窗口或时间线轨道中的音频素材进行编辑。

◆ Edit in Adobe Soundbooth（在 Adobe Soundbooth 中编辑）：在 Adobe Soundbooth 音频软件中对项目窗口或时间线轨道中的音频素材进行编辑。

◆ Edit in Adobe Photoshop（在 Adobe Photoshop 中编辑）：在 Adobe Photoshop 图像软件中对项目窗口或时间线轨道中的图像素材进行编辑。

◆ Keyboard Customization（自定义快捷键）：为 Adobe Premiere Pro CS5 中的各项操作自定义相应的快捷键，如图 2-13 所示。操作步骤见本章 2.3 节。

图 2-13　Keyboard Customization（自定义快捷键）对话框

◆ Preferences（参数）：全局或单独设置 Adobe Premiere Pro CS5 的工作环境或各项目的参数值，如图 2-14 所示。参数详解见本书第 3 章 3.3 节。

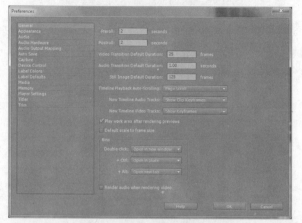

图2-14　Preferences（参数）对话框

### 2.2.3　Project（项目）菜单

Project（项目）菜单命令主要用于对项目工程和项目窗口进行设置和操作，如图 2-15 所示。

图2-15　Project（项目）菜单

◆ Project Settings（项目设置）：设置项目工程文件的参数，子菜单如图 2-16 所示。

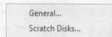

图2-16　Project Settings（项目设置）子菜单

● General（常规）：修改 Project（项目）的基本参数，如字幕安全区、视频时间码、音频采样等信息。

● Scratch Disks（暂存盘）：设置采集的视、音频素材存放的目录，以及预览影片时的缓冲目录等。

◆ Link Media（链接媒体）：在磁盘上为脱机文件查找并链接一个素材。这种情况主要发生在当外接设备关闭或设备安全移除时，项目工程窗中的素材丢失了来源设备，此时 Adobe Premiere Pro CS5 弹出链接媒体窗口供用户选择素材。

◆ Make Offline（造成脱机）：解除外接设备和 Adobe Premiere Pro CS5 项目窗口中素材的链接关系，如图 2-17 所示。

图2-17　Make Offline（造成脱机）对话框

● Media Files Remain on Disk（在磁盘上保留媒体文件）：当外部来源素材解除链接成为脱机文件时，保留源磁盘素材。

● Media Files Are Deleted（删除媒体文件）：当外部来源素材解除链接成为脱机文件时，删除源磁盘素材。

◆ Automate to Sequence（自动匹配到序列）：将项目窗口中选择的素材或 Bin 中包含的素材以某种方式自动排列到时间线窗口中，且素材与素材之间可选择转场，如图 2-18 所示。

图2-18　Automate To Sequence（自动匹配到序列）对话框

◆ Import Batch List（导入批处理列表）：按磁带号、出入点、名称或注释等信息批量导入素材。

◆ Export Batch List（导出批处理列表）：将项目窗口中的素材按编号输出为批量表，批量表文件的后缀为 CSV。

◆ Project Manager（项目管理）：收集或显示当前项目工程中的信息。

◆ Remove Unused（移除未使用素材）：删除 Project（项目）窗口中多余的、未被使用的视、音频素材。

## 2.2.4 Clip（素材）菜单

Clip（素材）菜单命令主要用于对素材进行编辑，如图 2-19 所示。

图2-19 Clip（素材）菜单

◆ Rename（重命名）：将选择的素材重新命名，但不改变源磁盘文件名。

◆ Make Subclip（制作附加素材）：在素材窗口中通过入、出点对源素材进行剪辑，产生剪辑副本。

◆ Edit Subclip（编辑附加素材）：对源素材的剪辑副本进行编辑。

◆ Edit Offline（编辑脱机）：对脱机素材进行注释编辑。

◆ Source Settings（源设置）：对素材源进行设置。

◆ Modify（修改）：对源素材的音频声道、视频参数及时间码进行修改。

◆ Video Options（视频选项）：调整视频素材属性，子菜单如图 2-20 所示。

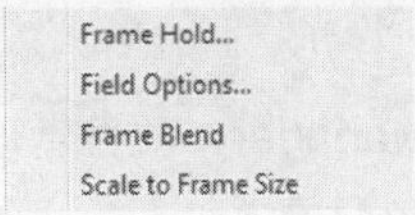

图2-20 Video Options（视频选项）子菜单

● Frame Hold（帧定格）：使素材的入点、出点或标记 0 点的帧保持静止，如图 2-21 所示。

图2-21 Frame Hold Options（帧定格选项）对话框

● Field Options（场选项）：将视频素材的场颠倒且设置处理方式，如图 2-22 所示。

图2-22 Field Options（场选项）对话框

● Frame Blend（帧融合）：当视频素材的速度、时间被改变时，帧融合可以让视频产生平滑的过渡效果。

● Scale to Frame Size（适配为当前画面大小）：使素材的宽高比自动调整到项目工程的尺寸大小。

● Audio Options（音频选项）：调整音频素材属性，子菜单如图 2-23 所示。

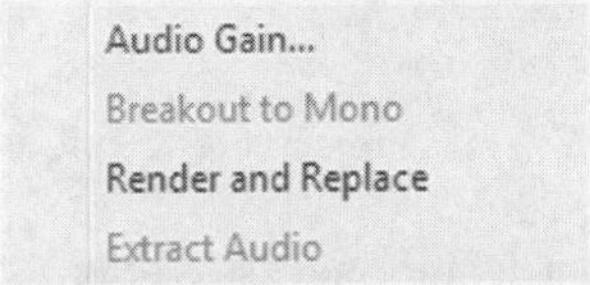

图2-23 Audio Options（音频选项）子菜单

● Audio Gain(音频增益)：提高或降低音量。

● Breakout to Mono（拆解为单声道）：将源素材的音频声道拆为两个独立的音频素材。

● Render and Replace（渲染并替换）：预览并在项目窗口中创建合成音频文件。

● Extract Audio（提取音频）：在源素材中提取音频素材，提取后的音频素材格式为 WAV。

◆ Analyze Content（分析内容）：快速分析、编码素材。

◆ Speed/Duration（速度 / 持续时间）：设置素材的播放速度或增加素材的时间长度，如图 2-24 所示。

图2-24 设置素材速度及时长

- Speed（速度）：通过百分比值来更改素材的时长。

- Duration（持续时间）：通过输入具体的时间码来更改素材的时长。

- Reverse Speed（倒放速度）：勾选此选项，影片反向播放。

- Maintain Audio Pitch（保持单调不变）：勾选此选项，不管视频做了何种改变，音频保持不变。

- Ripple Edit, Shifting Trailing Clips（波纹编辑，移动后面的素材）：勾选此选项，当用波纹编辑工具时，其后面的素材也受影响。

◆ Remove Effects（移除效果），如图2-25所示。

图2-25 移除效果窗口

- Motion（运动）：移除运动关键帧动画。

- Opacity（透明度）移除透明度关键帧动画。

- Video Filters（视频滤镜）：移除视频滤镜关键帧动画。

- Audio Filters（音频滤镜）：移除音频滤镜关键帧动画。

- Audio Volume（音频音量）移除音量关键帧动画。

◆ Capture Settings（采集设置）：设置采集素材时的控制参数，见第4章"导入、采集和编辑素材"章节。

◆ Insert（插入）：将选择的素材A插入到另一段素材B当中，素材A和素材B长度相加。

◆ Overlay（覆盖）：用选择的素材A去覆盖另一段

素材B，相交部分保留素材A，其余素材帧保持不变。

◆ Replace Footage（替换影片）：用新选择的素材文件替换Project（项目）窗口中指定的旧素材。

◆ Replace With Clip（素材替换）：用Source Monitor（源监视器）窗口或文件夹中的素材替换Timelines（时间线）轨道中指定的素材。

- From Source Monitor（从源监视器）：用源监视器窗口中的素材替换轨道素材。

- From Source Monitor, Match Frame（从源监视器、匹配帧）：用源监视器窗口中的素材匹配轨道素材。

- From Bin（从文件夹）：用文件夹中的素材替换轨道素材。

◆ Enable（启用）：被启用的素材在预览或最终输出时被渲染，反之将被忽略。

◆ Link（解除音、视频链接）：如果视频素材带有音频，用此命令可解除它们的链接关系。解除链接后的视频素材和音频在操作上没有任何联系，除非重新链接它们。

◆ Group（编组）：将选择的各个素材成组。

◆ Ungroup（取消编组）：与编组操作结果相反。

◆ Synchronize（同步）：与摄像机同步。

◆ Nest（嵌套）：从时间线轨道中选择一组素材，将它们打包成一个序列。

◆ Multi-Camera（多机位）：编辑或剪切多摄像机素材，并实时在轨道之间通过转换进行编辑。可以用多机位菜单来激活最多4个素材的编辑窗口。

- Enable（激活）：单击激活命令，打开多机位编辑窗口。

- Camera 1-4（摄像机1-4）：依次选择多机位素材的编辑窗口。

### 2.2.5 Sequence（序列）菜单

Sequence（序列）菜单命令主要用于对时间线窗口进行相关操作，如图2-26所示。

◆ Sequence Settings（序列设置）：更改序列参数，如视频制式、播放速率和画面尺寸等。

◆ Render Effects in Work Area（渲染工作区域内的效果）：用内存来渲染和预览指定工作区内的素材。

图2-26　Sequence（序列）菜单

◆ **Render Entire Work Area**（渲染整段工作区）：用内存来渲染和预览整个工作区内的素材。

◆ **Render Audio**（渲染音频）：只渲染音频素材。

◆ **Delete Render Files**（删除渲染文件）：删除所有与当前项目工程关联的渲染文件。

◆ **Delete Work Area Render Files**（删除工作区渲染文件）：删除工作区指定的渲染文件。

◆ **Razor Tracks**（切分轨道）：以当前时间标示为起点，切断在此时间上所编辑的素材。

◆ **Razor All Tracks**（切分全部轨道）：以当前时间标示为起点，切断所有在此时间上的素材。

◆ **Lift**（提升）：将通过入点和出点所定义的素材删除，删除部分用空白代替。

◆ **Extract**（提取）：将通过入点和出点所定义的素材删除，删除部分由后续的素材自动移位填充。

◆ **Apply Video Transition**（应用视频过渡）：快速为两段视频素材设置过渡效果，默认为交叉融合效果。

◆ **Apply Audio Transition**（应用音频过渡）：快速为两段音频素材设置过渡效果，默认为交叉渐隐效果。

◆ **Apply Default Transition to Selection**（应用默认过渡到所选择素材）：将默认的过渡效果应用到所选择的素材。

◆ **Normalize Master Track**（标准化主音轨）：统一设置主音频的音量值。

◆ **Zoom In**（放大）：将时间线窗口的时间标尺显示间隔放大。

◆ **Zoom Out**（缩小）：将时间线窗口的时间标尺显示间隔缩小。

◆ **Snap**（吸附）：在时间线窗口中操作对象时，自动吸附到对象的边。

◆ **Go to Gap**（跳转间隔）：

● **Next in Sequence**（序列中下一段）：快速定位到下一序列。

● **Previous in Sequence**（序列中前一段）：快速定位到前一序列。

● **Next in Track**（轨道中下一段）：快速定位到轨道中的下一段。

● **Previous in Track**（轨道中前一段）：快速定位到轨道中的前一段。

◆ **Add Tracks**（添加轨道）：在时间线窗口中增加视频和音频轨道，如图 2-27 所示。

图2-27　Add Tracks（添加轨道）对话框

◆ **Delete Tracks**（删除轨道）：删除时间线窗口中的视频和音频轨道，如图 2-28 所示。

图2-28　Delete Tracks（删除轨道）对话框

## 2.2.6 Marker（标记）菜单

Marker（标记）菜单命令主要用于对素材和时间线窗口进行标记。其目的是精确编辑和提高编辑效率，如图2-29所示。

图2-29　Marker（标记）菜单

◆ **Set Clip Marker**（设置素材标记）：为素材设置编辑标记，子菜单如图2-30所示。

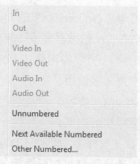

图2-30　Set Clip Marker（设置素材标记）子菜单

● **In**（入点）：在素材窗口中设置视频和音频素材的入点。

● **Out**（出点）：在素材窗口中设置视频和音频素材的出点。

● **Video In**（视频入点）：在素材窗口中设置视频素材的入点，忽略音频素材。

● **Video Out**（视频出点）：在素材窗口中设置视频素材的出点，忽略音频素材。

● **Audio In**（音频入点）：在素材窗口中设置音频素材的入点，忽略视频素材。

● **Audio Out**（音频出点）：在素材窗口中设置音频素材的出点，忽略视频素材。

● **Unnumbered**（无编号）：设置一个没有编号的标记点。

● **Next Available Numbered**（下一有效编号）：从当前标记点的序号开始，自动设置

下一个标记点的序号。

● **Other Numbered**（其他编号）：设置自定义编号的标记点。

◆ **Go to Clip Marker**（跳转素材标记）：快速定位到已设置的入点、出点、视频入出点、音频入出点或指定有编号的标记点处。

◆ **Clear Clip Marker**（清除素材标记）：清除已设置的入点、出点、视频入出点、音频入出点或指定有编号的标记点。

◆ **Set Sequence Marker**（设置序列标记）：为序列素材设置编辑标记，子菜单如图2-31所示。

图2-31　Set Sequence Marker（设置序列标记）子菜单

● **In**（入点）：在时间线窗口中设置视频和音频素材的入点。

● **Out**（出点）：在时间线窗口中设置视频和音频素材的出点。

● **In and Out Around Selection**（套选入点和出点）：自动获取选择对象的入点和出点。

● **In and Out Around Clip**（入点和出点套选素材）：按剪切对象获取对象的入点和出点。

● **Unnumbered**（无编号）：在时间线窗口中设置一个没有编号的标记点。

● **Next Available Numbered**（下一有效编号）：在时间线窗口中从当前标记点的序号开始，自动设置下一个标记点的序号。

● **Other Numbered**（其他编号）：在时间线窗口中设置自定义编号的标记点。

◆ **Go go Sequence Marker**（转到序列标记）：在时间线窗口中快速定位到已设置的入点、出点或指定有编号的标记点处。

◆ **Clear Sequence Marker**（清除序列标记）：清除时间线窗口中已设置的入点、出点或指定有编号的标记点。

◆ **Edit Sequence Marker**（编辑序列标记）：对时间线窗口中所做的标记设置属性，如图2-32所示。

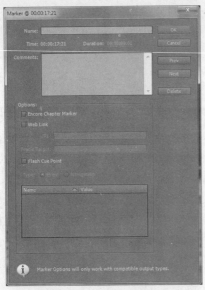

图2-32　Edit Sequence Marker（编辑序列标记）对话框

◆ Set Encore Chapter Marker（设置 Encore 章节标记）：设置 DVD 段落标记。

◆ Set Flash Cue Marker（设置 Flash 提示标记）：设置 Flash 交互式提示标记。

### 2.2.7　Title（字幕）菜单

Title（字幕）菜单命令主要用于对字幕进行操作，例如字体、字体大小、字体颜色以及排列方式等选项的设置，如图 2-33 所示。

图2-33　Title（字幕）菜单

◆ New Title（新建字幕）：建立新的字幕素材文件。

◆ Font（字体）：设置字幕的字体。单击▸（子菜单）按钮可以查看计算机中已安装的中文和英文字体。

◆ Size（大小）：设置被选中字幕文字的尺寸。

◆ Type Alignment（文字对齐）：设置字幕的对齐方式。

◆ Orientation（方向）：设置字幕的排列方式为水平或垂直。

◆ Word Wrap（自动换行）：设置字幕自动换行的激活方式。

◆ Tab Stops（停止跳格）：设置字幕制表定位符。

◆ Templates（模板）：Adobe Premiere Pro CS5 内置相当数量的字幕模板库，供用户快速方便地使用。

◆ Roll/Crawl Options（滚动 / 游动选项）：设置字幕的滚动方式，包括垂直滚动与横向滚动方式。

◆ Logo（标记）：将图像或 Logo 直接插入到字幕当中，作为文字使用。

◆ Transform（变换）：可以设置字幕的位置、缩放比例、旋转和透明度。

◆ Select（选择）：当多个字幕和图形叠加在一起时，通过选择工具可以任意选择第一层或第四层等的文字和图形。

◆ Arrange（排列）：调整字幕或图形的叠加次序。

◆ Position（位置）：设置文字和图形的对齐居中方式。

◆ Align Objects（对齐对象）：当选择多个字幕和图形时，可统一设置它们的对齐方式。

◆ Distribute Objects（分布对象）：当选择多个字幕和图形时，可设置它们的分布方式，此操作至少要选择 3 个以上的对象。

◆ View（查看）：设置是否显示字幕安全或跳格标记等信息。

### 2.2.8　Window（窗口）菜单

Window（窗口）菜单命令主要用于设置 Adobe Premiere Pro CS5 的各个窗口及面板的显示或隐藏状态，如图 2-34 所示。

图2-34 Window（窗口）菜单

◆ Workspace（工作区）：设置工作空间模式，子菜单如图2-35所示。

图2-35 Workspace（工作区）子菜单

● Audio（音频）：将工作模式设置为调音台窗口，其他窗口为默认状态。

● Color Correction（色彩校正）：将工作模式设置为特效控制窗口，其他窗口为默认状态。

● Editing（编辑）：将工作模式设置为项目工程窗口、监视器窗口和时间线窗口的默认方式。

● Effects（效果）：将工作模式设置为特效窗口和特效控制窗口，其他窗口为默认状态。

● Metalogging（元数据）：将工作模式设置为元数据编辑模式。

● New Workspace（新建工作区）：新建一个自定义的操作工作区。

● Delete Workspace（删除工作区）：将保存的工作模式删除掉。

● Reset Current Workspace（重置当前工作区）：复位当前的操作工作区模式到默认状态。

● Import Workspace from Projects（从项目导入工作区）：从项目中导入保存的工作区，应用到当前项目。

◆ Audio Master Meters（主音频计量器）：显示/隐藏主音频计量器。

◆ Audio Mixer（调音台）：显示/隐藏主调音控制器台。

◆ Capture（采集）：显示/隐藏采集窗口。

◆ Effect Controls（效果控制）：显示/隐藏效果控制面板。

◆ Effects（效果）：显示/隐藏特效窗口。

◆ Events（事件）：显示/隐藏事件面板。

◆ History（历史）：显示/隐藏历史记录面板。

◆ Info（信息）：显示/隐藏信息面板。

◆ Media Browser（媒体浏览）：显示/隐藏媒体浏览窗口。

◆ Metadata（元数据）：显示/隐藏元数据信息面板。

◆ Multi-Camera Monitor（多机位监视器）：显示/隐藏多机位监视器窗口。

◆ Options（选项）：显示/隐藏选项信息。

◆ Program Monitor（节目监视器）：显示/隐藏监视器预览窗口。

◆ Project（项目）：显示/隐藏项目素材窗口。

◆ Reference Monitor（参考监视器）：显示/隐藏监视器窗口。

◆ Source Monitor（源监视器）：显示/隐藏源监视器窗口。

◆ Timelines（时间线）：显示/隐藏时间线窗口。

◆ Title Actions（字幕动作）：显示/隐藏字幕动作编辑面板。

◆ Title Designer（字幕样式）：显示/隐藏字幕样式编辑面板。

◆ Title Properties（字幕属性）：显示/隐藏字幕属性编辑面板。

◆ Title Styles（字幕设计器）：显示/隐藏字幕设计器窗口。

◆ Title Tool（字幕工具）：显示/隐藏字幕工具编辑面板。

◆ Tool（工具）：显示 / 隐藏工具面板。

◆ Trim Monitor（修剪监视器）：显示 / 隐藏修剪监视器窗。

◆ VST Editor（VST 编辑器）：显示 / 隐藏 VST 编辑器窗口。

## 2.2.9　Help（帮助）菜单

Help（帮助）菜单命令主要用于提供联机帮助和在线教程等信息，如图 2-36 所示。

图2-36　Help（帮助）菜单

◆ Adobe Premiere Pro Help（Adobe Premiere Pro 帮助）：以目录表的形式显示 Adobe Premiere Pro CS5 的相关内容。

◆ Adobe Premiere Pro Support Center（Adobe Premiere Pro 支持中心）：联网获取 Adobe Premiere Pro CS5 的技术支持。

◆ Adobe Product Improvement Program（Adobe 产品改进程序）：联网获取 Adobe 的产品升级信息。

◆ Keyboard（键盘）：分类显示 Adobe Premiere Pro 命令的默认快捷键。

◆ Product Registration（注册）：在线注册软件。

◆ Deactivate（在线支持）：联网寻求帮助。

◆ Updates（更新）：在线更新软件程序。

◆ About Adobe Premiere Pro（关于 Adobe Premiere Pro）：显示用户正在使用的 Premiere Pro CS5 的版本号、序列号、注册用户名及一些相关信息。

## 2.3　Adobe Premiere Pro CS5快捷键设置

Adobe Premiere Pro CS5 的菜单栏为剪辑工作提供了全面且专业的编辑手段，但是重复的菜单操作会浪费很多宝贵的时间。那么，是否有更高效率的解决方案呢？答案是肯定的，就是自定义键盘快捷键。

键盘快捷键操作方式免去了重复单击菜单的工作，构建了高效率的操作环境，是每一个剪辑师必修的课程之一。

Adobe Premiere Pro CS5 在发行时已经提供了适合大部剪辑师操作的快捷键，这些快捷键可以完成绝大部分的操作。如果在工作的时候某个操作没有快捷键，用户可以为其自定义快捷键。当然，用户也可以修改软件预先设置好的快捷键方案。

### 动手操作 03　了解 Keyboard Customization（自定义键盘）对话框

Step01 单击菜单栏中 Edit（编辑）>Keyboard Cus-tomization（自定义键盘）命令，打开 Keyboard Customization（自定义键盘）对话框，如图 2-37 所示。

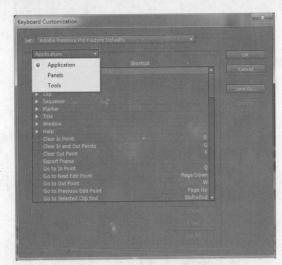

图2-37　Keyboard Customization（自定义键盘）对话框

Step02 在 Keyboard Customization（自定义键盘）对话框的预设置方案中有三组快捷键，即 Application（应用）、Panels（面板）和 Tools（工具）。Application（应用）组主要提供菜单、播放器及最常用命令的快捷键；Panels（面板）组提供了 Premiere Pro 14 个窗口的命令快捷键；Tools（工具）组提供了 Premiere Pro 11 个工具的命令快捷键。用户可以修改软件预先设置好的快捷键，设置适合自己操作习惯的快捷键。

## 动手操作 04 修改预设置 Application（应用）组中的快捷键

**Step01** 单击菜单栏中 Edit（编辑）>Keyboard Customization（自定义键盘）命令，打开 Keyboard Customization（自定义键盘）对话框，选择 Application（应用）组，然后展开 File（文件）列表，如图 2-38 所示。

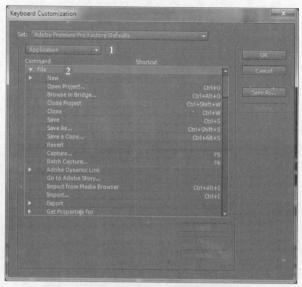

图2-38 展开File（文件）列表

**Step02** 选择列表中的 Revert（返回）项，在 Shortcut（快捷键）栏中单击将其激活，这时候出现一个虚线框，然后按下键盘上的某一组合键即可，比如 Alt+Z 键，如图 2-39 所示。

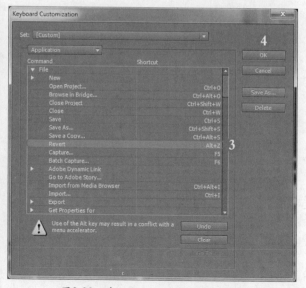

图2-39 定义Revert（返回）快捷键

**Step03** 最后单击 Save As（另存为）或 OK（确认）按钮将设置方案保存。也可以命名自定义快捷键名称，如图 2-40 所示。在操作中如果出现失误需要取消定义结果，则单击 Clear（清除）按钮即可。

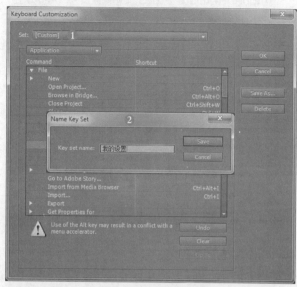

图2-40 保存自定义设置

> **提示** 同样地，修改 Panels（面板）和 Tools（工具）组中的快捷键与修改 Application（应用）组快捷键的方法相似。

如果用户熟悉 Avid XPress DV 3.5 和 Final Cut Pro 7.0 这两款软件的操作，也可以将 Adobe Premiere Pro CS5 的快捷键设定为这两个软件的操作方案，如图 2-41 所示。

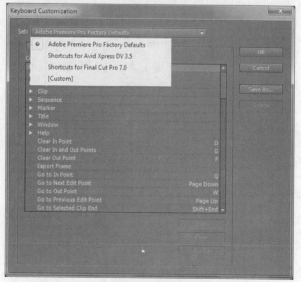

图2-41 将快捷键设定为其他软件的操作方案

## 2.4 Adobe Premiere Pro CS5窗口

Adobe Premiere Pro CS5 的窗口由 6 部分组成，它们分别是：Project（项目）窗口、Monitor（监视器）窗口、Timelines（时间线）窗口、Title（字幕）窗口、Effects（特效）窗口和 Audio Mixer（调音台）窗口。它们担负着完成影片的大部分工作，认识并掌握这些窗口是学习 Premiere Pro CS5 的第一步！

### 2.4.1　Project Clip（项目素材）窗口

#### 2.4.1.1　Project Clip（项目素材）窗口概述

Project Clip（项目素材）窗口的主要功能是对素材进行存放和管理。对设备（硬盘或录像带等）中的图像、视频和音频等素材进行非线编辑时，首先要将它们导入到 Project Clip（项目素材）窗口，以便分类和安排编辑次序，如图 2-42 所示。

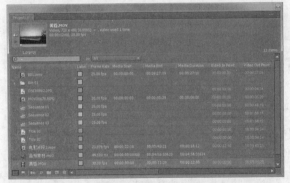

图2-42　Project Clip（项目素材）窗口

Project Clip（项目素材）窗口包括上方的 Preview Area（预览区域）和下方的 File Storage Area（文件存放区域）两个部分。

#### 2.4.1.2　Preview Area（预览区域）

Preview Area（预览区域）的功能是快速查看 File Storage Area（文件存放区域）的素材。如果是视频或音频素材，可以直接播放或试听；如果是图像素材，可以直接浏览，如图 2-43 所示。

图2-43　Preview Area（预览区域）

◆ ▶（播放）：预览视、音频素材。

◆ （标识帧）：可以将视频素材的某一帧作为窗口查看时的标识画面。

◆ （拖放）：拖拽此按钮，可快速预览素材。

#### 2.4.1.3　File storage area（文件存放区域）

Premiere Pro CS5 提供了两种 Project Clip（项目素材）窗口显示方式，分别为 List View（列表显示）方式和 Icon View（图标显示）方式，如图 2-44 和图 2-45 所示。

图2-44　List View（列表显示）方式

图2-45　Icon View（图标显示）方式

◆  List View（列表显示）：单击此按钮，Project Clip（项目素材）窗口中的文件以列表的形式排列。

◆ Icon View（图标显示）：单击此按钮，Project Clip（项目素材）窗口中的文件以图标的形式排列。

如果 Project Clip（项目素材）窗口中的素材已经做好了规划，那么就可以快速而高效地把素材自动化序列到时间线进行剪辑，如图 2-46 所示。

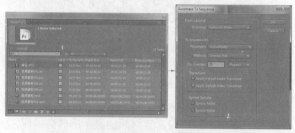

图2-46　Automate to Sequence（自动化序列）

◆ Automate to Sequence（自动化序列）：单击此按钮，Project Clip（项目素材）窗口中选择的素材将自动化到时间线窗口。

◆ Find（查找素材）：单击此按钮，按某种条件来搜寻所需的素材，如图 2-47 所示。

图2-47　Find（查找）对话框

◆ New Bin（新建文件夹）：单击此按钮，Project Clip（项目素材）窗口会创建新文件夹。合理应用文件夹可使素材管理更为高效合理，如图 2-48 所示。

图2-48　用文件夹管理不同类型的素材

◆ New Item（创建素材）：可以创建序列、脱机文件、字幕、黑场视频、片头通用倒计时等

（详细内容见本书第 4 章 4.2.8 节）。

◆ Clear（删除素材）：单击此按钮，可删除在 Project Clip（项目素材）窗口中选定的素材。

> **提示**　如果在 Project Clip（项目素材）窗口中删除了某一素材，那么该素材在 Timelines（时间线）窗口中也会被删除。

### 2.4.1.4　Window Menu（窗口菜单）

在 Project Clip（项目素材）窗口的右上角单击 按钮，弹出该窗口菜单，如图 2-49 所示。

| | |
|---|---|
| Undock Panel | |
| Undock Frame | |
| Close Panel | |
| Close Frame | |
| Maximize Frame | |
| New Bin | Ctrl+/ |
| Rename | |
| Delete | Backspace |
| Automate to Sequence... | |
| Find... | Ctrl+F |
| View | ▶ |
| Thumbnails | ▶ |
| Refresh | |
| Metadata Display... | |

图2-49　Project Clip（项目素材）窗口菜单

◆ Undock Panel（解除面板停靠）：将激活的面板浮动为独立的面板，不内嵌。

◆ Undock Frame（解除框架停靠）：将激活的窗口浮动为独立的窗口，不内嵌。

◆ Close Panel（关闭面板）：关闭当前激活的面板。

◆ Close Frame（关闭框架）：关闭当前激活的窗口。

◆ Maximize Frame（最大化框架）：最大化显示窗口信息。

◆ New Bin（新建文件夹）：与 （新建文件夹）按钮的功能相同。

◆ Rename（重命名）：修改 Project Clip（项目素材）窗口中素材的文件名。

◆ Delete（删除）：与 （删除素材）按钮的功能相同。

◆ Automate to Sequence（自动匹配到序列）：与 （自动化序列）按钮的功能相同。

◆ Find（查找）：与 （查找素材）按钮的功能相同。

◆ View（查看）：与 ▤（列表显示）按钮和 ▢（图标显示）按钮的功能相同。

◆ Thumbnails（缩略图）：打开 Project Clip（项目素材）窗口中文件的缩略图功能，可以设置缩略图的显示大小，如图 2-50 和图 2-51 所示。

图2-51　Large（大缩略图）的显示效果

◆ Refresh（刷新）：对 Project Clip（项目素材）窗口中的文件进行归整。

◆ Metadata Display（元数据显示）：在 Project Clip（项目素材）窗口中，素材都会显示出自身的属性，例如名称、标签、媒体类型和速率等。此命令用于设置素材属性的详细表，如图 2-52 和图 2-53 所示。

图2-50　Small（小缩略图）的显示效果

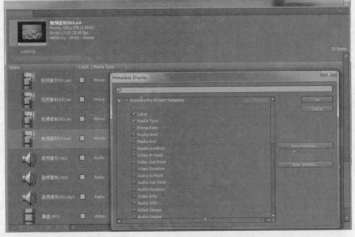

图2-52　只显示3项素材属性

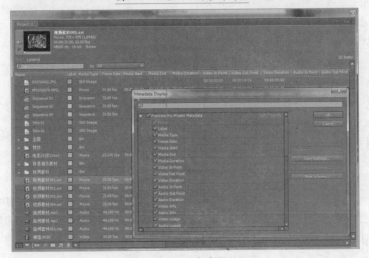

图2-53　显示所有素材属性

## 动手操作 05 设置视频素材 Poster Frame（标识帧）

**Step01** 导入本书配套光盘 Footages（视频素材）文件夹中的"视频素材 001.avi"文件并选择它，然后单击 ▶ （播放）按钮播放影片，如图 2-54 所示。

图2-54 选择"视频素材001.avi"

**Step02** 在影片即将结束主题画面时，单击 ■ （暂停）按钮暂停播放，然后单击 🎬 （标识帧）按钮，将当前帧设置为"视频素材 001.avi"素材的标识帧画面，如图 2-55 所示。

图2-55 设置Poster Frame（标识帧）

**Step03** 在 Project Clip（项目素材）窗口再次浏览"视频素材 001.avi"文件时，Poster Frame（标识帧）已经显示为所设置的帧画面了，如图 2-56 所示。

图2-56 查看标识帧

### 2.4.2 Monitor（监视器）窗口

Monitor（监视器）窗口是实时预览影片和剪辑影片的重要窗口。Premiere Pro CS5 默认的监视器显示布局为 Dual View（双显示），即 Source Monitor（源素材监视器）和 Sequence Monitor（序列监视器）模式。剪辑人员根据特殊的操作要求，还可以扩展为 Adjust the Monitor（调整监视器）和 Reference Monitor（参考监视器）两种模。

#### 2.4.2.1 Dual View（双显示）模式

双显示模式，即由 Source Monitor（源素材监视器）和 Sequence Monitor（序列监视器）组成剪辑的监视工作环境。Source Monitor（源素材监视器）负责存放和显示待编辑的素材，Sequence Monitor（序列监视器）实时预览已经完成的剪辑效果，如图 2-57 所示。

图2-57 Source Monitor（源素材监视器）和Sequence Monitor（序列监视器）

Listed Files（文件列表）中是监视器窗口所管理的文件。对于 Source Monitor（源素材监视器）来说，它管理的是单个的待编辑的源素材，如图 2-58 所示。对于 Sequence Monitor（序列监视器）来说，它管理的是剪辑完成后的序列，如图 2-59 所示。

图2-58 Source Monitor（源素材监视器）文件列表

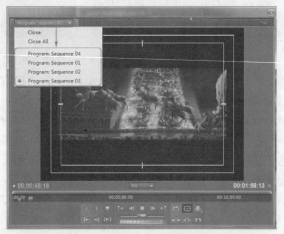

图2-59　Sequence Monitor（序列监视器）文件列表

**Monitor Display Window**（监视器显示窗）用于预览当前正在播放的影片的画面。

**Information Area**（信息区）用于显示素材的长度、当前播放器指针的位置和素材的显示比例等数据，如图 2-60 所示。左侧的时间码显示的是正在播放的影片的时间帧，右侧的时间码为影片的总时间帧。中间的适配列表可设置影片在监视器中的显示比例。　按钮是播放器的时间指针。

图2-60　Information Area（信息区）

**Monitor Toolbars**（监视器工具栏）提供了基本的剪辑工具和播放控制按钮，如图 2-61 所示。

图2-61　Monitor toolbars（监视器工具栏）

◆ 　（设置入点）：单击此按钮，将时间指针所在位置设定为素材入点。

◆ 　（设置出点）：单击此按钮，将时间指针所在位置设定为素材出点。

◆ 　（设置未编号标记）：单击此按钮，在当前时间指针处设定一个未编号标记。

◆ 　（定位到入点）：单击此按钮，时间指针快速定位到入点处。

◆ 　（定位到出点）：单击此按钮，时间指针快速定位到出点处。

◆ 　（播放入、出点）：单击此按钮，播放入点、出点范围内的素材。

◆ 　（到上一标记点）：单击此按钮，时间指针快速定位到上一个标记点处。

◆ 　（到下一标记点）：单击此按钮，时间指针快速定位到下一个标记点处。

◆ 　（到上一帧）：单击此按钮，逐帧后退编辑。

◆ 　（到下一帧）：单击此按钮，逐帧前进编辑。

◆ 　（播放）：单击此按钮，播放影片。

◆ 　（加速播放）：用鼠标拖拽此按钮，可以快速预览影片。向右拖拽，顺时加速预览；向左拖拽，倒播加速预览。

◆ 　（微调）：用鼠标在此按钮处拖拽，可以逐帧预览剪辑影片。

◆ 　（循环）：单击此按钮，循环连续播放影片。

◆ 　（插入）：单击此按钮，将 Source Monitor（源素材监视器）正在编辑的素材插入到 Timelines（时间线）窗口的时间指针处。Timelines（时间线）窗口中的原有素材被分割为两段，右侧的素材往后移。

◆ 　（覆盖）：单击此按钮，将 Source Monitor（源素材监视器）正在编辑的素材覆盖到 Timelines（时间线）窗口的时间指针处。Timelines（时间线）窗口中的原有素材被自动覆盖，覆盖的时间长度由 Source Monitor（源素材监视器）中的素材决定。

◆ 　（输出）：单击此按钮，在列表中选择要输出的素材信息，如图 2-62 所示。

图2-62　Export（输出）按钮列表

● **Composite Video**（合成视频）：以正常模式显示影片，如图 2-63 所示。

图2-63 Composite Video（合成视频）输出显示模式

图2-67 Vectorscope（矢量图）输出显示模式

● Audio Waveform（音频波形）：显示影片的音频波形，如图2-64所示。

● YC Waveform（YC波形）：显示影片亮度的波形信息，如图2-68所示。

图2-64 Audio Waveform（音频波形）

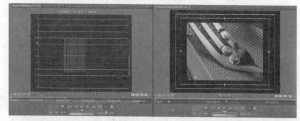

图2-68 YC Waveform（YC波形）输出显示模式

● Alpha（通道）：显示图像的Alpha通道，如图2-65所示。

● YCbCr Parade（YCbCr检视）：显示影片分量Y、Cb、Cr的信息数据，如图2-69所示。

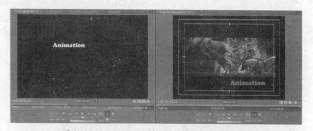

图2-65 Alpha（通道）输出显示模式

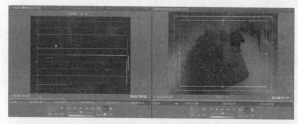

图2-69 YCbCr Parade（YCbCr检视）输出显示模式

● All Scopes（全部范围）：显示波形、矢量、YCbCr及RGB信息，如图2-66所示。

● RGB Parade（RGB检视）：显示影片分量R、G、B的信息数据，如图2-70所示。

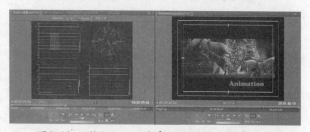

图2-66 All Scopes（全部范围）输出显示模式

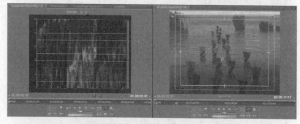

图2-70 RGB Parade（RGB检视）输出显示模式

● Vectorscope（矢量图）：显示影片的色调和饱和度的矢量图，如图2-67所示。

● Vect/YC Wave/YCbCr Parade（矢量/YC波形/YCbCr检视）：显示影片矢量、波形、YCbCr分量的信息数据，如图2-71所示。

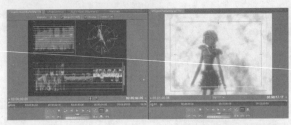

图2-71 Vect/YC Wave/YCbCr Parade（矢量/YC波形/YCbCr
检视）输出显示模式

● Vect/YC Wave/RGB Parade（矢量/
YC 波形/RGB 检视）：显示影片矢量、波形、
RGB 信息数据，如图 2-72 所示。

图2-72 Vect/YC Wave/RGB Parade（矢量/YC波形/RGB
检视）输出显示模式

● Display First Field（显示第一场）、Display
Second Field（显示第二场）、Display Both Fields
（显示双场）是 Monitor（监视器）窗口的显示品
质，不影响影片的最终输出品质。低品质在显示
速度上占优，但画面有损坏。反之，高品质会增
加计算机的运算负担，但画质较好。图 2-73 和
图 2-74 所示是两种品质的显示效果。

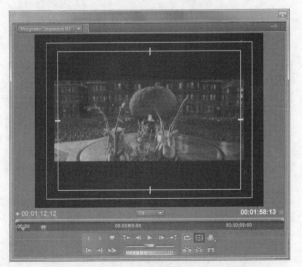

图2-73 Monitor（监视器）显示品质1

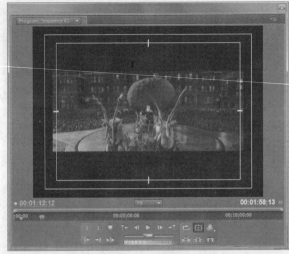

图 2-74 Monitor（监视器）显示品质2

● Playback Resolution（播放分辨率）：
设置视频播放预览时的分辨率。

● Paused Resolution（暂停分辨率）：设
置视频暂停预览时的分辨率。

● Playback Settings（回放设置）：实时回
放外部设备的视、音频素材，如图 2-75 所示。

图2-75 Playback Settings（回放设置）对话框

◆ （安全框）：单击此按钮，在 Monitor（监
视器）窗口中显示安全框警示。由于电视机的特殊
性，我们制作的影视节目在播出时图像的边缘部分
会被自动裁切。为了保证字幕的完整性和重要图像
不被破坏，在处理字幕时，文本内容应该创建在
Subtitle zone（字幕安全区）内；而在处理一些重要
图像，如 LOGO 或辅助图像时，应保持它们的位置
在 Image safety（图像安全区）内，如图 2-76 所示。

◆ （提升）：单击此按钮，删除 Timelines（时
间线）窗口中选择的素材，并且留下一个空白位置。

◆ （提取）：单击此按钮，删除 Timelines
（时间线）窗口中选择的素材，删除后的空白位置
由后续素材自动填补。

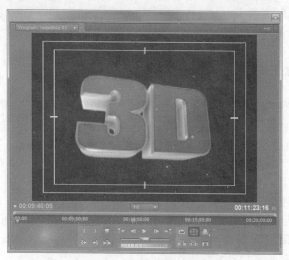

图2-76 安全框显示效果

◆ 📷（导出单帧）：单击此按钮可快速导出当前时间线的一帧。

### 2.4.2.2 Trim Monitor（修剪监视器）模式

Trim Monitor（修剪监视器）可以精确剪辑两段影片的出点和入点间的帧。打开 Trim Monitor（修剪监视器）窗口的方法如下。

在默认 Monitor（监视器）窗口的右上角，单击 ▶ 按钮，在下拉菜单中选择 Adjust（调整）命令。

Trim Monitor（修剪监视器）工具栏提供了影片的精剪工具，如图 2-77 所示。

图2-77 Trim Monitor（修剪监视器）工具栏

◆ ▶▶（播放编辑）：单击此按钮，播放出、入点范围内的影片。

◆ 🔁（循环播放）：单击此按钮，循环播放影片。

◆ -5（剪切掉出点 5 帧）：单击此按钮，剪切掉第一素材的出点 5 帧，第二素材的入点自动向前填补。

◆ -1（剪切掉出点 1 帧）：单击此按钮，剪切掉第一素材的出点 1 帧，第二素材的入点自动向前填补。

◆ 0（自定义剪切帧）：在数值框内输入剪切的帧数，负数剪切出点，正数剪切入点。

◆ +1（剪切掉入点 1 帧）：单击此按钮，剪切掉第二素材的入点 1 帧，第一素材的出点自动填补。

◆ +5（剪切掉入点 5 帧）：单击此按钮，剪切掉第二素材的入点 5 帧，第一素材的出点自动填补。

◆ ⇤（到上一编辑点）：单击此按钮，时间指针快速定位到上一个编辑点处。

◆ ⇥（到下一编辑点）：单击此按钮，时间指针快速定位到下一个编辑点处。

◆ ▢（编辑相邻的音频波形）：单击此按钮，编辑相邻的音频素材。

### 2.4.2.3 Reference Monitor（参考监视器）模式

Reference Monitor（参考监视器）可以在剪辑时对比影片的前后编辑效果或查看一些信息数据。打开 Window（窗口）下拉菜单，选择参考监视器，如图 2-78 所示。

图2-78 Reference Monitor（参考监视器）实例效果

在 Reference Monitor（参考监视器）窗口中，单击右上角的 ▤ 按钮或工具栏中的 🖼（输出）按钮，可以设置窗口的输出模式，例如 RGB Parade（RGB 检视）、YC Waveform（YC 波形）和 Vectorscope（矢量图）等。在实际编辑素材时，配合 Effect Control（效果控制）面板和 Sequence Monitor（序列监视器）窗口等，可以实时地监视素材的前后变化。

### 2.4.2.4 Multi-Camera Monitor（多机位监视器）模式

Multi-Camera Monitor（多机位监视器）模式为多台设备同时操作提供了平台，当多台设备与 Adobe Premiere Pro CS5 连通后，在 Project（项目）窗口创建与各设备相对应的多个序列，每个序列对应一台设备（这样便于将采集的素材单独保存），然后再激活和分配各序列的编号。最后，将多个序列集合在一个新的序列中，打开 Multi-Camera Monitor（多机位监视器）模式，便可以对它们进行实时操作了。图 2-79 所示为正在编辑的多窗口效果。

图2-79　Multi-Camera Monitor（多机位监视器）实例效果

## 2.4.3　Timelines（时间线）窗口

### 2.4.3.1　Timelines（时间线）窗口概述

在 Premiere Pro CS5 的众多窗口当中，Timelines（时间线）窗口是最具核心地位的窗口之一。在 Timelines（时间线）窗口中，图像、视频素材、音频素材有组织地剪辑在一起，同时加入各种特效、转场等特技，剪辑制作出精美而出色的影片。

Timelines（时间线）窗口最主要的功能之一就是序列间的多层嵌套。妥善、灵活地运用嵌套功能，是一种高效率剪辑手段，可以完成复杂而庞大的影片编辑工程。例如，将一个复杂的项目分解成几个部分，每一部分作为一个独立的序列来编辑，等各个序列编辑完成后，再统一组合为一个总序列，完成项目的最终输出。

Timelines（时间线）窗口为每个序列提供一个名称标签，利用它可以有效地管理序列。当激活序列名称标签时，序列将出现在 Sequence Monitor（序列监视器）窗口中。此外，可以拖曳序列名称标签，将其脱离 Timelines（时间线）窗口，成为一个独立的浮动窗口。

Timelines（时间线）窗口如图 2-80 所示。

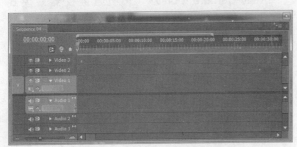

图2-80　Timelines（时间线）窗口

### 2.4.3.2　名称及标尺栏

名称及标尺栏主要提供序列名称、当前时间码、时间指针和有效工作区等信息，如图2-81所示。

图2-81　名称及标尺栏区域

◆ `00:00:00:00`（时间码）：显示时间指针处的时间码。

◆ ⬕（吸附）：单击此按钮，在 Timelines（时间线）窗口中剪辑影片时，只要遇到素材的头或尾，就自动捕捉到边缘。

◆ ⬕（设置 Encore 章节标记）：在时间指针位置创建 DVD 段落章节标记，如图 2-82 所示。

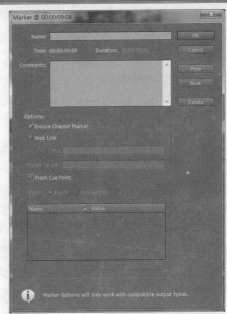

图2-82　在Timelines（时间线）窗口的指针处创建
Encore章节标记

◆ ⬕（无编号标记）：单击此按钮，在时间指针处创建一个无编号标记，如图 2-83 所示。

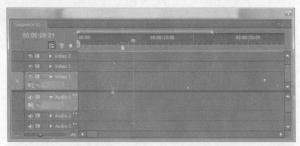

图2-83 在Timelines（时间线）窗口的指针处创建无编号标记

◆ （时间标尺缩放条）：用鼠标按住缩放条的端点向右拖动，时间标尺显示精度将增大。用鼠标按住缩放条的端点向左拖动，时间标尺显示精度将缩小。

◆ `00:00:00:10`（时间标尺）：显示影片的时间帧长度。

◆ （时间指针）：定位剪辑的位置点，可以用鼠标左右拖拽来改变位置。也可以通过 `00:00:00:00`（时间码）输入时间帧精确定位剪辑位置。

◆ （时间线窗口菜单）：此按钮位于 Timelines（时间线）窗口的右上角，单击此按钮，弹出如图2-84所示的菜单。

```
Undock Panel
Undock Frame
Close Panel
Close Frame
Maximize Frame

Show Audio Time Units
Sequence Zero Point...
```

图2-84 Timelines（时间线）窗口菜单

● Undock Panel（脱离当前面板）：将当前编辑面板设置为浮动，可任意拖曳。

● Undock Frame（脱离窗口）：将当前编辑窗口设置为浮动，可任意拖曳。

● Close Panel（关闭面板）：关闭当前编辑面板。

● Close Frame（关闭框架）：关闭当前编辑窗口。

● Maximize Frame（最大化窗口）：最大化显示当前编辑窗口。

● Show Audio Time Units（显示音频单位）：以音频采样单位为剪辑时的基本单位，通常在精确剪辑音频素材时采用。

● Sequence Zero Point（序列零点）：设置 Timelines（时间线）窗口时间标尺的时间基点，默认的时间基点为 00：00：00：00。单击此按钮，弹出如图2-85所示的对话框。

图2-85 Sequence Zero Point（序列零点）对话框

### 2.4.3.3 轨道面板栏

轨道面板栏主要用于对 Timelines（时间线）窗口中的轨道进行操作，例如添加轨道、删除轨道、冻结轨道、隐藏／显示轨道等操作，如图2-86所示。

图2-86 轨道面板栏

◆ （可视轨道）：设置视频轨道的可视性。当图标为 时，视频轨道可见，当图标为 时，视频轨道不可见。

◆ （轨道同步锁定）：当多个轨道被同步锁定时，执行一个操作后，多个轨道都会受到影响。

◆ （冻结轨道）：设置视、音频轨道是否可编辑。当图标为 时，轨道被冻结，此时被冻结的轨道不可操作，如图2-87所示。当图标为 时，解除冻结。

图2-87 被冻结的轨道

◆ ▶（扩展属性）：展开／隐藏轨道的扩展按钮。视频轨道扩展按钮为 ▣◆‹•›，音频轨道扩展按钮为 ▦◆‹•›。

◆ ▣（视频轨道显示风格）：设置视频轨道中素材的显示方式，单击此按钮弹出如图2-88所示的菜单。

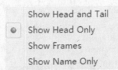

图2-88　视频轨道的显示风格

● Show Head and Tail（显示头和尾）：在 Timelines（时间线）窗口中只显示素材的第1帧和最后1帧的画面，如图2-89所示。

图2-89　显示素材头、尾帧画面

● Show Head Only（仅显示开头）：在 Timelines（时间线）窗口中只显示素材的第1帧画面，如图2-90所示。

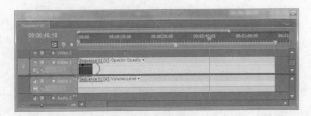

图2-90　显示素材第1帧画面

● Show Frames（显示全部）：在 Timelines（时间线）窗口中显示素材的所有帧画面，如图2-91所示。

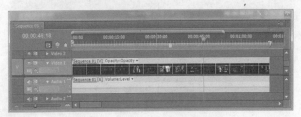

图2-91　显示素材所有帧画面

● Show Name Only（仅显示名称）：在 Timelines（时间线）窗口中只显示素材的名称，如图2-92所示。

图2-92　只显示素材名称

◆ ◆（视频轨道关键帧显示风格）：设置视频轨道中关键帧的显示方式，单击此按钮弹出如图2-93所示的菜单。

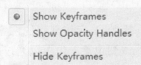

图2-93　视频轨道关键帧的显示风格

● Show Keyframes（显示关键帧）：在 Timelines（时间线）窗口中显示所选视频素材的所有关键帧。如果关键帧类型很多，可以通过列表来分类显示关键帧，如图2-94所示。

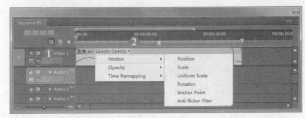

图2-94　以列表形式显示关键帧

● Show Opacity Handles（显示透明控制）：在 Timelines（时间线）窗口中只显示透明度关键帧，并且对关键帧进行编辑。当编辑某一关键帧时，单击鼠标右键可选择当前关键帧的插值方式，如图2-95所示。插值选项主要用于控制关键帧间的时间变化情况。

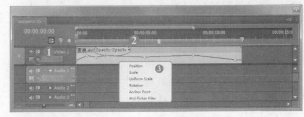

图2-95　选择关键帧的插值方式

● Hide Keyframes（隐藏关键帧）：在Timelines（时间线）窗口中不显示所选择视频素材的任何关键帧。

◆ （关键帧创建、搜索）：左侧的小三角形用于向前逐一搜索关键帧。中间的小菱形用于在时间指针所在位置创建关键帧。右侧的小三角形用于向后逐一搜索关键帧。

◆ （音频轨道显示风格）：设置音频轨道中素材的显示方式，单击此按钮弹出如图2-96所示的菜单。

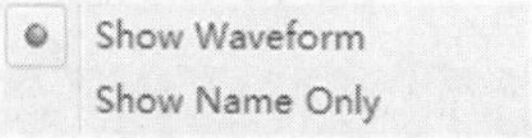

图2-96　音频轨道的显示风格

● Show Waveform（显示波形）：在Timelines（时间线）窗口中显示音频素材的声音波形，如图2-97所示。

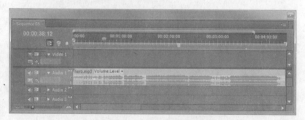

图2-97　只显示声音波形

● Show Name Only（仅显示名称）：在Timelines（时间线）窗口中只显示音频素材的名称，如图2-98所示。

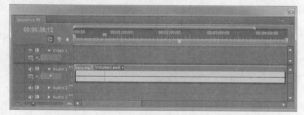

图2-98　只显示声音素材名称

◆ （音频轨道关键帧显示风格）：设置音频轨道中关键帧的显示方式，单击此按钮弹出如图2-99所示的菜单。

图2-99　音频轨道关键帧的显示风格

● Show Clip Keyframes（显示素材关键帧）：在Timelines（时间线）窗口中显示音频素材的关键帧，如图2-100所示。

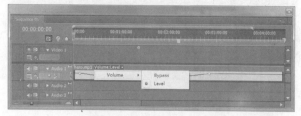

图2-100　显示所有关键帧

● Show Clip Volume（显示素材音量）：在Timelines（时间线）窗口中只显示音频素材的音量关键帧，如图2-101所示。

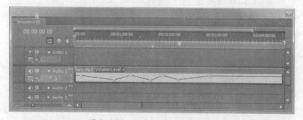

图2-101　显示音量关键帧

● Show Track Keyframes（显示轨道关键帧）：在Timelines（时间线）窗口中显示音频轨道的关键帧，如图2-102所示。选择某一关键帧时，单击鼠标右键可选择当前关键帧的插值方式，如图2-103所示。

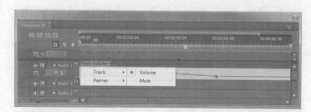

图2-102　显示音频轨道关键帧

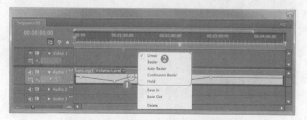

图2-103　选择关键帧的插值方式

● Show Track Volume（显示轨道音量）：在Timelines（时间线）窗口中只显示音频轨

道的音量关键帧，如图 2-104 所示。

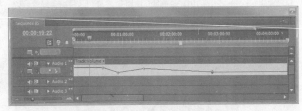

图2-104　显示轨道音量关键帧

● Hide Keyframes（隐藏关键帧）：在 Timelines（时间线）窗口中不显示所选择音频素材的任何关键帧。

2.4.3.4　时间显示单位控制按钮

在 Timelines（时间线）窗口的左下角有快速放大、缩小时间显示单位的控制按钮，如图 2-105 所示。

图2-105　时间单位控制按钮

◆ ▲（缩小显示单位）：连续单击此按钮，可逐级缩小时间显示单位。

◆ ▢（滑块）：左右拖动此滑块，可快速放大、缩小时间显示单位。

◆ ▲（放大显示单位）：连续单击此按钮，可逐级放大时间显示单位。

## 动手操作 06　重命名视、音频轨道的名称

Step01 在 Timelines（时间线）窗口中激活要命名的轨道（轨道显示为灰白色即为激活状态），如图 2-106 所示。

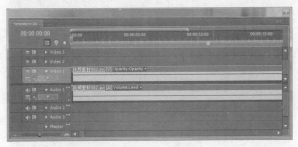

图2-106　激活轨道

Step02 在轨道的灰白色处单击鼠标右键，在弹出的菜单中选择 Rename（重命名）命令，如图 2-107 所示。

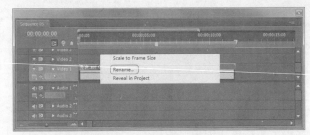

图2-107　选择Rename（重命名）命令

Step03 输入新名称，按下 Enter 键完成命名，如图 2-108 所示。

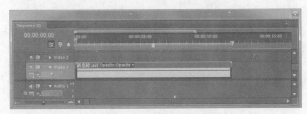

图2-108　为轨道命名

## 动手操作 07　添加视、音频轨道

Step01 在 Timelines（时间线）窗口的轨道名称处单击鼠标右键，在弹出的菜单中选择 Add Tracks（添加轨道）命令，如图 2-109 所示。

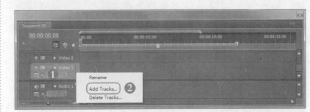

图2-109　选择Add Tracks（添加轨道）命令

Step02 在 Add Tracks（添加轨道）对话框中输入添加轨道的数量及类型，单击 OK 按钮，如图 2-110 所示。

图2-110　输入轨道数

Step03 添加成功后，Timelines（时间线）窗口的显示效果如图 2-111 所示。

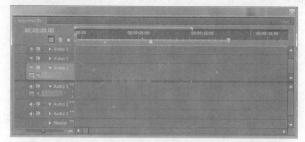

图2-111　添加成功

## 2.4.4　Title（字幕）窗口

Title（字幕）是影片的重要组成部分。Premiere Pro CS5 提供了强大、高效的 Title（字幕）制作工具，如图 2-112 所示。利用 Title（字幕）工具能制作出各种滚动字幕，并可以对这些字幕添加特效，还可以绘制简单的几何图形，制作各种蒙版等。同时，Title（字幕）工具还内置了多种字幕模板和样式效果，利用它们可以快速、高效地制作出专业级的字幕效果，使影片更加丰富多彩、引人入胜，关于 Title（字幕）的详细内容请参见本书第 6 章相关内容。

图2-112　Title（字幕）窗口

## 2.4.5　Effects（效果）窗口

影视创作就是通过画面语言与特殊的效果，将生活故事重新编排的过程。在后期处理中，通过特效可以将彩色的场景变成只有黑与白元素的画面，也可以将普通的演讲录音处理成大型广场音响的演讲效果。Premiere Pro CS5 为影视创作提供了高效的工具、上百种特效和各种转场效果，极大地丰富了画面语言的处理手段，为影片的创作提供了更为广阔的创作空间。Effects（效果）窗口由 Presets（预置）、Audio Effects（音频特效）、Audio Transitions（音频过渡）、Video Effects（视频特效）和 Video Transitions（视频过渡）5 组特效组组成，如图 2-113 所示，关于 Effects（效果）的详细内容请参见本书第 8 章相关内容。

图2-113　Effects（效果）窗口

## 2.4.6　Audio Mixer（调音台）窗口

Audio Mixer（调音台）窗口是一个专业的、完善的音频混合工具，利用它可以混合多个音频轨道，进行音量调节以及音频声道的处理等，是影片音乐处理的必备窗口，如图 2-114 所示。关于 Audio Mixer（调音台）的详细内容请参见本书第 9 章相关内容。

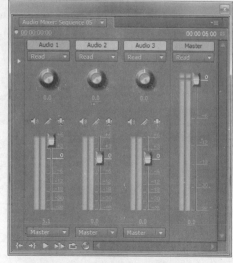

图2-114　Audio Mixer（调音台）窗口

## 2.5 Adobe Premiere Pro CS5面板

Adobe Premiere Pro CS5 的面板提供了最重要的剪辑工具、关键帧设置功能等，它们由 5 部分组成，分别是 Tools（工具）面板、Effect Controls（效果控制）面板、History（历史）面板、Info（信息）面板和 Media Browser（媒体浏览）面板。协同 Premiere Pro CS5 的 6 个窗口，为完成影片的创作提供了最佳的解决方案，是 Premiere Pro CS5 最重要的组成部分。

### 2.5.1 Tools（工具）面板

Tools（工具）面板提供了影片剪辑和动画关键帧编辑所需要的非常重要的工具，如图 2-115 所示。

图2-115 Tools（工具）面板

◆ ▶ （选择工具）：此工具用于选择、移动对象，调节对象关键帧、淡化线，设置对象入、出点。如图 2-116 所示，素材"002 旧年 .jpg"被选中后名称高亮显示。

> **提示** 此按钮的键盘快捷键是 V。

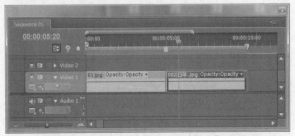

图2-116 "002旧年.jpg"素材名称高亮显示

◆ ▦ （轨道选择工具）：此按钮用于选择轨道素材，它可以选择同一轨道的所有素材或单一素材。如果要多轨道选择素材，按住 Shift 键即可加选。图 2-117 所示为多轨道的选择效果。

> **提示** 此按钮的键盘快捷键是 M。

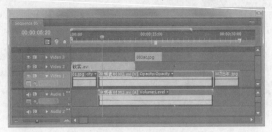

图2-117 多轨道素材选择

◆ ↔ （涟漪编辑工具）：此按钮用于改变影片的入、出点。选中要编辑的素材，将光标移到入点处，按住鼠标不放，向左拖动入点提前，向右拖动入点退后；将光标放到出点处，按住鼠标不放，向左拖动出点提前，向右拖动出点退后。在剪辑的过程中，相邻素材的位置会发生移动而素材时长不变，节目的总时长改变。图 2-118 和图 2-119 所示为涟漪编辑前后的素材效果。

> **提示** 此按钮的键盘快捷键是 B。

图2-118 涟漪编辑前的素材

图2-119 涟漪编辑后的素材

◆ ✥ （滚动编辑工具）：此按钮只用于改变相邻两个素材的持续时间，节目总时长不变。选择该工具，将光标移到同一轨道中的两个相邻素材的相接处，按住鼠标左键向左或向右拖动，则会改变相邻两个素材在节目中的持续时间。向左拖动，左侧素材的持续时间缩短，右侧素材的持续时间增加；向右拖动时，右侧素材的持续时间会缩短，左侧素材的持续时间会增加。在滚动编辑前后，节目的总时长不变。图2-120和图2-121所示为滚动编辑前后的素材效果。

> **提示**　此按钮的键盘快捷键是 N。

图2-120　滚动编辑前的素材

图2-121　滚动编辑后的素材

◆ （速度调整工具）：此按钮用于改变所选素材的播放速度。选择要编辑的素材，将光标移到素材的前端或末端，拖动鼠标。如果素材的时长增加，则播放速度变慢。反之，如果素材的时长减少，则播放速度变快。如果所选择的素材的左侧没有空余的轨道空间，则不能继续向左拖动鼠标来改变播放速度。同理，如果所选择的素材的右侧没有空余的轨道空间，则不能继续向右拖动鼠标来改变播放速度。速度调整工具在编辑素材的播放速度时，不影响其他素材的位置。图2-122和图2-123所示为速度调整前后的素材效果。

> **提示**　此按钮的键盘快捷键是 X。

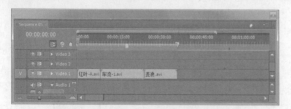

图2-122　速度调整前的素材

图2-123　速度调整后的素材

◆ （剃刀工具）：用于分割素材片段。在素材上单击一次可将这个素材分为两段，产生新的入点和出点。图2-124和图2-125所示为剃刀编辑前后的素材效果。

> **提示**　此按钮的键盘快捷键是 C。

> **提示**　按住 Shift 键，可以对同一时间线上的所有素材进行分割。

图2-124　剃刀编辑前的素材

图2-125　剃刀编辑后的素材

◆ （滑动编辑工具）：此按钮用于同步改变素材的入点和出点位置。将光标移到要滑动编辑的素材上，按住鼠标左键不放向左或向右拖动鼠标，则素材的入点和出点同步向前或向后移动。在滑动编辑前后，节目的总时长不变。图2-126和图2-127所示为滑动编辑前后的效果。

> **提示**　此按钮的键盘快捷键是 Y。

图2-126　滑动编辑前的时间帧

图2-127 滑动编辑后的时间帧

◆ ⬌ （滑移编辑工具）：此按钮用于同步改变选定素材的前后相邻素材的入点和出点。将光标移到要滑移编辑的素材上，按住鼠标左键不放向左或向右拖动鼠标，与编辑素材相邻的前端素材的出点和后端素材的入点将同步移动。如果相邻素材的入、出点到达原始位置，滑移编辑将不能继续。在滑移编辑前后，选中素材的时长和节目总时长不变。

提 示　此按钮的键盘快捷键是 U。

◆ ✒ （钢笔工具）：用于选择、移动或编辑动画关键帧。按 Ctrl 键，单击鼠标可添加一个新的关键帧。选择某一关键帧后，按 Ctrl 键，可改变当前关键帧的帧插值。按 Shift 键，可以加选多个关键帧。

提 示　此按钮的键盘快捷键是 P。

◆ ✋ （手掌工具）：用于左右平移时间线轨道。

提 示　此按钮的键盘快捷键是 H。

◆ 🔍 （缩放工具）：此按钮用于放大或者缩小窗口的时间单位，选中该工具后，在时间线轨道上单击，可放大对素材的显示。按住 Alt 键，在时间线轨道上单击，则会缩小对素材的显示。

提 示　此按钮的键盘快捷键是 Z。

## 2.5.2　Effect Controls（效果控制）面板

Effect Controls（效果控制）面板汇集了对影片编辑最重要的参数选项。在这个面板中可以更加灵活自如地更改参数、设置关键帧、修改关键帧等。可以

这样说，没有 Effect Controls（效果控制）面板，在 Premiere Pro CS5 中将很难完成复杂的剪辑工作。

默认状态下的 Effect Controls（效果控制）面板有 Motion（运动）和 Opacity（透明度）两个特效组，如图 2-128 所示。

图2-128　Effect Controls（效果控制）面板

### 2.5.2.1　Motion（运动）特效组

Motion（运动）特效组用于控制影片的尺寸大小、影片在 Monitor（监视器）窗口中的位置、影片的旋转和定位点等参数，如图 2-129 所示。

图2-129　Motion（运动）参数项

◆ Position（位置）：由水平和垂直参数来定位影片在 Monitor（监视器）窗口中的位置，如图 2-130 和图 2-131 所示。

图2-130　原始位置

图2-131　重新定位后的位置

◆ Scale（缩放比例）：控制影片的尺寸大小，如图 2-132 和图 2-133 所示。

图2-132　原始尺寸

图2-133　调整比例后的效果

◆ Uniform Scale（等分比例）：此开关控制是否等比或非等比缩放影片。在非等比缩放时，可以单独改变影片的长度或宽度值。

◆ Rotation（旋转）：控制影片在 Monitor（监视器）窗口中的角度，如图 2-134 和图 2-135 所示。

图2-134　影片旋转前的效果

图2-135　影片旋转后的效果

◆ Anchor Point（定位点）：控制影片旋转时的轴心，如图 2-136 和图 2-137 所示。

图2-136　将定位点调整到照片的右上角

图2-137　影片旋转后的效果

◆ Anti-flicker（抗闪烁过滤）：控制影片在运动时的平滑度，提高此值可降低影片运动时的抖动。

### 2.5.2.2　Opacity（透明度）特效组

Opacity（透明度）特效组用于控制影片在屏幕上的可见度，如图2-138所示。

图2-138　Opacity（透明度）参数项

◆ Opacity（透明度）：控制素材在 Monitor（监视器）窗口中的可见度，如图2-139和图2-140所示。

图2-139　素材透明度为50的效果

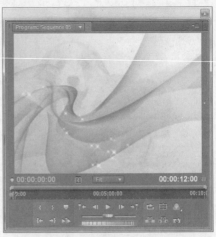

图2-140　素材透明度为15的效果

◆ Blend Mode（混合模式）：设置素材的混合模式。图 2-141 所示为混合模式列表。

图2-141　Blend Mode（混合模式）列表

### 2.5.2.3　Time Remapping（时间重置）特效组

Time Remapping（时间重置）特效组用于控制影片的无极变速效果，它可以在任意时间位置加快或放慢影片，使影片产生快、慢镜头特技，如图2-142所示。

图2-142　Time Remapping（时间重置）参数项

◆ Speed（速度）：通过在不同时间位置添加速度关键帧，来改变影片的播放速度。

### 2.5.2.4 面板控制按钮

在 Effect Controls（效果控制）面板中有许多按钮，下面来认识它们。

◆ （显示/隐藏关键帧轨迹线）：位于 Effect Controls（效果控制）面板素材名称的右侧，用于显示/隐藏关键帧轨迹线，如图 2-143 和图 2-144 所示。

图2-143 显示关键帧轨迹线

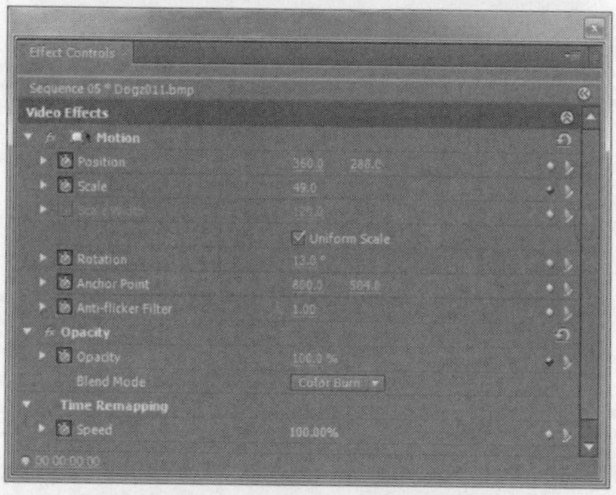

图2-144 隐藏关键帧轨迹线

◆ （显示/隐藏特效组）：此按钮用于显示/隐藏特效组。

◆ （复位到初始）：此按钮用于将特效参数值返回到初始状态。

◆ （特效开头钮）：此按钮用于控制特效是否有效。当按钮显示为 时，特效被应用到素材；当按钮显示为 时，特效不可用，即无效。

◆ （特效关键帧开头钮）：此按钮用于控制特效是否动画。当按钮显示为 时，特效参数可设置动画；当按钮显示为 时，特效参数不能设置动画。

◆ （音频播放钮）：此按钮用于播放影片的音频。

◆ （音频循环播放钮）：此按钮用于循环播放影片的音频。

### 2.5.3 History（历史）面板

History（历史）面板用来记录剪辑人员从建立项目开始后的所有操作步骤。在剪辑的过程中，如果操作失误，可以单击 History（历史）面板中相应的命令，返回到错误操作之前的状态。

History（历史）面板如图 2-145 所示，单击 History（历史）面板右上角的 按钮，将弹出如图 2-146 所示的菜单。

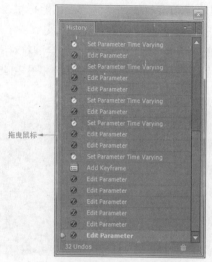

图2-145 History（历史）面板

图2-146 History（历史）面板菜单

◆ Undock Panel（脱离面板）：将当前编辑面板设置为浮动，可任意拖曳。

◆ Undock Frame（脱离框架）：将当前编辑窗口设置为浮动，可任意拖曳。

◆ Close Panel（关闭面板）：关闭当前编辑面板。

◆ Close Frame（关闭框架）：关闭当前编辑窗口。

◆ Step Backward（步退）：操作返回一步，可以连续执行。

◆ Step Forward（步进）：操作前进一步，可以连续执行。

◆ Delete（删除）：删除被选中操作的后续记录。

◆ Clear History（清除历史）：将 History（历史）面板中的所有记录清空。也可以单击 History（历史）面板右下角的 🗑（垃圾箱）按钮，清空所有记录。

### 2.5.4　Info（信息）面板

Info（信息）面板在 Adobe Premiere Pro CS5 发挥着更加强大的功能，当你选择一个素材时，它既能提供当前素材的基本信息，还能提供当前素材所在的序列及序列中其他素材的信息。

Info（信息）面板中显示的信息会随着对象的类型和窗口的不同而有所差异，如图 2-147 和图 2-148 所示。

图2-147　影片素材信息　　图2-148　交叉叠化过渡信息

### 2.5.5　Media Browser（媒体浏览）面板

Media Browser（媒体浏览）面板为快速查找、导入、批量导入素材提供了非常方便的途径，你可以随时在 Adobe Premiere Pro CS5 界面左下方的窗口中，进行素材的查找、导入等操作，如同在系统根目录中浏览文件一样。当需要导入文件时，可以直接在 Media Browser（媒体浏览）窗口中将它拖曳到 Project（项目）窗口、Source Monitor（源监视器）窗口或 Timelines（时间线）轨道即可，图 2-149 所示为 Media Browser（媒体浏览）的操作窗口。

图2-149　Media Browser（媒体浏览）操作窗口

## 2.6　本章小结

本章主要对 Adobe Premiere Pro CS5 的工作界面进行了详细讲解，包括 9 个菜单项目的命令和自定义快捷键的方法，最后着重介绍了 Premiere Pro CS5 的 6 个窗口和 4 个面板的各种操作按钮及参数，为读者学习后续章节打下良好的基础。

# 第 3 章
# 项目应用与系统参数设置

学习了Adobe Premiere Pro CS5的菜单、工作窗口和工作面板内容后，便可以动手制作自己的视频作品了！在Adobe Premiere Pro CS5中，制作自己的视频作品的第一步就是要创建Project（项目）。Project（项目）要对视频作品的规格进行定义，例如Frame Size（帧尺寸）、Frame Rate（帧速率）、Pixel Aspect Ratio（像素纵横比）、Audio Samples（音频采样）和Scene（场）等。

## 3.1　创建项目

Project（项目）是 Adobe Premiere Pro 的一个工程文件，扩展名是 PROJ。在一个已经完成剪辑等待输出的 Project（项目）中，保存了视频剪辑的所有素材文件、特效参数、过渡参数、音频混合参数等信息。

Project（项目）工程文件保存的这些信息为我们随时修改、完善视频作品提供了方便。

### 3.1.1　新建项目

Project（项目）是一个视频作品的框架。在动手制作视频作品前，首先要新建一个 Project（项目）。

#### 动手操作 08　新建一个 Project（项目）

Step01 启动 Adobe Premiere Pro CS5 软件，弹出如图 3-1 所示的选项窗口。

图3-1　Premiere Pro CS5启动选项窗口

Step02 单击 New Project（新建项目）按钮，弹出如图 3-2 所示的对话框，在 General（常规）选项卡中设置活动与字幕安全区域及视频、音频、采集项目名称，单击 OK 按钮后弹出如图 3-3 所示对话框。在 Sequence Presets（序列预设）选项卡中选择 DV-PAL 制式，设置音频采样为 Standard 48kHz（标准 48kHz），

最后单击 OK 按钮。

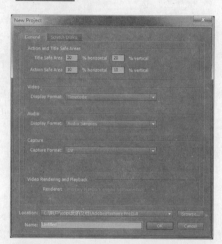

图3-2　New Project（新建项目）对话框

图3-3　New Sequence（新建序列）对话框

**Step03** 单击 OK 按钮后，便进入了 Adobe Premiere Pro CS5 的编辑界面，如图 3-4 所示。

图3-4　Adobe Premiere Pro CS5的编辑界面

## 动手操作 09　在 Project（项目）中新建一个 Project（项目）

**Step01** 接着上面的操作。在"新电影"项目中，创建一个新的 Project（项目）。单击菜单栏中 File（文件）>New（新建）>Project（项目）命令，如图 3-5 所示。如果"新电影"项目没有保存，会弹出如图 3-6 所示的提示对话框。如果要保存"新电影"项目，则单击 Yes 按钮，如果不保存，则单击 No 按钮。

图3-5　新建Project（项目）

图3-6　提示对话框

**Step02** 根据需要单击 Yes（是）或 No（否）按钮后，接着弹出如图 3-7 所示的对话框，在此即可对新 Project（项目）的参数进行设置。

图3-7　New Project（新建项目）对话框

**Step03** 设置完毕后，单击 OK（确定）按钮，弹出 New Sequence（新建序列）对话框，如图 3-8 所示。

图3-8 New Sequence（新建序列）对话框

## 3.1.2 打开项目

一个 Project（项目）在未完工之前，需要做大量的修改或完善工作。随时打开或关闭一个 Project（项目）是常见的操作。

### 动手操作 10 在系统目录下打开 Project（项目）

(Step01) Adobe Premiere Pro CS5 的 Project（项目）工程文件默认保存在"C:\用户\Administrator\文档\Adobe\Premiere Pro\5.0"目录下，如图 3-9 所示。

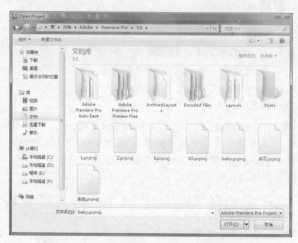

图3-9 Project（项目）工程文件的默认目录

(Step02) 在目录中选择要打开的 Project（项目）文件，双击即可打开该 Project（项目）文件。如果 Adobe Pre-

miere Pro CS5 软件在先前没有启动，则双击 Project（项目）文件会启动软件并同时打开 Project（项目）文件。

### 动手操作 11 启动 Premiere Pro CS5 时打开 Project（项目）

(Step01) 启动 Adobe Premiere Pro CS5 软件，出现如图 3-1 所示的窗口，单击 Open Project（打开项目）按钮，在弹出的 Open Project（打开项目）对话框中选择要打开的 Project（项目）文件，单击 打开(O) 按钮即可，如图 3-10 所示。

图3-10 Open Project（打开项目）对话框

(Step02) 如果先前已经编辑过 Project（项目）文件，则启动 Adobe Premiere Pro CS5 时会出现如图 3-11 所示的窗口，在 Recent Project（最近使用项目）列表中单击要打开的项目文件即可。

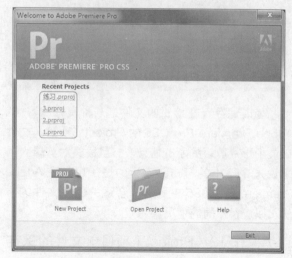

图3-11 Recent Project（最近使用项目）列表

## 动手操作 12　在 Project（项目）中打开另一个 Project（项目）

(Step01) 下面将在 Project（项目）编辑中，打开另一个 Project（项目）文件。单击菜单栏中 File（文件）>Open Project（打开项目）命令或 File（文件）>Open Recent Project（打开最近项目）命令，如图 3-12 所示。

图3-12　打开最近项目

(Step02) 在菜单栏中选择 Open Project（打开项目）命令后，在弹出的对话框中选择要打开的文件或在 Open Recent Project（打开最近项目）子菜单中直接单击要打开的 Project（项目）文件。如果正在编辑的 Project（项目）没有保存，会弹出如图 3-13 所示的提示对话框。如果需要保存当前文件，则单击 Yes（是）按钮，如果不需要保存，则单击 No（否）按钮。

图3-13　提示对话框

### 3.1.3　保存项目

随时保存正在编辑的文件是一种良好的习惯。Adobe Premiere Pro CS5 的 Project（项目）文件记录了影片剪辑的所有信息，一旦丢失对剪辑人员来说是个不小的打击。幸运的是，用户在 Adobe Premiere Pro CS5 中可选择合适的保存文件的方法，以应付不同的情况。

### 动手操作 13　Project（项目）文件的保存

(Step01) 最快速的方法是在任意时刻按 Ctrl+S 键来保存，或单击菜单栏中 File（文件）>Save（保存）命令。

(Step02) 另存文件。按 Ctrl+Shift+S 键另存为一个文件，或单击菜单栏中 File（文件）>Save as（另存为）命令来进行保存。另存文件后，正在编辑的文件是另存后的副本文件，原文件保存在磁盘中，如图 3-14 所示。

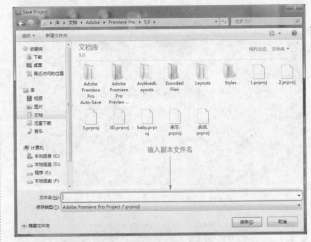

图3-14　Save Project（保存项目）对话框

(Step03) 另存副本。按 Ctrl+Alt+S 键另存为一个副本文件，或单击菜单栏中 File（文件）>Save a Copy（保存副本）命令来进行保存。另存文件后，正在编辑的文件是原文件，副本文件保存在磁盘中。

### 3.1.4　关闭项目

### 动手操作 14　关闭正在编辑的 Project（项目）

(Step01) 按 Ctrl+W 键可关闭正在编辑的 Project（项目），单击菜单栏中 File（文件）>Close（关闭）命令也可关闭文件。执行 Close（关闭）命令后，Adobe Premiere Pro CS5 返回到 New Project（新建项目）窗口状态。

(Step02) 按 Ctrl+Q 键可退出 Adobe Premiere Pro CS5 软件，单击菜单栏中 File（文件）>Exit（退出）命令也可关闭 Project（项目）。执行 Exit（退出）命令后，将返回到操作系统。

(Step03) 按 Alt+F4 键或双击 Adobe Premiere Pro CS5 窗口左上角 Pr 按钮或单击窗口右上角 X 按钮，可以退出软件，返回到操作系统。

## 3.2 项目参数

Project（项目）参数用来制定一种视频标准。通常情况下，在创建 Project（项目）工程文件时，可直接选择 Adobe Premiere Pro CS5 预置的视频规格作为 Project（项目）规格，如 DV-PAL 制式，音频采样为 32kHz 或 48kHz 规格，无需再对这些参数进行更改。当源素材是非标准格式时，需要自定义参数来与之相匹配。

启动 Adobe Premiere Pro CS5 软件，单击 New Project（新建项目）按钮，在弹出的 New Project（新建项目）对话框中有 General（常规）、Scratch Disks（暂存盘）两个选项卡，如图 3-15 所示。

图3-15　New Project（新建项目）对话框

New Project（新建项目）对话框中包括常规和暂存盘两个选项卡。设置完毕后，单击 OK（确定）按钮，弹出如图 3-16 所示的 New Sequence（新建序列）对话框。

图3-16　New Sequence（新建序列）对话框

New Sequence（新建序列）对话框中包括序列预置、常规、轨道 3 个选项卡。

新建项目与新建序列对话框中都含有 General（常规）项。新建项目对话框常规参数如图 3-17 所示。

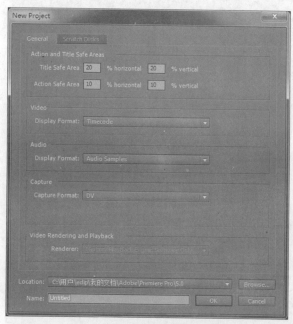

图3-17　General（常规）选项卡

◆ Title Safe Area（字幕安全区域）：设置字幕的警示区域。为了防止编辑的字幕在电视机上播放时被自动切掉，在编辑字幕时，文字的位置必须在 Monitor（监视器）窗口的字幕安全区域以内。

◆ Action Safe Area（动作安全区域）：设置动作的警示区域作用与字幕安全区域相似。

◆ Video Display Format（视频显示格式）：显示视频素材的格式信息。

◆ Audio Display Format（音频显示格式）：显示音频素材的格式信息。

◆ Capture（采集）参数用来设置设备参数及采集方式，如图 3-18 所示。如果安装有额外的硬件设备，在列表中会出现更多的选项，Capture（采集）的详细内容请参见本书第 4 章 4.3 节。

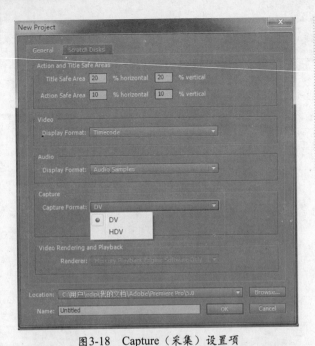

图3-18　Capture（采集）设置项

新建序列对话框中的常规选项卡如图3-19所示。

图3-19　New Sequence（新建序列）对话框的常规选项卡

辑，不可更改。选择 Video for Windows 编辑模式，视频尺寸可以根据源素材的尺寸进行匹配修改。

在安装了第三方插件后，还可以选择其他的回放模式，如图 3-20 所示。

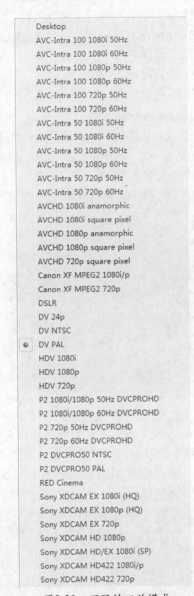

图3-20　不同的回放模式

### 3.2.1　Editing Mode（编辑模式）

编辑模式决定了在 Timelines（时间线）窗口中回放影片的方式。如果来源素材是 DV 规格的，则选择 DV Playback 编辑模式；如果来源素材是非 DV 的模拟视频，则选择 Video for Windows 编辑模式。选择 DV Playback 编辑模式，视频以标准尺寸回放编

### 3.2.2　Playback Settings（重放设置）

重放设置主要控制视频回放预览时在外部设备（监视器或 DV 摄像机显示器）上操作，还是在计算机显示器上操作。同时，还可以选择硬件加速预览的方式，如用 GPU 来加速预览（用显卡加速），制式转换方式等选项，如图 3-21 所示。

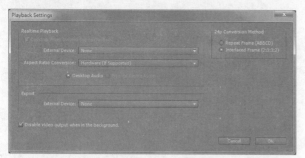

图3-21　Playback Settings（重放设置）对话框

### 3.2.3　Timebase（时间基准）

时间基准是剪辑视频时所采用的时间帧计算尺码。一般情况下，由源素材的帧速率来决定。如果源素材是DV-NTSC制式，那么时间基准值为29.97帧/秒；如果源素材是DV-PAL制式，则时间基准值为25帧/秒；如果源素材是电影胶片素材，则时间基准值是24帧/秒。其他制式的素材，可根据情况来选择，如图3-22所示。

```
      10.00 frames/second
      12.00 frames/second
      12.50 frames/second
      15.00 frames/second
      23.976 frames/second
      24.00 frames/second
  ◉   25.00 frames/second
      29.97 frames/second
      30.00 frames/second
      50.00 frames/second
      59.94 frames/second
      60.00 frames/second
```

图3-22　不同时间基准值

时间基准决定剪辑时指针定位的精度，当数值与素材速率值不同时，剪辑会出现时间帧错位，将影响剪辑的准确度。

### 3.2.4　Video（视频）

视频选项主要控制影片的Frame Size（画幅大小）、Pixel Aspect Ratio（像素纵横比）和Fields（场）等属性。

◆ Frame Size（画幅大小）：又称帧尺寸，它决定了影片在屏幕上的长和宽，以像素来测量。像素是计算机屏幕中显示的最小图片单位，形状为正方形。画幅大小一般设置为标准尺寸，即NTSC制式为720×480，PAL制式为720×576。如果是非标准的影片，也可以自定义影片的宽、高值。

◆ Pixel Aspect Ratio（像素纵横比）：即影片的宽高比，在下拉列表中可选择不同的像素纵横比值，如图3-23所示。

在设置像素纵横比时，应该保持与源视频素材的像素纵横比值相同，否则在回放或输出影片时会发生扭曲变形。如果影片格式为D1/DV-NTSC制式，可设置为0.9或1.2（宽银幕）；如果是D1/DV-PAL制式，则像素纵横比应为1.067或1.422（宽银幕）。

```
      Square Pixels (1.0)
      D1/DV NTSC (0.9091)
      D1/DV NTSC Widescreen 16:9 (1.2121)
  ◉   D1/DV PAL (1.0940)
      D1/DV PAL Widescreen 16:9 (1.4587)
      Anamorphic 2:1 (2.0)
      HD Anamorphic 1080 (1.333)
      DVCPRO HD (1.5)
```

图3-23　像素纵横比列表

◆ Fields（场）：视频作品从计算机量化到电视机回放都需要设置场。电视机采用隔行扫描方式来处理图像，而计算机显示器则大多都采用逐行扫描。

场的另外一个概念就是场的优先扫描，即首先扫描奇数行（上场），还是偶数行（下场）。

隔行扫描的一帧为两个垂直扫描场。方式为奇数行扫描获得一个垂直扫描场，再从偶数行扫描获得一个垂直扫描场。一帧为2场，一秒为50场。

逐行扫描的一帧为一个垂直扫描场，方式为顺序依次行间扫描。

如果将D1/DV-PAL制式的影视节目输出为录像带，则必须设置为上场优先。如果制作的影视节目只在电脑上播放，则设置为无场。

◆ Display Format（显示格式）：设置剪辑所采用的时间尺码，如图3-24所示。在设置时，应保持与源视频的速率值相同。

```
  ◉   25fps Timecode
      Feet + Frames 16mm
      Feet + Frames 35mm
      Frames
```

图3-24　视频显示格式

### 3.2.5　Audio（音频）

　　音频选项可设置音频的采样率和音频在Timelines（时间线）窗口中的显示方式。

　　◆ Sample Rate（采样值）：较高的采样值会得到高品质的音频。一般情况下，根据源音频素材采样（采集）时的值来设置，如图3-25所示。

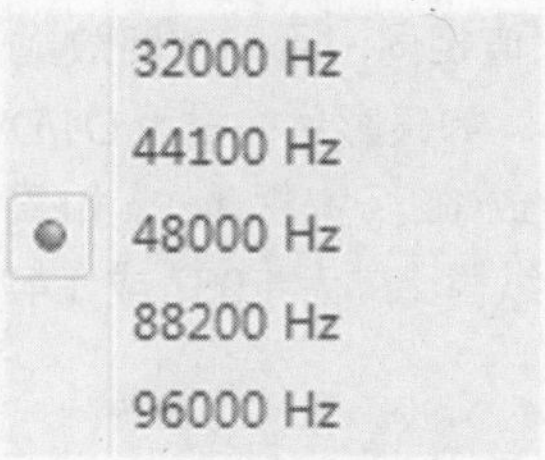

32000 Hz
44100 Hz
◉ 48000 Hz
88200 Hz
96000 Hz

图3-25　采样值列表

　　◆ Display Format（显示格式）：设置音频素材在时间线标尺上显示的方式，如图3-26所示。

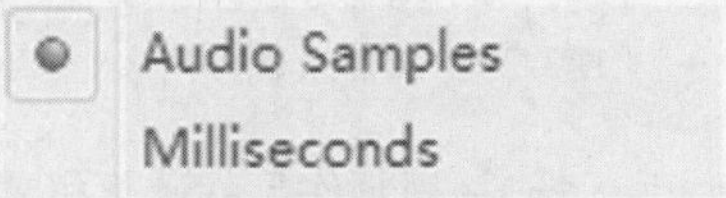

◉ Audio Samples
　 Milliseconds

图3-26　音频显示格式

### 3.2.6　Video Previews（视频预览）

　　Video Previews（视频预览）选项区域如图3-27所示。

图3-27　Video Previews（视频预览）选项区域

　　◆ Preview File Format（预览文件格式）：设置视频预览时的编码格式。

　　◆ Configure（配置）：设置编码参数项。

　　◆ Codec（编码）：选择视频制式。

　　◆ Width（宽）：设置视频宽度。

　　◆ Height（高）：设置视频高度。

　　◆ Reset（复位）：复位参数项。

　　◆ Maximum Bit Depth（最大位数深度）：勾选此项，以最大位数深度显示视频。

　　◆ Maximum Bit Quality（最高品质）：勾选此项，以最高品质预览视频。

## 动手操作15　保存 Custom Settings（自定义设置）项

Step01 首先设置好自定义项目参数，然后单击 Custom Settings（自定义设置）窗口左下角的 Save Presetting（保存预置）按钮，弹出 Save Settings（保存设置）对话框，如图3-28所示。

图3-28　Save Settings（保存设置）对话框

Step02 在对话框内输入名称和描述内容（说明文字），单击 OK（确定）按钮进行保存。

# 3.3 系统参数设置

系统参数主要控制 Adobe Premiere Pro CS5 软件的基本操作设置，如视、音频默认过渡的持续时间，静帧图像默认的持续时间，采集素材时的条件，标签颜色，自动保存设定，用户界面等选项的设置。

那么，如何设置系统参数选项呢？

启动 Adobe Premiere Pro CS5 软件，新建或打开一个 Project（项目）后，在编辑模式下，单击菜单栏中 Edit（编辑）>Preferences（参数）命令，就会出现如图 3-29 所示的子菜单。单击任意一个子菜单命令，就会打开 Preferences（参数）对话框，如图 3-30 所示。

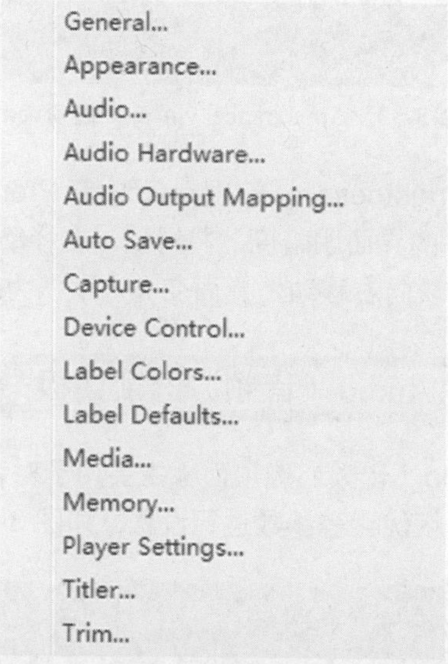

General...
Appearance...
Audio...
Audio Hardware...
Audio Output Mapping...
Auto Save...
Capture...
Device Control...
Label Colors...
Label Defaults...
Media...
Memory...
Player Settings...
Titler...
Trim...

图3-29　Preferences（参数）子菜单

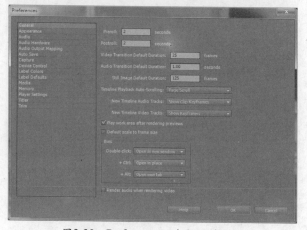

图3-30　Preferences（参数）对话框

Preferences（参数）对话框由 14 个选项面板组成：General（常规）、Appearance（界面）、Audio（音频）、Audio Hardware（音频硬件）、Audio Output Mapping（音频输出映射）、Auto Save（自动保存）、Capture（采集）、Device Control（设备控制器）、Label Colors（标签色）、Label Defaults（默认标签）、Media（媒体）、Memory（内存）、Player Settings（播放设置）、Titler（字幕）和 Trim（修整）。

## 3.3.1 General（常规）选项面板

General（常规）选项主要用于对视、音频默认切换时间和静帧图像默认时间等参数进行设置，如图 3-31 所示。

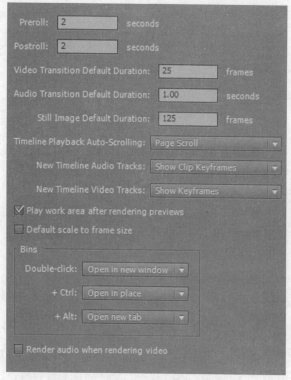

图3-31　General（常规）选项面板

◆ Preroll（预卷）：设置回放时在开始点之前多少秒进行播放。

◆ Postroll（后卷）：设置回放时在结束点之后多少秒停止播放。

◆ Video Transition Default Duration（视频切换默认持续时间）：设置在默认状态下视频过渡的持续帧数，以帧为单位。

◆ Audio Transition Default Duration（音频过渡默认持续时间）：设置在默认状态下音频过渡的持续时间，以秒为单位。

◆ Still Image Default Duration（静帧图像默认持续时间）：设置静帧图像在添加到时间线轨道中时的持续帧数，以帧为单位。

◆ Timeline Playback Auto-Scrolling（时间线重放自卷滚屏）：有 3 个选项，即 No Scroll（不卷动）、Page Scroll（页面卷动）和 Smooth Scroll（平滑卷动），如图 3-32 所示。选项控制 Timelines（时间线）窗口播放素材时，窗口是否随时间指针卷动。Smooth Scroll（平滑卷动）项适合大部分工作要求。

◆ New Timeline Audio Tracks（新建时间线音频轨）：设置是否在时间线轨道中显示音频素材的关键帧信息。

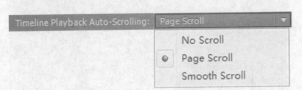

图3-32　时间线重放自卷滚屏选项

◆ New Timeline Video Tracks（新建时间线视频轨）：设置是否在时间线轨道中显示视频素材的关键帧信息。

◆ Play work area after rendering previews（渲染后播放工作区）：此开关控制渲染完作品后，是否即时播放渲染结果。默认为勾选状态。

◆ Default scale to frame size（画面大小默认适配为当前项目画面尺寸）：此选项控制视频素材在编辑时，是否自动调整宽高比以适配项目比例大小。一般情况下，此选项为关闭状态。

◆ Bins（文件夹）：设置项目窗口中文件夹打开方式，Double-click（双击）文件夹在新窗口打开，组合键鼠标双击（+Ctrl）文件夹在当前窗口打开，组合键鼠标双击（+Alt）文件夹在新标签中打开。

◆ Render audio when rendering video（渲染视频时渲染音频）：勾选此选项，在渲染预览影片时视、音都将被处理。

### 3.3.2　Appearance（界面）选项面板

Appearance（界面）选项面板用于调整 Adobe Premiere Pro CS5软件界面的明暗度，如图 3-33 所示。

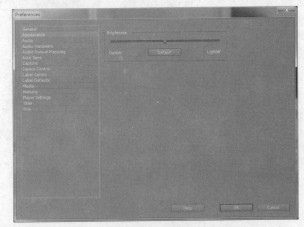

图3-33　Appearance（界面）选项面板

◆ Brightness（亮度）：调整 Premiere Pro CS5 软件的界面明暗度，将滑块向左移动，界面变暗，将滑块向右移动，界面变亮，默认为灰暗色。

### 3.3.3　Audio（音频）选项面板

Audio（音频）选项面板主要用于对音频混合、音频关键帧优化等参数进行设置，如图 3-34 所示。

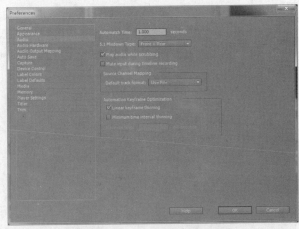

图3-34　Audio（音频）选项面板

◆ Automatch Time（自动匹配时间）：设置音频自动匹配的时间，以秒为单位。

◆ 5.1 Mixdown Type（5.1下混类型）：在制作 DVD 时，设置音频混合的模式，即 Front Only（仅有前置）、Front+Rear（前置 + 后置环绕）、Front+LFE（前置 + 重低音）或 Front+Rear+LFE（前置 + 后置环绕 + 重低音），如图 3-35 所示。

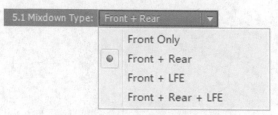

图3-35  声道混合选项

◆ Play audio while scrubbing（在搜索走带时播放音频）：勾选此选项，在 Timelines（时间线）窗口中快速拖动时间指针时，音频为播放状态。

◆ Mute input during timeline recording（时间线录制静音输入）：勾选此选项，在录制时以静音方式进行。

◆ Default track format（默认轨道格式）：设置音频素材在音频轨道中的声道模式，默认为 Use File（使用文件）模式，当然也可以强制设为 Mono（单声道）、Stereo（立体声）或 5.1 声道模式，图 3-36 所示。

图3-36  默认轨道格式

◆ Linear keyframe thinning（减少线性关键帧密度）：如果音频关键帧的插值模式为线性，将自动优化关键帧数量。

◆ Minimum time interval thinning（最小时间间隔）：按自定义时间值来优化减少关键帧数量。

### 3.3.4  Audio Hardware（音频硬件）选项面板

Audio Hardware（音频硬件）选项面板主要用于对音频硬件参数进行设置，如图 3-37 所示。

◆ Default Device（默认设备）：以当前计算机中的声卡为默认工作设备。

图3-37  Audio Hardware（音频硬件）选项面板

◆ ASIO Settings（ASIO 设置）：ASIO 的全称是 Audio Stream Input Output，译为音频流输入、输出接口。ASIO 技术可以减少系统对音频流信号的延迟，也称作输入、输出同步方式。ASIO 技术是专业与民用声卡区别的最显著的特征之一。单击 ASIO Settings（ASIO 设置）按钮，即弹出如图 3-38 所示。

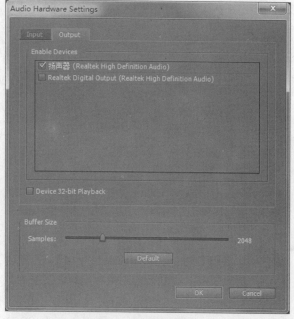

图3-38  ASIO设置对话框

### 3.3.5  Audio Output Mapping（音频输出映射）选项面板

Audio Output Mapping（音频输出映射）选项面板主要用于对音频输出设备项进行设置，如图 3-39 所示。

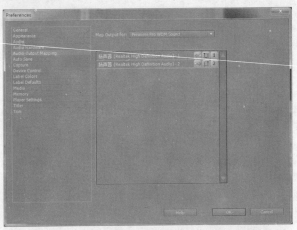

图3-39　Audio Output Mapping（音频输出映射）选项面板

### 3.3.6　Auto Save（自动保存）选项面板

Auto Save（自动保存）选项面板用于设置 Adobe Premiere Pro CS5 软件自动保存 Project（项目）的时间间隔及数量，如图 3-40 所示。

图3-40　Auto Save（自动保存）选项面板

◆ Automatically save projects（自动保存项目）：此选项控制系统是否自动保存编辑时的项目。

◆ Automatically Save Every（自动保存间隔）：设置每隔多长时间来保存项目，默认为每隔 20 分钟保存一次。

◆ Maximum Project Versions（最多项目保存数量）：设置每次保存时的项目备份数。

### 3.3.7　Capture（采集）选项面板

Capture（采集）选项面板用于设置采集素材

时要遵循的条件，如图 3-41 所示。

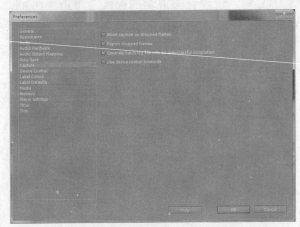

图3-41　Capture（采集）选项面板

◆ Abort capture on dropped frames（丢帧时中断采集）：采集素材时，如果出现丢帧现象，则中止采集。

◆ Report dropped frames（报告丢帧）：设置采集素材时是否报告丢帧现象。

◆ Generate batch log file only on unsuccessful completion（仅在未成功采集时生成批处理日志文件）：设置采集失败时是否生成批量日志文件。

◆ Use device control timecode（使用设备控制时间码）：设置是否用设备来控制当前时间码。

### 3.3.8　Device Control（设备控制）选项面板

Device Control（设备控制）选项面板用于设置采集素材时所使用的硬件设备，比如是 DV 摄像机还是录像机，如图 3-42 所示。

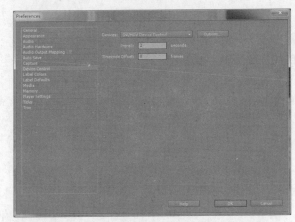

图3-42　Device Control（设备控制）选项面板

◆ Devices（设备）：设置素材采集时的硬件控制设备。

◆ Preroll（预卷）：设置录像带开始运转到正式采集素材的时间间隔。

◆ Timecode Offset（时间码补偿）：设置采集到的素材与录像带之间的时间码偏移。此值可以精确匹配它们的帧率，以降低采集误差。

### 3.3.9 Label Colors（标签色）选项面板

Label Colors（标签色）选项面板用于设置素材导入时的标签颜色，可为颜色命名和设置颜色值，如图 3-43 所示。单击对话框中的色块按钮，可以打开 Color Picker（颜色拾取）对话框指定颜色值，如图 3-44 所示。

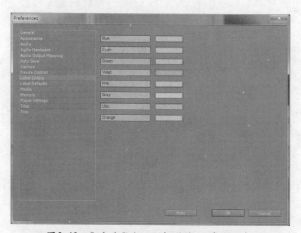

图3-43 Label Colors（标签色）选项面板

图3-44 Color Picker（颜色拾取）对话框

### 3.3.10 Label Defaults（默认标签）选项面板

Label Defaults（默认标签）选项面板根据对象类型设置标签颜色，如图 3-45 所示。可指定的对象类型有 Bin（文件夹）、Sequence（序列）、Video（视频）、Audio（音频）、Movie(audio and video)［影片（音频和视频）］、Still（静帧图像）和 Adobe Dynamic Link（Adobe 动态链接），单击对应下三角按钮，可弹出如图 3-46 所示的颜色列表。

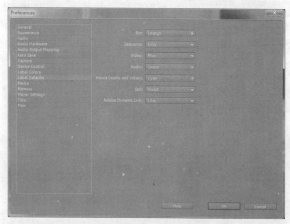

图3-45 Label Defaults（默认标签）选项面板

Blue
Cyan
Green
Violet
Pink
Gray
Lilac
◉ Orange

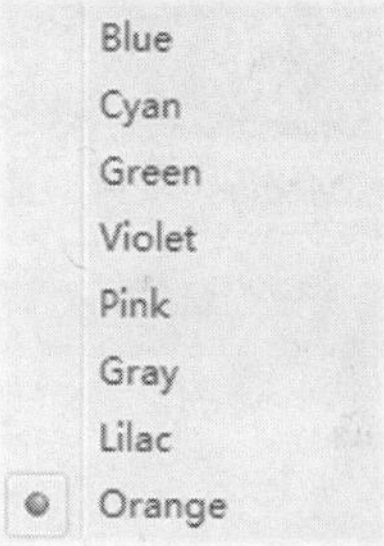

图3-46 标签颜色列表

◆ Bin（文件夹）：设置 Project（项目）窗口中文件夹的标签颜色。

◆ Sequence（序列）：设置 Project（项目）窗口中序列的标签颜色。

◆ Video（视频）：设置 Project（项目）窗口中视频素材的标签颜色。

◆ Audio（音频）：设置 Project（项目）窗口中音频素材的标签颜色。

◆ Movie（audio and video）［影片（音频和视频）］：设置 Project（项目）窗口中影片素材的标签颜色。

◆ Still（静帧）：设置 Project（项目）窗口中静帧图像的标签颜色。

◆ Adobe Dynamic Link（Adobe 动态链接）：设置 Project（项目）窗口中动态链接素

材的标签颜色。

### 3.3.11 Media（媒体）选项面板

Media（媒体）选项面板用于指定预览影片所使用的磁盘缓存目录库，如图3-47所示。单击 Browse... 按钮，可自定义缓存目录库，如图3-48所示。单击 Clean 按钮，可清除缓存目录库中的内容，如图3-49所示。

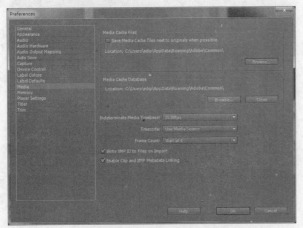

图3-47　Media（媒体）选项面板

图3-48　指定缓存目录库

图3-49　清除缓存库内容

◆ Media Cache Files（媒体高速缓存文件）：自定义视、音频素材渲染时的缓存文件目录。

◆ Media Cache Database（媒体高速缓存数据库）：自定义视、音频素材渲染时的磁盘缓存目录。

◆ Indeterminate Media Timebase（不确定的媒体时间基准）：当一个素材的播放速率不确定时，可以强制使用当前设置的速率，如图3-50所示。

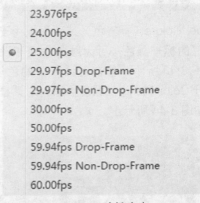

图3-50　时间基准

◆ Timecode（时间码）：设置素材编辑时采用何种时间码，如图3-51所示。

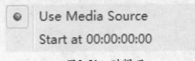

图3-51　时间码

◆ Frame Count（帧数）：设置素材编辑的起始帧，如图3-52所示。

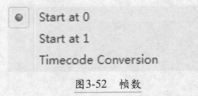

图3-52　帧数

◆ Write XMP ID to Files on Import（在导入时写入 XMP ID 到文件）：勾选此选项，在导入素材时将元数据 ID 写入到素材。

◆ Enable Clip and XMP Metadata（激活素材与 XMP 元数据链接）：勾选此选项，激活素材与元数据的实时链接。

## 3.3.12　Memory（内存）选项面板

◆ Memory（内存）选项面板用于管理 Premiere 使用系统内存的容量及优化方式，如图 3-53 所示。

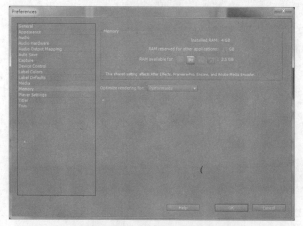

图3-53　Memory（内存）选项面板

● Installed RAM（系统内存）：显示系统内存。

● RAM res erved for other applications（分配给其他程序的内存）：设置分配给其他程序的内存。

● RAM available for（可供使用的内存）：设置程序可用的内存。

◆ Optimize rendering for（渲染时优化）：可选择 Performance（性能）或 Memory（内存）选项，如图 3-54 所示。

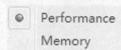

图 3-54　Optimize rendering for（渲染时优化）选项

◆ Performance（性能）：以计算机性能来优化内存。

◆ Memory（内存）：以内存的大小来进行优化。

## 3.3.13　Player Settings（播放设置）选项面板

◆ Default Player（默认播放器）：设置视、音素材预览播放时的默认播放器，如图 3-55 所示。

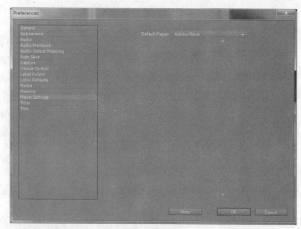

图3-55　Player Settings（播放设置）选项面板

## 3.3.14　Titler（字幕）选项面板

Titler（字幕）选项面板用于设置字幕风格及预览方式，如图 3-56 所示。

◆ Style Swatches（样式示例）：设置字幕的样式显示字符。

◆ Font Browser（字体浏览）：设置字幕浏览时的显示字符。

图3-56　Titler（字幕）选项面板

## 3.3.15　Trim（修剪）选项面板

Trim（修剪）选项面板用于设置在 Trim Monitor（修剪监视器）窗口中剪辑影片时的微调偏移量，如图 3-57 所示。

◆ Large Trim Offset（最大修整偏移）：设置在 Trim Monitor（修剪监视器）窗口中剪辑影片时，视频每次偏移微调的帧数，默认为 5 帧，音频为 100 单位。

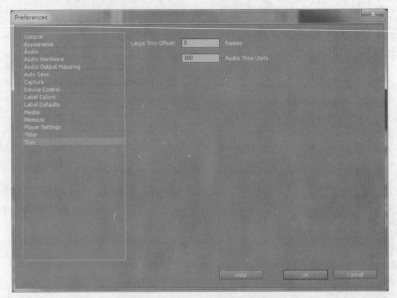

图3-57 Trim（修剪）选项面板

## 3.4 本章小结

　　本章主要讲解了 Project（项目）的创建、打开、保存和关闭操作，以及项目参数的设置。掌握和学习 Project（项目）的相关知识是深入学习视频剪辑最重要的环节之一。最后，对 Adobe Premiere Pro CS5 软件的系统参数进行了详细讲解，为顺利剪辑影片营造一个快捷而高效的操作环境。

# 第 4 章
# 素材导入、采集和编辑

素材是利用 Adobe Premiere Pro CS5 创作优秀视频作品所不可缺少的内容，"巧妇难为无米之炊"的"米"在视频编辑中就是"素材"，没有素材就不能成作品。

在视频编辑中，素材通常是指静态图像、视频和音频，在编辑前，所有的素材都要转换为数字格式。如果素材来自数字设备（如 DV 摄像机），可直接通过 IEEE1394 端口输入到计算机中。如果素材来自模拟设备（如模拟摄像机），则必须将素材数字化后才能进行非线性编辑。

素材数字化编辑是保证视频品质和提高编辑效率最有效的手段。在线性编辑系统中，素材每编辑一次品质就会损失一次，并且这种编辑总是从头至尾的模式，哪怕删除一张画面都必须将整个作品重新输出一次，费时又费力。而在非线性编辑系统中，素材可以任意删除、插入和加入特技，还可以实时预览，并且在任何时间都可以输出其中一段或全部视频，而不必担心视频的品质受损。非线性编辑开创了影视创作的新局面，使繁琐的工作变得轻松而高效。

## 4.1 素材文件的格式

Adobe Premiere Pro CS5 可以导入多种格式的素材，不管是视频、音频素材，还是静帧图像素材都可以很好地应用于软件中。

### 4.1.1 Video Format（视频格式）

视频文件一般分为两类，即影像文件和动画文件。常用的视频文件格式有 AVI、MOV、Mpeg、MPG、MPE、M2、WMV、ASF 和 FLM 等。

下面对一些常用的视频文件格式进行简单介绍。

◆ AVI：它的英文全称为 Audio Video Interleaved，即音频视频交错格式，是 PC 机最常用的视频格式之一，由 Microsoft（微软）公司开发并制定。

◆ MOV：是 APPLE（美国苹果公司）开发的一种视频格式。同 AVI 一样，也被广泛用于视频文件的存储，但在 PC 领域远不及 AVI 普及。

◆ Mpeg/MPG/MPE：是压缩视频的基本格式。它的压缩方法是将视频信号分段取样（每隔若干幅画面取下一幅"关键帧"），然后对相邻各帧未变化的画面忽略不计，仅记录变化的内容，因此压缩比很大，常用于 VCD（MPEG-1）和 DVD（MPEG-2）视频的压缩输出。

◆ WMV：它 的 英 文 全 称 为 Windows Media

Video，也是 Microsoft（微软）开发的一种采用独立编码方式并且可以直接在网上实时观看的文件压缩格式。

◆ ASF：它的英文全称为 Advanced Streaming Format，也是 Microsoft（微软）开发的一种可在 Internet（互联网）上实时观看的视频文件格式。

◆ FLM：是 Adobe 公司开发的一种文件格式，称为胶片（Filmstrip）格式。它是一种无压缩的静帧序列图像文件格式，可以用 Adobe Photoshop CS5 软件进行逐帧编辑，再由 Adobe Premiere Pro CS5 软件输出成视频文件。

### 4.1.2 Audio Format（音频格式）

音频文件的常用格式有 WAV、MP3、AIFF、WMA、AVI 和 MOV 等。

下面对一些常用的音频文件格式进行简单介绍。

◆ WAV：是 Microsoft（微软）公司开发的一种无损压缩的声音文件格式，目前已经作为通用的声音格式被广泛应用，但其缺点是生成的文件容量较大。

◆ MP3：是一种有损压缩的音频文件格式，它以 12：1 的压缩比例生成文件，因此文件容量很小，是目前 Internet（互联网）上最为流行的声音文件之一。

◆ AIFF：是 APPLE（美国苹果公司）开发的

一种音频格式。同 WAV 一样，也被广泛用于音频文件的存储，但在 PC 领域远不及 WAV 普及。

◆ WMA：是 Microsoft（微软）公司开发的一种网络流媒体技术存储的声音文件，也是目前流行的音频格式之一。

◆ AVI 和 MOV：无图像音频格式，同视频格式 AVI 和 MOV 相同。

### 4.1.3　Still Image Format（静帧图像格式）

静帧图像的常用格式有 JPG、TGA、TIFF、BMP、PSD、AI、PNG、EPS、PCT 和 PCX 等。

下面对一些常用的静帧图像文件格式进行简单介绍。

◆ JPG：是一种高效率的图像有损压缩格式，在观看和印刷输出时对品质有影响。在影视制作中一般不采纳这种格式。

◆ TGA：是由美国 Truevision 公司开发的一种图像文件格式，属于一种图形、图像数据通用格式，有24 位真彩和 32 位真彩之分。它已经成为数字化图像和其他应用程序生成高质量图像的常用格式。它是专门为捕获电视图像所设计的一种图像格式，这使它成为计算机产生高质量图像向电视转换的一种首选格式。

◆ TIFF：它的最大特点是与计算机的结构、操作系统以及图形硬件系统无关。它可以处理黑白、灰度、彩色图像，带 Alpha 通道。TIFF 也是产生高质量图像的首选格式之一。

◆ BMP：是英文 Bitmap（位图）的简写，它是 Windows 操作系统中的标准图像文件格式，能够被多种 Windows 应用程序所支持。BMP 格式的特点是包含的图像信息较丰富，几乎不进行压缩，生成的文件容量较大，也是生成高质量图像的首选格式之一。

◆ PSD：是 Adobe 公司的图像处理软件 Photo-shop 的专用格式 Photoshop Document（PSD）。PSD 文件是 Photoshop 默认的工程设计

"草稿图"，它里面包含有图层、通道、遮罩等多种信息，便于随时修改前次的设计效果。用 Adobe Premiere Pro CS5 软件打开此类文件时，可以读取它的众多信息，如图层、通道等，读取的信息可以独立编辑，是制作复杂运动图形的最佳格式之一。

◆ AI：是 Adobe 公司的矢量制作软件 Illustrator 的专用格式，在影视制作中常用来制作高质量的图形，如运动的线条、标志等。

◆ PNG：是一种网络图像格式，它汲取了 GIF 和 JPG 二者的优点，存储形式丰富，兼有 GIF 和 JPG 的色彩模式，显示速度快，支持透明图像的制作。

◆ EPS：全名是 Encapsulated PostScript，在苹果系统中应用较广，它是用 PostScript 语言描述的一种 ASCII 码文件格式，主要用于排版、打印等输出工作。

◆ PCT：是 APPLE（美国苹果公司）开发的一种 32 位图像格式，在 PC 系统并不流行。

◆ PCX：是 Z-SOFT 公司的图像处理软件 Paintbrush 的一种格式，它是经过压缩的格式，占用磁盘空间较少，具有全彩色的优点。

### 4.1.4　Rest Format（其他格式）

除了上述的素材文件格式外，Adobe Premiere Pro CS5 还可以导入旧版本 Adobe Premiere 6 的很多素材，如 Adobe Premiere 6 文件夹（*.plb）、Adobe Premiere 6 故事板（*.psq）、Adobe Premiere 6 字幕（*.ptl）和 Adobe Premiere 6 项目（*.ppj）素材，如果安装了 Adobe After Effects CS5 软件，还可以与 Adobe Premiere Pro CS5 相结合共享素材文件。

如果是序列帧文件，如 TGA 序列素材，也可在 Adobe Premiere Pro CS5 中进行处理与应用。

由于文件的格式差异，不同的素材在导入到 Adobe Premiere Pro CS5 的项目工程中时，会出现不同的对话框和设置选项，设置是否得当会直接影响视频的编辑效果，这一点大家一定要注意。

## 4.2　Import Clip（导入素材）

本书的第 3 章已经讲到，在 Adobe Premiere Pro CS5 中，制作任何视频作品首先要从新建一个 Project（项目）工程文件开始，然后才能将素材导入到 Project（项目）窗口中进行管理和编辑。素材的管理和编辑都要按一定的规则来进行，下面就如何导入素材以及视频制作流程进行详细的讲解。

## 4.2.1　New Project（新建项目）

下面我们将新建一个标准的 DV-PAL 制式的 DVD 项目工程文件。

### 动手操作 16　新建一个标准的 DVD 项目工程

**Step01** 启动 Adobe Premiere Pro CS5 软件，弹出如图 4-1 所示的窗口。

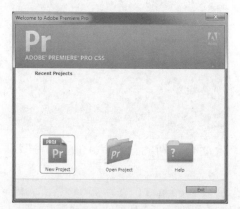

图4-1　Premiere Pro CS5启动选项窗口

图4-2　New Project（新建项目）对话框

**Step02** 单击 New Project（新建项目）按钮，进入 New Project（新建项目）对话框的 General（常规）选项卡，如图 4-2 所示。在名称栏中输入"第四章练习"，单击 OK 按钮，在弹出的 New Sequence（新建序列）对话框中选择 DV-PAL 制式，设置音频采样为 Standard 48kHz（标准 48kHz），最后单击 OK 按钮，如图 4-3 所示。

**Step03** 单击 OK 按钮后，便进入了 Adobe Premiere Pro CS5 的编辑界面，如图 4-4 所示。

图4-3　New Sequence（新建序列）对话框

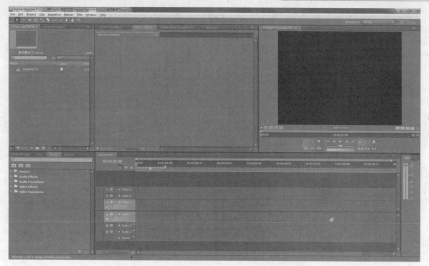

图4-4　Adobe Premiere Pro CS5编辑界面

## 4.2.2 Sequence（序列）

新建一个项目工程文件后，在 Project（项目）窗口中就会出现一个名为 Sequence 01（序列 01）的空白序列片段素材。在 Adobe Premiere Pro CS5 中，各种不同的素材经过编辑加工后，生成一个完整的作品，这个作品可以被称为 Sequence（序列）。Premiere Pro CS5 允许一个 Project（项目）中有多个 Sequence（序列）片段存在，而且 Sequence（序列）可以作为普通素材被另一个 Sequence（序列）所引用和编辑，通常将这种情况称为 Nested Sequence（嵌套序列）。但不管怎样，新建一个项目工程文件后，在 Project（项目）中至少要在一个 Sequence（序列）片段，否则导入的素材将无法编辑。

### 动手操作 17　删除 Project（项目）窗口中默认的 Sequence 01（序列 01）片段

Step01 启动 Adobe Premiere Pro CS5 软件，新建一个项目工程文件后，在 Project（项目）窗口中选择名称为 Sequence 01（序列 01）的片段素材，然后单击 Project（项目）窗口底部的 🗑 （删除）按钮或按 Delete（删除）键将其删除，如图 4-5 所示。

图4-5　删除Sequence 01（序列01）

Step02 删除 Sequence 01（序列 01）后，Adobe Premiere Pro CS5 的一些重要窗口及面板都变为灰色，如图 4-6 所示。这时候即使在 Project（项目）窗口中导入素材，也无法编辑。新建项目工程文件后，在 Project（项目）窗口中至少要有一个 Sequence（序列）片段存在。

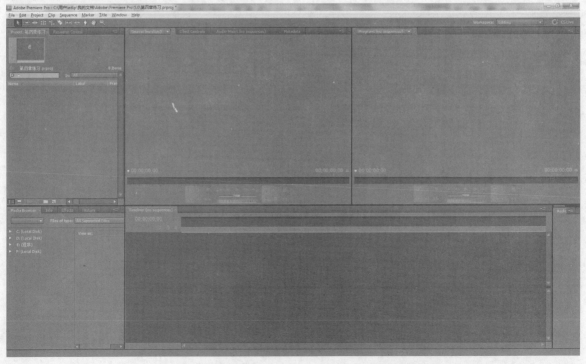

图4-6　删除默认的Sequence 01（序列01）片段后的编辑界面

## 动手操作18 在Project（项目）窗口中新建Sequence（序列）

**Step01** 启动 Adobe Premiere Pro CS5 软件，打开或新建一个项目工程文件后，在 Project（项目）窗口的底部单击 📄（创建素材）按钮或单击菜单栏中 File（文件）>New（新建）>Sequence（序列）命令或按 Ctrl+N 键，创建一个新的 Sequence（序列）片段，如图 4-7 所示。

图4-7 新建Sequence（序列）

**Step02** 执行新建序列命令后，弹出 New Sequence（新建序列）对话框，在 Sequence Name（序列名称）栏输入序列的名称，在 Video Tracks（视频轨道）栏中输入新 Sequence（序列）的视轨数，在 Audio Tracks（音频轨道）栏中输入新 Sequence（序列）的音轨数，最后单击 OK 按钮，如图 4-8 所示。

图4-8 New Sequence（新建序列）对话框

**Step03** 通过上面的方法可以在 Project（项目）窗口中创建多个 Sequence（序列）片段，如图 4-9 所示为创建 3 个 Sequence（序列）片段的结果。

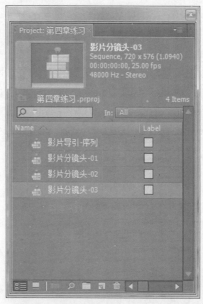

图4-9 创建多个Sequence（序列）

### 4.2.3 素材的导入方法

创建完项目工程文件后，接下来就可以将素材导入到 Project（项目）窗口中了。在 Adobe Premiere Pro CS5 中，导入素材的方法很多，可以通过菜单命令来进行，也可以通过键盘快捷键快速导入素材，下面就来学习素材的导入方法。

◆方法 1：打开或新建一个项目工程文件后，单击菜单栏中 File（文件）>Import（导入）命令，弹出 Import（导入）对话框，如图 4-10 所示。

图4-10 Import（导入）对话框

首先在 File Type（文件类型）列表中选择要

查看的文件类型。如果只查看 JPG 文件素材，可在列表中选择 JPG 类型，如图 4-11 所示。要导入一个素材，直接在对话框的“文件名”栏中输入要导入素材的文件名即可。如果要导入多个素材文件，可以按下 Ctrl 键，再用鼠标逐个选中要导入的素材。当选定好要导入的素材后，单击 打开(O) 按钮就可以将选择的素材导入到 Project（项目）窗口中了。

All Supported Media
AAF
AVI Movie
Adobe After Effects Projects
Adobe Illustrator File
Adobe Premiere 6 Bins
Adobe Premiere 6 Projects
Adobe Premiere 6 Storyboards
Adobe Premiere Pro Projects
Adobe Sound Document
Adobe Title Designer
Bitmap
CMX3600 EDLs
Cineon/DPX File
CompuServe GIF
DV Stream
FLV
Final Cut Pro XML
Icon file
JPEG File
MP3 Audio
MPEG Movie
Macintosh Audio AIFF
Macintosh PICT file
P2 Movie
PNG File
Photoshop
QuickTime Movie
RED R3D Raw File
Shockwave flash object
TIFF image file
Truevision Targa File
Windows Media
Windows WAVE audio file
XDCAM-EX Movie
XDCAM-HD 422 Movie
XDCAM-HD Movie

图4-11　文件类型格式列表

◆方法 2：打开或新建一个项目工程文件后，在 Project（项目）窗口的空白处单击鼠标右键，在弹出的快捷菜单中选择 Import（导入）命令，如图 4-12 所示，接下来会弹出和图 4-10 一样的对话框，然后就可以导入要编辑的素材文件了。

在浏览素材文件时，还可以改变文件的显示或排列方式，单击 Import（导入）对话框顶部的 按钮（查看）按钮即可改变显示方式，如图 4-13 所示。

Project: 第四章练习
第四章练习.prproj
1 Item
In: All
Name
Label
Sequence 01
Paste
New Bin
New Item
Import...
Find...
Find Faces

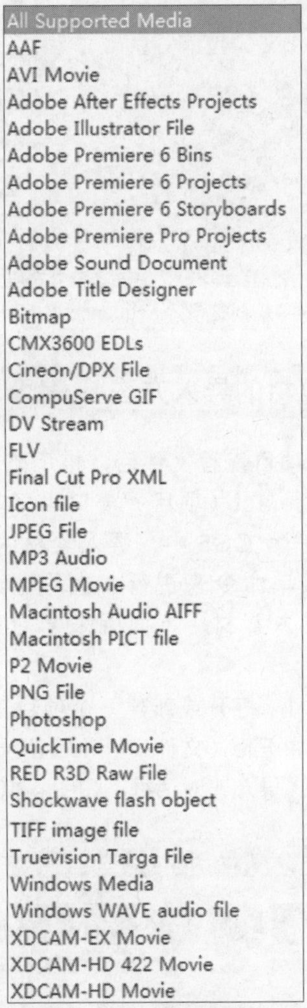

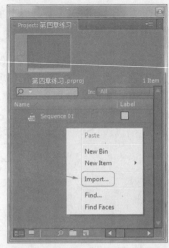

图4-12　选择Import（导入）命令

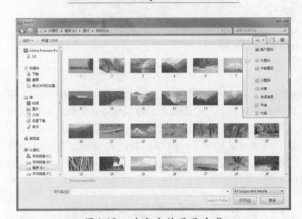

图4-13　改变文件显示方式

◆方法 3：打开或新建一个项目工程文件后，在 Project（项目）窗口的空白处双击，弹出如图 4-10 所示的对话框，然后就可以查看和导入素材文件了。

◆方法 4：打开或新建一个项目工程文件后，按 Ctrl+I 键快速打开如图 4-10 所示的对话框，然后就可以查看和导入素材文件了。

## 4.2.4　用文件夹管理素材

在剪辑大型影视作品时，会在 Adobe Premiere Pro CS5 中导入不同类型的素材文件，管理大量的素材文件并不是一件轻松的事情。好在 Premiere Pro CS5 提供了文件夹的功能。使用文件夹，可以将 Project（项目）窗口中的素材按类型或按剪辑要求有组织地区分开来，这在剪辑大型影视作品时，是非常有效的管理手段。

文件夹可以任意更改名称，以区分不同类型的

素材，也可以嵌套，有二级、三级或更多级，这为管理素材提供了更加灵活的方式。

## 动手操作 19　新建素材文件夹

**Step01** 打开或新建一个项目工程文件后，在 Project（项目）窗口的底部单击 ▣（文件夹）按钮，这时会在窗口中出现一个新文件夹，新文件夹的名称为 Bin 01（文件夹 01），如图 4-14 所示。

**Step02** 选择新建的 Bin 01（文件夹 01），再次单击 Project（项目）窗口底部的 ▣（文件夹）按钮，这时会在 Bin 01（文件夹 01）的下面新建一个二级 Bin 02（文件夹 02）目录，以次类推可以新建更多次级目录，如图 4-15 所示。

**Step03** 如果要新建同级文件夹，首先要激活同级文件夹的父层，然后单击 ▣（文件夹）按钮进行创建。如图 4-16 所示，我们要在 Bin 01（文件夹 01）下面新建与 Bin 02（文件夹 02）同级的文件夹。首先，激活选择 Bin 01（文件夹 01），然后单击 Project（项目）窗口底部的 ▣（文件夹）按钮，这时候就会在 Bin 01（文件夹 01）的下面新建一个二级 Bin 04（文件夹 04）目录，它与 Bin 02（文件夹 02）是同一级目录。

**Step04** 在管理素材时默认的文件夹名称不易区分，这就需要我们根据情况来重新命名。首先选择要重新命名的文件夹（注意，素材文件和文件夹的命令方法相同），然后单击鼠标右键，在弹出的快捷菜单中选择 Rename（重命名）命令，接下来在名称栏中输入文件的新名称即可。图 4-17 所示为文件夹重命名后的效果。

图4-14　新建文件夹

图4-16　新建同级文件夹

图4-15　新建次级文件夹

图4-17　重命名文件夹

### 4.2.5 导入静帧序列

静帧序列是按文件名生成的一组有规律的图像文件，每一张图像代表一帧，连起来就是一段动态的影像。常见的静帧序列格式有 JPG、BMP、TGA 等，例如 "text001.tga"、"text002.tga"、"text003.tga" ……这样有规律的素材。

### 动手操作 20　导入静帧序列素材

**Step01** 打开或新建一个项目工程文件后，单击菜单栏中 File（文件）>Import（导入）命令，弹出 Import（导入）对话框，如图 4-18 所示。

图4-18　导入静帧序列素材

**Step02** 选择序列帧起始的那个素材帧文件，勾选对话框底部的 Numbered Stills（序列图片）复选框，最后单击 打开(O) 按钮，序列素材即被导入到 Project（项目）窗口中，如图 4-19 所示。

图4-19　序列帧被成功导入

> **提示** 在导入序列帧素材文件时，必须勾选 Import（导入）对话框底部的 Numbered Stills（序列图片）复选框，否则导入的素材只有一帧，而不是完整的静帧序列素材。

### 4.2.6 导入图层素材

Adobe Premiere Pro CS5 的绘图功能并不是很强大，在影视创作中，某些复杂的图形要借助其他专业软件（Photoshop、Illustrator 等）来制作，然后再导入到 Premiere Pro CS5 中使用。

### 动手操作 21　导入 PSD 格式的素材

**Step01** 打开或新建一个项目工程文件后，单击菜单栏中 File（文件）>Import（导入）命令，弹出 Import（导入）对话框，在 File Type（文件类型）栏中选择 "Photoshop（*.psd）"，然后选择 "MyDog.psd" 素材，最后单击 打开(O) 按钮，如图 4-20 所示。

图4-20　导入PSD素材

**Step02** 单击 打开(O) 按钮后，弹出 Import Layered File（导入层文件）对话框，如图 4-21 所示。

图4-21　Import Layered File（导入层文件）对话框

Import As（导入为）：设置 PSD 图层素材导入的方式，可选项 Merge All Layers（合并所有图层）、Merge Layers（合并图层）、Individual Layers（单个图层）或 Sequence（序列）。

◆ Merge All Layers（合并所有图层）：选择此选项，则 PSD 的所有图层合并为一个素材导入，如图 4-22 所示。

图4-22　合并成一个素材

◆ Merge Layers（合并图层）：选择此选项，可以自定义要导入的图层，导入后各图层合并为一个素材，如图 4-23 所示。

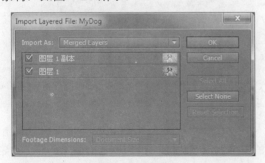

图4-23　合并图层

◆ Individual Layers（单个图层）：选择此选项，可以自定义要导入的图层，导入后每个图层作为一个独立的素材被导入，同时还可以选择图层的 Footage Dimensions（素材比例），如果选择 Document Size（文件大小）选项，则导入的图层自动调整为项目设置的文件大小。如果选择 Layers Size（图层大小）选项，则导入的图层保留原始文件大小，如图 4-24 所示。

图4-24　单个图层

◆ Sequence（序列）：选择此选项，导入的图层素材会在 Project（项目）窗口中自动创建一个文件夹，文件夹的名称就是 PSD 文件的文件名，文件夹中包含了所有图层，每个图层都是独立的文件，同时还生成一个与文件夹名称相同的 Sequence（序列）素材，如图 4-25 所示。

图4-25　序列

### 4.2.7　导入文件夹

在 Adobe Premiere Pro CS5 中不仅可以导入静帧图像、序列帧图像、图层和动画素材，还可以导入 Bin（文件夹）和 Project（项目）。导入 Bin（文件夹）时，将文件夹及目录中的文件一起导入到 Project（项目）窗口中；导入 Project（项目）时，将项目及项目内的所有文件一起导入到 Project（项目）窗口中，并创建一个同名的文件夹管理素材内容。

## 动手操作 22　导入文件夹

(Step01) 打开或新建一个项目工程文件后，单击菜单栏中 File（文件）>Import（导入）命令，弹出 Import（导入）对话框，选择要导入的文件夹，然后单击 Import Folder 按钮，如图 4-26 所示。

图4-26　选择导入的文件夹

(Step02) 成功导入后，在 Project（项目）窗口中就会显示导入的文件夹素材，如图 4-27 所示。

图4-27　Bin（文件夹）成功导入

## 动手操作 23　导入项目

(Step01) 打开或新建一个项目工程文件后，单击菜单栏中 File（文件）>Import（导入）命令，弹出 Import（导入）对话框，选择要导入的项目，然后单击 打开(O) ▼ 按钮，如图 4-28 所示。

图4-28　选择导入的项目

(Step02) 成功导入后，在 Project（项目）窗口就会显示导入的 Project（项目）素材，如图 4-29 所示。

图4-29　Project（项目）成功导入

### 4.2.8　创建新元素

新元素是 Adobe Premiere Pro CS5 自身创建的一种图像素材，例如 Bars and Tone（彩条）、Black Video（黑场）、Color Matte（彩色蒙版）、Universal Counting Leader（通用倒计时片头）和 Transparent Video（透明视频）。在影片编辑的过程中，它们也是不可缺少的重要素材。

创建新元素的方法如下。

◆方法 1：单击菜单栏中 File（文件）>New（新建）命令，在展开的子菜单中执行相应的命令即可，如图 4-30 所示。

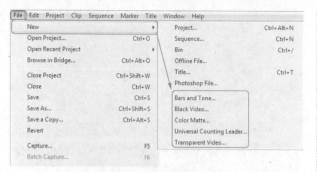

图4-30 新元素菜单

◆方法2：在Project（项目）窗口的底部单击
■（新建素材）按钮或在窗口的空白处单击鼠标
右键选择New Item（新建分类）命令，在弹出的
子菜单中选择相应的命令即可，如图4-31所示。

图4-31 新元素选项

## 动手操作24 创建彩条

下面将在影片开始前加入一段测试彩条，用于
测试显示设备和声音设备是否处于工作状态。

Step01 单击菜单栏中File（文件）>New（新建）
>Bars and Tone（彩条）命令后，弹出如图4-32所示
对话框，设置相关参数后，单击OK（确定）按钮，在
Project（项目）窗口中便会出现创建的Bars and Tone
（彩条）素材，如图4-33所示。

图4-32 New Bars and Tone（新建彩条）对话框

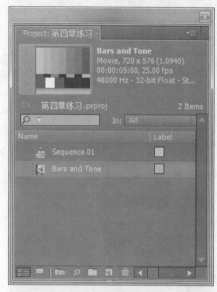

图4-33 Bars and Tone（彩条）素材

Step02 双击Project（项目）窗口中的Bars and Tone（彩条）
素材，它会在Source Monitor（源素材监视器）窗口中显示，
可以用▶（播放）按钮观看效果，如图4-34所示。

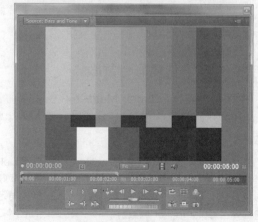

图4-34 播放彩条素材

## 动手操作 25　创建黑场

下面将创建一段纯正的 Black Video（黑场）素材，用在影片开始前或影片结束后。

单击菜单栏中 File（文件）>New（新建）>Black Video（黑场）命令后，弹出黑场设置对话框，设置相关参数，单击 OK（确定）按钮，在 Project（项目）窗口中便会出现创建的 Black Video（黑场）素材，如图 4-35 所示。

图4-35　创建 Black Video（黑场）素材

## 动手操作 26　创建彩色蒙版

下面将创建一段 Color Matte（彩色蒙版）素材，用作视频背景，也可以与其他素材叠加产生特殊效果。

Step01 单击菜单栏中 File（文件）>New（新建）>Color Matte（彩色蒙版）命令，在弹出的 New Color Matte（新建彩色蒙版）对话框中设置相关参数，单击 OK（确定）按钮，弹出 Color Picker（颜色拾取）对话框，如图 4-36 所示。

图4-36　创建蒙版并设置颜色

Step02 在 Color Picker（颜色拾取）对话框中，选择蒙版要使用的颜色，单击 OK 按钮，在弹出的对话框中输入蒙版的名称，再单击 OK 按钮。完成创建后，在 Project（项目）窗口中便会出现 Color Matte（彩色蒙版）素材，如图 4-37 所示。

图4-37　创建 Color Matte（彩色蒙版）素材

(Step03) 如果要更改 Color Matte（彩色蒙版）素材的色彩，可在 Project（项目）窗口中双击该素材，打开如图 4-36 所示的 Color Picker（颜色拾取）对话框，在其中进行修改。

## 动手操作 27　创建通用倒计时片头

Universal Counting Leader（通用倒计时片头）一般用在影片开始前的准备工作，它和 Bars and Tone（彩条）素材的意义相同。

(Step01) 单击菜单栏中 File（文件）>New（新建）>Universal Counting Leader（通用倒计时片头）命令，在弹出的 New Universal Counting Leader（新建通用倒计时片头）对话框中设置相关参数，单击 OK（确定）按钮，接着会弹出 Universal Counting Leader Setup（通用倒计时片头设置）对话框，如图 4-38 所示的。

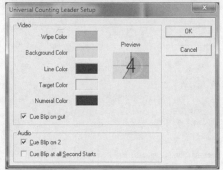

图4-38　创建通用片头倒计时设置

◆ Wipe Color（划变色）：设置片头倒计时指针顺时针方向旋转之后的颜色。

◆ Background Color（背景色）：设置片头倒计时指针顺时针方向旋转之前的颜色。

◆ Line Color（线条色）：设置片头倒计时指针和十字线条的颜色。

◆ Target Color（目标色）：设置片头倒计时圆形的颜色。

◆ Numeral Color（数字色）：设置片头倒计时倒计数字的颜色。

◆ Cue Blip on out（出点提示）：设置片头倒计时结束时是否显示标志图形。

◆ Cue Blip on 2（倒数2秒处提示音）：设置片头倒计时到2秒帧处是否发出提示音效。

◆ Cue Blip at all Second Starts（每秒开始时提示音）：设置片头倒计时是否每秒都有提示音效。

(Step02) 在对话框中设置好倒计时参数后，单击 OK 按钮，在 Project（项目）窗口中便会出现 Universal Counting Leader（通用倒计时片头）素材，如图 4-39 所示。

图4-39　Universal Counting Leader（通用倒计时片头）素材

(Step03) 如果要更改 Universal Counting Leader（通用倒计时片头）素材的参数，可在 Project（项目）窗口中双击该素材，即可打开如图 4-38 所示的 Universal Counting Leader Setup（通用倒计时片头设置）对话框，在其中进行修改。

## 动手操作 28　创建透明视频

Transparent Video（透明视频）素材是多个素材使用相同特效的最佳解决方案。新建 Transparent Video（透明视频）素材后，将其添加到 Timelines（时间线）窗口，然后应用一种视频特效，Transparent Video（透明视频）轨道下面的所有视频轨道的素材，都将应用和 Transparent Video（透明视频）素材相同的特效。如果要修改特效效果，只需修改 Transparent Video（透明视频）素材的特效参数即可。

单击菜单栏中 File（文件）>New（新建）>Tran-sparent Video（透明视频）命令，设置素材参数并单击 OK（确定）按钮，在 Project（项目）窗口中便会出现创建的 Transparent Video（透明视频）素材，如图 4-40 所示。

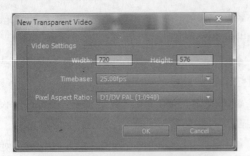

图4-40　创建Transparent Video（透明视频）素材

## 动手操作29　更改元素时长

在默认情况下，新元素的时长由系统参数的 General（常规）选项面板中的 Still Image Default Duration（静帧图像默认持续时间）参数决定（详细内容参见第3章3.3.1节），如图4-41 所示。

图4-41　General（常规）选项面板

150 帧按 NTSC 制式来计算就是5秒，按 PAL 制式计算为6秒。在实际的剪辑中，这个时长并不适应所有影片的要求，如何改变新元素片段的时长呢？第一种方法就是在系统参数 General（常规）面板中修改 Still Image Default Duration（静帧图像默认持续时间）参数，它是一个全局参数，决定每次导入静帧图像和创建新元素片段的时长。第二种方法就是单独更改新元素片段的时长。

> 提示　Universal Counting Leader（通用倒计时片头）片段不受 Still Image Default Duration（静帧图像默认持续时间）参数的控制。

下面来学习第二种方法。

**Step01** 打开或新建一个项目工程文件后，单击菜单栏中 File（文件）>New（新建）>Universal Counting Leader（通用倒计时片头）命令，创建新元素片段。然后在 Project（项目）窗口中选中要改变时长的 Universal Counting Leader（通用倒计时片头）片段，单击鼠标右键，在弹出的快捷菜单中选择 Speed/Duration（速度/持续时间）命令，出现如图 4-42 所示的 Clip Speed/Duration（素材速度/持续时间）对话框。

图4-42　Speed/Duration（速度/持续时间）对话框

◆ Speed（速度）：速度百分比，默认为 100%，即影片按正常速度播放。如果此值大于 100，则影片在播放时产生快播的效果，反之，如果此值小于 100，则产生慢播的效果。

◆ Duration（持续时间）：素材片段时长。按（时：分：秒：帧）的方式来显示。

◆ 🔗（速度/持续时间锁定）：在锁定状态下，调整 Speed（速度）或 Duration（持续时间）值都会同时改变另一项的数值。单击🔗（速度/

持续时间锁定）按钮，如果图标变成 （关闭锁定）按钮，则速度和持续时间的关联效果就会取消，如图 4-43 所示。

图4-43　关闭锁定

◆ Reverse Speed（倒放速度）：勾选此选项，则影片反向播放，即倒播。

◆ Maintain Audio Pitch（保持音调）：保持原来的音频效果。

Step02 在对话框的 Speed（速度）栏中输入 34，关闭 （速度 / 持续时间锁定）按钮，在 Duration（持续时间）栏中输入 16 秒 20 帧，如图 4-43 所示，最后单击 OK 按钮，完成设置。

Step03 在 Project（项目）窗口中选择改变时长的 Universal Counting Leader（通用倒计时片头）片段，将其拖曳到 Timelines（时间线）窗口的 Video 01（视频 01）轨道，如图 4-44 所示。

图4-44　将通用倒计时片头素材添加到Video 1（视频1）

轨道

Step04 单击菜单栏中 File（文件）>Import（导入）命令，在弹出的 Import（导入）对话框中选择本书配套光盘 Video Clip（视频素材）目录中的"电影片段 3.mov"素材，单击 打开(O) 按钮，将其导入到 Project（项目）窗口中，如图 4-45 所示。

图4-45　导入"电影片段3"素材

Step05 在 Project（项目）窗口中选择"电影片段 3"素材，将其拖曳到 Timelines（时间线）窗口 Video 1（视频 1）轨道的 Universal Counting Leader（通用倒计时片头）片段后面，如图 4-46 所示。

图4-46　将"电影片段3"素材添加到Timelines

（时间线）窗口

Step06 单击 Sequence Monitor（序列监视器）窗口中的 ▶ （播放）按钮观看效果，如图 4-47 所示。

Step07 其他元素都可以用这种方法改变其时长，包括 Bars and Tone（彩条）、Black Video（黑场）、Color Matte（彩色蒙版）和 Transparent Video（透明视频）。

图4-47　实例效果

### 4.2.9　脱机素材

脱机素材是 Adobe Premiere Pro CS5 非常特殊的一种素材。它既可以作为普通素材来进行编辑，又是剪辑时出现的一种错误事件。

在开始制作时影片，由于某种原因，有一部分素材正在拍摄或还没来得及采集到计算机中，为了不耽误制作进度，可以先创建脱机素材来占据源素材的位置，先进行编辑制作，当源素材完成后，再用它替换脱机素材，这样可以大大缩短制作周期，也是临时应急的一种方法。但脱机素材与源素材必须有相同的文件属性。

脱机素材又是剪辑时出现的一种错误事件。由于 Adobe Premiere Pro CS5 在剪辑素材时采用同步读取的方式，如果源文件删除、更名或路径改变，则在下一次打开项目工程文件时，就会发生错误，系统会提示是否处理此事件。

### 动手操作 30　创建脱机素材

**Step01** 打开或新建一个项目工程文件后，单击菜单栏 File（文件）>New（新建）>Offline Clip（脱机素材）命令或单击 Project（项目）窗口底部的 （新建素材）按钮，在弹出的快捷菜单中选择 Offline Clip（脱机素材）命令，弹出 New Offline File（新建脱机文件）对话框，设置相关参数后，单击 OK（确定）按钮，弹出 Offline File（脱机文件）对话框，如图 4-48 所示。

图4-48　新建脱机文件

◆ Contains（包含）：在此下拉列表中可以选择创建的脱机素材是否含视频或音频。

◆ Audio Format（音频格式）：设置音频的声道。

◆ Tape Name（磁带名称）：设置磁带标识名。

◆ File Name（文件名）：命名脱机素材的名称。

◆ Description（描述）：在描述栏中可以简要添加一些备注。

◆ Scene（场景）：注释脱机素材与源文件场景的关联信息。

◆ Shot/Take（拍摄/记录）：说明拍摄信息。

◆ Log Note（记录注释）：记录脱机素材的日志信息。

◆ Timecode（时间码）：定义脱机素材的时长。

Step02 在对话框内输入相应的数据后，单击 OK 按钮完成创建，如图4-49所示。

图4-49　脱机素材

## 动手操作 31　用源文件替换脱机素材

Step01 在 Project（项目）窗口中选中要替换的 Offline Clip（脱机素材）文件，单击鼠标右键，在弹出的快捷菜单中选择 Link Media（链接媒体）命令，如图4-50所示。

图4-50　选择Link Media（链接媒体）命令

Step02 弹出如图4-51所示的对话框。

图4-51　脱机素材替换对话框

◆ Skip（跳过）：不替换，忽略。

◆ Skip All（全部跳过）：所有脱机素材文件都忽略。

◆ Skip Previews（跳过预览）：不预览文件。

◆ Offline（脱机）：源文件为脱机状态。

◆ Offline（全部脱机）：全部源文件为脱机状态。

Step03 在磁盘目录中选择源文件素材后，单击 Select 按钮。如果源文件和脱机文件类型相同，则成功替换；如果文件类型不一致，则出现如图4-52所示的对话框，单击 OK 按钮，选择其他源文件，直到文件类型一致。

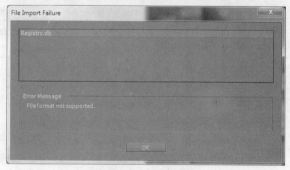

图4-52　提示对话框

## 4.3 采集素材

在影视创作中，素材除了用专业软件（例如 3ds Max、Maya、Photoshop 等）直接生成外，很大一部分的素材需要通过摄像机拍摄来获取。用软件生成的素材是数字格式的，可以直接编辑，而外部设备拍摄的素材，保存在它自身的存储介质（例如录像带、胶片和存储卡等）中，使用这些素材前必须将它们转存到计算机中，这个转存的过程就是采集。

采集又称为捕获，是通过采集（捕获）卡将外部设备中的影像素材从模拟信号转换成数字信号，再存储到计算机硬盘的操作过程。

采集素材需要专门的设备，即采集卡，它决定了素材采集后影像的质量。高档采集卡提供了全面的采集方案，例如分量输入、输出，采集无速率限制，影像色彩丰富，可控制外部设备工作等特点，这类卡专业、价格昂贵，是大型制作团队采集素材的首选设备。中档及低档卡，提供了民用级的效果及功能，花几千元就可以得到，适合效率、影像品质要求不是很苛刻的消费者使用，足以应付拍摄短片电影、MV、个人影像等需求。

### 4.3.1 采集类别

影像素材存储在外部设备中通常有两种形式，即模拟影像素材和数字影像素材。模拟影像用磁带或胶片摄像机记录，这类素材必须要用采集卡将其模/数转换后才能在计算机中编辑。数字影像是可以直接使用的素材，是用 DV 摄像机拍摄所得的，在拍摄时它们已经被数字化了，采集时只需一根传输线和一个 IEEE1394 接口即可，是目前普遍采用的一种方式。

下面就来介绍这两种素材采集的工作方式。

◆ 模/数采集卡：它的主要功能是将模拟信号转换成数字信号，需要单独购买。目前，这类卡通常采用 32 位的 PCI 系统总线接口，工作时把它插在 PC 计算机的扩展槽中，接通外部设备与采集卡的视频和音频端口（某些卡还有额外的其他端口），作好采集前的准备。然后，打开 Premiere Pro CS5 的 Capture（采集）窗口，设置好相应的控制参数后，采集卡便开始将模拟信号采集、转换成数

字信号，并通过强大的硬件压缩功能将采集的素材压缩成数字文件保存到硬盘当中，采集、压缩一气呵成，完成一系列复杂的运算操作。

◆ IEEE1394/FireWire：IEEE1394 端口是 Apple 公司开发的一种快速传输数据的接口，通常也称为 FireWire（火线）。目前，有部分 PC 计算机在销售时就已经安装了此硬件接口，这为数字视频的传输提供了更方便快捷的平台。如果计算机无此硬件接口，那么就需要单独购买一块 1394 卡安插在扩展槽中。采集时，用一根传输线连接计算机与 DV 摄像机的端口，打开 Premiere Pro CS5 的 Capture（采集）窗口，设置好相应的控制参数，就可以采集了。

### 4.3.2 素材采集的操作流程

采集素材是一项复杂而耗时的工作，为了能顺利完成素材的采集，在采集前必须做一些前期规划，例如采集卡的安装与调试、建立 Project（项目）、规划暂存磁盘等。

下面简要介绍素材采集的一般流程。

**Step01** 安插模/数采集卡或 IEEE1394/FireWire 卡到计算机扩展槽中，然后根据卡的说明书安装相对应的硬件驱动程序。

**Step02** 启动 Adobe Premiere Pro CS5 软件，首先新建一个项目工程文件［新建 Project（项目）的详细内容见本书第 3 章］。如果素材来源是模拟信号的，那么 Project（项目）就要选择非 DV 预设置或板卡制造商提供的一种设置；如果素材本身就是数字格式的，那么 Project（项目）就要选择一种 DV 预设置的工程文件。

**Step03** 设置素材采集暂存盘路径。素材采集到计算机中会占用很大的磁盘空间，在采集前必须保证一个分区有足够的磁盘容量来保存素材。可以单击菜单栏中 Project（项目）>Project Setting（项目设置）>Scratch Disks（暂存盘）命令来进行设置（详细内容参见本书第 3 章），如图 4-53 所示。

**Step04** 连接外部设备（摄像机、录像机等）与计算机扩展槽中采集卡的端口（根据说明书正确连接），打开外部设备电源及各开关，检查设备是否正常工作。

**Step05** 一切准备就绪后，打开 Capture（采集）窗口进行素材采集。

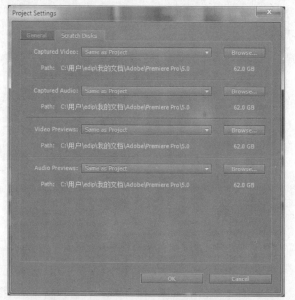

图4-53 Scratch Disks（暂存盘）设置

## 4.3.3 Capture（采集）窗口详解

素材的采集都要通过 Capture（采集）窗口来进行，分段采集、批量采集、整带采集和设备控制等选项也要在该窗口中进行设置，能否顺利完成采集任务，就要看操作者对 Capture（采集）窗口的组成是否心中有数。

下面就来详细学习 Capture（采集）窗口的组成。

在开始采集素材前，首先新建一个项目工程文件，新建 Project（项目）的详细内容参见本书第 3 章，然后单击菜单栏中 File（文件）>Capture（采集）命令，打开 Capture（采集）窗口，如图 4-54 所示。

图4-54 Capture（采集）窗口

Capture（采集）窗口由 Preview（预览）窗口、Device Control（设备控制）面板、Logging（记录）面板和 Settings（设置）面板 4 部分组成。

(Step01) Preview（预览）窗口

Preview（预览）窗口是实时查看采集过程中素材的播放效果或观看外部设备素材信息的窗口。

(Step02) Device Control（设备控制）面板

该面板用来控制采集素材的过程及预览素材源时控制外部设备工作状态，如图 4-55 所示。

图4-55 Device Control（设备控制）面板

◆ 00:00:06:03 （素材起始帧）：设置素材开始采集时的入点位置。

◆ 00:00:06:10 00:00:07:04 （素材入、出点）：设置素材开始采集时的入点和出点位置，通过鼠标拖动可重设入、出点时间帧。

◆ 00:00:00:25 （素材时长）：设置采集素材的时间长度，通过鼠标拖动可重设素材时长。

◆ （下一场景）：单击此按钮跳到下一段素材进行采集。

◆ （上一场景）：单击此按钮跳到上一段素材进行采集。

◆ （入点）：单击此按钮设置素材采集的起始帧。

◆ （出点）：单击此按钮设置素材采集的终止帧。

◆ （到入点）：单击此按钮时间指针到入点位置。

◆ （到出点）：单击此按钮时间指针到出点位置。

◆ （快速后退）：单击此按钮快速后退素材帧。

◆ （后退一帧）：单击一次按钮后退一帧，连续单击可逐帧后退。

◆ （播放）：单击此按钮播放素材。

◆ （前进一帧）：单击一次按钮前进一帧，连续单击可逐帧前进。

◆ （快速前进）：单击此按钮快速前进素材帧。

◆ （暂停）：单击此按钮暂停播放。

◆ ■ （停止）：单击此按钮停止播放。

◆ ◎ （采集）：单击此按钮开始采集。

◆ ▬▬▬▬▬ （滑动）：拖动此按钮可快速前后定位素材。

◆ ◀ （慢速倒放）：单击此按钮可慢速倒放素材。

◆ ▶ （慢速播放）：单击此按钮可慢速播放素材。

◆ 🔍 （查找场景）：单击此按钮可查找素材片段。

**Step03** Logging（记录）面板

Logging（记录）面板主要用于对采集后的素材的文件名、存储目录、素材描述、场景信息和日志信息等进行设置，如图 4-56 所示。

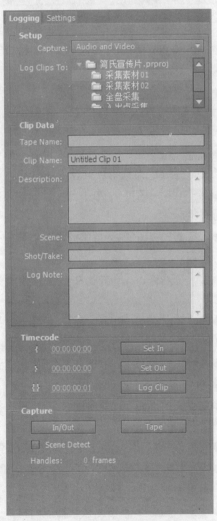

图4-56　Logging（记录）面板

◆ Capture（采集）：在下拉列表中可设置素材采集时是视、音频同时采集还是只采集素材的其中一项。

◆ Log Clips To（记录素材到）：指定素材采集后要保存到 Project（项目）窗口中的哪一级目录，如图 4-57 所示。

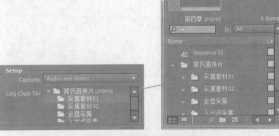

图4-57　指定采集的素材要存放的目录

◆ Tape Name（磁带名称）：设置磁带标识名。

◆ Clip Name（素材名称）：命名素材采集后的名称。

◆ Description（描述）：对所采集的素材添加说明或详细记录一些备注。

◆ Scene（场景）：注释采集后的素材与源素材场景的关联信息。

◆ Shot/Take（拍摄 / 记录）：说明拍摄信息。

◆ Log Note（记录日志）：记录素材的日志信息。

◆ Set In ：设置素材开始采集时的入点位置。

◆ Set Out ：设置素材结束采集时的出点位置。

◆ Log Clip ：设置采集素材的时间长度。

◆ In/Out ：单击此按钮，开始采集设置了入点和出点范围之间的素材。

◆ Tape ：单击此按钮，采集整个磁带上的素材内容。

◆ Scene Detect（场景侦测）：勾选此选项，在采集素材时自动侦测场景。如果场景非连续拍摄，而是由不同的场景组成，那么在采集时也会将不同的场景分开采集。

◆ Handles（手控）：设置采集素材入、出点之外的帧长度。

**Step04** Settings（设置）面板

Settings（设置）面板主要用于对视频、音频素材的存储路径和素材制式、设备控制等选项进行设置，如图 4-58 所示。

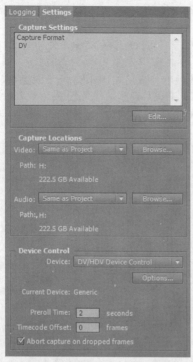

图4-58 Settings（设置）面板

◆ Capture Settings（采集设置）：用于选择素材采集时的设备，单击 ▌ Edit... ▌ 按钮，弹出Capture Settings（采集设置）对话框，如图4-59所示。如果安装有模/数采集卡，则选择此设备；如果是 DV 采集，则选择 DV/IEEE1394Capture 选项。

图4-59 设置采集设备

◆ Capture Locations（采集位置）：用于单独设置视、音频素材的存储路径，通过对应的下拉列表可以选择存储的方式，如图 4-60 所示。单击 ▌ Browse... ▌ 按钮，可以自定义素材的存储路径。

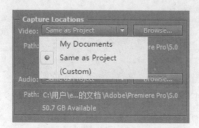

图4-60 设置存储位置

◆ Device Control（设备控制）：用于设置采集设备的控制方式。通过 Device（设备）下拉列表可以选择采集设备，单击 ▌ Options... ▌ 按钮，弹出如图4-61 所示的设置对话框，在 Video Standard（视频制式）下拉列表中有 PAL 和 NTSC 两选项，通常选择 PAL 制式。在 Device Brand（设备品牌）下拉列表中可以选择设备的品牌，例如 JVC、索尼和佳能等，也可以直接选择 Generic（通用）模式。在Device Type（设备类型）下拉列表中可以选择通用或根据设备的不同型号来设置。Timecode Format（时码格式）选项设置采集时是否丢帧。Check Status（检查状态）选项显示当前连接的设备是否正常。单击 Go Online for Device Info（转到在线设备信息）按钮可与设备网站相连，获取更多参考信息。图 4-62 所示为设备品牌列表。

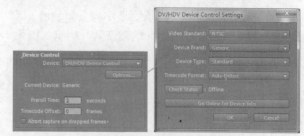

图4-61 设备设置对话框

图4-62 Device Brand（设备品牌）列表

◆ Preroll Time（预卷时间）：设置录像带开始运转到正式采集素材时的时间间隔。

◆ Timecode Offset（时间码补偿）：设置采集到的素材与录像带之间的时间码偏移。此值可以精确匹配它们的帧率，以降低采集误差。

在 Capture（采集）窗口的右上角单击 ▌≡▌ 按钮，弹出如图 4-63 所示的扩展菜单。

图4-63　扩展菜单

◆ Capture Settings（采集设置）：可设置素材采集时的设备，如图4-59所示。

◆ Record Video（录制视频）：如果选择此选项，则采集时只录制素材的视频部分。

◆ Record Audio（录制音频）：如果选择此选项，则采集时只录制素材的音频部分。

◆ Record Audio and Video（录制音频和视频）：选择此选项，同时采集素材的视、音频。

◆ Scene Detect（场景侦测）：同Logging（记录）面板的Scene Detect（场景侦测）功能。如果勾选此项，采集素材时自动侦测场景。

◆ Collapse Window（折叠窗口）：勾选此选项，Capture（采集）窗口以精简模式显示，如图4-64所示。

图4-64　Caputre（采集）窗口精简模式

### 4.3.4　采集整个录像带

用户可以从头至尾将全盘素材采集到指定的磁盘目录。采集时打开Scene Detect（场景侦测）选项，将自动侦测全盘素材场景。如果场景是不同时段拍摄的，那么采集时会自动分开采集，生成不同场景的素材段。

### 动手操作 32　采集整个录像带

Step01 新建一个项目工程文件，在 New Project（新建项目）对话框中设置名称为"我的电影"，单击 OK 按钮，弹出如图4-65所示对话框，设置视频制式为 DV-PAL，音频采样为 Standard 48kHz（标准48kHz），单击 OK 按钮，如图4-66所示。

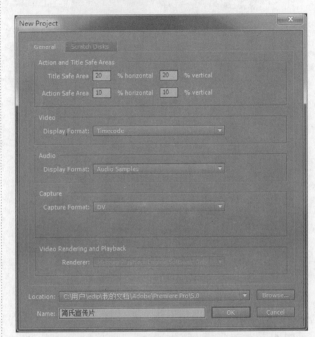

图4-65　New Project（新建项目）对话框

图4-66　New Sequence（新建序列）对话框

Step02 单击 Project（项目）窗口底部的 □（文件夹）

按钮，新建"简氏宣传片"文件夹，如图 4-67 所示。

图4-67　新建"全盘素材"文件夹

Step03 单击菜单栏中 File（文件）>Capture（采集）命令，打开 Capture（采集）窗口，在 Capture（采集）列表中选择 Audio and Video（音频和视频），在 Log Clips To（记录素材到）列表中选择"全盘素材"文件夹，在 Tape Name（磁带名称）栏中输入"入出点采集"，在 Clip Name（素材名称）栏中输入"讲话活动"，然后勾选 Scene Detect（场景侦测）复选框，如图 4-68 所示。

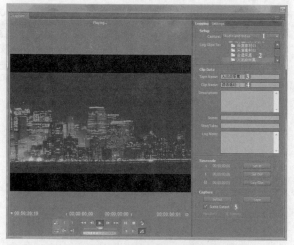

图4-68　设置素材采集参数

Step04 在开始采集前，首先将录像带倒回到开始位置，然后单击 Capture（采集）窗口右下角处的采集按钮，开始采集素材，如图 4-69 所示。

图4-69　开始采集

Step05 采集完成后，在 Project（项目）窗口的指定文件夹中生成一个视频文件素材。如果磁带中的视频是多场景的，那么采集后的素材也会是多个文件。

## 4.3.5　入、出点采集

有时，我们会只采集录像带的一部分内容，而无需将整盘录像带的内容采集到硬盘中，这时就要手动定义录像带素材的入、出点，以符合采集要求。

### 动手操作 33　入、出点采集

Step01 新建一个项目工程文件（具体步骤参见"动手操作 32"或在上一操作实例基础上进行操作），然后单击 Project（项目）窗口底部的 □（文件夹）按钮，新建"入出点素材"文件夹，如图 4-70 所示。

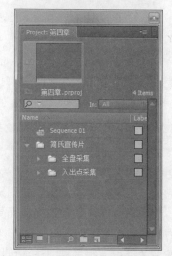

图4-70　新建"入出点素材"文件夹

Step02 单击菜单栏中 File（文件）>Capture（采集）命令，打开 Capture（采集）窗口，在 Capture（采集）列表中选择 Audio and Video（音频和视频），在 Log Clip To（记录素材到）列表中选择"入出点素材"文件夹，在 Tape Name（磁带名称）栏中输入"入出点采集"，在 Clip Name（素材名称）栏中输入"讲话活动"，在 Set In（设置入点）栏中输入开始时间帧，在 Set Out（设置出点）栏中输入结束时间帧，如图 4-71 所示。

图4-71 设置素材采集参数

(Step03) 在开始采集前，勾选 Scene Detect（场景侦测）复选框，那么在采集过程中系统会自动侦测入、出点范围内的素材是否有分场景情况，如果有，则在采集时依据场景生成分段素材。最后，单击 In/Out（入点/出点）按钮，开始采集素材，如图 4-72 所示。

图4-72 开始采集

(Step04) 采集完成后，在 Project（项目）窗口的"入出点素材"文件夹中即会生成视频文件素材。

### 4.3.6 音频采集

在非线剪辑中音频素材和视频素材处在同等的地位，它们是不可分割的。音乐起到影片的"点睛"作用，使观看者能随音乐的起伏而更深刻地体会故事画面的含义与意境。

音频素材的获取有很多种方法，可以去录音棚录制，也可以用简单的设备直接录制，还可以用音乐制作软件在电脑中打谱等。在 Adobe Premiere Pro CS5 中，音频素材可以在采集录像带时单独输入，也可以通过 Audio Mixer（调音台）窗口进行录制。

### 动手操作 34 只采集录像带的音频

(Step01) 打开或新建一个项目工程文件（具体步骤参见"动手操作 32"），然后单击菜单栏中 File（文件）>Cap-

ture（采集）命令，打开 Capture（采集）窗口，在 Capture（采集）列表中选择 Audio（音频）选项，如图 4-73 所示。

图4-73 在采集列表中选择音频选项

(Step02) 设置好其他各项参数后，在 Device Control（设备控制）面板中单击 ⊙（录制）按钮即可单独将音频素材采集到硬盘中。

### 动手操作 35 通过 Audio Mixer（调音台）窗口采集音频

(Step01) 打开或新建一个项目工程文件（具体步骤参见"动手操作 32"），然后单击菜单栏中 File（文件）>Window（窗口）>Audio Mixer（调音台）命令，打开 Audio Mixer（调音台）窗口，选择其中一个音频轨道，单击 🎤（麦克风录制）按钮，再单击窗口底部的 ⊙（录制）按钮，最后单击窗口底部的 ▶（播放）按钮开始录制从麦克风输入的音频，如图 4-74 所示。

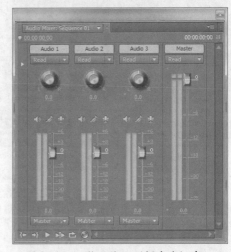

图4-74 Audio Mixer（调音台）窗口

(Step02) 当结束录制时，可单击调音台窗口底部的 （录制）按钮停止。这时，在 Timelines（时间线）窗口的 Audio 1（音频 1）轨道中即可看到刚才录制的素材，如图 4-75 所示。

图4-75 录制完成的音频素材

### 4.3.7 批量采集

批量采集是指根据采集表单，一次性采集多段素材。在实际操作中，首先要定义素材的入点和出点、采集素材的名称、磁带名、描述信息等属性。然后，重复以上操作，在 Project（项目）窗口中创建一系列的采集表单，最后在 File（文件）菜单中选择 Batch Capture（批量采集）命令即可。

批量采集使枯燥的采集工作变得自动化，并且在采集前就对素材进行了取舍，这样极大地提高了采集效率，而且也避免了硬盘空间的无谓耗损。

### 动手操作 36 手动创建批量采集表

手动创建批量采集表和创建 Offline Clip（脱机素材）文件的方法是相同的（见本章 4.2.9 节）。

(Step01) 打开或新建一个项目工程文件后，单击 Project（项目）窗口底部的 （新建素材）按钮，在弹出的菜单中选择 Offline Clip（脱机素材）命令，弹出 New Offline File（新建脱机文件）对话框，设置相关参数，单击 OK（确定）按钮，弹出 Offline File（脱机文件）对话框，在 Flie Name（文件名）栏中输入"公司活动 01"，在 Media Start（媒体开始）和 Media End（媒体结束）栏中输入入点和出点时间帧，其他选项可根据情况进行设置，如图 4-76 所示，最后单击 OK 按钮。

(Step02) 重复上面的操作，创建多个 Offline Clip（脱机素材）文件，在 Project（项目）窗口中会生成一组批量采集列表，如图 4-77 所示。

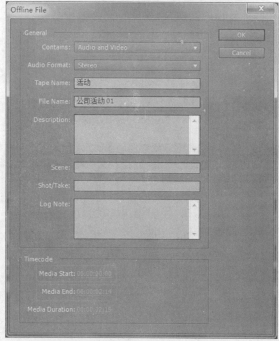

图4-76 Offline File（脱机文件）对话框

图4-77 批量采集表文件

**Step03** 为了以后能重复使用或在其他计算机上加载批量采集列表，可以将表单保存起来。单击菜单栏中 Project（项目）>Export Batch List（导出批量列表）命令，如图 4-78 所示，在弹出的 Export Batch List（导出批量列表）对话框中输入批量采集列表文件名即可，如图 4-79 所示。

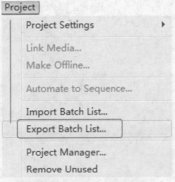

图4-78　Project（项目）菜单

图4-79　Export Batch List（导出批量列表）对话框

## 动手操作 37　通过 Capture（采集）窗口创建批量采集表

**Step01** 打开或新建一个项目工程文件（具体步骤参见"动手操作 32"），然后单击菜单栏中 File（文件）>Capture（采集）命令，打开 Capture（采集）窗口，在 Tape Name（磁带名称）栏和 Clip Name（素材名称）栏中输入批量表素材名称，然后在单击 Set In 和 Set Out 按钮，设置入、出点时间帧，最后单击 Log Clip 按钮，如图 4-80 所示。

图4-80　输入第一个批量采集信息

**Step02** 单击 Log Clip 按钮后，会弹出如图 4-81 所示的对话框。输入素材的日志信息后，单击 OK 按钮完成第一个批量采集表文件。

图4-81　Log Clip（记录素材）对话框

**Step03** 重复上面的操作，继续创建多个批量采集素材片段，在 Project（项目）窗口中会生成一组批量采集列表，如图 4-77 所示。最后，单击菜单栏中 Project（项目）>Export Batch List（导出批量列表）命令，将批量采集列表保存起来，便于以后应用。

## 动手操作 38　使用批量采集表采集素材

当创建了批量采集列表后，就可以对素材进行自动采集了。如果批量采集列表保存在磁盘上，要先将其导入才能批量采集，如果批量采集列表已经在 Project（项目）窗口中，则可以选中它们直接进行采集。

**Step01** 如果批量采集列表存储在磁盘中，必须先将其导入到 Project（项目）窗口中。单击菜单栏中 Project（项目）>Export Batch List（导入批量列表）命令，在 Export Batch List（导入批量列表）对话框中选择批量采集表，如图 4-82 所示。

图4-82 导入批量列表文件

**Step02** 如果批量采集文件已经在 Project（项目）窗口中，则框选它们，然后单击菜单栏中 File（文件）>Batch Capture（批量采集）命令，如图 4-83 所示。

图4-83 框选脱机文件执行批量采集命令

**Step03** 打开 Batch Capture（批量采集）对话框，对话框中含有 Capture with handles（采集操作）和 Override Capture Settings（忽略采集设置）两个复选框，如图 4-84 所示。如果勾选（采集操作）复选框，则可以输入帧来控制采集；如果勾选 Override Capture Settings（忽略采集设置）复选框，则采集时按统一标准进行采集。

**Step04** 根据情况设置选项，然后单击 OK 按钮，这时弹出如图 4-85 所示的对话框，确认磁带在工作状态后单击 OK 按钮开始批量采集。

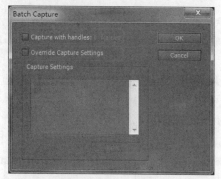

图4-84 Batch Capture（批量采集）对话框

图4-85 Insert Tape（插入磁带）对话框

**Step05** 采集素材是非常耗时的，需要耐心等待。当按批量列表采集完所有素材后，会弹出如图 4-86 所示的提示对话框，单击 OK 按钮。

图4-86 提示对话框

**Step06** 最后 Project（项目）窗口中的脱机素材文件就变成了联机状态，这时可以实时播放和编辑素材文件了，如图 4-87 所示。

图4-87 采集完成的素材文件

## 4.4 编辑素材

将素材导入和采集到 Project（项目）窗口中后，就可以对素材进行非线性编辑了。在 Adobe Premiere Pro CS5 软件中，素材的编辑是轻松而高效的，你可以在任何时候 Copy（复制）、Paste（粘贴）、Insert（插入）、Overlay（覆盖）和 Clear（删除）素材，也可以通过 Rolling（滚动）和 Slide（滑动）等编辑工具对素材入、出点进行操作，还可以设置各种标记符来快速搜索定位素材。

在 Adobe Premiere Pro CS5 非线性编辑中，Timelines（时间线）和 Sequence Monitor（序列监视器）窗口是工作的核心。Timelines（时间线）窗口担负着影视作品的合成工作，如转场、特效、序列嵌套和输出影片等操作；Sequence Monitor（序列监视器）窗口实时预览影片的合成效果，同时与其他窗口和面板相配合，大大简化了复杂的操作流程，使影片的剪辑如流水作业一般，有章可循。

下面以动手操作的方式讲解 Adobe Premiere Pro CS5 的常用剪辑手法，让读者快速熟悉在不同条件下编辑素材的技巧。

### 4.4.1 分析素材

在非线合成影视作品时，常常会用到不同类型的素材片段，例如静帧图像 JPG、TGA、TIF、PSD等，视频影像 AVI、MOV、MPG 等，音频文件 WAV、MP3、WMA 等。不同格式的文件有不同的属性，例如要制作 720×576 的 DVD 视频作品，而源素材尺寸却是 320×240，这就不符合要求。虽然可以通过拉伸尺寸达到 720×576 的规格，但却是在损失视频画面品质的前提下实现的。所以，在着手编辑素材之前，对素材属性进行分析与评估，是保证影视作品规范的前提。

**动手操作 39　查看磁盘或项目中的素材属性**

可以对任意磁盘目录中的素材进行分析，也可以对当前 Project（项目）窗口中的素材进行分析。

◆ 查看磁盘目录中的素材属性。打开或新建一个项目工程文件，单击菜单栏中 File（文件）>Get Properties for（获取信息自）>File（文件）命令，弹出如图 4-88 所示的 Get Properties（获取

属性）对话框。选择一个要分析的素材文件，单击 打开(O) 按钮，弹出该素材文件的 Properties（属性）对话框，如图 4-89 所示。

图4-88　获取属性窗口

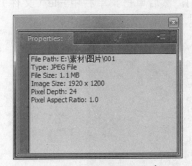

图4-89　文件的属性信息

◆ 查看 Project（项目）窗口中导入或采集的素材属性。在 Project（项目）窗口中选择要查看的素材文件，单击菜单栏中 File（文件）>Get Properties for（获取信息自）>Selection（选择）命令，即可弹出该素材文件的 Properties（属性）对话框。如图 4-90 所示为一个音频素材文件的属性信息。

图4-90　音频素材的属性信息

通过上面的方法可以查看 Adobe Premiere Pro CS5 软件所支持的任意一个素材文件的详细属性信息。对于音频素材，详细属性有文件类型、文件大小、音频采样、时间长度及速率等。对于静帧图像素材，详细属性有颜色深度、像素纵横比、图像尺寸和压缩算法等。由于素材文件的格式不同，分析出的文件信息也不尽相同，图 4-91 显示的是 MOV 文件素材的属性信息，图 4-92 显示的是 AVI 文件素材的属性信息。

图4-91 MOV文件的属性信息

图4-92 AVI文件的属性信息

## 动手操作40 通过 Project（项目）窗口查看属性

当素材导入或采集到 Project（项目）窗口中后，即可通过窗口的显示字段查看所有素材的属性，如图 4-93 所示。

图4-93 Project（项目）窗口中素材的属性

图 4-90 获取的素材文件信息和查看磁盘目录中素材属性所获取的文件信息有所不同，图 4-90 所示的信息更侧重于剪辑所需的重要数据，如媒体开始、媒体结束、视频入点和视频出点等信息。

## 动手操作41 通过 Info（信息）面板查看属性

Info（信息）面板是剪辑影视作品时获取素材属性最重要的途径之一。利用它可以查看素材、轨道空隙和转场等对象的重要信息。图 4-94 显示的是不同对象的 Info（信息）面板。

图4-94 不同对象的属性信息

### 4.4.2 添加素材到监视器

在默认的编辑模式下，监视器的左侧窗口是 Source Monitor（源素材监视器），右侧窗口是 Sequence Monitor（序列监视器）。Source Monitor（源素材监视器）窗口负责存放和显示待编辑的素材；Sequence Monitor（序列监视器）窗口用于实时预览 Timelines（时间线）窗口中已经完成的剪辑效果。在每个监视器窗口下面都有相同和不同的控制按钮。

### 动手操作 42　添加素材到 Source Monitor（源素材监视器）窗口

添加素材到 Source Monitor（源素材监视器）窗口的方法如下。

◆ 添加单个素材到 Source Monitor（源素材监视器）。在 Project（项目）或 Timelines（时间线）窗口中选择一个素材片段后，将其拖曳到 Source Monitor（源素材监视器）窗口中，或在 Project（项目）或 Timelines（时间线）窗口中双击一个素材

片段，这时添加的素材就出现在了素材 File List（文件列表）中，如图 4-95 所示。

图4-95　添加一个素材到Source Monitor（源素材监视器）

◆ 添加多个素材片段或文件夹到 Source Monitor（源素材监视器）。在 Project（项目）窗口中选择多个素材片段或文件夹，将其拖曳到 Source Monitor（源素材监视器）窗口中，这时添加的素材就出现在了素材 File List（文件列表）中，如图 4-96 所示。

图4-96　添加多个素材或文件夹到Source Monitor（源素材监视器）

### 动手操作 43　删除 Source Monitor（源素材监视器）中的素材片段

删除 Source Monitor（源素材监视器）窗口中素材的方法如下。

◆ 删除单个素材片段。在 Source Monitor（源素材监视器）窗口的素材 File List（文件列表）中选择要删除的素材名称，然后执行 File List（文件列表）中的 Close（关闭）命令即可。

◆ 删除所有素材片段。直接执行 Source Monitor（源素材监视器）窗口素材 File List（文件列表）中的 Close All（全部关闭）命令即可。

> **注意**　删除 Source Monitor（源素材监视器）窗口中的素材不会影响 Timelines（时间线）窗口和 Project（项目）窗口中的素材。

## 动手操作44 添加素材到Sequence Monitor（序列监视器）窗口

Sequence Monitor（序列监视器）和Timelines（时间线）窗口是相辅相成的。当对Timelines（时间线）窗口中的素材进行编辑操作时，Sequence Monitor（序列监视器）窗口会及时反馈出编辑结果。添加素材到Sequence Monitor（序列监视器）窗口中，素材片段就会出现在Timelines（时间线）的轨道中。同理，将素材直接添加到Timelines（时间线）窗口中，也会反映到Sequence Monitor（序列监视器）窗口中。

◆ 在Project（项目）窗口中选择单个或多个素材片段，将它们拖曳到Sequence Monitor（序列监视器）窗口中，它们将以选择时的先后顺序自动排列到Timelines（时间线）轨道当中，如图4-97所示。

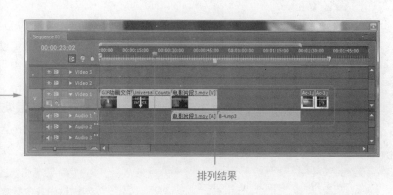

图4-97 按选择顺序排列到Timelines（时间线）轨道

◆ 在Project（项目）窗口中选择单个或多个素材片段，将它们直接拖曳到Timelines（时间线）窗口中，此时可以在Sequence Monitor（序列监视器）窗口中实时预览素材效果。

> **提示**
> 拖曳素材到Sequence Monitor（序列监视器）或Timelines（时间线）窗口中时，默认为覆盖添加，即添加的素材会覆盖时间指针处已经存在的素材片段。如果要插入添加，在拖曳素材到Sequence Monitor（序列监视器）和Timelines（时间线）窗口中时按住Ctrl键即可。

### 4.4.3 自动化素材到时间线窗口

自动化素材到Timelines（时间线）窗口是非常实用而高效的功能，它可以将选择的素材根据设置条件（例如排列方式、添加方式和转场等）自动添加排列到Timelines（时间线）轨道中。在操作的过程中，时间指针起绝对作用。无论一次添加单个还是多个素材，都以时间指针为起始帧顺序添加素材。

## 动手操作45 自动化素材到Timelines（时间线）窗口

**Step01** 在Project（项目）窗口中选择要自动添加的素材，如图4-98所示。

图4-98 选择素材片段

**Step02** 单击菜单栏中 Project（项目）>Automate to Sequence（自动化匹配到序列）命令，打开 Automate To Sequence（自动化匹配到序列）对话框，如图 4-99 所示。

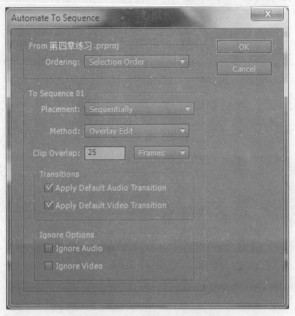

图4-99　Automate To Sequence

（自动化匹配到序列）对话框

◆ Ordering（顺序）：设置自动化素材到 Timelines（时间线）窗口的排列方式，有如下两种模式。

● Selection Order（顺序选择）模式：按素材在 Project（项目）窗口中的选择顺序进行自动化添加。

● Sort Order（排序）模式：按素材在 Project（项目）窗口中的排列顺序进行自动化添加。

◆ Placement（放置）：设置自动化素材到 Timelinse（时间线）窗口的放置方式，有如下两种模式。

● Sequentially（按顺序）模式：将素材头尾相接逐个放置到时间线轨道中。

● At Unnumbered Markers（在未编号的标记）模式：素材以无编号的标记点为基准放置到时间线轨道中。选择此模式，Transitions（过渡）即转场参数失效。

◆ Method（方法）：设置自动化素材到 Timelines（时间线）窗口的添加方式，有如下两种模式。

● Insert Edit（插入编辑）模式：素材以插入方式添加到时间线轨道中，原有的素材被

分割为两段，右侧的素材往后移以容纳新素材的时间长度。

● Overlay Edit（覆盖编辑）模式：素材以覆盖方式添加到时间线轨道中，原素材被替换。

◆ Clip Overlap（素材重叠）：设置素材重叠（过渡或转场）的帧长度。默认为 30 帧，即两段素材各有 15 帧的重叠帧。

◆ Apply Default Audio Transition（应用默认音频过渡效果）：使用默认的音频过渡效果。在 Effects（效果）窗口中可以定义一种默认音频过渡效果。

◆ Apply Default Video Transition（应用默认视频过渡效果）：使用默认的视频过渡效果。在 Effects（效果）窗口中可以定义一种默认视频过渡效果。

◆ Ignore Audio（忽略音频）：设置在自动化素材到时间线轨道时是否忽略素材的音频部分。

◆ Ignore Video（忽略视频）：设置在自动化素材到时间线轨道时是否忽略素材的视频部分。

**Step03** 设置好 Automate To Sequence（自动化匹配到序列）对话框中各个参数后，单击 OK 按钮开始自动化添加素材。图 4-100 所示为素材自动添加后的时间线效果。

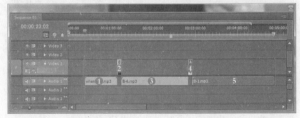

图4-100　素材自动添加后的效果

> 提示　单击 Project（项目）窗口底部的 （自动化序列）按钮，可以快速打开 Automate To Sequence（自动化匹配到序列）对话框。

### 4.4.4　设置入、出点

在非线性编辑中，使用入点和出点是剪辑素材片段最有效的方法之一。

从一段素材中截取有效的素材帧，有效素材的起始画面即为 In（入点），有效素材的终止画面即为 Out（出点）。

我们可以通过 Source Monitor（源素材监视器）窗口对源素材设置入、出点，也可以在 Timelines（时间线）窗口中对 Sequence（序列）设置入、出点。

## 动手操作 46　设置源素材的入、出点

◆ 方法1：拖曳（或双击）Project（项目）或 Timelines（时间线）窗口中的素材，将其添加到 Source Monitor（源素材监视器）窗口，然后在 Source Monitor（源素材监视器）窗口的 File List（文件列表）中选择要编辑的素材片段，单击 Source Monitor（源素材监视器）窗口底部的 ▶（播放）按钮或 ▇▇▇▇（微调）按钮预览素材，当时间指针定位到需要的起始帧时，单击 ⁅（入点）按钮设置源素材的入点；当时间指针定位到需要的结束帧时，单击 ⁆（出点）按钮设置源素材的出点，图4-101 所示为设置了入、出点的效果。

图4-101　设置素材的入、出点

◆ 方法2：通过菜单命令设置素材的入、出点。利用 ▶（播放）按钮或 ▇▇▇▇（微调）按钮预览 Source Monitor（源素材监视器）窗口中的素材，当时间指针定位到需要的起始帧时，单击菜单栏中 Marker（标记）>Set Clip Marker（设置素材标记）>In（入点）或 Video In（视频入点）、Audio In（音频入点）命令，设置源素材的入点；当时间指针定位到需要的结束帧时，单击菜单栏中 Marker（标记）>Set Clip Marker（设置素材标记）>Out（出点）或 Video Out（视频出点）、Audio Out（音频出点）命令，设置源素材的出点，如图4-102 所示。

图4-102　设置素材入、出点菜单

## 动手操作 47　设置序列的入、出点

◆ 方法1：首先将 Project（项目）窗口中的素材添加到时间线轨道中，然后单击 Sequence Monitor（序列监视器）窗口底部的 ▶（播放）按钮或 ▇▇▇▇（微调）按钮预览素材，当时间指针定位到需要的起始帧时，单击 ⁅（入点）按钮设置序列的入点；当时间指针定位到需要的结束帧时，单击 ⁆（出点）按钮设置序列的出点，如图4-103 所示显示的是在 Timelines（时间线）窗口中设置序列入、出点的效果。

图4-103　设置序列的入、出点

◆ 方法2：通过菜单命令设置序列的入、出点。将 Project（项目）窗口中的素材添加到时间线轨道中后，单击 Sequence Monitor（序列监视器）窗口底部的 ▶（播放）按钮或 ▇▇▇▇（微调）按钮预览素材，当时间指针定位到需要的起始帧时，单击菜单栏中 Marker（标记）>Set Clip Marker（设置序列标记）>In（入点）命令，设置序列的入点；当时间指针定位到需要的结束帧时，单击菜单栏中 Marker（标记）>Set Clip Marker（设置序列标记）>Out（出点）命令，设置序列的出点，如图4-104 所示。

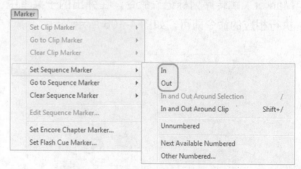

图4-104　设置序列的入、出点菜单

| 提示 | 在 Timelines（时间线）窗口顶部的标尺位置处单击鼠标右键，可以弹出与图4-104 相似的快捷菜单。 |
|---|---|

| 提示 | In（入点）的快捷键为 I，Out（出点）的快捷键为 O。 |
|---|---|

## 动手操作 48  快速定位入、出点

快速定位入、出点可以采用下面的方法。

◆ 快速定位素材的入、出点

方法1：激活 Source Monitor（源素材监视器）窗口，单击菜单栏中 Marker（标记）>Go to Clip Marker（跳转素材标记）命令，在弹出的子菜单中执行相应的命令即可，如图4-105 所示。

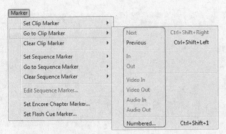

图4-105　查找素材的入、出点菜单

方法2：在 Source Monitor（源素材监视器）窗口的底部，单击 ⊩（到入点）按钮到达素材的入点，单击 ⊣（到出点）按钮到达素材的出点。

| 提示 | 在 Source Monitor（源素材监视器）窗口中单击鼠标右键，可以弹出与图4-105 相似的快捷菜单。 |
|---|---|

◆ 快速定位序列的入、出点

方法1：激活 Timelines（时间线）窗口，单击菜单栏中 Marker（标记）>Go to Sequence Marker（跳转序列标记）命令，在弹出的子菜单中执行相应的命令即可，如图4-106 所示。

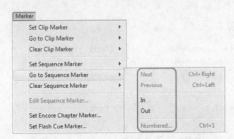

图4-106　查找序列的入、出点菜单

方法2：在 Sequence Monitor（序列监视器）窗口的底部，单击 ⊩（到入点）按钮到达序列的入点；单击 ⊣（到出点）按钮到达序列的出点。

| 提示 | 在 Timelines（时间线）窗口顶部的标尺位置处单击鼠标右键，可以弹出与图4-106 相似的快捷菜单。 |
|---|---|

| 提示 | 单击 Sequence Monitor（序列监视器）窗口底部的 ⊩（到上一个编辑点）按钮或 ⊣（到下一个编辑点）按钮，可以快速定位时间指针到素材片段的起点或终点。 |
|---|---|

## 动手操作 49  清除入、出点

清除入、出点可采用下面的方法。

◆ 清除素材的入、出点

激活 Source Monitor（源素材监视器）窗口，单击菜单栏中 Marker（标记）>Clear Clip Marker（清除素材标记）命令，在弹出的子菜单中执行相应的命令即可，如图4-107 所示。

图4-107　清除素材的入、出点菜单

| 提示 | 在 Source Monitor（源素材监视器）窗口中单击鼠标右键，可以弹出与图4-107 相似的快捷菜单。 |
|---|---|

◆ 清除序列的入、出点

激活 Timelines（时间线）窗口，单击菜单栏中 Marker（标记）>Clear Sequence Marker（清除序列标记）命令，在弹出的子菜单中执行相应的命令即可，如图4-108 所示。

图4-108　清除序列的入、出点菜单

| 提示 | 在 Timelines（时间线）窗口顶部的标尺位置处单击鼠标右键，可以弹出与图 4-108 相似的快捷菜单。 |

| 提示 | 按住 Alt 键，然后单击 （入点）按钮或 （出点）按钮，可以快速清除设置的入点或出点。 |

### 4.4.5　插入和覆盖编辑

使用 Insert（插入）和 Overlay（覆盖）命令，可以将 Project（项目）或 Source Monitor（源素材监视器）窗口的素材片段添加到时间线轨道中。

## 动手操作 50　插入编辑

使用 Insert（插入）命令将素材片段添加到时间线轨道中后，处在时间指针之后的所有素材片段都会向后推移，后移的距离就是插入的素材片段的时间帧长度。如果时间指针正处在一个完整的素材片段之上，插入编辑会将素材片段一分为二，新的素材片段会插入到它们之间。

(Step01) 将 Project（项目）窗口中的素材片段添加到 Source Monitor（源素材监视器）窗口中，然后单击 （入点）按钮和 （出点）按钮设置素材的入、出点，如图 4-109 所示。

图4-109　设置素材的入、出点

(Step02) 在 Timelines（时间线）窗口的轨道名称处激活一个轨道（视频和音频轨道可以单独选择），并将视频轨道 2 指定为源视频。此时被激活的轨道显示为亮白，然

后将时间指针移动到需要插入的时间帧处，如图 4-110 所示。

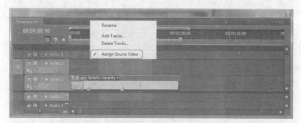

图4-110　激活轨道并定位时间指针

(Step03) 单击 Source Monitor（源素材监视器）窗口底部的 （插入）按钮，弹出 Fit Clip（适配素材）对话框，设置相关参数，然后单击 OK 按钮，入、出点间的素材片段即添加进了 Timelines（时间线）窗口中指定的轨道中，如图 4-111 所示。

图4-111　素材片段插入后的效果

| 提示 | 插入编辑的快捷键是，（逗号）。 |

## 动手操作 51　覆盖编辑

使用 Overlay（覆盖）命令将素材片段添加到 Timelines（时间线）轨道中后，处在时间指针之后的所有素材片段都会被新添加的素材片段覆盖，覆盖的素材长度就是新素材片段的时间帧长度。

(Step01) 将 Project（项目）窗口中的素材片段添加到 Source Monitor（源素材监视器）窗口中，然后单击 （入点）按钮和 （出点）按钮设置素材的入、出点，如图 4-112 所示。

图4-112　设置素材的入、出点

（Step02）在 Timelines（时间线）窗口的轨道名称处激活一个轨道（视频和音频轨道可以单独选择），并将视频轨道2指定为源视频。此时被激活的轨道显示为亮白，然后将时间指针移动到需要覆盖的时间帧处，如图4-113所示。

图4-113　激活轨道并定位时间指针

（Step03）单击 Source Monitor（源素材监视器）窗口底部的█（覆盖）按钮，入、出点间的素材片段就添加进了 Timelines（时间线）窗口中指定的轨道中，如图4-114所示。

图4-114　素材片段覆盖后的效果

（Step04）如果在激活轨道时选择已经有素材的轨道，执行 Overlay（覆盖）命令后会出现不同的覆盖效果，如图4-115所示。

图4-115　不同的覆盖效果

**提示**　覆盖编辑的快捷键是。（句号）。

### 4.4.6　提升和提取编辑

使用 Lift（提升）和 Extract（提取）命令，可删除 Timelines（时间线）轨道中指定的一段素材片段。

**动手操作52　提升编辑**

使用 Lift（提升）命令删除 Timelines（时间线）轨道中指定的一段素材片段后，删除部分用空白填补，后面的其他素材片段位置不会发生变化。

（Step01）在 Sequence Monitor（序列监视器）窗口中设置要提升素材片段的入点和出点，如图4-116所示。这时入点和出点会同时出现在 Timelines（时间线）窗口中，如图4-117所示。

图4-116　设置素材的入、出点

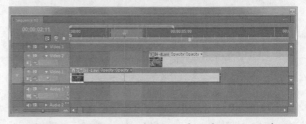

图4-117　Timelines（时间线）窗口中的入、出点

**Step02** 在 Timelines（时间线）窗口的轨道名称处激活一个轨道，被选择的轨道亮白显示。然后单击 Sequence Monitor（序列监视器）窗口底部的 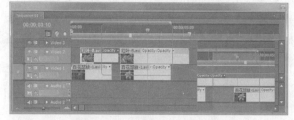（提升）按钮，入、出点间的素材片段即被删除，如图 4-118 所示。

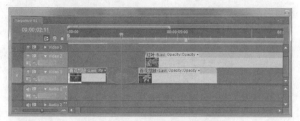

图4-118 提升素材后的效果

> **提示** 提升编辑的快捷键是 ;（分号）。

## 动手操作 53 提取编辑

使用 Extract（提取）命令删除 Timelines（时间线）轨道中指定的一段素材片段后，后面的其他素材片段自动前移，填补删除素材片段的位置。

**Step01** 在 Sequence Monitor（序列监视器）窗口中设置要提取素材片段的入点和出点，如图 4-119 所示。这时入点和出点会同时出现在 Timelines（时间线）窗口中，如图 4-120 所示。

图4-119 设置素材的入、出点

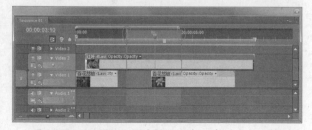

图4-120 Timelines（时间线）窗口中的入、出点

**Step02** 在 Timelines（时间线）窗口的轨道名称处激活一个轨道，被选择的轨道以亮白显示。然后单击 Sequence Monitor（序列监视器）窗口底部的 按钮（提取）按钮，入、出点间的素材片段即被删除，如图 4-121 所示。

图4-121 素材提取后的效果

> **提示** 提升编辑的快捷键是 '（单引号）。

## 4.4.7 设置标记点

标记点用于标注重要编辑位置。利用标记点可以快速查找素材片段中的某帧，在 Timelines（时间线）窗口中设置标记点，要方便以后在标记点处添加和修改素材，也可以利用标记点快速对齐各种类型的素材。

1. 按标注对象来分类标记点

在 Adobe Premiere Pro CS5 中，标记点按标注对象可分为 Clip（素材）标记点、Timelines（时间线）标记点两种。

◆ Clip（素材）标记点：作用于 Source Monitor（源素材监视器）窗口和 Timelines（时间线）窗口的素材对象之上。它通常将素材的某一帧或某一动画关键帧作为标记点，以方便以后编辑和进行其他操作之用。在 Timelines（时间线）窗口中，Clip（素材）标记点附着在素材之上，当素材的位置发生了变化时，标记点也会跟着素材移动。

◆ Timelines（时间线）标记点：作用于 Timelines（时间线）窗口的标尺之上，它通常用于定义全局位置，快速定位或对齐素材对象。Timelines（时间线）标记点不随素材的变化而改变，它只服务于 Timelines（时间线）序列。

2. 按标记类型来分类标记点

按标记点的类型可分为 Unnumbered（未编号）标记点、Next Available Numbered（下一有效编号）标记点和 Other Numbered（其他编号）标记点 3 种。

◆ Unnumbered（未编号）标记点：是一种没有数字标注的无序标记点，即 。

◆ Next Available Numbered（下一有效编号）标记点：是一种从 0 开始计数的有序标记点，即 。

◆ Other Numbered（其他编号）标记点：是一种自定义编号的标记点，即 。在应用这类标记点时会弹出 Set Unmbered Marker（设置编号标记）对话框。

> **提示** 无编号标记点的快捷键是 *（星号）。

> **提示** 标记点既可以对视频素材起作用，也可以对音频素材起作用。为素材设置标记点时，素材必须处于选中状态。

### 动手操作 54　为 Source Monitor（源素材监视器）窗口中的素材设置标记点

(Step01) 将 Project（项目）窗口中的素材片段添加到 Source Monitor（源素材监视器）窗口中，单击 Source Monitor（源素材监视器）窗口底部的 ▶（播放）按钮或 （微调）按钮预览素材，当时间指针定位到要标注的素材帧时，单击窗口底部的 ▼（标记点）按钮，设置一个无编号素材标记点，如图 4-122 所示。

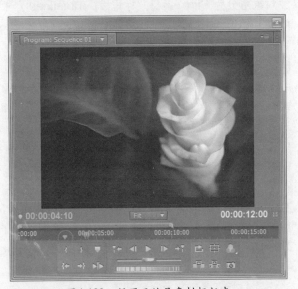

图 4-122　设置无编号素材标记点

(Step02) 继续预览素材，在不同的时间帧位置设置标记点，如图 4-123 所示。

图 4-123　设置多个素材标记点

### 动手操作 55　为 Timelines（时间线）窗口中的素材设置标记点

(Step01) 将 Project（项目）窗口中的素材片段添加到 Timelines（时间线）窗口中，双击要设置标记点的素材片段，在素材监视器中将它打开并显示，如图 4-124 所示。然后单击素材监视器窗口底部的 ▼（播放）按钮或 （微调）按钮预览素材，当时间指针定位到要标注的素材帧时，单击窗口底部的 ▼（标记点）按钮，为 Timelines（时间线）窗口中的素材片段设置一个无编号标记点，如图 4-125 所示。

图 4-124　在素材监视器窗口中打开素材

图4-125 为素材片段设置一个无编号标记点

**Step02** 如果要为素材设置一个有编号的标记点，可以单击菜单栏中 Marker（标记）>Set Clip Marker（设置素材标记）>Next Available Numbered（下一个有效编号）命令或者 Other Numbered（其他编号）命令，如图4-126 所示。如果选择了其他编号命令，会弹出如图4-127 所示的 Set Numbered Marker（设置编号标记）对话框，然后输入数字编号即可。

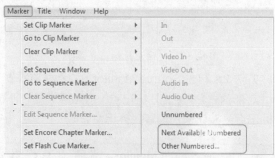

图4-126 设置标记点菜单

图4-127 Set Numbered Marker（设置编号标记）对话框

**Step03** 采用相同的方法，可以给一个素材片段或其他素材片段设置不同的标记点，如图4-128 所示。

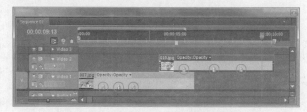

图4-128 为不同素材片段设置标记点

## 动手操作 56 在时间线标尺中设置标记点

**Step01** 激活 Timelines（时间线）窗口，将时间指针移动到需要设置标记点的位置。

**Step02** 单击 Timelines（时间线）窗口左上角的 ⌂（无编号标记点）按钮，为时间标尺设置一个无编号标记点，如图4-129 所示。或者单击 Sequence Monitor（序列监视器）窗口底部的 ▽（无编号标记点）按钮设置一个无编号的标记点，如图4-130 所示。

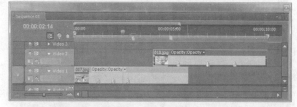

图4-129 设置时间线标记点

图4-130 Sequence Monitor（序列监视器）窗口

**Step03** 如果要为时间线标尺设置一个有编号的标记点，可以单击菜单栏中 Marker（标记）>Set Sequence Marker（设置序列标记）>Next Available Numbered（下一个有效编号）命令或者 Other Numbered（其他编号）命令，如图4-131 所示。如果选择了 Other Numbered（其他编号）命令，会弹出如图4-132 所示的 Set Numbered Marker（设置编号标记）对话框，然后输入数字编号即可。

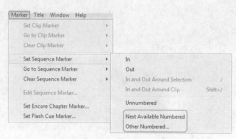

图4-131 设置标记点菜单

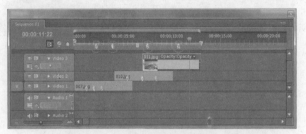

图4-132　Set Numbered Marker（设置编号标记）对话框

**Step04** 用上面的方法继续设置不同的时间线标记点，如图4-133所示。

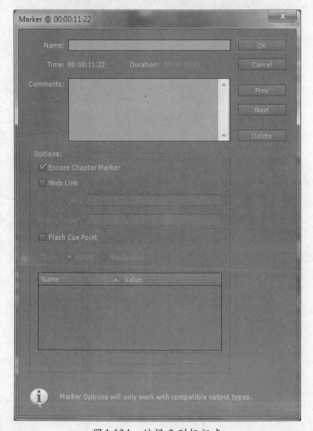

图4-133　设置不同的时间线标记点

**Step05** 如果要对时间线标记点进行修改，可以单击菜单栏中Marker（标记）>Edit Sequence Marker（编辑序列标记）命令进行编辑修改，如图4-134所示。

图4-134　编辑序列标记点

## 动手操作57　快速定位标记点

快速定位标记点可以采用下面的方法。

◆ 快速定位素材标记点

方法1：激活Source Monitor（源素材监视器）或Timelines（时间线）窗口，单击菜单栏中Marker（标记）>Go to Clip Marker（转到素材标记）命令，在弹出的子菜单中执行相应的命令即可，如图4-135所示。

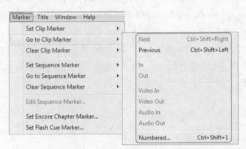

图4-135　定位素材标记点菜单

方法2：单击Source Monitor（源素材监视器）窗口底部的 ↓ （到上一标记点）按钮和 ↓ （到下一标记点）按钮来快速查找标记点。

> **提示**　在Source Monitor（源素材监视器）窗口中单击鼠标右键，可以弹出与图4-135相似的快捷菜单。

## 动手操作58　快速定位时间线标记点

◆ 快速定位序列标记点

方法：激活Timelines（时间线）窗口，单击菜单栏中Marker（标记）>Go to Sequence Marker（转到序列标记）命令，在弹出的子菜单中执行相应的命令即可，如图4-136所示。

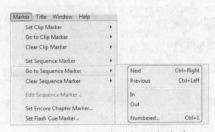

图4-136　定位序列标记点菜单

> **提示**　在Sequence Monitor（序列监视器）窗口中单击鼠标右键，可以弹出与图4-136相似的快捷菜单。

## 动手操作 59　清除标记点

清除标记点可以采用下面的方法。

◆ 清除素材标记点

激活 Source Monitor（源素材监视器）或 Time-lines（时间线）窗口，单击菜单栏中 Marker（标记）> Clear Clip Marker（清除素材标记）命令，在弹出的子菜单中执行相应的命令即可，如图 4-137 所示。

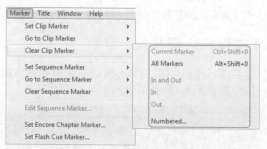

图4-137　清除素材标记点菜单

| 提示 | 在 Source Monitor（源素材监视器）窗口中单击鼠标右键，可以弹出与图 4-137 相似的快捷菜单。 |
|---|---|

◆ 清除序列标记点

激活 Timelines（时间线）窗口，单击菜单栏中 Marker（标记）>Clear Sequence Marker（清除序列标记）命令，在弹出的子菜单中执行相应的命令即可，如图 4-138 所示。

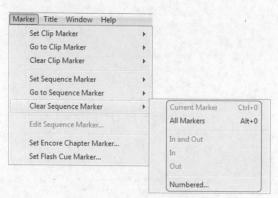

图4-138　清除序列标记点菜单

| 提示 | 在 Timelines（时间线）窗口顶部的标尺位置处单击鼠标右键，可以弹出与图 4-138 相似的快捷菜单。 |
|---|---|

### 4.4.8　成组素材

将多段素材成组，是快速编辑素材的最佳途径。成组后的多段素材作为一个整体来操作（例如选择、移动、复制、删除及裁切等），但不能对组整体添加特效（例如校色、模糊及噪波等）。若要对素材组添加特效效果，可以对组中的素材片段单独操作。

## 动手操作 60　成组素材

Step01 首先在 Timelines（时间线）窗口中选择要成组的素材片段，如图 4-139 所示。

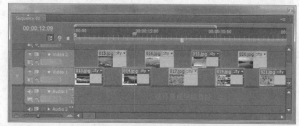

图4-139　选择多个素材片段

| 提示 | 按住 Shift 键，再单击素材，可加选多个素材。 |
|---|---|

Step02 单击菜单栏中 Clip（素材）>Group（编组）命令，即可将选择的多段素材片段成组为一个整体，如图 4-140 所示。成组后可以对素材组进行移动、复制和删除等操作。

图4-140　编组菜单

| 提示 | 选择素材片段后，在 Timelines（时间线）窗口中的素材上单击鼠标右键，可以快速弹出与图 4-140 相似的快捷菜单。 |
|---|---|
| 提示 | 按住 Alt 键，再单击组中的素材，可以选择组中的单个素材片段。 |
| 提示 | 按住 Shift+Alt 键，再单击组中的素材，可以加选组中的素材片段。 |

## 动手操作 61　取消编组

在 Timelines（时间线）窗口中选择要取消编组的素材组（可以一次选择多个素材组），然后单击菜单栏中 Clip（素材）>Ungroup（取消编组）命令，如图 4-141 所示，即可将选择的组解散。

图4-141　取消编组菜单

| 提示 | 选择素材组后，在 Timelines（时间线）窗口中的组对象上单击鼠标右键，可以弹出与图 4-141 相似的快捷菜单。 |
|---|---|

### 4.4.9　视、音频链接

在 Adobe Premiere Pro CS5 中，视频和音频被存放在不同的轨道中。一个无声的视频（或图像）素材和无视频的音频素材在 Timelines（时间线）轨道中是没有联系的，它们是独立的。当我们

要处理一段视、音频同步的素材时，如视频中人物的口型或物体的动作要与音频音律一致，则要对视、音频素材进行链接操作。产生链接关系后，对视频或音频的操作（如改变速度、切割及移动等）会关联到另一方，这样可以避免视、音频之间的错位。当视、音频素材不需要同步时，可以解除它们的链接关系。

在默认的情况下，将 Project（项目）窗口中带音频的视频素材添加到 Timelines（时间线）轨道中后，它们是自动同步链接的。有链接关系的素材，其名称下面带下划线且有特殊的标记。

## 动手操作 62　链接视、音频

Step01　在 Timelines（时间线）窗口中选择要同步链接的视频和音频素材，如图 4-142 所示。

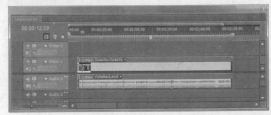

图4-142　选择视、音频素材

Step02　单击菜单栏中 Clip（素材）>Link（链接）命令，如图 4-143 所示，被选中的视、音频素材就链接在一起了。产生链接关系后，素材名称下面带下划线，且有特殊标记，如图 4-144 所示。

图4-143　链接菜单

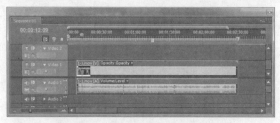

图4-144 链接后的视、音频素材

> **提示** 选择视、音频素材后，在 Timelines（时间线）窗口中的素材上单击鼠标右键，可以弹出与图 4-143 相似的快捷菜单。

## 动手操作 63 解除视、音频链接

方法：在 Timelines（时间线）窗口中选择要解除链接的素材片段，然后单击菜单栏中 Clip（素材）>Unlink（解除链接）命令，如图 4-145 所示，即可解除视、音频素材的链接关系。

图4-145 解除链接菜单

> **提示** 选择素材后，在 Timelines（时间线）窗口中的素材上单击鼠标右键，可以弹出与图 4-145 相似的快捷菜单。

### 4.4.10 素材激活或失效

激活就是指将素材片段设置为活动状态。在活动状态下，素材可以实时显示在监视器窗口中，并且在预览测试或最终压缩输出成片时都为有效。

失效就是指将素材片设置为"零"状态。在这一状态下，素材不实时渲染也不能渲染输出。当素材量大、特效很多时，为了节省系统资源或缩短运算时间，可以将编辑好的素材暂时设为失效，等整个影片编辑完成后，在渲染输出时再将它们激活。

## 动手操作 64 素材激活与失效

**Step01** 在 Timelines（时间线）窗口中选择要操作的素材片段（可以一次选择多段素材），如图 4-146 所示。

图4-146 选择素材片段

**Step02** 单击菜单栏中 Clip（素材）>Enable（激活）命令，如图 4-147 所示。如果 Enable（激活）命令左边有对勾则表示有效，无对勾则表示素材失效。素材失效后，在 Timelines（时间线）轨道中显示为灰色，如图 4-148 所示。

图4-147 激活菜单

图4-148　失效后的素材片段

| 提示 | 单击 Timelines（时间线）轨道名称处的 👁（视频轨道开关）或 🔊（音频轨道开关）按钮，可打开或关闭整个轨道。关闭轨道后，渲染输出影片时轨道上的所有素材都被忽略。 |
|---|---|

| 提示 | 单击 Timelines（时间线）轨道名称处的 🔒（冻结轨道开关）按钮，可打开或冻结整个轨道。冻结轨道后，轨道上的素材不可操作，但渲染输出影片时轨道上的所有素材都为有效。 |
|---|---|

## 4.4.11　自定义素材规格

每个素材都有各自的规格属性，例如静帧图像的像素比、Alpha 通道等，动态素材的帧速度、像素比及场等属性。由于素材规格上的差异，在编辑这些素材时，常常会出现一些意想不到的错误，严重时还会影响到影片输出后的成品质量。

在 Adobe Premiere Pro CS5 中，将素材导入 Project（项目）窗口后，可以对素材属性进行重设定，以使之符合当前编辑的视频规格。

### 动手操作 65　自定义素材规格

(Step01) 在 Project（项目）窗口中选择一段素材（静帧或动态）片段，如图 4-149 所示。

(Step02) 单击菜单栏中 Clip（素材）>Modify（修改）>Interpret Footage（解释素材）命令，弹出如图 4-150 所示的对话框。

◆ Frame Rate（帧速率）：设置动态影像素材的帧速度。

● Use Frame Rate from File（使用来自文件的帧率）：使用动态影像的原始帧速度。

● Assume this frame Rate（假定帧速率为）：自定义素材新的帧速度。当输入了新的

---

帧速度后，影片的时间长度会发生改变。

图4-149　选择素材片段

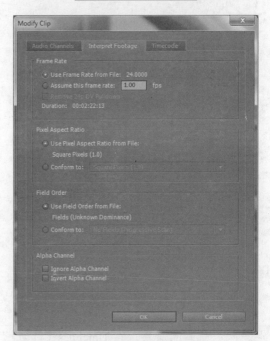

图4-150　自定义素材规格

◆ Pixel Aspect Ratio（像素纵横比）：设置素材的像素宽高比。

● Use Pixel Aspect Ratio from File（使用来自文件的像素纵横比）：使用素材的原始像素比。

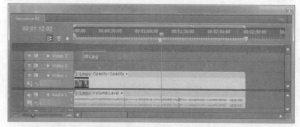

● Conform to（符合为）：自定义像素纵横比。

◆ Field Order（场序）：设置影片的场扫描方式。

● Use Field Order from File（使用来自文件的场序）：使用素材文件自身的扫描场。

● Conform to（符合为）：自定义素材扫描场。

◆ Alpha Channel（Alpha 通道）：设置素材的透明通道。Alpha 通道是在标准 24 位真彩色之上，再加入一个 8 位灰度通道。通常我们又把具有 Alpha 通道的标准颜色深度称为 32 位颜色深度。

一般情况下，Alpha 通道分为如下两种类型。

Straight Alpha 通道：将素材的透明度存于独立的 Alpha 通道中，它也被称作 Unmatted Alpha（不带遮罩的 Alpha 通道）。

Premultiplied Alpha 通道：保存 Alpha 通道中的透明信息，同时它也保存可见的 RGB 通道中相同的信息。Premultiplied Alpha 也被称为 Matted Alpha（带有背景遮罩的 Alpha 通道）。

● Ignore Alpha Channel（忽略透明通道）：勾选此选项，则素材的透明信息将失效。

● Invert Alphe Channel（反转透明通道）：勾选此选项，将反转透明通道。

Step03 在对话框中设置好相应的参数后，单击 OK 按钮，新的素材规格即可生效。

> 提示　在 Project（项目）窗口中选择素材后单击鼠标右键，可以弹出含 Interpret Footage（解释素材）命令的快捷菜单。

## 4.4.12　复制和粘贴素材

复制、剪切和粘帖是编辑素材片段的常用方法之一。在 Adobe Premiere Pro CS5 中，可以一次复制、剪切和粘贴一段或多段素材片段。

粘贴素材片段时，时间指针的位置是新素材的起始位置。执行粘贴时，还可以选择操作模式，即插入粘贴或覆盖粘贴。

如果一段素材已经设置了运动动画或添加了特效，在粘贴时可以只复制素材的特效属性。

### 动手操作 66　覆盖与插入粘贴

Step01 在 Timelines（时间线）窗口中选择一段素材片段，如图 4-151 所示，然后单击菜单栏中 Edit（编辑）>Cut（剪切）或 Copy（复制）命令。

图4-151　选择素材片段并执行Cut（剪切）或 Copy（复制）命令

Step02 在 Timelines（时间线）窗口的轨道名称位置处激活一个轨道，被选择的轨道以亮白显示。然后将时间指针移动到需要的位置，单击菜单栏中 Edit（编辑）>Paste（粘贴）命令，素材即被粘贴到指定的轨道中，如图 4-152 所示。

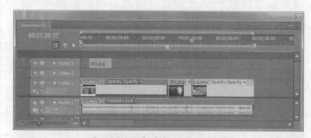

图4-152　覆盖粘贴后的效果

Step03 如果执行了 Insert Paste（插入粘贴）命令，则会出现如图 4-153 所示效果。

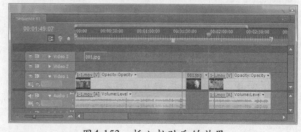

图4-153　插入粘贴后的效果

> 提示　执行覆盖粘贴后，素材长度保持不变；执行插入粘贴后，素材长度是原素材和粘贴素材之和。

> 提示　覆盖粘贴的快捷键是 Ctrl+V 键；插入粘贴的快捷键是 Ctrl+Shift+V 键。

## 动手操作 67　粘贴属性

(Step01) 在 Timelines（时间线）窗口中有两段素材，如图 4-154 所示，其中一段素材已经添加了 Dust & Scratches（灰尘刮痕）和 Lighting Effects（照明效果）两个特效，另一段素材没有添加任何特效。选择添加了特效的素材片段，单击菜单栏中 Edit（编辑）>Copy（复制）命令。

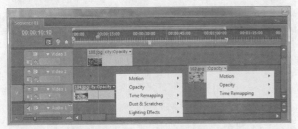

图4-154　查看素材特效

(Step02) 选择另一段没有特效的素材片段，然后单击菜单栏中 Edit（编辑）>Paste Attributes（粘贴属性）命令，特效属性即被粘贴进了指定的素材中，如图 4-155 所示。

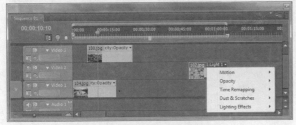

图4-155　粘贴属性后的效果

> 提示　粘贴属性的快捷键是 Ctrl+Alt+V 键。

## 4.4.13　创建帧定格

帧定格就是将影像的某一帧静止，产生特殊的剪辑效果。帧定格与静止图像有着相同的特性。用户可以将素材的入、出点和 0 标记点作为定格的条件。

### 动手操作 68　创建帧定格

(Step01) 首先将素材添加到 Timelines（时间线）轨道中，然后在素材上设置入点、出点或 0 标记点。

(Step02) 激活 Timelines（时间线）窗口，在轨道中选择该素材，然后单击鼠标右键，在弹出的如图 4-156 所示的快捷菜单中选择 Frame Hold（帧定格）命令，弹出如图 4-157 所示的 Frame Hold Options（帧定格选项）对话框。

图4-156　快捷菜单

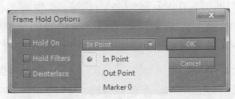

图4-157　Frame Hold Options（帧定格选项）对话框

◆ Hold On（定格在）：选择帧定格的条件。

● In Point（入点）：帧定格在入点位置。

● Out Point（出点）：帧定格在出点位置。

● Marker 0（标记 0）：帧定格在标记 0 点位置。

◆ Hold Filters（定格滤镜）：勾选此选项，应用到素材片段上的滤镜效果也保持静止。

◆ Deinterlace（清除交错）：勾选此选项，素材片段进行非交错场处理。

(Step03) 在 Frame Hold Options（帧定格选项）对话框中设置好相应的参数后，单击 OK 按钮，帧定格效果即可生效。

## 4.4.14　场设置

视频作品从计算机量化到电视机回放都必须设置场。场是电视机处理图像的一种工作方式。

一般情况下，导入 Premiere Pro 的素材如果有场，则要进行场编辑，待编辑完成并最终输出时，再设置场顺序。如果输出的视频并非通过电视机播放，则无需设置场。

设置场可以防止视频出现抖动或跳帧。在 Adobe Premiere Pro 软件中，新建项目工程文件时，就要对 Field（场）的扫描顺序进行设置，它决定了 Project（项目）工程场的工作方式。而在实际的剪辑工作中，由于素材来源不同，其素材的场顺序也会不同，这会影响素材的渲染输出。

因此，在剪辑的过程中，对素材场顺序设置是极为重要的。

## 动手操作 69 素材场设置

Step01 首先将素材添加到 Timelines（时间线）轨道中，然后在轨道中选择该素材，单击鼠标右键，在弹出的如图 4-158 所示的快捷菜单中选择 Field Options（场选项）命令，弹出如图 4-159 所示的 Field Options（场选项）对话框。

图4-158 快捷菜单

图4-159 Field Options（场选项）对话框

◆ Reverse Field Dominance（交换场序）：交换场的扫描次序。

◆ Proessing Options（处理选项）：设置场的工作方式。

● None（无）：设置素材无场。

● Interlace Consecutive Frames（交错相邻帧）：交错场处理，即隔行扫描。

● Always Deinterlace（总是反交错）：非交错场处理，即逐行扫描。

● Flicker Removal（清除闪烁）：消除画面的水平线闪烁。

Step02 在 Field Options（场选项）对话框中设置好相应的参数后，单击  OK 按钮，素材的场设置即可生效。

## 4.4.15 帧融合

正常的影像速率为 24 帧/秒、25 帧/秒和 30 帧/秒，当改变了影像的时间长度（增加或缩短）后，影

片就会产生慢动作或快进的视觉效果。增长影片的长度，原来的视频帧数就无法满足播放的需求，就会出现跳帧现象，严重的还会影响画面的流畅度及质量。

帧融合是解决跳帧现象的最佳手段。其原理是在源素材的视频帧（每 2 帧）之间插补进过渡的帧来弥补跳帧。由于增加了新的帧，影片在播放时会更加平滑、流畅。

## 动手操作 70 帧融合

Step01 首先添加素材到 Timelines（时间线）轨道中，然后在轨道中选择该素材，再改变素材片段的长度（具体步骤见"动手操作 29"）。

Step02 然后选择改变了速度的素材片段，单击鼠标右键，在弹出的快捷菜单中选择 Frame Blend（帧融合）命令即可，如图 4-160 所示。

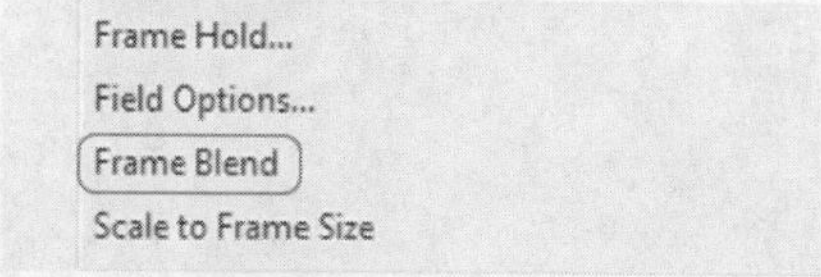

图4-160 快捷菜单

> 提示 只有在改变了素材的长度或速度时，Frame Blend（帧融合）命令才起作用。

## 4.4.16 素材画面与当前项目尺寸匹配

当导入的素材（静帧或视频）尺寸不符合 Project（项目）视频大小时，可以用 Scale to Frame Size（画面大小与当前画幅比例适配）命令进行自动适配。

## 动手操作 71 匹配素材与当前项目的尺寸

Step01 首先添加素材到 Timelines（时间线）轨道中，然后在轨道中选择该素材，单击鼠标右键，在弹出的快捷菜单中选择 Scale to Frame Size（画面大小与当前画幅比例适配）命令即可，如图 4-161 所示。

图4-161 快捷菜单

Step02 图 4-162 和图 4-163 所示为素材尺寸适配前后的对比效果。

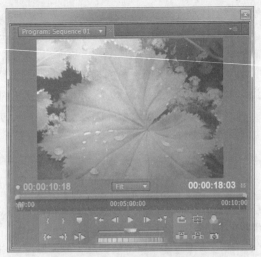

图4-162　图像尺寸适配前的效果

图4-163　图像尺寸适配后的效果

> **提示**　默认情况下，素材添加到 Timelines（时间线）窗口中后，会自动适配尺寸。如果要保持原始尺寸大小，则要手动进行设置。

### 4.4.17　音频增益

由于音频素材格式和录制方式的不同，在编辑这些素材时可能会出现音量过大或过小的情况，这会直接影响影片的正常输出。

音频增益可改变整个音频素材的音量，是通过调节分贝数增益值来实现的。

### 动手操作 72　调节音频素材音量

Step01 首先添加音频素材到 Timelines（时间线）轨道

中，然后在轨道中选择该素材，单击鼠标右键，在弹出的如图 4-164 所示的快捷菜单中选择 Audio Gain（音频增益）命令，弹出如图 4-165 所示的 Audio Gain（音频增益）对话框。

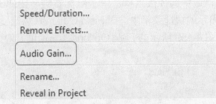

图4-164　快捷菜单

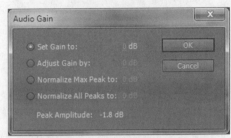

图4-165　音频增益对话框

Step02 在 Set Gain to（设置增益为）栏中输入增益数值。如果数值为 0，则表示使用原始音量。如果数值大于或小于 0，则表示增大或降低音量。

Step03 在 Audio Gain（音频增益）对话框中设置好相应的参数后，单击 OK 按钮，音频增益值即可生效。

> **提示**　单击菜单栏中 Clip（素材）>Audio Options（音频选项）>Audio Gain（音频增益）命令，可打开与图 4-165 相同的对话框。

### 4.4.18　多重序列

在 Adobe Premiere Pro CS5 中，Sequence（序列）就是将各种素材编辑完成后的作品。Premiere Pro CS5 允许一个 Project（项目）中有多个 Sequence（序列）存在，并且 Sequence（序列）可以作为普通素材被另一个 Sequence（序列）所引用和编辑，这种情况称为 Nested Sequence（嵌套序列）。

Nested Sequence（嵌套序列）编辑使影片的合成结构简单化，在操作上更方便。我们可以把 Sequence（序列）看作是影片的场景分镜头。每个 Sequence（序列）中都有分场景的人物、地点、对白等元素，将一系列的 Sequence（序列）场景通过剪辑手法串连起来，就构成了影片的故事情节。

## 动手操作 73 嵌套序列

**Step01** 首先在 Project（项目）窗口中创建 4 个 Sequence（序列）（新建 Sequence（序列）内容见"动手操作 18"），然后导入本书配套光盘中"图片素材"文件夹中静帧图像素材，如图 4-166 所示。

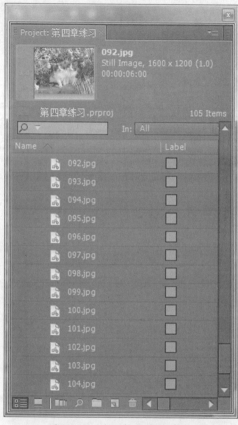

图4-166　导入静帧图像素材

**Step02** 新建 Sequence（序列）后，在 Timelines（时间线）窗口顶部就会出现 4 个 Sequence（序列）标签，如图 4-167 所示。我们可以在任意时刻激活它们，方法就是单击 Sequence（序列）标签。

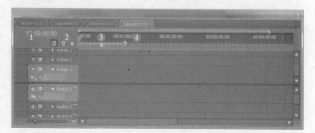

图4-167　Timelines（时间线）窗口中的多重
Sequence（序列）

**Step03** 将 3 个静帧图像依次添加到 Sequence 01（序列01）、Sequence 02（序列02）和 Sequence 03（序列03）中，如图 4-168、图 4-169 和图 4-170 所示。

图4-168　添加静帧图像到Sequence 01（序列01）

图4-169　添加静帧图像到Sequence 02（序列02）

图4-170　添加静帧图像到Sequence 03（序列03）

**Step04** 下面进行序列嵌套。首先在 Timelines（时间线）窗口中激活 Sequence 04（序列 04），然后将时间指针定位到需要的时间位置，如图 4-171 所示。

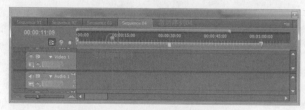

图4-171　移到时间指针到需要的位置

**Step05** 在 Project（项目）窗口中选择 Sequence 01（序列01），将其拖曳到 Timelines（时间线）窗口的 Video 1（视频1）轨道，选择 Sequence 02（序列02）和 Sequence 03（序列03），将它们拖曳到 Timelines（时间线）窗口的 Video 2（视频2）轨道，如图 4-172 所示。

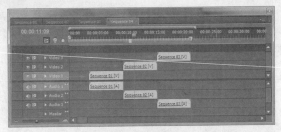

图4-172　嵌套序列

操作。也可以在 Sequence 04（序列04）中添加新的素材片段，形成素材与序列混合编辑的效果，如图4-173所示。

**Step06** 完成拖曳后，Sequence 04（序列04）中就嵌套了 Sequence 01（序列01）、Sequence 02（序列02）和 Sequence 03（序列03）。当我们想要为静帧图像添加特效或进行其他修改操作时，可进入各自的序列进行

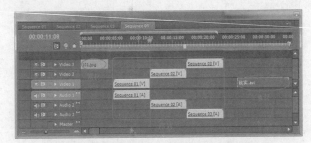

图4-173　素材和序列混合编辑

# 4.5　本章小结

　　本章首先对素材的格式进行了全面的介绍，这为处理不同的素材打好了基础。接着对素材的创建、导入、采集和素材的编辑等内容进行系统地讲解，为后续章节内容的吸收打下一个坚实的基础。

# 进阶提高篇

- 过渡特技
- 字幕和图形
- 运动、透明和抠像
- 视频特效
- 音频特效
- 影片的输出

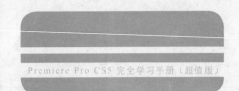

# 第 5 章

# 过渡特技

过渡也称为切换或转场，主要用于素材场景之间的变换，即从一个场景转换到另外一个场景。

在影视作品中，我们经常看到这样的情景，从一个特写的镜头直接切换到一个全景镜头，这种场景间的直接变换手法我们通常称为硬切。在Adobe Premiere Pro CS5中，硬切的实现手法比较简单，只要将一系列素材首尾相接对齐，就可以完成这种特技。然而影视编辑并不是将素材简单地连接在一起就可以了，它应该具有一定的创造性和艺术性，将复杂的场景通过剪辑手法生动、直观地再现出来，使观众能从场景之间的变换读懂故事，融入到故事当中。

Adobe Premiere Pro CS5为场景之间的过渡提供了生动有趣的各种特技效果，使剪辑师有了更大的创作空间和灵活应变的自由度。在Adobe Premiere Pro CS5中，过渡（或称转场）有Video Transitions（视频过渡）和Audio Transitions（音频过渡）两种类型。Video Transitions（视频过渡）即视频素材间的切换方式，Audio Transitions（音频过渡）即音频素材间的切换方式。

## 5.1　认识过渡

过渡由两部分组成，即 Effects（效果）窗口和 Effects Controls（效果控制）面板。Effects（效果）窗口为用户准备了 70 多种生动有趣的过渡特技；Effects Controls（效果控制）面板则提供了过渡的参数信息，以方便用户对过渡效果进行修改。

### 5.1.1　Effects（效果）窗口

Effects（效果）窗口以分组列表的形式提供了Premiere 自带的所有特技，用户检索调用时非常方便。

**动手操作 74　显示 Effects（效果）窗口**

(Step01) 单击菜单栏中 Window（窗口）>Effects（效果）命令，在弹出的 Effects（效果）窗口中，即可看到 Audio Transitions（视频过渡）和 Video Transitions（音频过渡）两个文件夹，如图 5-1 所示。

(Step02) 单击 Video Transitions（视频过渡）和 Audio Transitions（音频过渡）两个文件夹左侧的扩展按钮，即可看到文件夹中包含的各种过渡效果，如图 5-2 所示。

图5-2　展开文件夹

图5-1　Effects（效果）窗口

### 5.1.2 Effect Controls（效果控制）面板

Effect Controls（效果控制）面板用于设置过渡、滤镜等特技的参数值，还用于关键帧动画的制作，是 Premiere Pro 的核心面板之一。

### 动手操作 75 打开 Effect Controls（效果控制）面板

(Step01) 如果已经为两段素材片段添加了过渡效果，单击菜单栏中 Window（窗口）>Effect Controls（效果控制）命令后，即可弹出如图 5-3 所示的 Effect Controls（效果控制）面板。

(Step02) 打开 Effect Controls（效果控制）面板后，即可对过渡效果的持续时间、过渡起始与终止帧等参数进行设置。

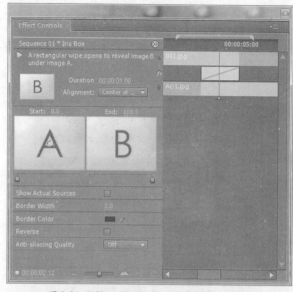

图5-3 Effect Controls（效果控制）面板

## 5.2 添加过渡

过渡也可称为转场，是场景间切换的一种特技方式，常用的有淡入淡出、交叉过渡、不规则过渡等。

### 5.2.1 为单轨道中相邻的素材应用过渡

单轨道的相邻素材就是指在同一轨道中相邻的两段素材，在这两段素材间应用过渡效果是过渡最常用的制作方法。

### 动手操作 76 为同一轨道中相邻的素材添加过渡

(Step01) 新建一个项目工程文件，命名为"过渡效果练习"，然后在 Project（项目）窗口中双击，打开素材导入对话框，将本书配套光盘中"视频素材"目录中的"001.jpg"和"003.jpg"两个文件导入。

(Step02) 在项目窗口中选择"景色 001.jpg"和"景色 003.jpg"两个文件，将它们拖曳到时间线窗口的 Video 1（视频1）轨道中，如图 5-4 所示。

图5-4 拖曳素材到Video 1（视频1）轨道

(Step03) 激活 Effects（效果）窗口，展开 Video Transitions（视频过渡）文件夹，在 Page Peel（卷页）转场组中选择 Page Peel（卷页）过渡效果，如图 5-5 所示。

图5-5　选择Page Peel（卷页）过渡

(Step04) 拖曳 Page Peel（卷页）过渡到 "001.jpg" 和 "景色 003.jpg" 相接处，此时鼠标箭头会出现如下 3 种情况。

◆ （对齐终点）：过渡与第一段素材的终点对齐，如图 5-6 所示。

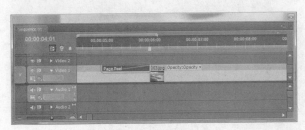

图5-6　对齐终点

◆ （对齐中心点）：过渡与两段素材的相接处对齐，如图 5-7 所示。

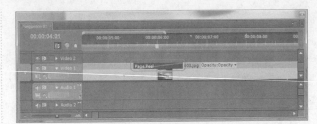

图5-7　对齐中心点

◆ （对齐起点）：过渡与第二段素材的起点对齐，如图 5-8 所示。

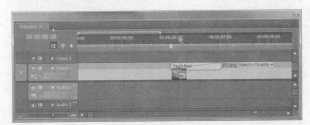

图5-8　对齐起点

(Step05) 选择任意一种过渡对齐方式，完成转场设置。在 Timelines（时间线）轨道中选择刚添加的转场，然后激活 Effects Controls（效果控制）面板，这时就可以对过渡效果的参数进行修改了，如图 5-9 所示。

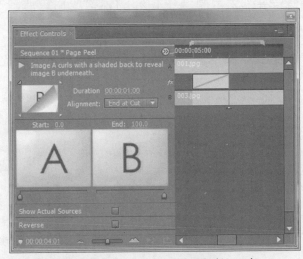

图5-9　Effects Controls（效果控制）面板

(Step06) 单击 Effects Controls（效果控制）面板上的 （显示／隐藏）按钮可以显示或隐藏 Timelines（时间线）窗口，面板中 A 字母代表素材 1，B 字母代表素材 2，（特效）按钮代表过渡效果。图 5-10 所示为隐藏了 Timelines（时间线）窗口后的面板显示效果。

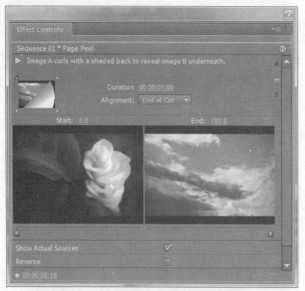

图5-10　隐藏Timelines（时间线）窗口

图5-12　过渡特技合成结果

## 5.2.2　为单个素材应用过渡

在 Adobe Premiere Pro CS5 中，除了可以为相邻的素材应用过渡外，还可以为单个素材应用过渡。当为某一轨道上单个素材应用过渡后，其下方轨道中的素材将作为背景与应用过渡的素材进行合成，但作为背景的素材不能被过渡参数所控制。

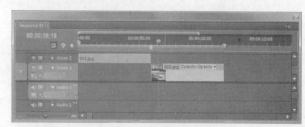

图5-13　为素材添加过渡

> 注意　添加过渡的素材与它下方轨道中的素材必须要重叠，重叠的长度由过渡效果的持续时间来决定。

图 5-11 和图 5-12 所示为单个素材的过渡与其下方轨道中素材的合成效果。

将同一个过渡应用到 Video 1（视频 1）轨道中的素材，如图 5-13 所示。其最后的合成效果如图 5-14 所示，因为 Video 1（视频 1）轨道下面没有其他轨道，所有过渡背景均为黑色。

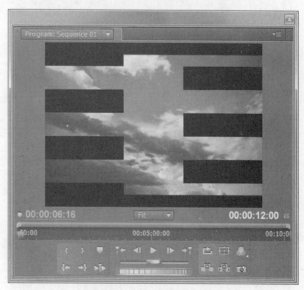

图5-14　过渡特技合成结果

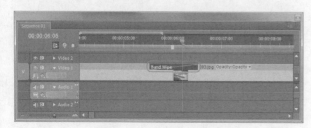

图5-11　为素材添加过渡

## 5.3 编辑过渡

应用过渡效果后，可以通过 Effects Controls（效果控制）面板进行参数编辑。在 Adobe Premiere Pro CS5 中，大部分的过渡效果都有相同的参数项，这为过渡特技的学习提供了捷径。图 5-15 所示为一个标准的 Effects Controls（效果控制）面板。

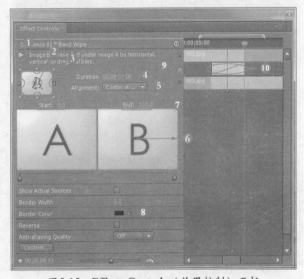

图5-15　Effects Controls（效果控制）面板

① 预览按钮：单击此按钮，可以实时播放过渡合成的效果。

② 预览窗口：单击预览按钮后，可以在此窗口预览当前的过渡效果。

③ 过渡方向：指定过渡的方向，即过渡从左到右还是从上至下运动。

④ 持续时间：设置过渡的时间帧长度。

⑤ 对齐方式：设置过渡的对齐方式。

⑥ A/B 预览窗口：此窗口以 A 和 B 字母代替素材 1 和素材 2 的效果，也可以实时显示源素材。

⑦ 开始 / 结束滑块：此滑块用于设置过渡的开始百分比和结束百分比。

⑧ 参数项：提供过渡的其他参数选项。

⑨ 素材 1 和素材 2。

⑩ 过渡特技。

> **注意**　在编辑过渡时，首先要在 Timelines（时间线）窗口中选择过渡效果，这样 Effects Controls（效果控制）面板才会出现相应的参数。

### 5.3.1　设置过渡的持续时间

过渡的持续时间可以在 Timelines（时间线）窗口中进行调整，将光标移到过渡边界的其中一个边缘（左边或右边），然后向左或向右拖曳即可改变过渡的时间长度，如图 5-16 和图 5-17 所示。为了精确调整过渡的时间帧长度，在拖曳时可以通过 Info（信息）面板来控制。

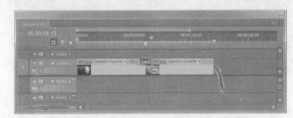

图5-16　将光标移到过渡的左边界

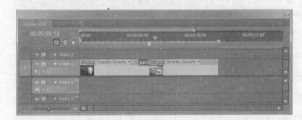

图5-17　向左拖曳以增加过渡的持续时间

在 Effects Controls（效果控制）面板中同样可以精确地设置过渡的持续时间，在 Timelines（时间线）窗口中双击过渡，打开 Effects Controls（效果控制）面板后，在 Duration（持续时间）栏中输入精确的时间帧数即可，如图 5-18 所示。

图5-18　在Duration（持续时间）栏中输入时间帧数

## 5.3.2 修改过渡的对齐方式

为素材添加过渡效果时，通过素材的终点、起点或中心点位置可设定过渡的对齐方式（参见本章 5.2.1 节）。将过渡已经应用到素材后，如何修改它的对齐方式呢？最简单的方法就是在 Timelines（时间线）窗口中选择过渡，按住鼠标左键拖曳过渡来重新设定对齐方式，如图 5-19 和图 5-20 所示。

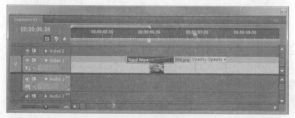

图5-19　选择过渡

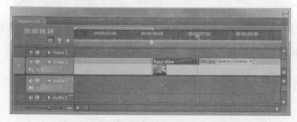

图5-20　拖曳过渡重新设置对齐方式

除了拖曳对齐外，还可以在 Effects Controls（效果控制）面板的 Alignment（对齐）下拉列表中选择过渡对齐方式，如图 5-21 所示。

图5-21　在 Alignment（对齐）下拉列表中选择过渡对齐方式

## 5.3.3 设置和应用默认过渡

如果在一个影视作品中多次或全部应用相同的过渡，通过设置默认过渡可以大大提高编辑效率。

### 动手操作 77　设置默认过渡

(Step01) 首先打开 Effects（效果）窗口，然后展开过渡文件夹，选择要设置为默认过渡的选项，如图 5-22 所示。

图5-22　选择一个过渡

(Step02) 在过渡对象上单击鼠标右键，在弹出的快捷菜单中选择 Set Selected as Default Transition（设置为默认的过渡）命令。

> 提示　也可以单击 Effects（效果）窗口右上角的 ![扩展] （扩展）按钮，在弹出的菜单中选择相应的命令。

### 动手操作 78　应用默认过渡

(Step01) 将要应用默认过渡的素材依次添加到 Timelines（时间线）窗口的 Video 1（视频 1）轨道中。

(Step02) 将时间指针移到素材之间的相接处，如图 5-23 所示。

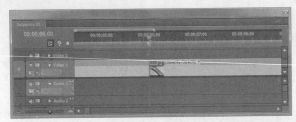

图5-23 将时间指针移到素材的相接处

(Step03) 单击菜单栏中 Sequence（序列）>Apply Video Transitions（应用视频过渡效果）命令，默认的过渡特技即被应用到了素材上，如图 5-24 所示。

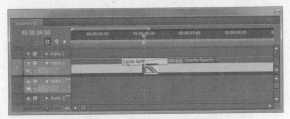

图5-24 默认过渡应用成功

> 提示 也可以执行快捷键 Ctrl+D 来快速应用默认过渡。

### 动手操作 79 设置默认过渡的持续时间

当使用 Automate to Sequence（自动化到序列）命令来大量顺序排列素材时，可以应用默认过渡快速完成素材的转场特技。默认过渡的持续时间在这个时候就显得非常重要了，因为持续时间设置不当，会使修改的工作量大大增加，所以在应用过渡之前首先要统一设置默认过渡的持续时间。

(Step01) 单击菜单栏中 Edit（编辑）>Preferences（参数）>General（常规）命令，打开如图 5-25 所示的对话框。

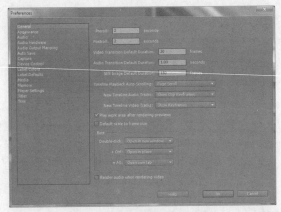

图5-25 General（常规）选项

(Step02) 在 Video Transition Default Duration（视频过渡默认持续时间）和 Audio Transition Default Duration（音频过渡默认持续时间）栏内输入统一的帧数和时间，最后单击 OK 按钮完成设置。

### 5.3.4 删除和替换过渡

应用过渡效果后，如果它与我们的构思和想法并不一致，我们可以将其删除或替换。

### 动手操作 80 删除过渡

方法 1：在 Timelines（时间线）窗口中选择过渡，然后按 Delete 键即可将其删除。

方法 2：在 Timelines（时间线）窗口中选择过渡，单击鼠标右键，在弹出的快捷菜单中选择 Clear（清除）命令，将其删除。

### 动手操作 81 替换过渡

首先在 Effects（效果）窗口的过渡文件夹中选择新的过渡对象，然后将其拖曳到 Timelines（时间线）窗口中希望替换的过渡上，释放鼠标，旧的过渡即可被替换。

## 5.4 Video Transitions（视频过渡）

通过上面的实例练习及操作要领的学习，相信读者对过渡的使用方法已经有了基本的认识，但这还远远不够。为了更全面、深入地掌握 Adobe Premiere Pro CS5 的过渡效果，下面将逐一介绍这些生动有趣的视频切换效果。

在 Adobe Premiere Pro CS5 中，视频过渡特技是按功能和视觉效果进行分类编排的。图 5-26 所示为视频过渡的 10 个文件夹，所有的视频过渡特技都已编排在这些文件夹中。

图5-26　视频过渡分类

## 5.4.1　3D Motion（3D运动）

3D运动类过渡主要用于实现三维立体视觉的过渡效果，如帘式、门、翻转等效果。

3D Motion（3D运动）文件夹中包含10种过渡效果，如图5-27所示。

图5-27　3D Motion（3D运动）类过渡

5.4.1.1　Cube Spin（立方体旋转）

**功能概述**：将影像素材A和B作为立方体的两个面，通过旋转该立方体将影像素材B逐渐显示出来。

**参数详解**：Cube Spin（立方体旋转）过渡的参数如图5-28所示。

图5-28　Cube Spin（立方体旋转）过渡的参数

> **提示**　过渡特技的共用参数内容请参见本章5.3节。

**实例**：为素材应用Cube Spin（立方体旋转）过渡的视觉效果，其中前两幅素材的Transition Direction（过渡方向）为左、右旋转，后两幅素材的Transition Direction（过渡方向）为上、下旋转如图5-29所示。

图5-29　Cube Spin（立方体旋转）实例效果图

5.4.1.2　Curtain（帘式）

**功能概述**：将影像素材A从屏幕中心分割，然后像拉起窗帘一样逐渐消失，直到显示出影像素材B。

**参数详解**：Curtain（帘式）过渡的参数如图5-30所示。

图5-30　Curtain（帘式）过渡的参数

实例：为素材应用 Curtain（帘式）过渡的视觉效果如图 5-31 所示。

图5-31　Curtain（帘式）实例效果图

### 5.4.1.3　Doors（门）

功能概述：将影像素材 B 分割成双扇门的门面，然后像关门一样逐渐将影像素材 A 显示出来。

参数详解：Doors（门）过渡的参数如图 5-32 所示。

图5-32　Doors（门）过渡的参数

实例：为素材应用 Doors（门）过渡效果，其中设置 Border Width（边宽）为 4，Border Color（边色）为橙红色，如图 5-33 所示。

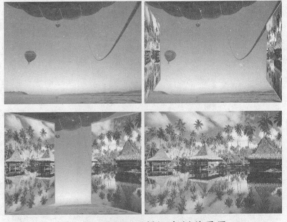

图5-33　Doors（门）实例效果图

### 5.4.1.4　Flip Over（翻转）

功能概述：将影像素材 A 和 B 作为一页纸的两个面，通过旋转该页将影像素材 B 显示出来。

参数详解：Flip Over（翻转）过渡与 Cube Spin（立方体旋转）过渡的参数相同。

实例：为素材应用 Flip Over（翻转）过渡的视觉效果如图 5-34 所示。

图5-34 Flip Over（翻转）实例效果图

### 5.4.1.5 Fold Up（向上折叠）

**功能概述**：将影像素材 A 从中心线重复折叠，直到显示出影像素材 B，就如同将一张白纸从中心线对折。

**参数详解**：Fold Up（向上折叠）过渡的参数如图 5-35 所示。

图5-35 Fold Up（向上折叠）过渡的参数

◆ **Start/End Slider**（开始/结束滑块）：此滑块可设置过渡的开始百分比和结束百分比。

◆ **Show Actual Sources**（显示实际来源）：在 A 和 B 窗口中显示实际的素材影像。勾选此选项，可以更直观地调节过渡效果。

◆ **Reverse**（反转）：勾选此选项，运动效果

将反向运行。

**实例**：为素材应用 Fold Up（向上折叠）过渡的视觉效果如图 5-36 所示。

图5-36 Fold Up（向上折叠）实例效果图

### 5.4.1.6 Spin（旋转）

**功能概述**：将影像素材 B 从屏幕中心逐渐拉展，直到覆盖影像素材 A，就如同橡皮泥拉伸。

**参数详解**：Spin（旋转）过渡与 Swing In（摆入）过渡的参数相同。

**实例**：为素材应用 Spin（旋转）过渡的视觉效果如图 5-37 所示。

图5-37 Spin（旋转）实例效果图

### 5.4.1.7 Spin Away（旋转离开）

功能概述：将影像素材 B 从屏幕中心逐渐旋转进入，直到覆盖影像素材 A。

参数详解：Spin Away（旋转离开）过渡与 Swing In（摆入）过渡的参数相同。

实例：为素材应用 Spin Sway（旋转离开）过渡效果，将 Transition Direction（过渡方向）设为上侧旋转，如图 5-38 所示。

图5-38　Spin Sway（旋转离开）实例效果图

### 5.4.1.8 Swing In（摆入）

功能概述：将影像素材 B 以屏幕一侧为中心从后方旋转进入屏幕，直到覆盖素材 A，如同开与关单边门。

参数详解：Swing In（摆入）过渡的参数如图 5-39 所示。

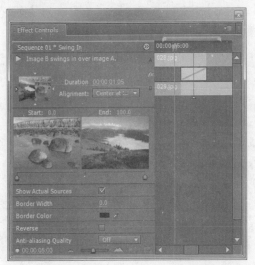

图5-39　Swing In（摆入）过渡的参数

> **提示**　过渡特技的共用参数项内容请参见本章 5.3 节。

实例：为素材应用 Swing In（摆入）过渡效果，其中前两幅效果图的 Transition Direction（过渡方向）为左侧摆入，后两幅效果图的 Transition Direction（过渡方向）为右侧摆入，如图 5-40 所示。

图5-40　Swing In（摆入）实例效果图

### 5.4.1.9 Swing Out（摆出）

功能概述：将影像素材 B 以屏幕一侧为中心从前方旋转进入屏幕，直到覆盖素材 A，如同开与关单边门。

参数详解：Swing Out（摆出）过渡与 Swing In（摆入）过渡的参数相同。

实例：为素材应用 Swing Out（摆出）过渡效果，其中前两幅效果图的 Transition Direction（过渡方向）为上侧摆出，后两幅效果图的 Transition Direction（过渡方向）为下侧摆出，如图 5-41 所示。

图5-41　Swing Out（摆出）实例效果图

**5.4.1.10 Tumble Away（筋斗过渡）**

**功能概述：** 将影像素材 A 像翻筋斗一样翻出，直到显示出影像素材 B。

**参数详解：** Tumble Away（筋斗过渡）的参数如图 5-42 所示。

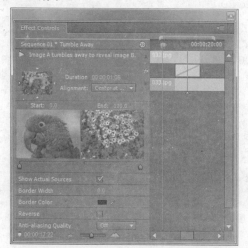

图5-42 Tumble Away（筋斗过渡）的参数

◆ **Transition Direction**（过渡方向）：设置过渡的翻转方向，通过激活预览窗口的四个方向键来控制。

◆ **Source Point**（中心点）：设置过渡的中心位置，通过移动预览窗口中的小圆点来控制，如图 5-43 所示。

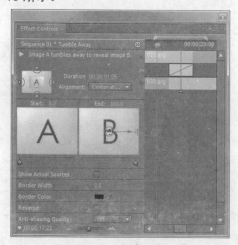

图5-43 设置过渡的中心点

◆ **Border Width**（边宽）：设置影像素材 A 或 B 的边缘轮廓线的宽度，在数值栏中可以输入具体的线宽值。

◆ **Border Color**（边色）：设置影像素材边缘轮廓线的颜色。

◆ **Anti-aliasing Quality**（抗锯齿品质）：对影像的边缘进行平滑处理，默认为关闭状态。打开其下拉列表可以选择低、中、高 3 种抗锯齿模式。

> **提示** 过渡特技的共用参数项内容请参见本章 5.3 节。

**实例：** 为素材应用 Tumble Away（筋斗过渡），其中设置 Border Width（边宽）值为 1，Border Color（边色）为白色，如图 5-44 所示。

图5-44 Tumble Away（筋斗过渡）实例效果图

## 5.4.2 Dissolve（叠化）

Dissolve（叠化）过渡主要用于实现影像素材之间的软性过渡视觉效果，如影像的淡入淡出，渐显渐隐的黑场效果等。

Dissolve（叠化）文件夹中包含 7 种过渡效果，如图 5-45 所示。

图5-45 Dissolve（叠化）类过渡

## 5.4.2.1 Additive Dissolve（附加叠化）

**功能概述**：用一个闪白场完成影像素材A逐渐过渡到影像素材B的视觉效果。

**参数详解**：Additive Dissolve（附加叠化）过渡与Cross Dissolve（交叉叠化）过渡的参数相同。

**实例**：为素材应用Additive Dissolve（附加叠化）过渡的视觉效果如图5-46所示。

图5-46　Additive Dissolve（附加叠化）实例效果图

## 5.4.2.2 Cross Dissolve（交叉叠化）

**功能概述**：将影像素材A逐渐淡化，直到显示出影像素材B。该过渡效果为标准的淡入淡出转场。

**参数详解**：Cross Dissolve（交叉叠化）过渡的参数如图5-47所示，参数比较少。

图5-47　Cross Dissolve（交叉叠化）过渡的参数

---

> **提示**　过渡特技的共用参数内容请参见本章5.3节。

**实例**：为素材应用Cross Dissolve（交叉叠化）过渡的视觉效果如图5-48所示。

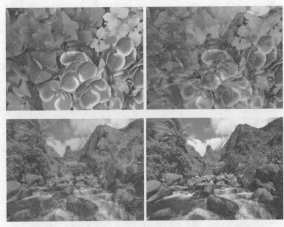

图5-48　Cross Dissolve（交叉叠化）实例效果图

## 5.4.2.3 Dip to Black（黑场过渡）

**功能概述**：用一个黑场的淡入和淡出完成影像素材A到影像素材B的过渡。

**参数详解**：Dip to Black（黑场过渡）与Cross Dissolve（交叉叠化）过渡参数相同。

**实例**：为素材应用Dip to Black（黑场过渡）的视觉效果如图5-49所示。

图5-49　Dip to Black（黑场过渡）实例效果图

## 5.4.2.4 Dip to White（白场过渡）

**功能概述**：让图像A渐隐为白色，然后显示图像B。

参数详解：Dip to White（白场过渡）的参数与 Cross Dissolve（交叉叠化）过渡相同。

实例：为素材应用 Dip to White（白场过渡）的视觉效果如图 5-50 如示。

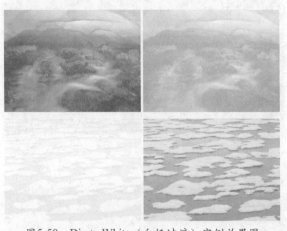

图5-50 Dip to White（白场过渡）实例效果图

### 5.4.2.5 Dither Dissolve（抖动溶解）

功能概述：用网点溶解的方法将影像素材 A 逐渐过渡到影像素材 B。

参数详解：Dither Dissolve（抖动溶解）过渡的参数如图 5-51 所示。

图5-51 Dither Dissolve（抖动溶解）过渡的参数

> 提示　过渡特技的共用参数内容请参见本章 5.3 节。

实例：为素材应用 Dither Dissolve（抖动溶解）过渡，其中设置 Border Width（边宽）为 0.1，Border Color（边色）为橙红，如图 5-52 所示。

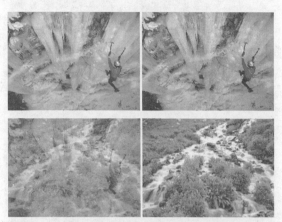

图5-52 Dither Dissolve（抖动溶解）实例效果图

### 5.4.2.6 Non-Additive Dissolve（无叠加溶解）

功能概述：用影像素材 A 的色相纹理逐渐过渡到影像素材 B。

参数详解：Non-Additive Dissolve（无叠加溶解）过渡的参数与 Cross Dissolve（交叉叠化）过渡相同。

实例：为素材应用 Non-Additive Dissolve（无叠加溶解）过渡的视觉效果如图 5-53 所示。

图5-53 Non-Additive Dissolve（无叠加溶解）实例效果图

### 5.4.2.7 Random Invert（随机反相）

功能概述：用一组随机的反色块完成影像素材 A 到影像素材 B 的过渡。

参数详解：Random Invert（随机反相）过渡

的参数如图 5-54 所示。

图5-54　Random Invert（随机反相）过渡的参数

◆ Custom（自定义）：单击此按钮，打开 Random Invert Settings（随机反相设置）对话框，如图 5-55 所示。

图5-55　Random Invert Settings（随机反相设置）对话框

● Wide（宽）：设置图像水平随机块的数量。
● High（高）：设置图像垂直随机块的数量。
● Invert Source（反相源）：指定影像素材 A 为反色效果。
● Invert Destination（反相目标）：指定影像素材 B 为反色效果。

> 提示　过渡特技的共用参数内容请参见本章 5.3 节。

实例：为素材应用 Random Invert（随机反相）过渡的视觉效果如图 5-56 所示。

图5-56　Random Invert（随机反相）实例效果图

## 5.4.3　Iris（划像）

Iris（划像）过渡效果主要通过一些规则的图形来实现过渡的视觉效果。

Iris（划像）文件夹中包含 7 种转场效果，如图 5-57 所示。

图5-57　Iris（划像）类过渡

### 5.4.3.1　Iris Box（盒形划像）

功能概述：用一个正方形图案从影像素材 A 中由小变大，直到显示出影像素材 B。

参数详解：Iris Box（盒形划像）过渡的参数与 Iris Points（点划像）过渡相同。

实例：为素材应用 Iris Box（盒形划像）过渡效果，其中设置 Border Width（边宽）为 1，Border Color（边色）为白色，如图 5-58 所示。

图5-58　Iris Box（盒形划像）实例效果图

5.4.3.2　Iris Cross（交叉划像）

功能概述：用一个 X 形图案从影像素材 A 中由小变大，直到显示出影像素材 B。

参数详解：Iris Cross（交叉划像）过渡的参数如图 5-59 所示。

图 5-59　Iris Cross（交叉划像）过渡的参数

实例：为素材应用 Iris Cross（交叉划像）过

渡的视觉效果如图 5-60 所示。

图5-60　Iris Cross（交叉划像）实例效果图

5.4.3.3　Iris Diamond（菱形划像）

功能概述：用一个菱形图案从影像素材 A 中由小变大，直到显示出影像素材 B。

参数详解：Iris Diamond（菱形划像）过渡的参数与 Iris Points（点划像）过渡相同。

实例：为素材应用 Iris Diamond（菱形划像）过渡的视觉效果如图 5-61 所示。

图5-61　Iris Diamond（菱形划像）实例效果图

5.4.3.4　Iris Points（点划像）

功能概述：用十字图形将影像素材 A 分割划开，直到显示出影像素材 B。

参数详解：Iris Points（点划像）过渡的参数如图 5-62 所示。

图5-62　Iris Points（点划像）过渡的参数

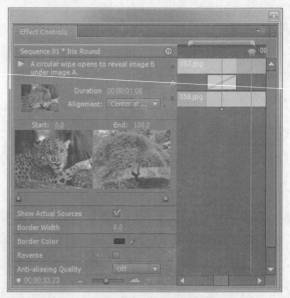

图5-64　Iris Round（圆划像）过渡的参数

> **提示**　　过渡特技的共用参数内容请参见本章 5.3 节。

**实例**：为素材应用 Iris Points（点划像）过渡效果，其中设置 Border Width（边宽）为6，Border Color（边色）为暗红，如图 5-63所示。

**实例**：为素材应用 Iris Round（圆划像）过渡效果，其中设置 Border Width（边宽）为0.1，Border Color（边色）为黑色，Source Point（中心点）在右上角，如图 5-65 所示。

图5-65　Iris Round（圆划像）实例效果图

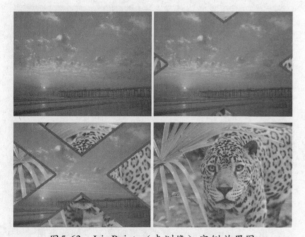

图5-63　Iris Points（点划像）实例效果图

### 5.4.3.6　Iris Shapes（形状划像）

**功能概述**：用矩形、菱形或椭圆形图案从影像素材 A 中由小变大，直到显示出影像素材 B。

**参数详解**：Iris Shapes（形状划像）过渡的参数如图 5-66 所示。

### 5.4.3.5　Iris Round（圆划像）

**功能概述**：用一个圆形图案从影像素材 A 中由小变大，直到显示出影像素材 B。

**参数详解**：Iris Round（圆划像）过渡的参数如图 5-64 所示。

图5-66 Iris Shapes（形状划像）过渡的参数

◆ Custom（自定义）：单击此按钮，打开 Iris Shapes Settings（形状划像设置）对话框，如图 5-67 所示。

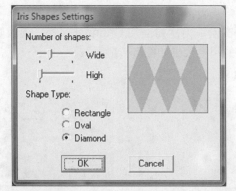

图5-67 Iris Shapes Settings（形状划像设置）对话框

● Number of shapes（形状数量）：通过宽、高比例设置图案的数量。

● Shape Type（形状类型）：含有矩形、椭圆与菱形 3 种方案。

> 提示　过渡特技的共用参数内容请参见本章 5.3 节。

实例：为素材应用 Iris Shapes（形状划像）过渡效果，其中设置 Border Width（边宽）为 1，Border Color（边色）为墨绿，Shape Type（形状

类型）为菱形，如图 5-68 所示。

图5-68 Iris Shapes（形状划像）实例效果图

### 5.4.3.7 Iris Star（星形划像）

功能概述：用一个五角形图案从影像素材 A 中由小变大，直到显示出影像素材 B。

参数详解：Iris Star（星形划像）过渡的参数如图 5-69 所示。

图5-69 Iris Star（星形划像）过渡的参数

实例：为素材应用 Iris Star（星形划像）过渡效果，其中设置 Border Width（边宽）为 1，Border Color（边色）为黄色，如图 5-70 所示。

图5-70　Iris Star（星形划像）实例效果图

## 5.4.4　Map（映射）

Map（映射）过渡依据图像的亮度或通道信息，来实现独特的过渡效果。

Map（映射）文件夹中包含两种过渡效果，如图5-71所示。

图5-71　Map（映射）类过渡

### 5.4.4.1　Channel Map（通道映射）

功能概述：将影像素材A的Alpha、红、绿或蓝色通道作为映射条件，逐渐显示出影像素材B。

参数详解：Channel Map（通道映射）过渡的参数很简洁，单击Custom（自定义）按钮，在弹出的Channel Map Settings（通道映射设置）对话框中可以指定映射的条件，如图5-72所示。

图5-72　Channel Map Settings（通道映射设置）对话框

- Map To Destination Alpha（映射到Alpha通道）：指定某个颜色通道映射到Alpha通道。
- Map To Destination Red（映射到红色通道）：某个颜色通道映射到红色通道。
- Map To Destination Green（映射到绿色通道）：指定某个颜色通道映射到绿色通道。
- Map To Destination Blue（映射到蓝色通道）：指定某个颜色通道映射到蓝色通道。

实例：为素材应用Channel Map（通道映射）过渡的视觉效果如图5-73所示。

图5-73　Channel Map（通道映射）实例效果图

### 5.4.4.2　Luminance Map（明亮度映射）

功能概述：把影像素材B的色调作为条件，逐渐取代影像素材A的色调，从而生产一种特殊的过渡效果。

参数详解：Luminance Map（明亮度映射）过渡没有可供调节的参数。

实例：为素材应用 Luminance Map（明亮度映射）过渡的视觉效果如图 5-74 所示。

图5-74　Luminance Map（明亮度映射）实例效果图

## 5.4.5　Page Peel（卷页）

Page Peel（卷页）过渡效果主要用于实现如纸张、卷轴那样翻转或剥落的视觉效果。

Page Peel（卷页）文件夹中包含 5 种过渡效果，如图 5-75 所示。

图5-75　Page Peel（卷页）类过渡

### 5.4.5.1　Center Peel（中心卷页）

功能概述：将影像素材 A 从中心分割曲卷，然后逐渐展开，直到显示出影像素材 B。

参数详解：Center Peel（中心卷页）过渡没有可调控的参数。

实例：为素材应用 Center Peel（中心卷页）过渡的视觉效果如图 5-76 所示。

图5-76　Center Peel（中心卷页）实例效果图

### 5.4.5.2　Page Peel（翻页）

功能概述：将影像素材 A 从屏幕的一角卷起，然后逐渐揭开，显示出影像素材 B。与 GPU 过渡效果类型中的 Page Peel（卷页）的区别就是影像没有折射效果。

参数详解：Page Peel（翻页）过渡没有可调控的参数。

实例：为素材应用 Page Peel（翻页）过渡的视觉效果如图 5-77 所示。

图5-77　Page Peel（翻页）实例效果图

### 5.4.5.3 Page Turn（页面剥落）

**功能概述**：将影像素材 A 以翻页的形式从屏幕的一角卷起，直到显示出影像素材 B。卷起的页面以透明方式显示。

**参数详解**：Page Turn（页面剥落）过渡无参数可供调节。

**实例**：为素材应用 Page Turn（页面剥落）过渡的视觉效果如图 5-78 所示。

图5-78　Page Turn（页面剥落）实例效果图

### 5.4.5.4 Peel Back（剥开背面）

**功能概述**：将影像素材 A 的画面分为 4 块，然后从中心依次卷起 4 个块，直到显示出影像素材 B。

**参数详解**：Peel Back（剥开背面）过渡无可供调节的参数。

**实例**：为素材应用 Peel Back（剥开背面）过渡的视觉效果如图 5-79 所示。

图5-79　Peel Back（剥开背面）实例效果图

### 5.4.5.5 Roll Away（卷走）

**功能概述**：将影像素材 A 从屏幕的一边卷起，如同卷轴一样收起，直到显示出影像素材 B。

**参数详解**：Roll Away（卷走）过渡没有可调控的参数。

**实例**：为素材应用 Roll Away（卷走）过渡的视觉效果如图 5-80 所示。

图5-80　Roll Away（卷走）实例效果图

## 5.4.6　Slide（滑动）

Slide（滑动）过渡通过一组条状或块状的图形在屏幕上滑动覆盖，来实现特殊的过渡效果。

Slide（滑动）文件夹中包含 12 种过渡效果，如图 5-81 所示。

图5-81　Slide（滑动）类过渡

### 5.4.6.1　Band Slide（带状滑动）

**功能概述：**将影像素材 B 以奇、偶数行的形式分成若干带状条，然后从相对的方向滑动组合，直到覆盖影像素材 A。该过渡效果与 Band Wipe（带状擦除）过渡非常相似。

**参数详解：**Band Slide（带状滑动）过渡的参数与 Multi-Spin（多格旋转）过渡相同，单击 Custom（自定义）按钮，在弹出的 Band Slide Settings（带状滑动设置）对话框中可以设置带状的条数，如图 5-82 所示。

图5-82　Band Slide Settings（带状滑动设置）对话框

● Number of bands（带数量）：设置条带滑动的数量。

> **提示**　过渡特技的共用参数内容请参见本章 5.3 节。

**实例：**为素材应用 Band Slide（带状滑动）过渡的视觉效果如图 5-83 所示。

图5-83　Band Slide（带状滑动）实例效果图

### 5.4.6.2　Center Merge（中心合并）

**功能概述：**将影像素材 A 分为 4 块，向中心收缩，直到显示出影像素材 B。

**参数详解：**Center Merge（中心合并）过渡的参数与 Random Wipe（随机划变）过渡相同，如图 5-84 所示。

图5-84　Center Merge（中心合并）过渡的参数

**实例：**为素材应用 Center Merge（中心合并）过渡的视觉效果如图 5-85 所示。

图5-85　Center Merge（中心合并）实例效果图

### 5.4.6.3　Center Split（中心拆分）

**功能概述：**将影像素材 A 从中心分成 4 块，然后同时向屏幕四个角滑动分割，直到显示出影像素材 B。

**参数详解：**Center Split（中心拆分）过渡的参数与 Center Merge（中心合并）过渡相同。

实例：为素材应用 Center Split（中心拆分）过渡的视觉效果如图 5-86 所示。

图5-86　Center Split（中心拆分）实例效果图

### 5.4.6.4　Multi-Spin（多旋转）

功能概述：将影像素材 B 分割成矩形块，然后不断旋转放大，直到覆盖影像素材 A。

参数详解：Multi-Spin（多格旋转）过渡的参数如图 5-87 所示。

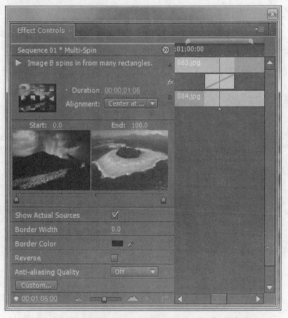

图5-87　Multi-Spin（多格旋转）过渡的参数

◆ Custom（自定义）：单击此按钮，打开 Multi-Spin Settings（多格旋转设置）对话框，如图 5-88 所示。

图5-88　Multi-Spin Settings（多格旋转设置）对话框

● Horizontal（水平）：设置水平方向的方格数。

● Vertical（垂直）：设置垂直方向的方格数。

> **提示**　过渡特技的共用参数内容请参见本章 5.3 节。

实例：为素材应用 Multi-Spin（多格旋转）过渡效果，其中设置 Border Width（边宽）为 0.1，Border Color（边色）为红色，水平和垂直方格数分别为 4 和 3，如图 5-89 所示。

图5-89　Multi-Spin（多格旋转）实例效果图

### 5.4.6.5　Push（推）

功能概述：以推动的方式用影像素材 B 将影像素材 A 推出屏幕，直到完全显示素材 B。

参数详解：Push（推）过渡的参数与 Center Merge（中心合并）过渡相同。

实例：为素材应用 Push（推）过渡的视觉效果如图 5-90 所示。

图5-90 Push（推）实例效果图

### 5.4.6.6 Slash Slide（斜线滑动）

**功能概述**：以自由线条的形式，将影像素材B从屏幕的某一个方向滑动进屏幕，直到覆盖影像素材A。

**参数详解**：Slash Slide（斜线滑动）过渡的参数与 Multi-Split（多格旋转）过渡相同，单击 Custom（自定义）按钮，在弹出的 Slash Slide Settings（斜线滑动设置）对话框中可以设置斜叉条的数目，如图 5-91 所示。

图5-91 Slash Slide（斜线滑动）对话框

● **Number of slices**（切片数量）：设置斜叉滑动的切片数量。

> **提示** 过渡特技的共用参数内容请参见本章 5.3 节。

**实例**：为素材应用 Slash Slide（斜线滑动）过渡的视觉效果如图 5-92 所示。

### 5.4.6.7 Slide（滑动）

**功能概述**：将影像素材B直接从屏幕某一方向滑动进屏幕，直到覆盖影像素材A。

**参数详解**：Slide（滑动）过渡的参数与 Center Split（中心拆分）过渡相同。

**实例**：为素材应用 Slide（滑动）过渡的视觉效果如图 5-93 所示。

图5-92 Slash Slide（斜线滑动）实例效果图

图5-93 Slide（滑动）实例效果图

### 5.4.6.8 Sliding Bands（滑动带）

**功能概述**：将影像素材B以百叶窗的形式从水平或垂直方向滑动进屏幕，直到覆盖影像素材A。

**参数详解**：Sliding Bands（滑动带）过渡的参数与 Center Split（中心拆分）过渡相同。

**实例**：为素材应用 Sliding Bands（滑动带）过渡的视觉效果如图 5-94 所示。

图5-94 Sliding Bands（滑动带）实例效果图

**功能概述：**将影像素材 B 分割成若干块，然后从屏幕某一方向滑动进屏幕，并且按先后顺序排列成形，直到覆盖影像素材 A。

**参数详解：**Sliding Boxes（滑动框）过渡的参数与 Multi-Spin（多格旋转）过渡相同，单击 Custom（自定义）按钮，在弹出的 Sliding Boxes Settings（滑动框设置）对话框中可以设置滑条的数目，如图 5-95 所示。

图5-95  Sliding Boxes Settings（滑动框设置）对话框

● Number of bands（带数量）：设置滑动框的带状滑动数量。

| 提示 | 过渡特技的共用参数内容请参见本章 5.3 节。 |
|---|---|

**实例：**为素材应用 Sliding Boxes（滑动框）过渡的视觉效果如图 5-96 所示。

图5-96  Sliding Boxes（滑动框）实例效果图

**功能概述：**将影像素材 A 从屏幕中间一分为二，然后向两边滑动，直到显示出影像素材 B。

**参数详解：**Split（拆分）过渡的参数与 Center Split（中心拆分）过渡相同。

**实例：**为素材应用 Split（拆分）过渡的视觉效果如图 5-97 所示。

图5-97  Split（拆分）实例效果图

**功能概述：**将影像素材 B 从影像素材 A 的画面后方交换到上面，然后滑动直至覆盖影像素材 A。

**参数详解：**Swap（互换）过渡的参数与 Center Split（中心拆分）过渡相同。

**实例：**为素材应用 Swap（互换）过渡的视觉效果如图 5-98 所示。

图5-98  Swap（互换）实例效果图

**功能概述：**将影像素材 B 分割为若干块，然后集中从屏幕中心旋转并放大，直到覆盖影像素材 A。

**参数详解：**Swirl（漩涡）过渡的参数与 Multi-Spin（多格旋转）过渡相同，单击 Custom（自定义）

按钮，在弹出的 Swirl Settings（漩涡设置）对话框中可以设置涡流的相关参数，如图 5-99 所示。

图5-99　Swirl Settings（漩涡设置）对话框

- Horizontal（水平）：设置水平方向的涡流方格数。
- Vertical（垂直）：设置垂直方向的涡流方格数。
- Rate（%）[速率（%）]：设置漩涡的速度。

> 提示　过渡特技的共用参数内容请参见本章 5.3 节。

实例：为素材应用 Swirl（漩涡）过渡的视觉效果如图 5-100 所示。

图5-100　Swirl（漩涡）实例效果图

## 5.4.7　Special Effect（特殊效果）

Special Effect（特殊效果）通过遮罩、通道、纹理等信息，来实现特殊的过渡效果。

Special Effect（特殊效果）文件夹中包含 3 种过渡效果，如图 5-101 所示。

图5-101　Special Effect（特殊效果）类过渡

### 5.4.7.1　Displace（置换）

功能概述：用影像素材 A 的通道信息作为转场条件，使影像素材 B 在水平和垂直方向产生扭曲错位，从而实现特殊的过渡效果。

参数详解：Displace（置换）过渡的参数如图 5-102 所示。

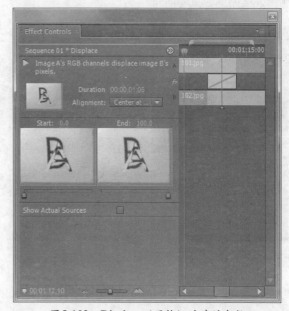

图5-102　Displace（置换）过渡的参数

> 提示　过渡特技的共用参数内容请参见本章 5.3 节。

实例：为素材应用 Displace（置换）过渡的视觉效果如图 5-103 所示。

实例：素材应用 Three-D［映射红蓝通道（三元次）］过渡的视觉效果如图 5-105 所示。

图5-103　Displace（置换）实例效果图

图5-105　Three-d［映射红蓝通道（三元次）］实例效果图

### 5.4.7.2　Texturize（纹理）

功能概述：用影像素材 A 的纹理通道信息与影像素材 B 混合，实现特殊的过渡效果。

参数详解：Texturize（纹理）过渡没有可供调节的参数。

实例：为素材应用 Texturize（纹理）过渡的视觉效果如图 5-104 所示。

## 5.4.8　Stretch（拉伸）

Stretch（拉伸）过渡主要是对影像素材进行压缩或伸展，来实现过渡特技效果。

Stretch（拉伸）文件夹中包含 4 种过渡效果，如图 5-106 所示。

图5-104　Texturize（纹理）实例效果图

图5-106　Stretch（拉伸）类过渡

### 5.4.7.3　Three-D［映射红蓝通道（三元次）］

功能概述：用影像素材 A 的红色和蓝色通道来实现影像素材 B 的显示。

参数详解：Three-D［映射红蓝通道（三元次）］过渡没有可供调节的参数项。

### 5.4.8.1　Cross Stretch（交叉拉伸）

功能概述：将影像素材 B 从屏幕的不同方向将影像素材 A 挤压出去，从而显示出素材 B。

参数详解：Cross Stretch（交叉拉伸）过渡的参数如图 5-107 所示。

图5-107　Cross Stretch（交叉拉伸）过渡的参数

> **提示**　过渡特技的共用参数内容请参见本章 5.3 节。

实例：为素材应用 Cross Stretch（交叉拉伸）过渡效果，其中设置 Border Width（边宽）为 5，Border Color（边色）为蓝色，如图 5-108 所示。

图5-108　Cross Stretch（交叉拉伸）实例效果图

### 5.4.8.2　Stretch（拉伸）

功能概述：将影像素材 B 从屏幕一边拉伸进入屏幕，直到覆盖影像素材 A。

参数详解：Stretch（拉伸）过渡的参数与 Cross Stretch（交叉拉伸）过渡相同。

实例：为素材应用 Stretch（拉伸）过渡的视觉效果如图 5-109 所示。

图5-109　Stretch（拉伸）实例效果图

### 5.4.8.3　Stretch In（拉伸进入）

功能概述：影像素材 A 逐渐淡出，影像素材 B 以条带的形式，收缩进入屏幕。过渡首先将影像素材 B 从屏幕中心横向压缩拉伸，然后逐渐还原，直到完全覆盖影像素材 A。

参数详解：Stretch In（拉伸进入）过渡的参数如图 5-110 所示。

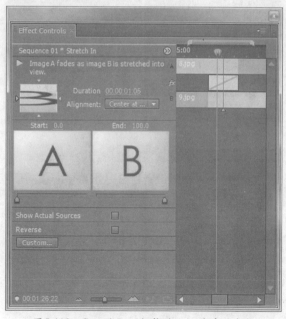

图5-110　Stretch In（拉伸进入）过渡的参数

◆ Custom（自定义）：单击此按钮，打开 Stretch In Settings（拉伸进入设置）对话框，如图 5-111 所示。

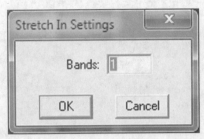

图5-111　Stretch In Settings（拉伸进入设置）对话框

● Bands（带）：设置拉伸的拉伸条数目。

> 提示　过渡特技的共用参数内容请参见本章 5.3 节。

实例：为素材应用 Stretch In（拉伸进入）过渡效果，其中设置 Bands（带）值为 10，如图 5-112 所示。

图5-112　Stretch In（拉伸进入）实例效果图

### 5.4.8.4　Stretch Over（拉伸覆盖）

功能概述：将影像素材 B 从屏幕中心横向压缩拉伸，然后逐渐还原，直到完全覆盖影像素材 A。

参数详解：Stretch Over（拉伸覆盖）过渡的参数与 Cross Stretch（交叉拉伸）过渡相同。

实例：为素材应用 Stretch Over（拉伸覆盖）过渡的视觉效果如图 5-113 所示。

图5-113　Stretch Over（拉伸覆盖）实例效果图

## 5.4.9　Wipe（擦除）

Wipe（擦除）过渡是一种扫描清除形式的过渡效果，例如百叶窗清除、带状清除或螺旋盒子清除等。

Wipe（擦除）文件夹中包含 17 种过渡效果，如图 5-114 所示。

图5-114　Wipe（擦除）类过渡

### 5.4.9.1　Band Wipe（带状擦除）

功能概述：将影像素材 B 以奇、偶数行的形式，分成若干带状条，然后从相对的方向逐渐插入，直到覆盖影像素材 A。

参数详解：在 Band Wipe（带状擦除）过

渡的参数面板中，单击 Custom（自定义）按钮，在弹出的 Band Wipe Settings（带状擦除设置）对话框中可以设置带状的数量，如图 5-115 所示。

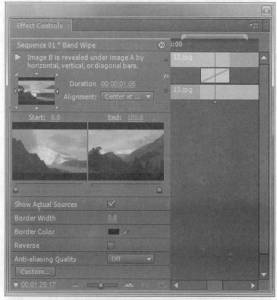

图5-115 设置带状数量

● Number of bands（带数量）：设置条带滑动的数量。

实例：为素材应用 Band Wipe（带状擦除）过渡的视觉效果如图 5-116 所示。

图5-116 Barn Wipe（带状擦除）实例效果图

**5.4.9.2 Barn Doors（双侧平推门）**

功能概述：将影像素材 B 从屏幕中心横向或纵向两边同时拉开，直到覆盖影像素材 A。

参数详解：Barn Doors（双侧平推门）过渡的参数如图 5-117 所示。

图5-117 Barn Doors（双侧平推门）过渡的参数

实例：为素材应用 Barn Doors（双侧平推门）过渡的视觉效果如图 5-118 所示。

图5-118 Barn Doors（双侧平推门）实例效果图

**5.4.9.3 Checker Wipe（棋盘划变）**

功能概述：将影像素材 B 分成若干块，从屏幕逐渐显示出来，直到覆盖影像素材 A。

参数详解：在 Checker Wipe（棋盘划变）过渡的参数面板中单击 Custom（自定义）按钮，在弹出的 Checker Wipe Settings（棋盘划变设置）对话

151

框中可以设置在水平和垂直方向上的切片数，如图5-119所示。

● Horizontal slices（水平切片）：设置水平方向的切片数量。

● Vertical slices（垂直切片）：设置垂直方向的切片数量。

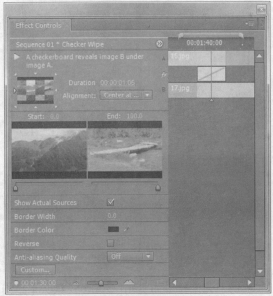

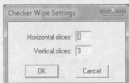

图5-119 设置切片数量

实例：为素材应用 Checker Wipe（棋盘划变）过渡的视觉效果如图5-120所示。

图5-120 Checker Wipe（棋盘划变）实例效果图

#### 5.4.9.4 CheckerBoard（棋盘）

功能概述：以棋盘格的形式将影像素材A从屏幕的逐渐擦除，直到显示出影像素材B。

参数详解：在 CheckerBoard（棋盘）过渡的参数面板中单击 Custom（自定义）按钮，在弹出的 Checkerboard Settings（棋盘设置）对话框中可以设置棋盘水平和垂直方向上的切片数，如图5-121所示。

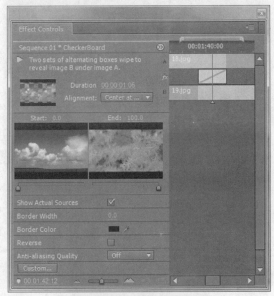

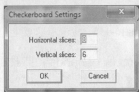

图5-121 设置切片数量

● Horizontal slices（水平切片）：设置水平方向的切片数量。

● Vertical slices（垂直切片）：设置垂直方向的切片数量。

实例：为素材应用 CheckerBoard（棋盘）过渡效果，其中设置 Horizontal slices（水平切片）数为14，Vertical slices（垂直切片）数为10，如图5-122所示。

#### 5.4.9.5 Clock Wipe（时钟式划变）

功能概述：以时钟的运动方式将影像素材A顺序擦除，直到显示出影像素材B。

参数详解：Clock Wipe（时钟式划变）过渡的参数如图5-123所示。

图5-122　CheckerBoard（棋盘）实例效果图

图5-124　Clock Wipe（时钟式划变）实例效果图

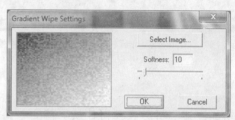

图5-125　Gradient Wipe Settings（渐变擦除设置）对话框

图5-123　Clock Wipe（时钟式划变）过渡的参数

● Select Image（选择图像）：指定一张位图作为渐变擦除的条件，如图5-126所示。

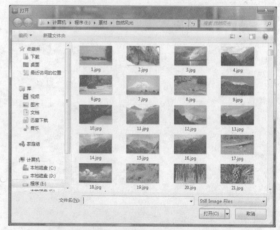

**实例**：为素材应用 Clock Wipe（时钟式划变）过渡效果，其中设置 Border Width（边宽）为2，Border Color（边色）为白色，如图5-124所示。

### 5.4.9.6　Gradient Wipe（渐变擦除）

**功能概述**：以一张图像的灰度级作为条件，将影像素材 A 逐渐擦除，直到显示出影像素材 B。

**参数详解**：Gradient Wipe（渐变擦除）过渡的参数与 Zig-Zag Blocks（水波块）过渡相同，单击 Custom（自定义）按钮，在弹出的 Gradient Wipe Settings（渐变擦除设置）对话框中可以指定灰度图像和灰度的粗糙度，如图5-125所示。

图5-126　选择图像

● Softness（柔和度）：设置渐变的精细度。

实例：为素材应用 Gradient Wipe（渐变擦除）过渡的视觉效果如图 5-127 所示。

图5-127　Gradient Wipe（渐变擦除）实例效果图

### 5.4.9.7　Insert（插入）

功能概述：将影像素材 B 从屏幕的一角斜插入，直到覆盖影像素材 A。

参数详解：Insert（插入）过渡的参数如图 5-128 所示。

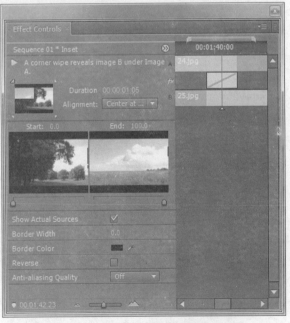

图5-128　Insert（插入）过渡的参数

实例：为素材应用 Insert（插入）过渡的视觉效果如图 5-129 所示。

图5-129　Insert（插入）实例效果图

### 5.4.9.8　Paint Splatter（油漆飞溅）

功能概述：像涂料泼洒，飞溅出图案那样，将影像素材 A 逐渐覆盖，直到显示出影像素材 B。

参数详解：Paint Splatter（油漆飞溅）过渡的参数如图 5-130 所示。

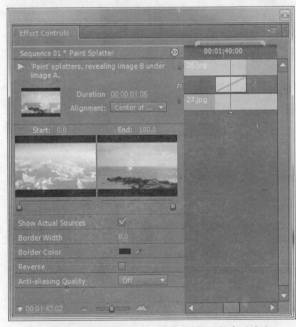

图5-130　Paint Splatter（油漆飞溅）过渡的参数

实例：为素材应用 Paint Splatter（油漆飞溅）过渡效果，其中设置 Border Width（边宽）为 0.2，Border Color（边色）为黑色，如图 5-131 所示。

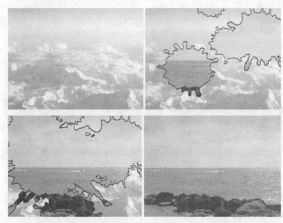

图5-131 Paint Splatter（油漆飞溅）实例效果图

### 5.4.9.10 Pinwheel（风车）

**功能概述**：以风车旋转的形式，将影像素材 A 逐渐擦除，直到显示出影像素材 B。

**参数详解**：Pinwheel（风车）过渡的参数与 Zig-Zag Blocks（水波块）过渡相同，单击 Custom（自定义）按钮，在弹出的 Pinwheel Settings（风车设置）对话框中可以设置风车的扇面数量，如图 5-132 所示。

图5-132 Pinwheel Settings（风车设置）对话框

● **Number of wedges**（楔形数量）：设置扇面的数量。

**实例**：为素材应用 Pinwheel（纸风车）过渡的视觉效果如图 5-133 所示。

图5-133 Pinwheel（风车）实例效果图

### 5.4.9.11 Radial Wipe（径向划变）

**功能概述**：将影像素材 B 从屏幕的一角以射线的形式进入，然后逐渐擦除影像素材 A。

**参数详解**：Radial Wipe（径向划变）过渡的参数如图 5-134 所示。

图5-134 Radial Wipe（径向划变）过渡的参数

**实例**：为素材应用 Radial Wipe（径向划变）过渡的视觉效果，如图 5-135 所示。

图5-135 Radial Wipe（径向划变）实例效果图

### 5.4.9.12 Random Blocks（随机块）

**功能概述**：利用随机产生的矩形块将影像素材 A 逐渐擦除，直到显示出影像素材 B。

**参数详解**：Random Blocks（随机块）过渡的参数与 Zig-Zag Blocks（水波块）过渡相同，单击 Custom（自定义）按钮，在弹出的 Random Blocks

Settings（随机块设置）对话框中可以设置随机块的宽、高值，如图 5-136 所示。

图5-136　Random Blocks Settings（随机块设置）对话框

实例：为素材应用 Random Blocks（随机块）过渡的视觉效果如图 5-137 所示。

图5-137　Random Blocks（随机块）实例效果图

### 5.4.9.13　Random Wipe（随机划变）

**功能概述**：随机产生矩形块，从屏幕任意一个方向，将影像素材 A 逐渐擦除，直到显示出影像素材 B。

**参数详解**：Random Wipe（随机划变）过渡的参数如图 5-138 所示。

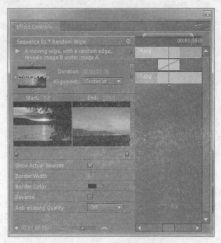

图5-138　Random Wipe（随机划变）参数

实例：素材应用 Random Wipe（随机划变）过渡的视觉效果如图 5-139 所示。

图5-139　Random Wipe（随机划变）实例效果图

### 5.4.9.14　Spiral Boxes（螺旋框）

**功能概述**：以螺旋的方式，将影像素材 A 逐渐擦除，直到显示出影像素材 B。

**参数详解**：Spiral Boxes（螺旋框）过渡的参数与 Zig-Zag Blocks（水波块）过渡相同，单击 Custom（自定义）按钮，在弹出的 Spiral Boxes Settings（螺旋框设置）对话框中可以设置水平和垂直方向上的擦除段数，如图 5-140 所示。

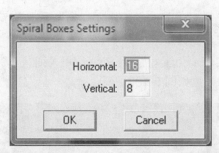

图5-140　Spiral Boxes Settings（螺旋框设置）对话框

● Horizontal（水平）：设置水平方向的擦除段数。

● Vertical（垂直）：设置垂直方向的擦除段数。

实例：素材应用 Spiral Boxes（螺旋框）过渡的视觉效果如图 5-141 所示。

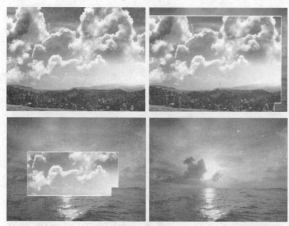

图5-141 Spiral Boxes（螺旋框）实例效果图

### 5.4.9.15 Venetian Blinds（软百叶窗）

**功能概述**：以百叶窗打开或关闭的形式，将影像素材A逐渐擦除，直到显示出影像素材B。

**参数详解**：Venetian Blinds（软百叶窗）过渡的参数与 Zig-Zag Blocks（水波块）过渡相同，单击 Custom（自定义）按钮，在弹出的 Venetian Blinds Settings（软百叶窗设置）对话框中可以设置百叶窗的叶片数量，如图 5-142 所示。

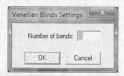

图5-142 Venetian Blinds Settings（软百叶窗设置）对话框

● Number of Bands（带数量）：设置条带滑动的数量。

**实例**：素材应用 Venetian Blinds（软百叶窗）过渡的视觉效果如图 5-143 所示。

图5-143 Venetian Blinds（软百叶窗）实例效果图

### 5.4.9.16 Wedge Wipe（楔形划变）

**功能概述**：以打开扇面的形式，将影像素材A从屏幕中心逐渐擦除，直到显示出影像素材B。

**参数详解**：Wedge Wipe（楔形划变）过渡的参数如图 5-144 所示。

图5-144 Wedge Wipe（楔形划变）参数

**实例**：素材应用 Wedge Wipe（楔形划变）过渡的视觉效果如图 5-145 所示，其中 Border Width（边宽）为 0.1，Border Color（边色）为黑色。

图5-145 Wedge Wipe（楔形划变）实例效果图

### 5.4.9.17 Wipe（擦除）

**功能概述**：影像素材B从屏幕的一边进入，

然后逐渐覆盖影像素材 A。

参数详解：Wipe（擦除）过渡的参数如图 5-146 所示。

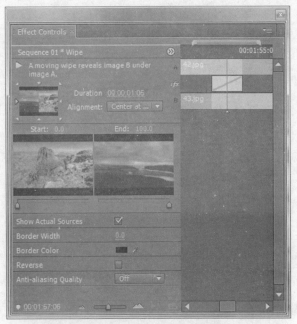

图5-146　Wipe（擦除）参数

实例：素材应用 Wipe（擦除）过渡的视觉效果如图 5-147 所示。

图5-147　Wipe（擦除）实例效果图

### 5.4.9.18　Zig-Zag Blocks（水波块）

功能概述：用 Z 字形将影像素材 A 从屏幕第一行到最后一行扫描擦除，直到显示出影像素材 B。

参数详解：Zig-Zag Blocks（水波块）过渡的参数如图 5-148 所示。

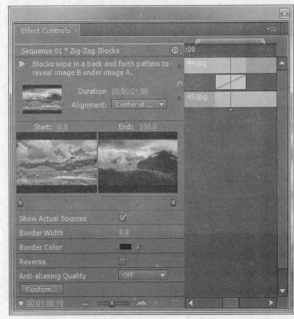

图5-148　Zig-Zag Blocks（水波块）参数

◆ Custom（自定义）：单击此按钮，打开 Zig-Zag Blocks Settings（水波块设置）对话框，如图 5-149 所示。

图5-149　Zig-Zag Blocks Settings（水波块设置）对话框

● Horizontal（水平）：设置水平方向的擦除段数。

● Vertical（垂直）：设置垂直方向的擦除段数。

> 提示　过渡特技的共用参数内容请参见本章 5.3 节。

实例：素材应用 Zig-Zag Blocks（水波块）过渡的视觉效果如图 5-150 所示。

图5-150 Zig-Zag Blocks（水波块）实例效果图

### 5.4.10 Zoom（缩放）

缩放过渡是可实现镜头变焦、图像拖尾等特殊效果的过渡。

Zoom（缩放）文件夹中包含4个过渡效果，如图5-151所示。

图5-151 Zoom（缩放）类过渡

**5.4.10.1 Cross Zoom（交叉缩放）**

**功能概述：**通过镜头视觉的快速拉和推来实现影像素材之间的过渡效果。

**参数详解：**Cross Zoom（交叉缩放）过渡没有可供调节的参数项。

**实例：**素材应用 Cross Zoom（交叉缩放）过渡的视觉效果如图5-152所示。

图5-152 Cross Zoom（交叉缩放）实例效果图

**5.4.10.2 Zoom（缩放）**

**功能概述：**将影像素材B从屏幕中心快速放大，直到覆盖影像素材A。

**参数详解：**Zoom（缩放）过渡的参数如图5-153所示。

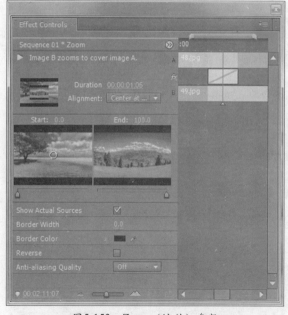

图5-153 Zoom（缩放）参数

| 提示 | 过渡特技的共用参数内容请参见本章5.3节。 |
| --- | --- |

**实例：**素材应用 Zoom（缩放）过渡的视觉效果如图5-154所示。

图5-154　Zoom（缩放）实例效果图

### 5.4.10.3　Zoom Boxes（缩放框）

**功能概述**：将影像素材 B 分割成多个矩形块，从屏幕中心快速放大，直到覆盖影像素材 A。

**参数详解**：Zoom Boxes（缩放框）过渡的参数与 Zoom（缩放）过渡相同，单击 Custom（自定义）按钮，在弹出的 Zoom Boxes Settings（缩放框设置）对话框中可以设置矩形块的数目，如图 5-155 所示。

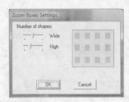

图5-155　Zoom Boxes Settings（缩放框设置）对话框

| 提示 | 过渡特技的共用参数内容请参见本章 5.3 节。 |

**实例**：素材应用 Zoom Boxes（缩放框）过渡的视觉效果如图 5-156 所示。

图5-156　Zoom Boxes（缩放框）实例效果图

### 5.4.10.4　Zoom Trails（缩放拖尾）

**功能概述**：将影像素材 A 从原始大小快速缩小到屏幕中心，同时产生缩放的运动轨迹动画，最后显示出影像素材 B。

**参数详解**：Zoom Trails（缩放拖尾）过渡的参数与 Zoom（缩放）过渡相同，单击 Custom（自定义）按钮，在弹出的 Zoom Trails Settings（缩放拖尾设置）对话框中可以设置运动轨迹产生的数目，如图 5-157 所示。

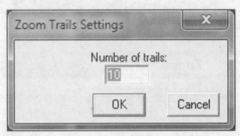

图5-157　Zoom Trails settings（缩放拖尾设置）对话框

| 提示 | 过渡特技的共用参数内容请参见本章 5.3 节。 |

**实例**：素材应用 Zoom Trails（缩放拖尾）过渡的视觉效果如图 5-158 所示。

图5-158　Zoom Trails（缩放拖尾）实例效果图

## 5.5 Audio Transitions（音频过渡）

在 Adobe Premiere Pro CS5 中，还可以设置音频素材之间的过渡效果。

### 5.5.1 Crossfade（交叉淡化）

交叉淡化用于实现音频素材之间的淡入淡出过渡效果。

Crossfade（交叉淡化）文件夹中包含 3 个过渡效果，如图 5-159 所示。

图5-159　Crossfade（交叉淡化）类音频过渡

### 5.5.2 Constant Gain（恒定增益）

功能概述：用线性淡化方式将音频素材 A 过渡到音频素材 B。

参数详解：Constant Gain（恒定增益）音频过渡面板没有具体的参数，如图 5-160 所示。在过渡预览小窗口中可以看到，由两条直线交叉在一起，即线性淡化方式。

图5-160　Constant Gain（恒定增益）参数

Constant Gain（恒定增益）音频过渡使音频之间的转换在听觉上更直接一点，是标准的音频淡入淡出过渡之一。

### 5.5.3 Constant Power（恒定功率）

功能概述：用曲线淡化方式将音频素材 A 过渡到音频素材 B。

参数详解：Constant Power（恒定功率）音频过渡面板没有具体的参数，如图 5-161 所示。在过渡预览小窗口中可以看到，由两条曲线交叉在一起，即曲线淡化方式。

图5-161　Constant Power（恒定功率）参数

Constant Power（恒定功率）音频过渡使音频之间的转换在听觉上更圆滑舒畅一点，也是非常实用的音频淡入淡出过渡。

### 5.5.4 Exponential Fade（指数型淡出）

功能概述：用指数线性淡化方式将音频素材 A 过渡到音频素材 B。

参数详解：Exponential Fade（指数型淡出）音频过渡没有具体的参数，如图 5-162 所示。在过渡预览小窗口中可以看到，由两条直线交叉在一起，与 Constant Power（恒定增益）一样。

图5-162　Exponential Fade（恒定增益）参数

Exponential Fade（指数型淡出）音频过渡使音频之间的转换在听觉上更直接一点，但同时又有细微的淡入淡出变化，也是常用的音频淡入淡出过渡之一。

## 5.6　本章小结

过渡是视频编辑不可缺少的内容，好的过渡效果可以增添影片的感染力和视觉效果。本章首先对 Adobe Premiere Pro CS5 的过渡进行了解释，然后对过渡的使用、编辑和过渡的参数进行了详细的讲解，并且在每个过渡后面都设有实例演示，使本章的学习轻松而有趣！

# 第 6 章
## 字幕和图形

字幕是影视作品不可缺少的重要组成部分，比如纪录片的解说词、电影和电视剧集的台词、演职人员名单和MTV的歌词等都会用到字幕。而在一些栏目包装片头中，除了字幕外，还会使用大量图形，如滚动的图形条、半透明背景和字幕标题背景等。

在Adobe Premiere Pro CS5中，字幕和图形都被模块化了，这使得字幕和图形的创建、编辑能力极大地增强了。用户通过增强的功能，可以快速设计出丰富的图形和字幕效果，并实时集成到自己的影视作品当中。

## 6.1 认识字幕设计窗口

字幕作为 Adobe Premiere Pro CS5 的一种素材，和其他素材一样，可以被裁切、拉伸，也可添加特效或设置持续时间。在新建项目工程文件后（见本书第 4 章 4.2.1 节），单击菜单栏中 File（文件）>New（新建）>Title（字幕）命令，即可打开 Title（字幕）窗口，如图 6-1 所示。

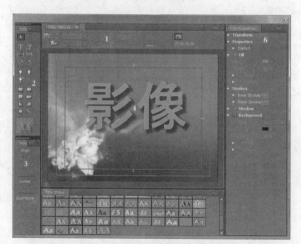

图6-1　Title（字幕）窗口

Title（字幕）窗口可以划分为如下 6 部分。

① 字幕类型控制区：用来新建字幕、设置字幕的运动、字体、对齐方式和视频背景等选项。

② 字幕工具栏：提供了创建和编辑字幕、图形的各种工具。在工具栏中单击任意一个命令，即可执行相应的操作。

③ 排列 / 分布：对字幕和图形进行排列和对齐操作。

④ 字幕工作区：字幕、图形的创建和显示区域。

⑤ 字幕样式：在这个区域，用户可以调用、预览 Adobe Premiere Pro CS5 自带的各种丰富的字幕样式，也可以将用户编辑好的字幕存储为新的样式。

⑥ 字幕参数控制区：用来设置字幕的大小、颜色、阴影和坐标位置等相关属性。

字幕和图形在影视作品中的重要性是不言而喻的。为了防止字幕在电视机回放时被自动裁掉，Safe Title Margin（字幕安全框）就显得尤为重要。在讲解 Monitor（监视器）窗口（见本书第 2 章 2.4.2 节）时，已经认识了安全框。它和现在要提到的 Title（字幕）窗口中的安全框的功能是一致的，都起到随时监控字幕和动作是否在安全区域的作用，但 Monitor（监视器）窗口和 Title（字幕）窗口中的安全框并不是关联的。在实际应用安全框时，需要在各自的窗口中单独打开。

显示或隐藏 Title（字幕）窗口的安全框非常简单，将光标移到 Subtitle Workspace（字幕工作区）内单击鼠标右键或在 Subtitle Type Control（字幕类型控制区）右上角单击 （扩展）按钮，在弹出的快捷菜单中勾选或取消 Safe Title Margin（字幕安全框）和 Safe Action Margin（动作安全框）即可，如图 6-2 所示。

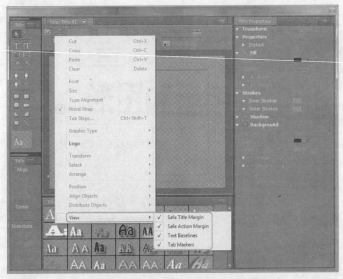

图6-2　显示或隐藏安全框

## 6.2　字幕面板详解

熟悉和掌握字幕面板的各项参数，是制作复杂、美观的字幕和图形的前提。一些难以理解的参数项，要通过实例练习才能够深入掌握。

### 6.2.1　字幕类型控制区

该区域用于新建字幕、设置字幕的运动、字体、对齐方式和视频背景等选项，如图6-3所示。

图6-3　字幕类型控制区

◆ Title: Title 06 ▼ （字幕列表）：如果 Project（项目）窗口中创建了多个字幕文件，在不关闭 Title（字幕）窗口的情况下，可以通过此列表在字幕文件之间来回切换并编辑，如图6-4所示。

图6-4　字幕列表

◆ （新建字幕）：在当前字幕编辑窗口中新建一个字幕文件。如果当前编辑的字幕是 Title 01（字幕 01）文件，单击此按钮则会创建 Title 02（字幕 02）。新创建的 Title 02（字幕 02）包含 Title 01（字幕 01）文件的内容。

◆ （静态 / 滚动 / 游动字幕）：单击此按钮，弹出如图 6-5 所示对话框，可设置当前正在编辑的字幕的运动属性。

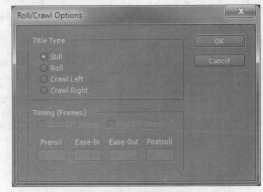

图6-5　字幕运动属性

● Title Type（字幕类型）：字幕的运动类型有 3 种：静态、滚动和游动。

如果选择静态类型，则字幕固定显示在屏幕的某个位置，面板上的其他参数无效，如图 6-5 所示。新建字幕时默认为静态，实例效果如图 6-6 所示。

图6-6 静态字幕

图6-8 滚动字幕

如果选择滚动类型，面板上的 Timing（Frames）（时间帧）参数被激活，如图6-7所示。这时可以对字幕从屏幕底部运动到屏幕顶部的相关参数进行设置。

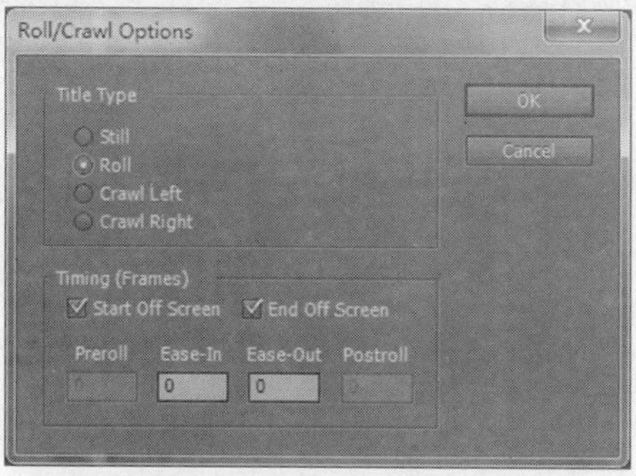

图6-7 滚动字幕参数

● Timing（Frames）（时间帧）：设置字幕滚动时所需的时间帧。

Start Off Screen（开始于屏幕外）：勾选此选项，字幕将从屏幕外开始滚动进入。此选项可单独使用。

End Off Screen（结束于屏幕外）：勾选此选项，字幕滚动到屏幕外结束。此选项可单独使用。

Preroll（预卷）：设置字幕开始滚动时的静止帧数。

Ease-In（缓入）：设置字幕从缓入到均速运动的持续帧数。

Ease-Out（缓出）：设置字幕从均速运动到缓出的持续帧数。

Postroll（后卷）：设置字幕结束滚动后静止的帧数。

滚动字幕实例效果如图6-8所示。

如果选择游动类型，则字幕将从屏幕的左侧或右侧游动进入，直到滚动出屏幕一侧为止。Timing（Frames）（时间帧）参数与滚动字幕的 Timing（Frames）（时间帧）参数相同，如图6-9所示。

图6-9 游动字幕参数

● Crawl Left（向左游动）：勾选此选项，字幕将从屏幕的右侧开始滚动进入，直到滚动出屏幕左侧。

● Crawl Right（向右游动）：勾选此选项，字幕将从屏幕的左侧开始滚动进入，直到滚动出屏幕右侧。

游动字幕实例效果如图6-10所示。

图6-10 游动字幕

◆ （字体列表）：设置字幕的字体，如图 6-11 所示。功能与 Font Browser（字体浏览器）相同。

图6-11　字体列表

◆ Bold ▼ B I U（字体修饰）：可通过列表选择样式，如图 6-12 所示，也可单击 B（粗体）按钮、I（斜体）按钮和 U（下划线）按钮对字幕的字体进行修饰。

Microsoft YaHei　**字体样式**
图6-12　字体修饰列表

◆ ▇▇▇（字幕对齐方式）：将编辑的字幕对齐，包括 ▇（左对齐）、▇（居中对齐）和 ▇（右对齐）。

◆ 00:00:00:00（显示视频）：选择此选项，将 Timelines（时间线）窗口中的视频影像显示到字幕窗口中。将光标移动到 00:00:00:00（时间码）处，按住鼠标左键并拖动，可选择动态影像的某一帧画面，作为显示在 Title（字幕）窗口中的样本帧。

◆ ▇（扩展）：单击此按钮，可打开 Subtitle Type Control（字幕类型控制区）的扩展菜单，如图 6-13 所示。在扩展菜单中含有一些最常用的命令。

```
        Tools
        Styles
        Actions
        Properties
    ✓   Safe Title Margin
    ✓   Safe Action Margin
    ✓   Text Baselines
        Tab Markers
    ✓   Show Video
```

图6-13　扩展菜单

## 6.2.2　字幕工具栏

提供了创建和编辑字幕、图形的各种工具，如图 6-14 所示。

图6-14　字幕工具栏

### 6.2.2.1　选择、旋转工具

◆ ▨ Selection（选择）：用于选择字幕或图形对象。当对字幕和图形进行移动、删除和设置属性时，首先要用选择工具激活对象。对象被激活后，四周会出现控制点，拖动这些控制点可以改变对象的形状或大小，如图 6-15 和图 6-16 所示。

图6-15　选择对象后出现控制点

图6-16　用选择工具可以移动、变形对象

| 提示 | 选择对象时按住 Shift 键可以加选多个对象。<br><br>用选择工具可以在窗口中拖出一个选择框，方框内的对象都被选中。<br><br>按 Ctrl+A 键，可全选当前字幕内的所有对象。<br><br>对象被激活后，可以用键盘上的四个方向键（上、下、左、右）对对象的坐标位置进行微调。 |
|---|---|

◆ Rotation（旋转）：可以对选中的对象角度做调整，如图 6-17 和图 6-18 所示。

图6-17 对象旋转前

图6-18 对象旋转后

### 6.2.2.2 字幕类型工具

◆ **T** Type Tool（横排字幕）：单击此工具按钮，然后在 Subtitle Workspace（字幕工作区）内单击鼠标，出现光标提示符后输入文字内容，这时字幕为横向排列，如图 6-19 所示。如果对已经存在的横排字幕进行修改，例如删除某个字或添加某个字等，这时必须用 Type Tool（横排字幕）工具激活文本，然后才能进行修改操作。

图6-19 横向排序字幕

◆ **IT** Vertical Title（竖排字幕）：单击此工具按钮，然后在 Subtitle Workspace（字幕工作区）内单击鼠标，出现光标提示符后输入文字内容，这时字幕为竖向排列，如图 6-20 所示。如果对已经存在的竖排字幕进行修改，例如删除某个字或添加某个字等，这时必须用 Vertical Title（竖排字幕）工具激活文本，然后才能进行修改操作。

图6-20 竖向排序字幕

◆ Area Type Title（横排范围字幕）：单击此工具按钮，在 Subtitle Workspace（字幕工作区）内按住鼠标左键拖出一个文本框，文本框的大小决定字幕显示区域的范围，如果文字内容超出了文本框的范围，则超出的字幕也不会被渲染输出。出现光标提示符后输入文字内容，这时字幕为横向排列，如图 6-21 和图 6-22 所示。如果对已经存在的横排范围字幕进行修改，例如删除某个字或添加某个字等，这时必须用 Area Type Title（横排范围字幕）工具激活文本，然后才能进行修改操作。

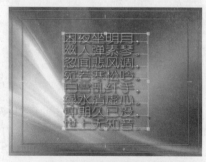

图6-21 横排范围字幕框

图6-22 输出结果

◆ 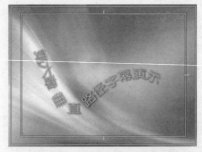 Vertical Area Type Title（竖排范围字幕）：单击此工具按钮，在 Subtitle Workspace（字幕工作区）内按住鼠标左键拖出一个文本框，文本框的大小决定字幕显示区域的范围，如果文字内容超出了文本框的范围，则超出的字幕不会被渲染输出。出现光标提示符后输入文字内容，这时字幕为竖向排列，如图 6-23 和图 6-24 所示。如果对已经存在的竖排范围字幕进行修改，例如删除某个字或添加某个字等，这时必须用 Vertical Area Type Title（竖排范围字幕）工具激活文本，然后才能进行修改操作。

图6-26　输入文字后的效果

图6-27　输出结果

图6-23　竖排范围字幕框

◆ （平行于路径字幕）：操作方法和功能与（垂直路径字幕）工具相同，不同之处在于输入的文字平行于路径排列，如图 6-28 所示。

图6-24　输出结果

图6-28　文字沿路径平行排列

◆ （垂直路径字幕）：单击此工具按钮，首先在 Subtitle Workspace（字幕工作区）内绘制一条路径，然后沿路径输入文字，输入的文字垂直于路径排列，如图 6-25、图 6-26 和图 6-27 所示。

### 6.2.2.3　路径工具

◆ （钢笔）：自由绘制路径或对路径上的顶点进行移动操作，如图 6-29 和图 6-30 所示。

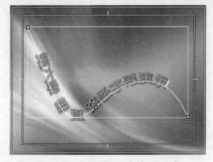

图6-25　绘制路径并输入文字

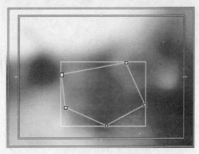

图6-29　用钢笔工具绘制路径图形

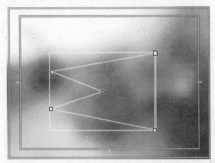

图6-30　用钢笔工具移动路径顶点

◆ （添加顶点）：在路径图形上添加新的控制顶点，如图 6-31 和图 6-32 所示。

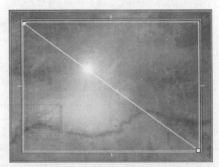

图6-31　绘制一条简单的路径

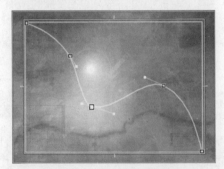

图6-32　添加顶点并编辑路径

◆ （删除顶点）：删除路径图形上的控制顶点，如图 6-33 和图 6-34 所示。

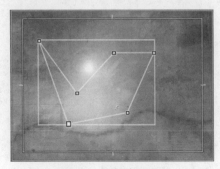

图6-33　绘制路径图形

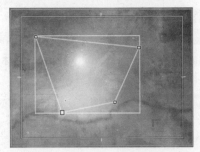

图6-34　删除中下部两个顶点

◆ （顶点转换）：顶点控制着路径的样条曲率，顶点类型有尖角、贝塞尔切线和贝塞尔尖角3种，用顶点转换工具可以在它们之间切换。在绘制复杂的路径图形时，顶点转换工具是非常重要的一个造型工具。

● 尖角顶点：顶点两边的样条为直线模式，如图 6-35 所示。

● 贝塞尔切线顶点：顶点两边出现与路径相切的控制手柄，两个手柄相互影响，拖曳手柄可以调整路径的曲率，如图 6-36 所示。

● 贝塞尔尖角顶点：顶点两边出现与路径相切的控制手柄，两个手柄相互独立，可以任意拖曳其中一个手柄来调整路径的曲率，如图 6-37 所示。

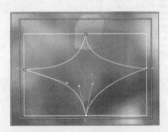

图6-35　尖角顶点

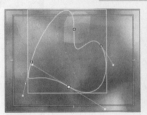

图6-36　贝塞尔切线顶点

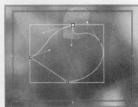

图6-37　贝塞尔尖角顶点

#### 6.2.2.4　图形工具

◆ （直角矩形）：可以绘制一个标准的直角矩形。

◆ （圆角矩形）：可以绘制一个标准的圆角矩形。

◆ ◣（三角形）：可以绘制一个标准的三角形。

◆ ◯（椭圆）：可以绘制一个标准的椭圆。

◆ ⬡（切角矩形）：可以绘制一个标准的切角矩形。

◆ ◯（大圆角矩形）：可以绘制一个标准的大圆角矩形。

◆ ◢（圆弧）：可以绘制一个标准的圆弧。

◆ ╲（直线）：可以绘制一条直线。

利用图形工具绘制各种图形的效果如图6-38所示。

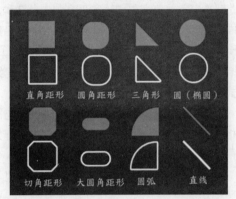

图6-38　利用图形工具绘制图形

## 6.2.3　排列、居中和分布

该区域用于对字幕和图形进行排列和对齐操作，如图6-39所示。

图6-39　排列、居中和分布面板

### 6.2.3.1　排列工具

◆ ▤（水平左对齐排列）：将选择的所有对象，以水平方向按物体的左边界对齐排列。

◆ ▥（水平居中排列）：将选择的所有对象，以水平方向按物体的中心点居中对齐排列。

◆ ▦（水平右对齐排列）：将选择的所有对象，以水平方向按物体的右边界对齐排列。

◆ ▥（垂直顶对齐排列）：将选择的所有对象，以垂直方向按物体的顶边界对齐排列。

◆ ▤（垂直居中排列）：将选择的所有对象，以垂直方向按物体的中心点居中对齐排列。

◆ ▥（垂直底对齐排列）：将选择的所有对象，以垂直方向按物体的底边界对齐排列。

### 6.2.3.2　居中工具

◆ ▦（垂直居中）：将选择的所有对象，按屏幕中心垂直居中对齐。

◆ ▥（水平居中）：将选择的所有对象，按屏幕中心水平居中对齐。

### 6.2.3.3　分布工具

◆ ▥（水平左对齐分布）：将选择的所有对象，以水平方向按物体的左边界平均分布。

◆ ▥（水平居中分布）：将选择的所有对象，以水平方向按物体的中心点居中平均分布。

◆ ▥（水平右对齐分布）：将选择的所有对象，以水平方向按物体的右边界平均分布。

◆ ▥（垂直顶对齐分布）：将选择的所有对象，以垂直方向按物体的顶边界平均分布。

◆ ▤（垂直居中分布）：将选择的所有对象，以水平方向按物体的中心点平均分布。

◆ ▤（垂直底对齐分布）：将选择的所有对象，以垂直方向按物体的底边界平均分布。

◆ ▥（垂直平均分布）：将选择的所有对象，以垂直方向平均分布。

◆ ▤（水平平均分布）：将选择的所有对象，以水平方向平均分布。

## 6.2.4　字幕工作区

字幕工作区是Title（字幕）窗口的核心区域，字幕和图形的创建、编辑和预览都要通过这个区域来完成，如图6-40所示。

图6-40　字幕工作区

## 6.2.5 字幕样式

Font Styles（字幕样式）是 Adobe Premiere Pro CS5 为用户提供的非常实用、强大的功能之一。有了 Font Styles（字幕样式），用户可以不用理会 Subtitle Control Parameters（字幕参数控制区）的众多、复杂的参数项，只要单击 Font Styles（字幕样式）窗口中某一个预置的字幕效果，为已选择的对象应用该效果。如果对样式的预置效果不满意，还可以到 Subtitle Control Parameters（字幕参数控制区）去修改参数，直到满意为止。如果经常使用某种文字效果，还可以将编辑好的效果保存到样式库中，以方便以后调用。

应用 Font Styles（字幕样式）的实例效果如图 6-41 所示。

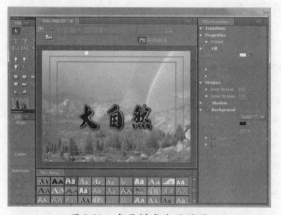

图6-41 字幕样式应用效果

在 Font Styles（字幕样式）窗口的右上角单击 （扩展）按钮，弹出 Font Styles（字幕样式）扩展菜单，如图 6-42 所示。

图6-42 Font Styles（字幕样式）扩展菜单

◆ New Style（新建样式）：在当前样式库中新建一种样式。

◆ Apply Style（应用样式）：将选择的样式应用给对象，不改变对象的大小。

◆ Apply Style with Font Size（应用样式和字体大小）：将选择的样式和字体大小应用给对象。

◆ Apply Style Color Only（仅应用样式色彩）：将选择的样式的色彩属性应用给对象。

◆ Duplicate Style（复制样式）：复制当前样式库中的样式，生成一个副本。

◆ Delete Style（删除样式）：将选择的样式删除。

◆ Rename Style（重命名样式）：更改当前样式的名称。

◆ Default Style（设置为默认样式）：将选择的样式设置为默认字幕样式。

◆ Reset Style Library（更新样式库）：复位当前的样式库，还原为默认效果。

◆ Append Style Library（追加样式库）：打开 Adobe Premiere Pro 提供的预置样式库，将其追加到 Font Styles（字幕样式）窗口内。字幕样式库文件保存在 "Adobe/Presets/Styles" 文件夹中，如图 6-43 所示。

图6-43 系统预置的样式库文件

◆ Save Style Library（保存样式库）：将当前编辑好的字体效果保存到 Prsl（样式库）文件中。

◆ Replace Style Library（替换样式库）：替换当前正在使用的样式库。

◆ Text Only（仅显示文字）：在 Font Styles（字幕样式）窗口中只显示样式的名称。

◆ Small Thumbanails（小缩略图）：以小图标的形式显示样式效果。

◆ Large Thumbanails（大缩略图）：以大图标的形式显示样式效果。

### 6.2.6 字幕参数控制区

Subtitle Control Parameters（字幕参数控制区）是文字和图形对象效果的核心面板，在这里可以对文字和图形的各项属性进行设置，例如颜色、大小、阴影或角度等参数。

Subtitle Control Parameters（字幕参数控制区）面板由 Transform（转换）、Properties（属性）、Fill（填充）、Strokes（描边）和 Shadow（阴影）5 个参数组组成，如图 6-44 所示。

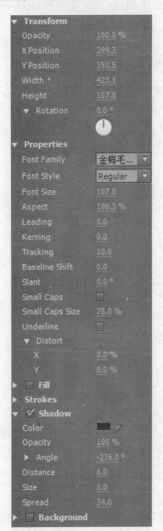

图6-44 Subtitle Control Parameters（字幕参数控制区）面板

#### 6.2.6.1 Transform（转换）

Transform（转换）组内的参数用于控制对象的位置、宽高比和角度等属性，如图 6-45 所示。

图6-45 Transform（转换）参数组

◆ Opacity（透明度）：设置所选对象的透明度，如图 6-46 和图 6-47 所示。

图6-46 Opacity（透明度）值为100的效果

图6-47 Opacity（透明度）值为30的效果

◆ X Position（X 位置）：设置所选对象在 X（水平）轴向上的位置。

◆ Y Position（Y 位置）：设置所选对象在 Y（垂直）轴向上的位置。

◆ Width（宽度）：设置所选对象的宽度值。

◆ Height（高度）：设置所选对象有高度值。

◆ Rotation（旋转）：设置所选对象的旋转角度，如图 6-48 和图 6-49 所示。

图6-48　设置后的效果

| ▼ Transform | |
|---|---|
| Opacity | 99.0 % |
| X Position | 402.9 |
| Y Position | 331.1 |
| Width | 423.1 |
| Height | 167.0 |
| ▼ Rotation | 30.0 ° |

图6-49　参数设置

#### 6.2.6.2　Properties（属性）

Properties（属性）组内的参数用于控制对象的字体类型、字距、行距和扭曲等属性，如图 6-50 所示。

| ▼ Properties | |
|---|---|
| Font Family | 金梅毛... ▼ |
| Font Style | Regular ▼ |
| Font Size | 167.0 |
| Aspect | 64.2 % |
| Leading | 0.0 |
| Kerning | 0.0 |
| Tracking | 10.0 |
| Baseline Shift | 0.0 |
| Slant | 0.0 ° |
| Small Caps | ☐ |
| Small Caps Size | 75.0 % |
| Underline | ☐ |
| ▼ Distort | |
| X | 0.0 % |
| Y | 0.0 % |

图6-50　Properties（属性）参数组

◆ Font Family（字体）：单击字体右边的按钮，弹出如图 6-51 所示的字体列表。

图6-51　Font Family（字体）列表

提示　Properties（属性）组中的 Title（字体）列表和 Subtitle Type Control（字幕类型控制区）中的 Adobe ... ▼ 字体列表功能相同（见本章 6.2.1 节），它们都通过列表形式来快速设置字体类型。

◆ Font Size（字体大小）：设置字幕的大小。将光标放在数值栏处，当出现手指光标符时，按住鼠标左键向左或向右拖动可快速改变字体字号，或者在数值栏内直接输入字体的字号，效果如图 6-52 所示。

图6-52 Font Size（字体大小）显示效果

◆ Aspect（纵横比）：设置字体的长宽比例。当数值大小或小于 100% 时，字体变宽或变窄，效果如图 6-53 所示。

图6-53 Leading（纵横比）显示效果

◆ Leading（行距）：设置字体的行间距。数值为正时，行距增大；数值为负时，行距缩小，效果如图 6-54 所示。

图6-54 Leading（行距）显示效果

◆ Kerning（字距）：设置字体相邻间的距离，效果如图 6-55 所示。

图6-55 Kerning（字距）显示效果

◆ Tracking（跟踪）：设置所选字体之间的距离，效果如图 6-56 所示。

图6-56 Baseline Shift（跟踪）显示效果

◆ Baseline Shift（基线位移）：设置文字与基线之间的距离，如图 6-57 所示。

图6-57 Baseline Shift（基线位移）显示效果

◆ Slant（倾斜）：设置字幕向左或向右的倾斜程度，效果如图 6-58 所示。

图6-58 Slant（倾斜）显示效果

◆ Small Caps（大写字母）：勾选此选项，可以将所有的小写字母转换成大写，效果如图 6-59 所示。

图6-59 Small Caps（大写字母）显示效果

◆ Small Caps Size（大写字母尺寸）：设置大写字母的大小，效果如图 6-60 所示。

图6-60　Small Caps Size（大写字母尺寸）显示效果

◆ Underline（下划线）：为字幕添加下划线，如图 6-61 所示。

图6-61　Underline（下划线）显示效果

◆ Distort（扭曲）：对文字进行扭曲变形调整，如图 6-62 所示。

图6-62　Distort（扭曲）显示效果

### 6.2.6.3　Fill（填充）

Fill（填充）组内的参数用于控制对象的颜色、光泽度和纹理等属性，如图 6-63 所示。

图6-63　Fill（填充）参数组

◆ Fill Type（填充类型）：在类型列表中，有 7 种模式可供选择，如图 6-64 所示。

图6-64　填充模式

● Solid（实色）：默认填充模式。使用单一颜色填充对象，参数如图 6-65 所示。

图6-65　Solid（实色）参数

Color（色彩）：单击□（颜色块）或 ▪ （吸管）按钮设置填充颜色。

Opacity（透明度）：设置填充色的不透明度。

实例效果和相应的参数设置如图 6-66 和图 6-67 所示。

图6-66　Solid（实色）填充效果

图6-67　实例参数设置

● Linear Gradient（线性渐变）：使用线性渐变填充对象，参数如图6-68所示。

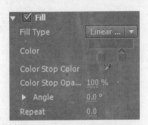

图6-68　Linear Gradient（线性渐变）参数

Color（色彩）：用两个 █（颜色指针）滑块表示线性渐变的填充色。双击任意一个 █（颜色指针）滑块，弹出如图6-69所示的 Color Picker（颜色拾取）对话框。按住鼠标左键拖动 █（颜色指针）滑块还可以设置该颜色在线性渐变中所占的比例。

图6-69　Color Picker（颜色拾取）对话框

Color Stop Color（颜色指针色彩）：激活某一 █（颜色指针）滑块后，单击 ▭（颜色块）或 ⁄（吸管）按钮设置 █（颜色指针）滑块的颜色。

Color Stop Opacity（颜色指针透明度）：设置某一 █（颜色指针）滑块色彩的不透明度。

Angle（角度）：设置线性渐变填充的方向和角度。

Repeat（重复）：设置线性渐变的重复数量。实例效果和相应的参数设置如图6-70和图6-71所示。

图6-70　Linear Gradient（线性渐变）填充效果

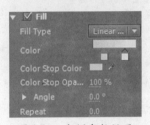

图6-71　实例参数设置

● Radial Gradient（放射渐变）：使用两种颜色放射填充对象，参数如图6-72所示。

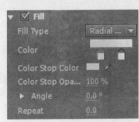

图6-72　Radial Gradient（放射渐变）参数

Color（色彩）：用两个 █（颜色指针）滑块表示放射渐变的填充色。按住鼠标左键拖动 █（颜色指针）滑块可设置该颜色在放射渐变中所占的比例。

Color Stop Color（颜色指针色彩）：激活某一 █（颜色指针）滑块后，单击 ▭（颜色块）或 （吸管）按钮设置 （颜色指针）滑块的颜色。

Color Stop Opacity（颜色指针透明度）：设置某一 （颜色指针）滑块色彩的不透明度。

Repeat（重复）：设置放射渐变的重复数量。

实例效果和相应的参数设置如图 6-73 和图 6-74 所示。

图6-73 Radial Gradient（放射渐变）填充效果

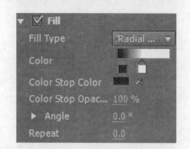

图6-74 实例参数设置

● 4 Color Gradient（4 色渐变）：使用 4 种颜色渐变填充对象，参数如图 6-75 所示。

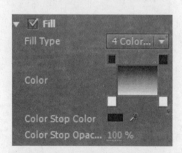

图6-75 4Color Gradient（4色渐变）参数

Color（色彩）：用 4 个 （颜色块）组成对角，表示 4 色渐变的填充色。

Color Stop Color（颜色块色彩）：单击 （颜色块）或 （吸管）按钮设置 4 色渐变的颜色。

Color Stop Opacity（颜色块透明度）：设置某一 （颜色块）的不透明度。

实例效果和相应的参数设置如图 6-76 和图 6-77 所示。

图6-76 4 Color Gradient（4色渐变）填充效果

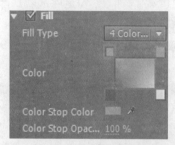

图6-77 实例参数设置

● Bevel（斜角边）：该填充模式通过颜色的变化生成一个斜面，使文字产生浮雕的效果，参数如图 6-78 所示。

图6-78 Bevel（斜角边）参数

Highlight Color（高亮颜色）：单击 （颜色块）或 （吸管）按钮设置倒角内部边的颜色。

Highlight Opacity（高亮透明）：设置倒角内部边颜色的不透明度。

Shadow Color（阴影颜色）：单击 （颜色块）或 （吸管）按钮设置倒角外部边的颜色。

Shadow Opacity（阴影透明）：设置倒角外部边颜色的不透明度。

Balance（平衡）：设置倒角内部边和外部倒角边颜色的比例。

Size（大小）：设置倒角的强度。

Lit（变亮）：设置倒角边的高光。

Light Angle（亮度角度）：设置光照角度。

Light Magnitude（亮度级别）：设置光照的亮度级别。

Tube（管状）：勾选此选项，产生管状的特殊效果。

实例效果和相应的参数设置如图 6-79 和图 6-80 所示。

图6-81　Eliminate（清除）填充效果

图6-79　Bevel（斜角边）填充效果

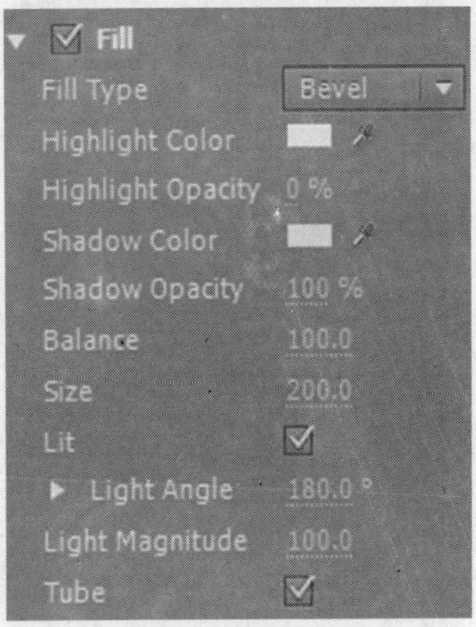

图6-80　实例参数设置

图6-82　实例参数设置

● Eliminate（清除）：该填充模式将字体的实体部分删除，只保留描边框和阴影框。该选项没有参数项，通常与 Strokes（描边）和 Shadow（阴影）参数配合使用。

实例效果和相应的参数设置如图 6-81 和图 6-82 所示。

● Ghost（残像）：该填充模式将字体的实体部分删除，只保留描边框和阴影实体。该选项没有参数项，通常与 Strokes（描边）和 Shadow（阴影）参数配合使用。

实例效果和相应的参数设置如图 6-83 和图 6-84 所示。

图6-83　Ghost（残像）填充效果

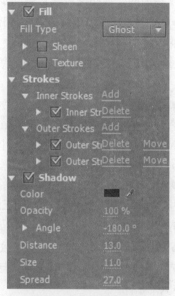

图6-84　参数设置面板

◆ Sheen（光泽）：勾选该选项，为对象添加光照特效，参数如图 6-85 所示。

图6-85　Sheen（光泽）参数

● Color（色彩）：设置光泽效果的颜色。

● Opacity（透明度）：设置光泽颜色的不透明度。

● Size（大小）：设置光泽的宽度大小，如图 6-86 和图 6-87 所示。

图6-86　Size（大小）值为100

图6-87　Size（大小）值为15

● Angle（角度）：设置光泽效果的方向。

● Offset（偏移）：设置光泽的偏移量。

Sheen（光泽）实例效果和相应的参数设置如图 6-88 和图 6-89 所示。

图6-88　Sheen（光泽）实例效果

图6-89　参数设置面板

◆ Texture（纹理）：勾选该选项，为选择的对象填充一种纹理效果，参数如图 6-90 所示。

图6-90　Texture（纹理）参数

● Texture（纹理）：单击纹理右侧的空白框，弹出如图 6-91 所示的纹理图案选择对话框。选择某一图案后单击 打开(O) 按钮，即可将图案应用到对象中，如图 6-92 所示。

图6-91　纹理选择窗口

图6-92　添加纹理图案的文字效果

● Flip with Object（翻转物体）：勾选该选项，添加的纹理图案将随对象同步翻转。

● Rotate with（旋转物体）：勾选该选项，添加的纹理图案将随对象同步旋转。

◆ Scaling（缩放比例）：主要控制纹理图案的填充方式、缩放尺寸和平铺效果。

● Object X（物体 X）：设置纹理图案在水平方向上的填充方式，包括 Texture（纹理）方式（保持原始纹理图案的尺寸大小）、Cut（裁切面）方式（缩放纹理图案以适应对象大小，忽略内边）、Face（面）方式（缩放纹理图案以适应对象大小，忽略外边）和 Extend（扩展）方式（缩放纹理图案以适应对象大小）。

● Object Y（物体 Y）：设置纹理图案在垂直方向上的填充方式。填充方式与 Object X（物体 X）相同。

● Horizontal（水平）：设置纹理图案在水平方向上的缩放比例。

● Vertical（垂直）：设置纹理图案在垂直方向上的缩放比例。

● Tile X（平铺 X）：勾选此选项，打开纹理图案在水平方向的平铺效果。

● Tile Y（平铺 Y）：勾选此选项，打开纹理图案在垂直方向的平铺效果。

Scaling（缩放比例）实例效果和相应的参数设置如图 6-93 和图 6-94 所示。

图6-93　Scaling（缩放比例）应用效果

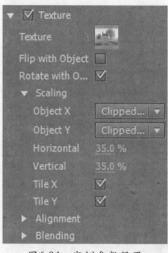

图6-94　实例参数设置

◆ Alignment（对齐）：控制纹理图案的对齐方式。

● Object X（物体 X）：设置纹理图案与对象在水平方向上的对齐方式，包括 Texture（纹理）方式、Cut（裁切面）方式、Face（面）方式和 Extend（扩展）方式。

● Rule X（划线 X）：设置纹理图案在 X 轴向上的对齐方式。有左、中和右 3 种方式。

● Object Y（物体 Y）：设置纹理图案与对象在垂直方向上的对齐方式。对齐方式与 Object X（物体 X）相同。

● Rule Y（划线 Y）：设置纹理图案在 Y 轴向上的对齐方式。对齐方式与 Rule X（划线 X）相同。

● X Offset（X 偏移）：设置纹理图案在水平方向的偏移量。

● Y Offset（Y 偏移）：设置纹理图案在垂直方向的偏移量。

Alignment（对齐）实例效果和相应的参数设置如图 6-95 和图 6-96 所示。

图6-96　实例参数设置

◆ Blending（融合）：控制纹理图案与填充色的混合方式。

● Mix（混合）：设置纹理图案与填充色的混合百分比。

● Fill Key（填充键）：勾选该选项，对象的 Alpha 值由填充色的透明度决定。

● Texture Key（纹理键）：勾选该选项，对象的 Alpha 值由纹理图案的透明度决定。

● Alpha Scale（Alpha 比例）：设置 Alpha 值的比例。

● Composite Rule（混合划线）：设置混合时用色彩的哪个通道作为条件，包括 None（无）、Red（红）、Blue（绿）、Green（蓝）和 Alpha（透明通道）5 种。

● Invert Composite（反转组合）：勾选该选项，反转 Alpha 通道。

Blending（融合）实例效果和相应的参数设置如图 6-97 和图 6-98所示。

图6-95　Alignment（对齐）应用效果

图6-97　Blending（融合）应用效果

图6-98　参数设置面板

#### 6.2.6.4　Strokes（描边）

Strokes（描边）组内的参数用于控制对象的 Inner Strokes（内侧边）和 Outer Strokes（外侧边）效果。在为对象添加 Strokes（描边）效果时，首先单击 Inner Strokes（内侧边）或 Outer Strokes（外侧边）右侧的 Add 按钮，然后单击 （展开）按钮，打开参数设置面板，如图 6-99 所示。

图6-99　Strokes（描边）参数组

◆ Inner Stroke（内侧边）：在对象边界的内侧添加一个描边效果。

● Type（类型）：设置内侧描边的类型，包含 Drop Face（正面投影）、Edge（边缘）和 Depth（凸出）3 种类型，如图 6-100、图 6-101 和图 6-102 所示。

图6-100　Depth（凸出）效果

图6-101　Edge（边缘）效果

图6-102　Drop Face（正面投影）效果

● Size（大小）：设置描边的宽度大小。

● Fill Type（填充类型）：设置描边颜色的填充类型，包含 Solid（实色）、Linear Gradient（线性渐变）、Radial Gradient（放射渐变）、4 Color Gradient（4 色渐变）、Bevel（斜角边）、Eliminate（清除）和 Ghost（残像）7 种类型。功能与 Fill（填充）组参数中的 Fill Type（填充类型）相同（见本章 6.2.6.3 节）。

● Color（色彩）：设置描边的边框颜色。

● Opacity（透明度）：设置描边的不透明度。

● Sheen（光泽）和 Texture（纹理）：设

置内侧描边的光照效果和纹理填充效果。功能
与 Fill（填充）组参数中的 Sheen（光泽）和
Texture（纹理）相同（见本章 6.2.6.3 节）。

◆ Outer Strokes（外侧边）：在对象边界的外
侧添加一个描边效果。参数选项与 Inner Strokes
（内侧边）相同。

Inner Strokes（内侧边）、Outer Strokes（外
侧边）实例效果和相应的参数设置如图 6-103 和
图 6-104 所示。

图6-103　Inner（内侧边）和Outer Strokes（外侧边）
应用效果

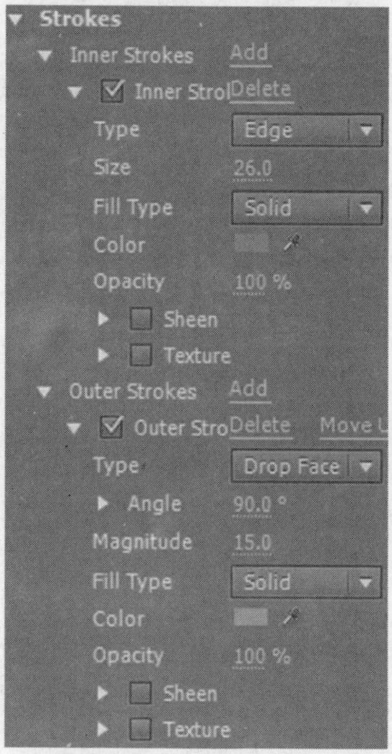

图6-105　Shadow（阴影）参数组

● Color（色彩）：设置阴影的颜色，如图
6-106 和图 6-107 所示。

图6-106　阴影为黑色

图6-107　阴影为淡黄色

● Opacity（透明度）：设置阴影的不透明度。

● Angle（角度）：设置阴影投射的方向。

● Distance（距离）：设置阴影与对象之
间的距离。

● Size（大小）：设置阴影的宽度大小。

● Spread（扩散）：设置阴影的羽化强度，
如图 6-108 所示。

图6-104　实例参数设置

6.2.6.5　Shadow（阴影）

Shadow（阴影）组内的参数用于控制对象的
阴影效果。在为对象添加阴影效果时，首先要勾选
Shadow（阴影）选项，参数如图 6-105 所示。

图6-108　Spread（扩散）值为55的文字效果

## 6.3  其他字幕工具及命令

Adobe Premiere Pro CS5 除了提供字幕面板中的各项参数外，还提供了一些辅助工具和命令来完善和规范我们所设计的字幕效果，例如 Word Wrap（自动换行）命令、Tab Stops（停止跳格）按钮等。

### 动手操作 82   使用 Word Wrap（自动换行）命令

当我们用 T（水平字幕）或 IT（垂直字幕）工具创建字幕时，文字内容在超出屏幕时不会自动换行，如图 6-109 所示。如果要换行，则只能按 Enter（回车）键，要撤销换行，就要用 Back space（退格）键了，非常麻烦。而用 Word Wrap（自动换行）命令来实现换行，就变得简单多了，并且可以随时撤销换行。

图6-109   超出屏幕的字幕不会自动换行

(Step01) 选择要自动换行的字幕对象。

(Step02) 单击菜单栏中 Title（字幕）>Word Wrap（自动换行）命令，如图 6-110 所示。

图6-110   选择Word Wrap（自动换行）命令

(Step03) 执行 Word Wrap（自动换行）命令后，字幕重新排列，如图 6-111 所示。

图6-111   自动换行后的字幕效果

(Step04) 再次单击菜单栏中 Title（字幕）>Word Wrap（自动换行）命令，取消该命令的激活状态，字幕将返回到录入时的排列状态。

### 动手操作 83   使用 Tab Stops（停止跳格）工具

Tab Stops（停止跳格）工具是一个非常实用的字幕辅助工具，它如同文字处理系统的制表符。当要对齐和分布某些字幕时，可以用它来完成。

在一组字幕中可以设置多个制表符和不同类型的制表符，录入文字时，按 Tab 键即可在制表符之间来回跳格。

(Step01) 选择一个字幕对象。

(Step02) 单击菜单栏中 Title（字幕）>Tab Stops（停止跳格）命令，在 Title（字幕）窗口弹出如图 6-112 所示的 Tab Stops（跳格停止）对话框。

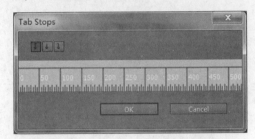

图6-112   Tab Stops（跳格停止）对话框

◆ ↓（跳格左对齐）：创建一个左对齐文字的跳格符。

◆ ↓（跳格中心对齐）：创建一个中心对齐文字的跳格符。

◆ ↓（跳格右对齐）：创建一个右对齐文字的跳格符。

创建跳格符时，首先确定文字的对齐方式，然后单击相应的对齐按钮，将光标移到数字标尺某一位置单击，即可创建一个跳格符。拖曳创建的跳格符可以调整它的位置，这时候在 Title（字幕）窗口中会显示一条黄色的垂直辅助线以确定新位置。如果文字已经创建完成，则文字会随跳格符的位置而移动。

(Step03) 确定文字对齐方式后，就可以在 Tab Stops（跳格停止）对话框中设置跳格符了，如图 6-113 所示。

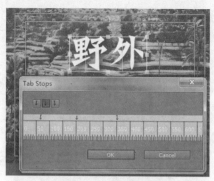

图6-113 设置跳格符

**Step04** 设置完跳格符，单击 OK 按钮关闭对话框。录入文字时，按 Tab 键移动光标确定文字位置。图6-114 所示为利用跳格符创建的文字效果。

图6-114 利用跳格符创建的文字效果

## 动手操作 84 删除跳格符

打开 Tab Stops（跳格停止）对话框，选择跳格符，然后将其拖曳到数字标尺外即可将其删除。

## 动手操作 85 查看跳格符

在默认状态下，设置跳格符后 Title（字幕）窗口是不显示跳格黄色线的，这为文字输入带来了不便。可以单击菜单栏中 Title（字幕）>View（查看）>Tab（跳格）命令来显示跳格黄色线。图6-115 所示为显示跳格黄色线的效果。

图6-115 跳格黄色线显示效果

## 动手操作 86 调整对象的叠加顺序

利用字幕设计工具创建多个对象时，先创建的对象总是被后创建的对象所覆盖。如果要改变它们的叠加次序，就要通过菜单命令来完成。

**Step01** 选择要改变叠加次序的对象。

**Step02** 单击菜单栏中 Title（字幕）>Arrange（排列）命令，弹出如图6-116 所示的子菜单。

| Bring to Front | Ctrl+Shift+] |
| --- | --- |
| Bring Forward | Ctrl+] |
| Send to Back | Ctrl+Shift+[ |
| Send Backward | Ctrl+[ |

图6-116 Arrange（排列）子菜单

◆ Bring to Front（提到最前）：将选择的对象置于最上层。

◆ Bring Forward（提前一层）：将选择的对象与它上面的对象互换层级。

◆ Send to Back（退后一层）：将选择的对象与它下面的对象互换层级。

◆ Send Backward（退到最后）：将选择的对象置于最底层。

**Step03** 执行相应的命令，即可完成对象叠加次序的变换。

## 动手操作 87 通过菜单命令选择叠加对象

当创建的多个对象相互叠加时，如果用鼠标单击来选择叠加对象，难度比较高。我们可以通过菜单命令来完成选择操作。

**Step01** 在 Title（字幕）窗口中任意选择一个对象。

**Step02** 单击菜单栏中 Title（字幕）>Select（选择）命令，弹出如图6-117 所示的子菜单。

| First Object Above | |
| --- | --- |
| Next Object Above | Ctrl+Alt+] |
| Next Object Below | Ctrl+Alt+[ |
| Last Object Below | |

图6-117 Select（选择）子菜单

◆ First Object Above（第一个对象之上）：选择最上层的对象。

◆ Next Object Above（下一个对象之上）：以当前选择的对象为准，选择它上面的对象。

◆ Next Object Below（下一个对象之下）：以当前选择的对象为准，选择它下面的对象。

◆ Last Object Below（最后的对象之下）：选择最下层的对象。

(Step03) 执行相应的命令，即可快速准确地选择相互叠加的对象。

## 动手操作 88　在字幕中导入 Logo 图案

Adobe Premiere Pro CS5 的字幕设计工具可以将其他软件所设计的 Logo 图案作为一部分来使用。将 Logo 放置在字幕中后，可以给它赋予各种样式，也可以对它进行复杂编辑。

(Step01) 单击菜单栏中 Title（字幕）>Logo（标志）>Insert Logo（插入标志）命令，然后在弹出的对话框中选择 Logo 位图文件并将其导入，如图 6-118 和图 6-119 所示。

图6-118　Logo图案

图6-119　插入到字幕中的效果

(Step02) Logo 图案导入字幕后，就可以像文字一样，对它的位置、尺寸、不透明度、旋转和缩放比例等进行设置了。

## 动手操作 89　将 Logo 图案放在文字块中

(Step01) 用文字工具新建一个字幕，并输入所需的文字内容，如图 6-120 所示。

(Step02) 将光标移到要插入 Logo 的文字处，单击菜单栏中 Title（字幕）>Logo（标志）>Insert Logo into Text（插入标志到正文）命令，在弹出的对话框中选择 Logo 位图文件并将其导入，如图 6-121 所示。这时候，插入的

Logo 图案已成为文字块的一部分，对文字的任何编辑都会影响到 Logo 图案。

图6-120　新建字幕并输入文字内容

图6-121　插入Logo到文字块

## 动手操作 90　恢复 Logo 图案的原始大小或比例

(Step01) 选择 Logo 图案。

(Step02) 单击菜单栏中 Title（字幕）>Logo（标志）>Restore Logo Size（恢复标志大小）或 Restore Logo Aspect Ratio（恢复标志比例）命令，即可将 Logo 图案恢复到初始状态。

## 动手操作 91　改变 Title Styles( 字幕样式 ) 窗口中的默认字符

Title Styles（字幕样式）窗口的默认显示字符为"字"，如图 6-122 所示。下面我们通过对系统参数的设置来改变默认字符。

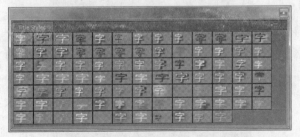

图6-122　Title Styles（字幕样式）窗口的默认效果

Step01 单击菜单栏中 Edit（编辑）>Preferences（参数）>Title（字幕）命令。

Step02 在 Style Swatches（样式示例）框内输入要显示的字符，如图 6-123 所示。

提 示　输入的字符最多为 2 个。

Step03 单击 OK 按钮完成设置，此时在 Title Styles（字幕样式）窗口中即显示刚才输入的字符，如图 6-124 所示。

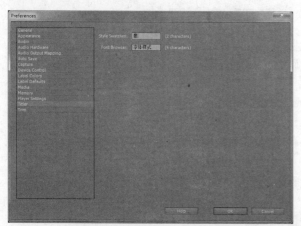

图6-123　输入自定义字符

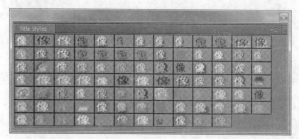

图6-124　自定义样式字符的显示效果

## 6.4　本章小结

　　本章对字幕所涉及的各项参数和工具进行了详细地讲解。最后，通过精彩的案例演示，展示了字幕设计的各种方法及设计技巧，为之后的视频创作打下一个坚实的基础。

# 第 7 章
# 运动、透明和抠像

影视作品的创作，除了要有好的创意与丰富的素材外，编辑软件自身具有的强大工具也是必不可少的。Adobe Premiere Pro CS5在非线剪辑软件中的地位是有目共睹的，它有快速剪辑视、音频素材的各种工具，有丰富多彩的转场特技，有强大的字幕设计工具，还有后面将要学习的Motion（运动）、Opacity（透明）、Keying（抠像）和视、音频特效等工具。

为素材添加运动效果可以使画面有很好的视觉效果和观赏性，比如变形运动的字幕、旋转飞入的标志和缩放移动的素材等。

为素材添加透明动画可以使画面产生时间流逝的效果，比如淡入淡出的字幕、两幅或更多幅画面依次相互叠加的效果、季节或时间的变换等。

Keying（抠像）是专业去背景的工具之一。比如将蓝色或绿色背景部分去除以保留主体部分（电影特技和电视台主播常用这种方法）、选取某一近似颜色值并将其去除、Alpha透明等。

还有后面第8、9章将要学习的Video（视频）和Audio（音频）特效，这些都是影视作品成片所必不可少的创作工具。

## 7.1 关于关键帧

在动画软件中，一组连续运动的画面中具有转折点的那一帧即为 Keys（关键帧），图 7-1 中的红色点即为 Keys（关键帧）。

KeysFrame（关键帧动画）是指记录转折点变化量的过程，图 7-1 中红色点所组成的路径即为关键帧变化量的运动过程。Keys（关键帧）越密，动画的转折点也越多。反之亦然。在 Adobe Premiere Pro CS5 中，KeysFrame（关键帧动画）可以是素材的运动变化、特效参数的变化、透明度的变化、音频素材音量大小的变化等。

### 7.1.1 激活关键帧

在 Adobe Premiere Pro CS5 中，使用任何可支持关键帧动画的参数来记录动画效果时，都必须打开关键帧开关，即 ⬚（关键帧开关）处于按下状态。激活关键帧开关后，在不同时间点对当前参数值的调整或修改即可被记录成 ◆（关键帧）。再次单击关键帧开关将其关闭，即 ⬚（关键帧开关）处于弹起状态，那么当前参数值中记录的所有关键帧动画效果都被删除，如图 7-2 所示。

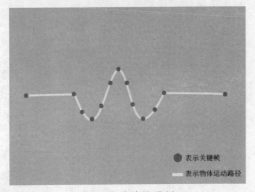

图7-1 关键帧图例

图7-2 关键帧及关键帧开关

## 动手操作 92　激活或关闭关键帧开关

Step01 在 Timelines（时间线）窗口的轨道中选择要创建动画效果的素材片段。

Step02 打开 EffectControls（效果控制）面板，单击 Motion（运动）效果名称旁边的三角形▶（展开）按钮，显示所有的参数，如图 7-3 所示。

Step03 单击 Position（位置）和 Rotation（旋转）参数前面的 ⏱（关键帧开关）按钮将其打开。这时，对 Position（位置）和 Rotation（旋转）两个参数值所做的调整或修改，会被记录成 ◆（关键帧），如图 7-3 所示。

图7-3　打开Position（位置）和Rotation（旋转）参数关键帧开关

Step04 再次单击 ⏱（关键帧开关）按钮，将其关闭（⏱按钮处于弹起状态）。如果对参数创建了关键帧动画，那么会弹出一个 Warning（警告）对话框，如图 7-4 所示，单击 OK 按钮，删除所有关键帧并关闭关键帧开关。

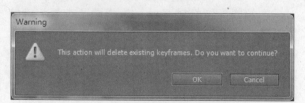

图7-4　Warning（警告）对话框

### 7.1.2　添加和删除关键帧

激活了关键帧开关后（⏱按钮处于按下状态），就可以对当前参数值进行动画设置（添加关键帧）了。

## 动手操作 93　添加一个或多个关键帧

Step01 在 Timelines（时间线）窗口的轨道中选择要创建动画效果的素材片段。

Step02 打开 EffectControls（效果控制）面板，单击▶（展开）按钮，展开要添加关键帧的参数。

Step03 移动时间指针到需要添加关键帧的时间位置，激活关键帧开关（⏱按钮处于按下状态），这时会在当前时间指针所在的位置自动产生一个关键帧，如图 7-5 所示。

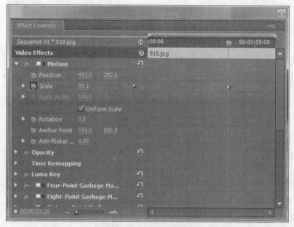

图7-5　添加关键帧

Step04 如果要继续创建下一个或多个关键帧，先确定时间指针的位置，然后单击 ◀◆▶（查找、添加或删除）按钮中间的棱形按钮，即可在当前时间线位置添加一个新的关键帧，如图 7-6 所示。

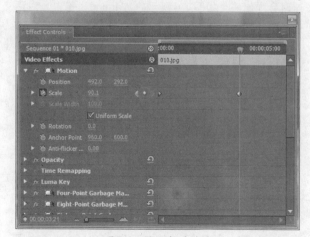

图7-6　添加新关键帧

Step05 或者在确定时间指针位置后，直接调整或修改参数值来创建新的关键帧，如图 7-7 所示。

图7-7　调整或修改参数值来添加关键帧

(Step06) 重复步骤4和步骤5可以连续添加关键帧并制作动画效果。

## 动手操作94　删除一个或多个关键帧

(Step01) 在 EffectControls（效果控制）面板中选择一个或框选多个关键帧（按住 Shift 键可选择不相邻的多个关键帧），然后按 Delete 键将其删除。

(Step02) 或者将时间指针移到要删除的关键帧位置，单击 ◄ ◆ ► （查找、添加或删除）按钮中间的棱形按钮，即可将当前的关键帧删除。

## 动手操作95　删除一个参数的所有关键帧

(Step01) 框选一个参数的所有关键帧，然后按 Delete 键将其删除。

(Step02) 或者关闭关键帧开关（ 按钮处于弹起状态），这时会弹出一个如图7-4所示的 Warning（警告）对话框，单击 OK 按钮，删除所有的关键帧。

### 7.1.3　复制、粘贴和移动关键帧

　　关键帧保存了参数在不同时间段数值的变化量。关键帧可以被复制粘贴到本素材的不同时间点，也可以粘贴到其他素材的不同时间位置。

　　将关键帧粘贴到其他素材中时，粘贴的第1个关键帧的位置由时间指针所处的位置决定，其他关键帧依次顺序排列。如果关键帧的时间比目标素材要长，则超出范围的关键帧也被粘贴，但不显示出来。不过可以单击 EffectControls（效果控制）面板右上角的扩展按钮，在弹出的菜单中关闭 PintoClip（固定到素材）选项，如图7-8所示，将超出的关键帧显示出来，然后再移动调整它们的位置。

图7-8　关闭 Pin to Clip（固定到素材）选项

## 动手操作96　复制、粘贴关键帧

(Step01) 展开 EffectControls（效果控制）面板相应的参数属性，显示要复制的关键帧。

(Step02) 单击选择一个或框选一组或按住 Shift 键选择不相邻的多个关键帧，单击鼠标右键，在弹出的快捷菜单中选择 Copy（复制）命令。

(Step03) 移动时间指针到要粘贴关键帧的时间位置，单击鼠标右键，在弹出的快捷菜单中选择 Paste（粘贴）命令即可。

(Step04) 如果要将复制的关键帧粘贴到不同的素材片段中，则首先选择目标素材，然后展开 Effect Controls（效果控制）面板相应的参数属性，移动时间指针到要粘贴关键帧的位置，单击鼠标右键，在弹出的快捷菜单中选择 Paste（粘贴）命令，关键帧即被粘贴到了新的素材片段中。

## 动手操作97　移动一个或多个关键帧

(Step01) 选择一个或按住 Shift 选择多个关键帧。

(Step02) 拖曳选择的关键帧到新的时间位置即可。拖曳时关键帧之间的距离保持不变。

### 7.1.4　查找和查看关键帧

　　在编辑关键帧动画时，常常需要查看关键帧的数值。查找关键帧时，可以反向逐帧搜索，也可以顺序逐帧搜索。当时间指针定位在某一个关键帧位置时，就可以对其参数值进行编辑修改了。

## 动手操作98　查找关键帧

(Step01) 展开 EffectControls（效果控制）面板中相应的参数属性。

(Step02) 单击属性后面的 ◄ ◆ ► （查找、添加或删除）按钮左侧的箭头，反向逐帧查找前一个关键帧；单击 ◄ ◆ ► （查找、添加或删除）按钮右侧的箭头，顺序逐帧查找下一个关键帧，如图7-9所示。

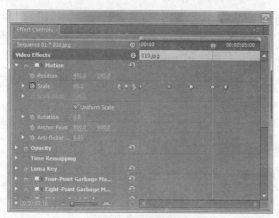

图7-9　查找关键帧

## 动手操作99　查看关键帧

可在EffectControls（效果控制）面板中直接查找和查看关键帧，也可以在Timelines（时间线）窗口中查看相应参数的关键帧。

在EffectControls（效果控制）面板中可以显示素材片段的所有参数的关键帧，并且可以对它们进行实时编辑，如图7-10所示；在Timelines（时间线）窗口中一次只能显示一个参数的关键帧，如图7-11所示，且控制和编辑能力有限。

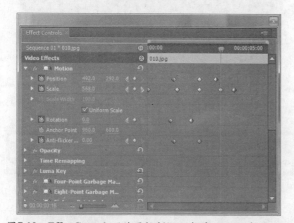

图7-10　EffectControls（效果控制）面板中显示所有关键帧

图7-11　Timelines（时间线）窗口中只显示某一属性的关键帧

**Step01** 单击轨道名称栏处的 ◇（关键帧显示风格）按钮，在弹出的列表中选择 ShowKeyframes（显示关键帧）命令，如图 7-12 所示。

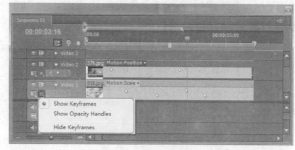

图7-12　打开ShowKeyframes（显示关键帧）选项

**Step02** 右键单击素材片段上的效果名称，在弹出的快捷菜单中选择要显示的关键帧属性名称，图 7-13 中选择显示 Motion（运动）>Scale（缩放比例）参数的关键帧。

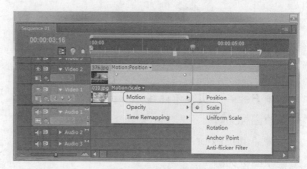

图7-13　显示关键帧

**Step03** 显示 Scale（缩放比例）参数的关键帧后，可以使用 ✒（钢笔）工具上下拖曳关键帧，从而对其数值进行编辑，左右拖曳关键帧可改变它的时间位置。也可以按住 Ctrl 键，用 ✒（钢笔）工具在关键帧曲线上添加关键帧，如图 7-14 所示。

图7-14　在Timelines（时间线）窗口中编辑关键帧

### 7.1.5  关键帧插值

关键帧插值是指关键帧之间时间量的变化值。例如从一个关键帧到下一个关键帧过渡时，可以是加速或减速过渡，也可以是均速过渡。

关键帧插值使动画效果更具有趣味性和随机性，是制作复杂动画必不可少的选项之一。

在 AdobePremiereProCS5 中，关键帧插值的类型有 7 种，如图 7-15 所示。

图7-15  关键帧插值类型

◆ Linear（直线）：线性均速过渡，关键帧图标为 ◢ 。

◆ Bezier（贝塞尔曲线）：可调节性曲线过渡，关键帧图标为 Σ 。

◆ AutoBezier（自动曲线）：自动平滑过渡，关键帧图标为 ◉ 。

◆ ContinuousBezier（连续曲线）：连续平滑曲线过渡，关键帧图标为 Σ 。

◆ Hold（保持）：突变过渡，关键帧之间的变化是跳跃性的，关键帧图标为 ◢ 。

◆ Ease In（淡入）：缓慢淡入过渡，关键帧图标为 Σ 。

◆ Ease Out（淡出）：缓慢淡出过渡，关键帧图标为 Σ 。

### 动手操作 100  设置关键帧插值

**Step01** 在 EffectControls（效果控制）面板或 Timelines（时间线）窗口中选择要设置插值的关键帧。

**Step02** 单击鼠标右键，在弹出的快捷菜单中选择相应的关键帧插值即可，如图 7-15 所示。

**Step03** 重复上面的操作，可以为多个关键帧设置插值。如图 7-16 所示为不同关键帧插值的显示效果。

图7-16  不同关键帧插值的显示效果

## 7.2  Motion（运动）

Motion（运动）和 Opacity（透明度）是 Adobe Premiere Pro CS5 默认的固定效果。任何一个视频素材只要添加到 Timelines（时间线）窗口的轨道中，都会在 EffectControls（效果控制）面板中看到这两个固定效果，如图 7-17 所示。

使用 Motion（运动）效果可以对视频素材做移动、旋转、缩放或变形等动画特技处理。

图7-17  Motion（运动）和Opacity（透明度）效果

## 动手操作 101 创建素材的位移动画

**Step01** 导入本书配套光盘中"图片素材"静帧图像素材，将其拖曳到 Timelines（时间线）窗口的 Video1（视频 1）轨道中。然后再创建一个暗蓝色（彩色蒙版）素材（彩色蒙版的创建方法可参见本书第 4 章 4.2.8 节），将其拖曳到 Video2（视频 2）轨道中，如图 7-18 所示。

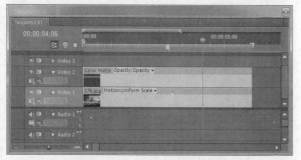

图7-18 导入和创建素材片段

**Step02** 选择 Video1（视频 1）轨道中的静帧图像素材，打开 EffectControls（效果控制）面板，展开 Motion（运动）效果的全部参数，将时间指针移动到 0 帧处，打开 Position（位置）参数的关键帧开关，在 0 帧处创建一个关键帧。设置当前关键帧 X 轴方向上的值为 512，如图 7-19 所示。

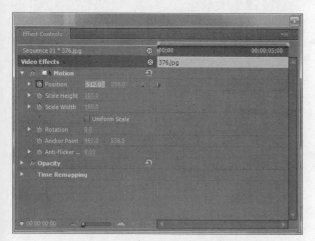

图7-19 创建关键帧并设置参数

**Step03** 将时间指针移动到 25 帧处，单击 Position（位置）右侧的 （查找、添加或删除）按钮中间的棱形按钮，在此时间位置创建一个关键帧，并设置当前关键帧 X 轴方向上的值为 -512，如图 7-20 所示。

图7-20 创建关键帧并设置参数

**Step04** 将时间指针移动到 75 帧处，单击 Position（位置）右侧的 （查找、添加或删除）按钮中间的棱形按钮，在此时间位置创建一个关键帧，并设置当前关键帧 X 轴方向上的值为 1536，如图 7-21 所示。

图7-21 创建关键帧并设置参数

**Step05** 激活 SequenceMonitor（序列监视器）窗口，单击 （播放）按钮，观看动画效果。可以看到，素材从 0 帧到 50 帧时间内，从屏幕左侧缓缓位移到屏幕中心，然后又用 1 秒钟的时间从屏幕中心移出屏幕。整个动画过程耗时 3 秒，效果如图 7-22 所示。

图7-22　位移动画示例效果

## 动手操作 102　创建素材的缩放动画

Step01 继续上面的操作，为静帧图片素材创建缩放动画效果。将时间指针移动到 0 帧处，先关闭 UniformScale（等分比例）锁定开关，然后打开 ScaleHeight（缩放高度）和 ScaleWidth（缩放宽度）参数的关键帧开关，在 0 帧为这两个参数创建关键帧，并设置缩放高度和缩放宽度分别为 100，50，如图 7-23 所示。

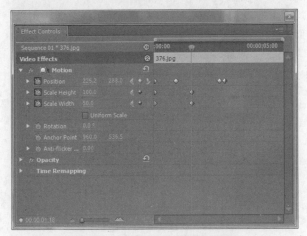

图7-23　创建关键帧并设置参数

Step02 将时间指针移动到 35 帧处，分别单击 Scale Height（缩放高度）和 ScaleWidth（缩放宽度）右侧的 （查找、添加或删除）按钮中间的菱形按钮，在此时间位置为两个参数创建关键帧。并设置 ScaleHeight（缩放高度）为 50，ScaleWidth（缩放宽度）

为 75，如图 7-24 所示。

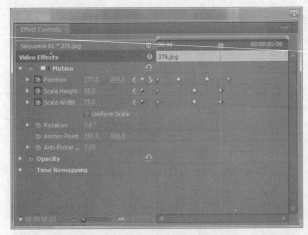

图7-24　创建关键帧并设置参数

Step03 将时间指针移动到 80 帧处，分别单击 Scale Height（缩放高度）和 ScaleWidth（缩放宽度）右侧的 （查找、添加或删除）按钮中间的菱形按钮，在此时间位置为两个参数创建关键帧。并设置 Scale-Height（缩放高度）为 100，ScaleWidth（缩放宽度）为 100，如图 7-25 所示。

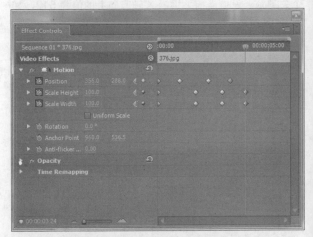

图7-25　创建关键帧并设置参数

Step04 激活 SequenceMonitor（序列监视器）窗口，单击 （播放）按钮，观看动画效果。可以看到，素材既有位移动画效果，又有缩放动画效果，如图 7-26 所示。

图7-26　位移、缩放动画示例效果

## 动手操作 103　创建素材的旋转动画

(Step01) 继续上面的操作，为静帧素材创建旋转动画效果。将时间指针移动到 0 帧处，打开 Rotation（旋转）参数的关键帧开关，在此时间位置创建一个关键帧，并设置旋转角度为 -25，如图 7-27 所示。

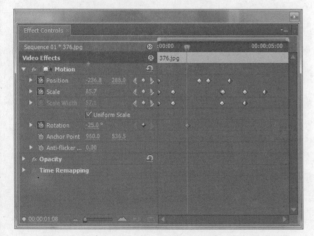

图7-27　创建Rotation（旋转）关键帧并设置参数

(Step02) 将时间指针移动到 75 帧处，单击 Rotation（旋转）右侧的 ◀ ◆ ▶（查找、添加或删除）按钮中间的菱形按钮，在此时间位置创建一个关键帧，并设置旋转角度为 360，如图 7-28 所示。

(Step03) 激活 SequenceMonitor（序列监视器）窗口，单击 ▶（播放）按钮，观看动画效果。可以看到，素材具有位移、缩放以及旋转动画效果，如图 7-29 所示。

图7-28　创建Rotation（旋转）关键帧并设置参数

图7-29　位移、缩放和旋转动画示例效果

## 动手操作 104　在监视器窗口中修改动画效果

为素材创建运动动画效果后，在 SequenceMonitor（序列监视器）窗口中可以看到素材的运动路径，X 符号代表关键帧，点状线代表关键帧间的插值。素材中间的圆点代表定位点，素材四周的变换框可以用来缩放素材，素材的 4 个角可以用来旋转素材，如图 7-30 所示。

图7-30　监视器窗口中显示的运动信息

(Step01) 展开 EffectControls（效果控制）面板中相应的参数属性。

(Step02) 单击参数属性后面的 ◁ ◆ ▷（查找、添加或删除）按钮左侧或右侧的箭头，搜索关键帧。当定位到某一关键帧后，在 SequenceMonitor（序列监视器）窗口

中通过拖曳路径，对其相应的参数值进行修改。如果当前时间位置没有关键帧，通过拖曳素材，在当前时间位置创建动画关键帧，但前提是已经激活参数的关键帧开关。

(Step03) 图 7-31 所示为通过在 SequenceMonitor（序列监视器）窗口中拖曳，创建得到的素材运动动画效果。

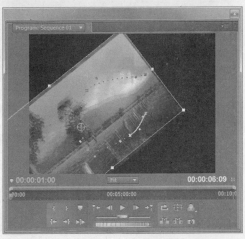

图7-31　通过监视器窗口创建的动画效果

## 7.3　Opacity（透明度）

使用 Opacity（透明度）效果可以制作素材淡入、淡出或相互叠加的视觉动画效果。当视频素材被添加到 Timelines（时间线）窗口的轨道中后，在 EffectControls（效果控制）面板中就会看到这个效果。

为一个素材设置 Opacity（透明）效果，可以通过 EffectControls（效果控制）面板中 Opacity（透明度）参数来设置，也可以通过 Timelines（时间线）窗口轨道中的透明淡化线来完成。

下面我们将分步骤，逐一进行学习。

### 动手操作 105　用淡化线实现透明度效果

(Step01) 在 Timelines（时间线）窗口的轨道中选择要设置 Opacity（透明度）效果的素材，单击轨道名称栏处的 ◈（关键帧显示风格）按钮，在弹出的列表中选择 ShowOpacityHandles（显示透明控制）选项，如图 7-32 所示。

(Step02) 选择 ◊（钢笔）工具，按住 Ctrl 键，将光标移到素材的淡化线上，添加关键帧，如图 7-33 所示。

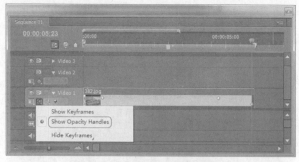

图7-32 设置关键帧显示风格

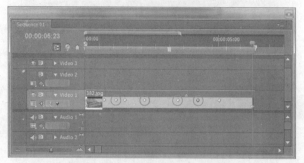

图7-33 在淡化线上添加关键帧

**Step03** 选择一个关键帧，用 ✐（钢笔）工具垂直移动关键帧，设置素材的透明度；水平移动关键帧，设置关键帧的时间位置，如图7-34所示。

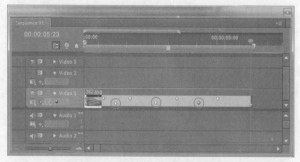

图7-34 用钢笔工具调整关键帧

**Step04** 选择一个关键帧，单击鼠标右键，在弹出的快捷菜单中选择一种关键帧插值，如图7-35所示。

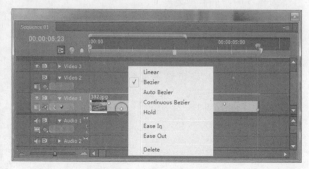

图7-35 选择关键帧插值

**Step05** 如果为某一关键帧设定Bezier（贝塞尔曲线）插值，则还可以用 ✐（钢笔）工具调整曲线手柄的曲率，如图7-36所示。

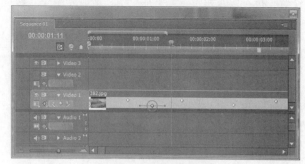

图7-36 调整插值曲率

**Step06** 重复上面的操作，可以快速地为素材设置透明度效果。

## 动手操作106 在EffectControls（效果控制）面板中实现透明度效果

**Step01** 用"动手操作105"的方法为素材创建透明度关键帧后，会及时反映到EffectControls（效果控制）面板的Opacity（透明度）参数中，图7-37所示为相同的关键帧在Timelines（时间线）窗口和EffectControls（效果控制）面板中显示的效果。在EffectControls（效果控制）面板中，每个关键帧都会显示精确的数值，便于制作精确、细腻的动画效果；而Timelines（时间线）窗口中显示的淡化线可以制作一些随机的、要求不严格的动画效果。

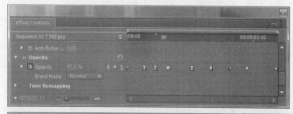

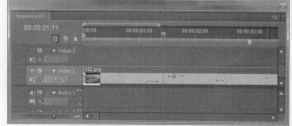

图7-37 Timelines（时间线）窗口和EffectControls（效果控制）面板显示效果对比

**Step02** 接着"动手操作105"的操作，打开Effect-Controls（效果控制）面板并展开Opacity（透明度）

参数，单击 ⟨ ◆ ⟩（查找、添加或删除）按钮的左箭头或右箭头搜索关键帧，当停留到一个关键帧时，可以单击左侧相对应的参数，对关键帧的值进行精确设置。也可以单击 ⟨ ◆ ⟩（查找、添加或删除）按钮中间的菱形按钮，在时间指针的位置创建新的关键帧，效果同"动手操作 105"一样。同样的，在 EffectControls（效果控制）面板中创建的关键帧，也会实时地反映到 Timelines（时间线）窗口素材的淡化线上，如图 7-38 所示。

Step03 通过上面的对比可以看出，用淡化线工具和 EffectControls（效果控制）面板的操作按钮都可以制作关键帧动画。在实际应用中，将二者结合起来，能提高操作效率。

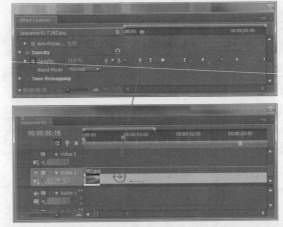

图7-38 在EffectControls（效果控制）面板中添加关键帧

# 7.4 Keying（抠像）

Keying（抠像）也称键控，是专业去背景的工具之一，例如将蓝色或绿色背景部分去除以保留主体部分（电影特技和电视台播音常用这种方法）、选取某一近似颜色值并将其去除等。

在 Adobe Premiere Pro CS5 中，Keying（抠像）是一种视频滤镜，它被分组在 Effects（效果）窗口的 VideoEffects（视频特效）滤镜组中，如图 7-39 所示。

图7-39 抠像特效组

## 动手操作 107 对素材进行抠像处理

Step01 将需要抠像的素材添加到 Timelines（时间线）窗口的视频 2 轨道中，将背景素材添加到视频 1 轨道中，如图 7-40 所示。

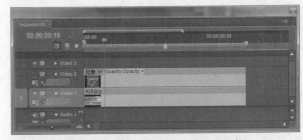

图7-40 添加素材到时间线轨道中

Step02 打开 Effects（效果）窗口，展开 VideoEffects（视频特效）>Keying（键控）特效组，选择 BlueScreenKey（蓝屏键）抠像滤镜，将它拖曳到 Timelines（时间线）窗口视频 2 轨道的蓝屏素材上。

Step03 打开 EffectControls（效果控制）面板，展开 BlueScreenKey（蓝屏键）抠像滤镜参数，如图 7-41 所示，调节参数值。这时，可以通过 SequenceMonitor（序列监视器）窗口查看抠像的结果，逐步修改抠像的参数值，直到满意为止。图 7-42 所示为蓝屏抠像后的合成效果。

图7-41　抠像滤镜参数

图7-42　监视器实时显示抠像效果

下面我们就来深入学习 Keying（键控）组中的各种抠像滤镜。

## 7.4.1　Alpha Adjust（Alpha调节）

功能概述：该滤镜非常适合对带 Alpha 通道的素材进行抠像处理，例如忽略 Alpha 通道、反转 Alpha 通道等。

参数详解：Alpha 调节滤镜的参数如图 7-43 所示。

图7-43　Alpha调节滤镜参数

◆ Opacity（透明度）：设置素材的不透明度。

◆ IgnoreAlpha（忽略 Alpha）：关闭素材的 Alpha 通道。

◆ InvertAlpha（反相 Alpha）：将素材的 Alpha 通道反向处理，如图 7-44 所示。

图7-44　InvertAlpha（反相Alpha）的合成效果

◆ MaskOnly（只有遮罩）：将 Alpha 通道当作遮罩合成素材，如图 7-45 所示。

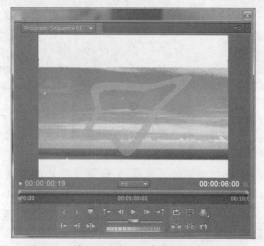

图7-45　将Alpha通道设为遮罩的合成效果

实例：带 Alpha 通道的素材与背景素材合成的示例效果如图 7-46 所示。

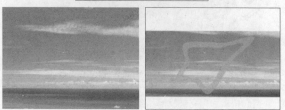

图7-46　Alpha调节滤镜的合成前后效果

## 7.4.2 RGB Difference Key（RGB差异键）

**功能概述**：该滤镜非常适合用于 RGB 值相差比较大的素材。使用该滤镜时，先用吸管选取一种颜色值，然后再调节该颜色的容差值等参数。

**参数详解**：RGB Difference Key（RGB 差异键）滤镜的参数如图 **7-47** 所示。

图7-47　RGB Difference Key（RGB差异键）滤镜参数

◆ Color（颜色）：选择要改为透明的主色。

◆ Similarity（相似性）：设置透明主色的容差值。值越大，颜色相似性范围越广。

◆ Smoothing（平滑）：设置透明边界的光滑度。值越大，边界越平滑，透明效果也越好。

◆ MaskOnly（只有遮罩）：勾选该选项，透明素材将作为遮罩使用。

◆ DropShadow（下落阴影）：勾选该选项，抠像素材出现阴影，且与背景素材合成，如图 **7-48** 所示。

图7-48　透明素材产生阴影

**实例**：RGB 相差较大的素材与背景素材合成的示例效果如图 **7-49** 所示。

图7-49　RGB Difference Key（RGB差异键）滤镜的合成前后效果

## 7.4.3 Luma Key（亮度键）

**功能概述**：该滤镜依据素材的灰阶数据来完成素材的抠像处理。LumaKey（亮度键）滤镜非常适合明暗度反差比较大的素材。

**参数详解**：LumaKey（亮度键）滤镜的参数如图 **7-50** 所示。

图7-50　Luma Key（亮度键）滤镜参数

◆ Threshold（阈值）：设置灰阶的扩展大小。

◆ Cutoff（切断）：设置抠像的细节度。

**实例**：亮度相差较大的素材与背景素材合成的示例效果如图 **7-51** 所示。

图7-51　Luma Key（亮度键）滤镜的合成前后效果

图7-53　Four-PointGarbageMatte（4点蒙版扫除）滤镜的

合成前后效果

### 7.4.4　Four-Point Garbage Matte（4点蒙版扫除）

功能概述：该滤镜通过 4 个控制点，对素材进行裁切，从而使背景素材显示出来。在实际应用中，我们会先用 Four-PointGarbageMatte（4 点蒙版扫除）滤镜对素材多余的部分进行裁切，然后再用颜色抠像滤镜对素材进行键控。

参数详解：Four-PointGarbageMatte（4 点蒙版扫除）滤镜的参数如图 7-52 所示。

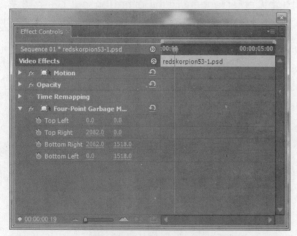

图7-52　Four-Point Garbage Matte（4点蒙版扫除）

滤镜参数

◆ TopLeft/Right（上左顶点、上右顶点）：控制素材图像的上边界裁切。

◆ BottomRight/Left（下左顶点、下右顶点）：控制素材图像的下边界裁切。

实例：Four-PointGarbageMatte（4 点蒙版扫除）抠像滤镜的示例效果如图 7-53 所示。

### 7.4.5　Eight-Point Garbage Matte（8点蒙版扫除）

功能概述：该滤镜通过 8 个控制点，对素材进行裁切，从而使背景素材显示出来。在实际应用中，我们会先用 Eight-PointGarbageMatte（8 点蒙版扫除）滤镜对素材多余的部分进行裁切，然后用颜色抠像滤镜对素材进行键控。

参数详解：Eight-PointGarbageMatte（8 点蒙版扫除）滤镜的参数如图 7-54 所示。

图7-54　Eight-Point Garbage Matte（8点蒙版扫除）滤镜参数

◆ TopLeftVertex/TopCenterTangent/RightTopVertex（左上顶点、上中切线、右上顶点）：控制素材图像的上边界裁切。

◆ RightCenterTangent/LeftCenterTangent（右中切线、左中切线）：控制素材图像在水平方向中部边界的裁切。

◆ LeftBottomVertex/BottomCenterTangent/BottomRightVertex（左下顶点、下中切线、右下顶点）：控制素材图像的下边界裁切。

实例：Eight-PointGarbageMatte（8 点蒙版扫除）抠像滤镜的示例效果如图 7-55 所示。

图7-55　Eight-Point Garbage Matte（8点蒙版扫除）

滤镜的合成前后效果

## 7.4.6　Sixteen-Point Garbage Matte（16点蒙版扫除）

功能概述：该滤镜通过 16 个控制点，对素材进行裁切，从而使背景素材显示出来。对于更复杂的素材，在实际应用当中，我们会先用 Sixteen-Point Garbage Matte（16 点蒙版扫除）滤镜对素材多余的部分进行裁切，然后用颜色抠像滤镜对素材进行键控。

参数详解：Sixteen-Point Garbage Matte（16点蒙版扫除）滤镜的参数如图 7-56 所示。

◆ TopLeftVertex/TopLeftTangent/TopCenterTangent/TopRightTangent（上左顶点、上

左切线、右中切线，上右切线、右上顶点）：控制素材图像的上边界裁切。

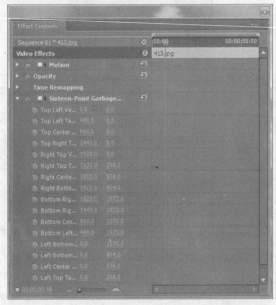

图7-56　Sixteen-Point Garbage Matte（16点蒙版扫除）

滤镜参数

◆ LeftTopTangent/LeftCenterTangent/LeftB-ottomTangent/RightTopTangent/RightCenterTangent/RightBottomTangent（左上切线、左中切线、左下切线、右上切线、右中切线、右下切线）：控制素材图像在水平方向中部边界的裁切。

◆ LeftBottomVertex/LeftBottomTangent/LeftCenterTangent/RightBottomTangent/RightBottomVertex（下左顶点、下左切线、下中切线，下右切线、下右顶点）：控制素材图像的下边界裁切。

实例：Sixteen-PointGarbageMatte（16 点蒙版扫除）抠像滤镜的示例效果如图 7-57 所示。

图7-57　Sixteen-Point Garbage Matte（16点蒙版扫除）

滤镜的合成前后效果

## 7.4.7　Image Matte Key（图像遮罩键）

功能概述：该滤镜用一个素材作为蒙版，控制另外两个素材的透明叠加效果。蒙版素材的黑色部分透明，白色部分不透明，灰度部分半透明。

参数详解：ImageMatteKey（图像遮罩键）滤镜的参数如图 7-58 所示。

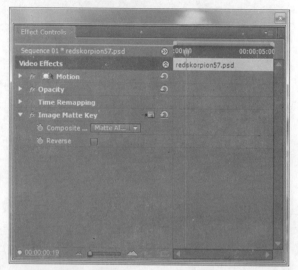

图7-58　Image Matte Key（图像遮罩键）滤镜参数

◆ 🔳 Matte（蒙版）：单击此按钮，在磁盘目录中指定一个素材作为蒙版。

◆ CompositeUsing（混合使用）：设置蒙版素材的混合条件。

◆ Reverse（反向）：勾选此选项，反转蒙版的透明区域。

实例：用一个素材作为蒙版，控制另外两个素材的透明叠加效果，如图 7-59 所示。

图7-59　Image Matte Key（图像蒙版键）滤镜的合成前后效果

## 7.4.8　Difference Matte（差异遮罩）

功能概述：该滤镜用一个素材作为蒙版，然后与素材的色值相对比，对两个素材中色值相同的部分作透明处理。

参数详解：DifferenceMatte（差异遮罩）滤镜的参数如图 7-60 所示。

图7-60　Difference Matte（差异遮罩）滤镜参数

◆ View（视图）：设置预览时的视图方式。

◆ DifferenceLayer（差异图层）：设置进行差异抠像的轨道层。

◆ IfLayerSizesDiffer（如果图层大小不一）：设置当轨道层的视频与差异图层的大小不一致时要如何调整。

◆ MatchingTolerance（匹配宽容度）：设置差异的容差值。

◆ MatchingSoftness（匹配柔和度）：设置差异的柔和度。

◆ BlurBeforeDifference（差异前模糊）：设置差异运算之前的模糊程度。

实例：DifferenceMatte（差异遮罩）抠像滤镜的示例效果如图 7-61 所示。

图7-61　Difference Matte（差异遮罩）滤镜的合成前后效果

## 7.4.9　Non Red Key（非红色键）

功能概述：该滤镜类似于 BlueScreenKey（蓝屏键）滤镜，主要用于制作和蓝背景间的合成效果。当用单一的 BlueScreenKey（蓝屏键）滤镜不能达到合成效果时，常用它来替代。

参数详解：NonRedKey（非红色键）滤镜的参数如图 7-62 所示。

图7-62　Non Red Key（非红色键）滤镜参数

◆ Threshold（阈值）：设置色值的容差度。

◆ Cutoff（切割）：设置透明区域的细节。

◆ Defringing（去边）：选择前景要去除的颜色方式。

◆ Smoothing（平滑）：设置透明边界的光滑度。值越大，边界越平滑，透明效果也越好。

◆ MaskOnly（只有遮罩）：勾选该选项，透明素材将作为遮罩使用。

实例：NonRedKey（非红色键）抠像滤镜的示例效果如图 7-63 所示。

图7-63　Non Red Key（无红色键）滤镜的合成前后效果

## 7.4.10　Remove Matte（移除遮罩）

功能概述：该滤镜主要用于消除蒙版边缘的白色或黑色残留。

参数详解：RemoveMatte（移除遮罩）滤镜的参数如图 7-64 所示。

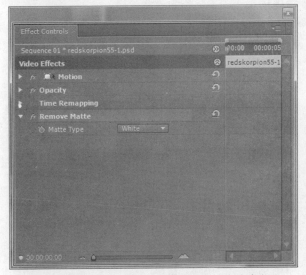

图7-64　Remove Matte（移除遮罩）滤镜参数

◆ MatteType（遮罩类型）：选择消除边缘的颜色方式，可选白色或黑色。

实例：RemoveMatte（移除遮罩）抠像滤镜的示例效果如图 7-65 所示。

图7-65 Remove Matte（移除遮罩）滤镜的合成前后效果

## 7.4.11 Chroma Key（色度键）

功能概述：使用该滤镜时，首先用吸管获取一种颜色值，然后再调节该颜色的容差值等参数。

参数详解：ChromaKey（色度键）滤镜的参数如图7-66所示。

图7-66 Chroma Key（色度键）滤镜参数

◆ Color（颜色）：用吸管在素材上吸取一种色值，将其作为透明处理的基本色。

◆ Similarity（相似性）：设置透明色的相似程度。

◆ Blend（调和）：设置透明色值的羽化效果。

◆ Threshold（阈值）：设置透明色值的容差度。

◆ Cutoff（切断）：设置透明区域的细节。

◆ Smoothing（平滑）：设置透明边界的光滑度。值越大，边界越平滑，透明效果也越好。

◆ MaskOnly（只有遮罩）：勾选该选项，透明素材将作为遮罩使用。

实例：ChromaKey（色度键）抠像滤镜的示例效果如图7-67所示。

图7-67 ChromaKey（色度键）滤镜的合成前后效果

## 7.4.12 Blue Screen Key（蓝屏键）

功能概述：该滤镜专用于抠除以蓝色为背景的素材，电视主持人的背景或电影特技合成常用这个滤镜来去除背景。

参数详解：BlueScreenKey（蓝屏键）滤镜的参数如图7-68所示。

图7-68 Blue Screen Key（蓝屏键）滤镜参数

◆ Threshold（阈值）：设置色值的容差度。

◆ Cutoff（切割）：设置透明区域的细节。

◆ Smoothing（平滑）：设置透明边界的光滑度。值越大，边界越平滑，透明效果也越好。

◆ MaskOnly（只有遮罩）：勾选该选项，透明素材将作为遮罩使用。

实例：BlueScreenKey（蓝屏键）抠像滤镜的示例效果如图 7-69 所示。

图7-69　BlueScreenKey（蓝屏键）滤镜的合成前后效果

## 7.4.13　Track Matte Key（轨道蒙版键）

**功能概述**：使用该滤镜时，首先要指定一个蒙版轨道，然后用这个轨道上的素材作为蒙版图像来完成与背景的合成。

**参数详解**：TrackMatteKey（轨道蒙版键）滤镜的参数如图 7-70 所示。

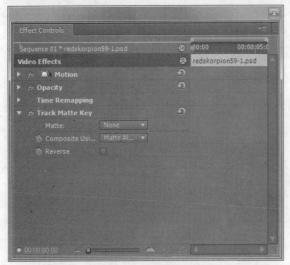

图7-70　Track Matte Key（轨道蒙版键）滤镜参数

◆ Matte（蒙版）：指定某一轨道上的素材作为蒙版。

◆ CompositeUsing（合成使用）：设置蒙版的合成方式。

◆ Reverse（反向）：勾选此选项，反转蒙版

的透明区域。

实例：TrackMatteKey（轨道蒙版键）抠像滤镜的示例效果如图 7-71 所示。

图7-71　TrackMatteKey（轨道蒙版键）滤镜的合成前后效果

## 7.4.14　Color Key（颜色键）

**功能概述**：该滤镜和 ChromaKey（色度键）滤镜的功能相似。使用该滤镜时，首先用吸管获取一种颜色值，然后再调节该颜色的容差值等参数。

**参数详解**：ColorKey（颜色键）滤镜的参数如图 7-72 所示。

图7-72　Color Key（颜色键）滤镜参数

◆ KeyColor（键色）：用吸管在素材上吸取一种色值，将其作为透明处理的基本色。

◆ ColorTolerance（色彩宽容度）：设置透明色的容差度。

◆ EdgeThin（边缘变薄）：设置透明边缘的扩

展和收缩度。

◆ EdgeFeather（边缘羽化）：设置透明边缘的羽化程度。

实例：ColorKey（颜色键）抠像滤镜的示例效果如图 7-73 所示。

图7-73　Color Key（颜色键）滤镜的合成前后效果

### 7.4.15　Ultra Key（超级颜色键）

功能概述：该滤镜通过指定某种颜色值，然后再调节该颜色的容差值等参数，来决定素材的透明效果。

参数详解：UltraKey（超级颜色键）滤镜的参数如图 7-74 所示。

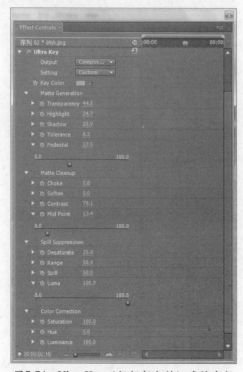

图7-74　Ultra Key（超级颜色键）滤镜参数

◆ Output（输出）：设置抠像的预览方式。

◆ Setting（色彩模式）：设置抠像时所采用的色彩模式。

◆ KeyColor（抠像色）：设置要抠除的颜色值。

◆ MatteGeneration（遮罩生成）：生成遮罩。

● Transparency（透明度）：设置遮罩的不透明度。

● Highlight（高光）：设置亮部区域的不透明度值。

● Shadow（阴影）：设置暗部区域的不透明度值。

● Tolerance（宽容度）：设置遮罩边缘的宽容值。

● Pedestal（基准）：设置遮罩的基准强度。

◆ MatteCleanup（遮罩清理）：设置遮罩边缘的处理程度。

● Choke（抑制）：设置遮罩边缘的收缩强度。

● Soften（柔和）：设置遮罩收缩后边缘的柔和度。

● Contrast（对比度）：设置遮罩的色调对比度。

● MidPoint（中间点）：设置遮罩清理的基点。

◆ SpillSuppression（溢出抑制）：设置溢出后的补救程度。

● Desaturate（降低饱和度）：当色调溢出后，降低饱和度。

● Range（范围）：抑制溢出的范围。

● Spill（溢出）：设置溢出的强度。

● Luma（明度）：设置溢出部位的明暗度。

◆ ColorCorrection（色彩校正）：设置抠像后的颜色校正。

● Saturation（饱和度）：设置抠像后素材的饱和度。

● Hue（色相）：设置抠像后素材的色相值。

● Luminance（亮度）：设置抠像后素材的亮度。

实例：UltraKey（超级颜色键）抠像滤镜的示例效果如图 7-75 所示。

图7-75　Ultra Key（超级颜色键）滤镜的合成前后效果

## 7.5　本章小结

　　本章主要讲解了 Adobe Premiere Pro CS5 软件的固定特效：运动和透明效果的操作技巧。之后详细介绍了抠像滤镜组中的所有滤镜，为后续章节（第 8 章、第 9 章）视、音频滤镜的学习做好铺垫。

# 第 **8** 章
# 视频特效

视频特效也称为视频滤镜，主要用于对视频素材做修整或修饰，例如调节素材的明暗度、重设素材的色调、替换素材的颜色通道等，或者对素材添加扭曲、模糊、镜头光斑、马赛克等特效。

可以这样说，影片的后期处理就是运用大量视、音频特效滤镜，对影片进行深加工，以表达作品的主题。

Adobe Premiere Pro CS5为用户提供了非常丰富的视、音频特效滤镜。特效按功能和特点，分别放在不同的滤镜组中，这样便于快速查找和应用，也为我们的学习带来了方便。

下面我们就来深入学习这些视频滤镜。

## 8.1 认识特效

特效由两部分组成，即 Effects（效果）窗口和 Effect Controls（效果控制）面板，如图 8-1 和 图 8-2 所示。Effects（效果）窗口按组分类，为用户准备了丰富多彩的各种视、音频特效。Effect Controls（效果控制）面板显示特效的参数信息，方便对其进行调整。

图8-1　Effects（效果）窗口

图8-2　Effect Controls（效果控制）面板

视、音频特效和转场过渡有相同的窗口和面板，打开窗口的方法请参阅本书第5章5.1节，这里不再赘述。

为素材添加一个特效和添加 Keying（抠像）特效滤镜的方法一样。首先选择特效组中特效，然后将其拖曳到 Timelines（时间线）窗口的相应素材上，最后通过 Effect Controls（效果控制）面板设置参数。详细步骤请参阅本书第7章7.4节。

创建特效动画的方法请参阅本书第7章7.1和7.2节，以及其他章节的相关知识，这里不再赘述。

为素材应用特效后，如果不满意或暂时要关闭这个特效，可以用下面的方法实现。

◆ 直接删除：在 Effect Controls（效果控制）面板中选择要删除的特效，按 Delete 键即可；或者选中特效后单击鼠标右键，在弹出的快捷菜中选择 Delete（删除）命令。

◆ 暂时关闭：单击 Effect Controls（效果控制）面板中特效前面的 *fx*（应用特效）按钮，将其关闭（暂时关闭）。如果再次使用这个特效，则再次单击它，如图 8-3 所示。

图8-3　暂时关闭、打开特效

◆复位参数：单击 Effect Controls（效果控制）面板中特效右侧的 ⟲（复位参数）按钮，将特效的所有参数都复位到初始状态。对于某些特效来说，参数在初始状态时，对素材不产生任何效果。

# 8.2  视频特效

通过前面章节的学习和总结，相信我们对特效已经有了一个基本的认识，但这还远远不够。为了更全面、深入地掌握 Adobe Premiere Pro CS5 的视频特效，下面我们将逐一介绍这些丰富多彩的视频特效滤镜。

## 8.2.1  Adjust（调整）

该滤镜组中的特效主要用于对素材的亮度、对比度、色彩以及颜色通道进行调节和修整，以达到某种特殊的视觉效果。

Adjust（调整）文件夹中包含 9 个视频特效，如图 8-4 所示。

图8-4  Adjust（调节）类视频特效

图8-5  Auto Color（自动颜色）参数

参数含义请参见 8.2.1.2 节。

**实例**：素材应用 Auto Color（自动颜色）特效的前后对比效果如图 8-6 所示。

图8-6  Auto Color（自动颜色）特效实例

### 8.2.1.1  Auto Color（自动颜色）

**功能概述**：该特效可对素材的像素进行自动色彩调节。

**参数详解**：Auto Color（自动颜色）特效的参数如图 8-5 所示。

### 8.2.1.2  Auto Contrast（自动对比度）

**功能概述**：该特效可对素材的像素进行自动对比度调节。

**参数详解**：Auto Contrast（自动对比度）特效的参数如图 8-7 所示。

图8-7　Auto Contrast（自动对比度）参数

◆ Temporal Smoothing (Seconds)［瞬时平滑（秒）］：设置平滑的处理秒数。

◆ Scene Detect（场景检测）：勾选此选项，自动侦测每个场景并进行对比度处理。

◆ Black Clip（减少黑色像素）：设置暗部处理的百分比。

◆ White Clip（减少白色像素）：设置亮部处理的百分比。

◆ Blend With Original（与原始图像混合）：设置素材间的混合程度。

实例：素材应用 Auto Contrast（自动对比度）特效的前后对比效果如图 8-8 所示。

图8-8　Auto Contrast（自动对比度）特效实例

### 8.2.1.3　Auto Levels（自动色阶）

功能概述：该特效可对素材的像素进行自动色阶调节。

参数详解：Auto Levels（自动色阶）特效的参数如图 8-9 所示。

图8-9　Auto Levels（自动色阶）参数

参数含义请参见 8.2.1.2 节。

实例：素材应用 Auto Levels（自动色阶）特效的前后对比效果如图 8-10 所示。

图8-10　Auto Levels（自动色阶）特效实例

### 8.2.1.4　Convolution Kernel（卷积内核）

功能概述：该特效用特定的数学公式对素材的像素进行处理，以达到某种特殊的视觉效果。

参数详解：Convolution Kernel（卷积内核）特效的参数如图 8-11 所示。

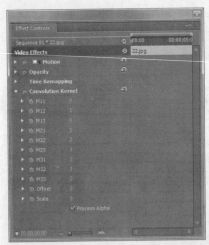

图8-11　Convolution Kernel（卷积内核）参数面板

◆ M11、M12、M13：1 级调节素材像素的明暗、对比度。

◆ M21、M22、M23：2 级调节素材像素的明暗、对比度。

◆ M31、M32、M33：3 级调节素材像素的明暗、对比度。

◆ Offset（偏移）：设置混合的偏移强度。

◆ Scale（比例）：设置混合的对比比例程度。

◆ Process Alpha（处理 Alpha 通道）：勾选此选项，素材的 Alpha 通道也被计算在内。

实例：素材应用 Convolution Kernel（卷积内核）特效的前后对比效果如图 8-12 所示。

图8-12　Convolution Kernel（卷积内核）特效实例

---

### 8.2.1.5　Extract（提取）

**功能概述**：该特效首先获取素材的某一像素，然后对该像素的灰度级进行调整，以达到某种特殊的视觉效果。

**参数详解**：Extract（提取）特效的参数如图 8-13 所示。

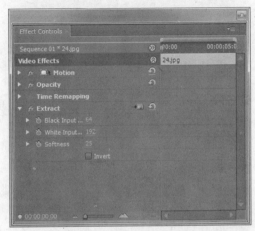

图8-13　Extract（提取）参数

单击右侧的 <kbd>→目</kbd>（特效扩展）按钮，弹出如图 8-14 所示的 Extract Settings（提取设置）对话框。

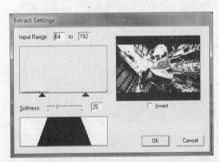

图8-14　Extract Settings（提取设置）对话框

◆ Input Range（输入范围）：设置颜色提取的范围。

◆ Softness（柔和度）：柔化像素的过渡。值越小，过渡越粗糙；值越大，过渡越平滑。

◆ Invert（反相）：勾选此选项，将调整好的效果反转显示。

**实例**：素材应用 Extract（提取）特效的前后对比效果如图 8-15 所示。

图8-15 Extract（提取）特效实例

### 8.2.1.6 Levels（色阶）

**功能概述：**该特效对素材的 RGB Alpha（RGB 通道）、Red（红）、Green（绿）和 Blue（蓝）通道的亮部和暗部区域、灰度级进行调节，以达到某种特殊的视觉效果。

**参数详解：**在 Levels（色阶）特效的参数面板中单击右侧的 ➡圖（特效扩展）按钮，可以直观地调节色阶，如图 8-16 所示。

图8-16 Levels（色阶）特效

◆ **RGB Black、White Input Level（RGB 黑、白色阶输入）：**设置素材 RGB 通道的暗部和亮部的最小值。

◆ **RGB Black、White Output Level（RGB 黑、白色阶输出）：**设置素材 RGB 通道的暗部和亮部的最大值。

◆ **RGB Gamma：**设置素材 RGB 通道像素的灰度级。另外，也可以单独调节 Red（红）、Green（绿）、Blue（蓝）输入和输出的黑、白色阶值，以及 Red（红）、Green（绿）和 Blue（蓝）的 Gamma 值。

◆ **Load（载入）：**单击此按钮，可以载入先前保存的调节参数，应用于当前素材。

◆ **Save（保存）：**单击此按钮，将当前调节好的参数保存，便于以后使用。

**实例：**素材应用 Levels（色阶）特效后的前后对比效果如图 8-17 所示。

图8-17 Levels（色阶）特效实例

### 8.2.1.7 Lighting Effects（照明效果）

**功能概述：**该特效在素材上添加光照效果，来模拟自然光和室内光的特殊视觉效果。

**参数详解：**Lighting Effects（照明效果）特效的参数如图 8-18 所示。

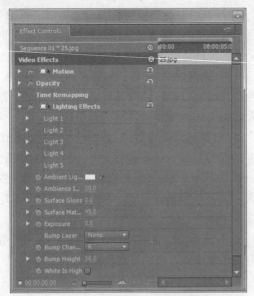

图8-18　Lighting Effects（照明效果）参数

图8-19　Lighting Effects（照明效果）特效实例

Lighting Effects（照明效果）可以在素材上添加最多5盏灯光的照射效果，每盏灯光都有独立的参数可调节。

◆ Light Type（灯光类型）：设置灯光的类型，有平行光、全光源和点光源3种类型。

◆ Ambient Light Color（环境照明颜色）：设置灯光的颜色。

◆ Ambience Intensity（环境照明强度）：设置灯光的照射强度。

◆ Surface Gloss（表面光泽）：设置被照射物体的表面光泽度。

◆ Surface Material（表面质感）：设置被照射物体的表面粗糙度。

◆ Exposure（曝光度）：设置灯光的曝光强度。

◆ Bump Layer（凹凸层）：指定一个视频轨道，来控制被照射素材的凹凸效果。

◆ Bump Channel（凹凸通道）：指定凹凸层素材的通道，以此来控制凹凸效果。

◆ Bump Height（凹凸高度）：设置凹凸的高度。

◆ White Is High（白色部分凸起）：勾选此选项，反转凹凸效果。

实例：素材应用 Lighting Effects（照明效果）特效的前后对比效果如图8-19所示。

## 8.2.1.8　ProcAmp（基本信号控制）

功能概述：该特效对素材的 Brightness（亮度）、Contrast（对比度）、Hue（色相）和 Saturation（饱和度）进行调节，以达到某种特殊的视觉效果。

参数详解：ProcAmp（基本信号控制）特效的参数如图8-20所示。

图8-20　ProcAmp（基本信号控制）参数

◆ Brightness（亮度）：调整素材的光亮程度。

◆ Contrast（对比度）：调整素材像素间的明暗对比程度。

◆ Hue（色相）：对素材的色调进行统一调节。

◆ Saturation（饱和度）：调节素材色调的饱和程度。

◆ Split Screen（拆分屏幕）：勾选此选项，视图中的素材被分割成调整后和调整前两种显示效果。

◆ Split Percent（拆分百分比）：设置分割视图前后对比所显示的百分比。50% 为各占监视器窗口的一半面积。

实例：素材应用 ProcAmp（基本信号控制）特效的前后对比效果如图 8-21 所示。

图8-21 ProcAmp（基本信号控制）特效实例

### 8.2.1.9 Shadow/Highlight（阴影/高光）

功能概述：该特效调节素材的阴影和高光区域，以达到某种特殊的视觉效果。

参数详解：Shadow/Highlight（阴影 / 高光）特效的参数如图 8-22 所示。

图8-22 Shadow/Highlight（阴影/高光）参数

◆ Auto Amounts（自动数量）：勾选此选项，以系统默认的数值对素材进行调节。

◆ Shadow Amount（阴影数量）：设置阴影部分的亮度。

◆ Highlight Amount（高光数量）：设置高光部分的亮度。

其他参数可参见 8.2.1.2 节。

实例：素材应用 Shadow/Highlight（阴影 / 高光）特效的前后对比效果如图 8-23 所示。

图8-23 Shadow/Highlight（阴影/高光）特效实例

### 8.2.2 Blur & Sharpen（模糊与锐化）

该滤镜组中的特效主要用于对素材进行模糊和锐化处理。

Blur & Sharpen（模糊与锐化）文件夹中包含10个视频特效，如图 8-24 所示。

图8-24 Blur & Sharpen（模糊与锐化）类视频特效

### 8.2.2.1 Antialias（消除锯齿）

功能概述：该特效对视频素材进行平滑处理，使色彩融合过渡更加自然。

参数详解：Antialias（消除锯齿）特效没有参数选项。

实例：素材应用 Antialias（消除锯齿）特效的前后对比效果如图 8-25 所示。

图8-25　Antialias（消除锯齿）特效实例

### 8.2.2.2 Camera Blur（摄像机模糊）

功能概述：该特效模拟摄像机变焦拍摄时产生的图像模糊效果。

参数详解：Camera Blur（摄像机模糊）特效的参数如图 8-26 所示。

图8-26　Camera Blur（摄像机模糊）参数

◆ Percent Blur（模糊百比分）：设置摄像机模糊的强度。

实例：素材应用 Camera Blur（摄像机模糊）特效的前后对比效果如图 8-27 所示。

图8-27　Camera Blur（摄像机模糊）特效实例

### 8.2.2.3 Channel Blur（通道模糊）

功能概述：该特效首先指定素材的 R、G、B 通道和 Alpha 通道，然后进行模糊处理，使素材产生特殊的效果。

参数详解：Channel Blur（通道模糊）特效的参数如图 8-28 所示。

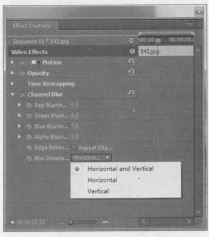

图8-28　Channel Blur（通道模糊）参数

◆ Red Blurriness（红色模糊度）：设置红色通道的模糊强度。

◆ Green Blurriness（绿色模糊度）：设置绿色通道的模糊强度。

◆ Blue Blurriness（蓝色模糊度）：设置蓝色通道的模糊强度。

◆ Alpha Blurriness（Alpha 模糊度）：设置 Alpha 通道的模糊强度。

◆ Edge Behavior（边缘特性）：勾选此选项，对素材的边缘进行像素模糊处理。

◆ Blur Dimensions（模糊方向）：设置模糊的处理方式。可以选择只在 Horizontal（水平）或 Vertical（垂直）方向模糊，也可选择在 Horizontal and Vertical（水平和垂直）方向模糊。

实例：素材应用 Channel Blur（通道模糊）特效的前后对比效果如图 8-29 所示。

图8-29　Channel Blur（通道模糊）特效实例

#### 8.2.2.4　Compound Blur（复合模糊）

功能概述：该特效可以指定一个轨道层，然后与当前素材进行混合模糊处理，产生特殊的效果。

参数详解：Compound Blur（复合模糊）特效的参数如图 8-30 所示。

◆ Blur Layer（模糊图层）：指定混合模糊的轨道层。

图8-30　Compound Blur（复合模糊）参数

◆ Maximum Blur（最大模糊）：设置混合模糊的强度。

◆ If Layer Sizes Differ（如果图层大小不同）：设置如果混合模糊的两个素材尺寸不同，则采取什么措施。

◆ Stretch Map to Fit（伸展图层以适配）：勾选此选项，素材会自动适配大小。

◆ Invert Blur（反相模糊）：勾选此选项，则反转模糊。

实例：素材应用 Compound Blur（复合模糊）特效的前后对比效果如图 8-31 所示。

图8-31　Compound Blur（复合模糊）特效实例

## 8.2.2.5 Directional Blur（定向模糊）

**功能概述**：该特效按设定的方向，对视频素材进行模糊处理。

**参数详解**：Directional Blur（定向模糊）特效的参数如图 8-32 所示。

图 8-32 Directional Blur（定向模糊）参数面板

◆ **Direction**（方向）：设置模糊的方向。

◆ **Blur Length**（模糊长度）：设置模糊的强度。

**实例**：素材应用 Directional Blur（定向模糊）特效的前后对比效果如图 8-33 所示。

图 8-33 Directional Blur（定向模糊）特效实例

## 8.2.2.6 Fast Blur（快速模糊）

**功能概述**：该特效按设定的模糊处理方式，快速对视频素材进行模糊处理。

**参数详解**：Fast Blur（快速模糊）特效的参数如图 8-34 所示。

图 8-34 Fast Blur（快速模糊）参数

◆ **Blurriness**（模糊量）：设置模糊的强度。

◆ **Blur Dimensions**（模糊方向）：设置模糊的处理方式。可以选择只在 Horizontal（水平）、Vertical（垂直）方向模糊，也可选择在 Horizontal and Vertical（水平与垂直）方向模糊。

◆ **Repeat Edge Pixels**（重复边缘像素）：勾选此选项，对视频素材的边缘进行像素模糊处理。

**实例**：素材应用 Fast Blur（快速模糊）特效的前后对比效果如图 8-35 所示。

图 8-35 Fast Blur（快速模糊）特效实例

**功能概述**：该特效对视频素材进行高精度的模糊处理。

**参数详解**：Gaussian Blur（高斯模糊）特效的参数如图 8-36 所示。

图 8-36　Gaussian Blur（高斯模糊）参数

◆ Blurriness（模糊度）：设置高斯模糊的强度。

◆ Blur Dimensions（模糊方向）：设置模糊的处理方式。可以选择只在 Horizontal（水平）或 Vertical（垂直）方向模糊，也可选择在 Horizontal and Vertical（水平和垂直）方向模糊。

**实例**：素材应用 Gaussian Blur（高斯模糊）特效的前后对比效果如图 8-37 所示。

图 8-37　Gaussian Blur（高斯模糊）特效实例

**功能概述**：该特效只对视频素材中运动的元素（文字、线条或图形等）进行模糊处理，对固定的元素不做任何处理。

**参数详解**：Ghosting（残像）特效没有参数选项。

**实例**：素材应用 Ghosting（残像）特效的前后对比效果如图 8-38 所示。

图 8-38　Ghosting（残像）特效实例

**功能概述**：该特效增加相邻色彩像素的对比度，从而提高素材画面的清晰度。

**参数详解**：Sharpen（锐化）特效的参数如图 8-39 所示。

图 8-39　Sharpen（锐化）参数

◆ Sharpen Amount（锐化数量）：设置素材锐化的强度。

实例：素材应用 Sharpen（锐化）特效的前后对比效果如图 8-40 所示。

图 8-40　Sharpen（锐化）特效实例

### 8.2.2.10　Unsharp Mask（非锐化遮罩）

功能概述：该特效对带有遮罩的视频素材进行锐化处理，使遮罩边缘更清晰。

参数详解：Unsharp Mask（非锐化遮罩）特效的参数如图 8-41 所示。

图 8-41　Unsharp Mask（非锐化遮罩）参数

◆ Amount（数量）：设置锐化的强度。

◆ Radius（半径）：设置锐化处理的像素半径。

◆ Threshold（阈值）：设置锐化的容差值。

实例：素材应用 Unsharp Mask（非锐化遮罩）特效的前后对比效果如图 8-42 所示。

图 8-42　Unsharp Mask（非锐化遮罩）特效实例

### 8.2.3　Channel（通道）

该滤镜组中的特效可对素材通道进行调节，从而达到某种特殊的视觉效果。

Channel（通道）文件夹中包含 7 个视频特效，如图 8-43 所示。

图 8-43　Channel（通道）类视频特效

## 8.2.3.1 Arithmetic（算术）

**功能概述**：该特效可调节素材 RGB 通道的值，从而产生特殊的视觉效果。

**参数详解**：Arithmetic（算术）特效的参数如图 8-44 所示。

图8-44 Arithmetic（算术）参数

◆ Operator（操作符）：指定混合运算的数学方式。

◆ Red Value（红色值）：设置红色通道的混合强度。

◆ Green Value（绿色值）：设置绿色通道的混合强度。

◆ Blue Value（蓝色值）：设置蓝色通道的混合强度。

◆ Clipping（剪切）：勾选此选项，裁剪多余的混合信息。

**实例**：素材应用 Arithmetic（算术）特效的前后对比效果如图 8-45 所示。

图8-45 Arithmetic（算术）特效实例

## 8.2.3.2 Blend（混合）

**功能概述**：该特效用一个指定的视频轨道与原素材进行混合，产生特殊的效果。

**参数详解**：Blend（混合）特效的参数如图 8-46 所示。

图8-46 Blend（混合）参数

◆ Blend With Layer（与图层混合）：指定要混合的第二个素材。

◆ Mode（模式）：设置混合的计算方式。

◆ Blend With Original（与原始图像混合）：设置第二素材与原素材的混合百分比。

◆ If Layer Sizes Differ（如果图层大小不同）：设置指定的素材层与原素材层大小不同时，所采取的处理方式。

**实例**：素材应用 Blend（混合）特效的前后对比效果如图 8-47 所示。

图8-47 Blend（混合）特效实例

### 8.2.3.3 Calculations（计算）

**功能概述**：该特效用指定素材的通道与原素材的通道进行混合，产生特效的视觉效果。

**参数详解**：Calculations（计算）特效的参数如图 8-48 所示。

图8-48 Calculations（计算）参数

◆ Input Channel（输入通道）：设置原素材混合运算时的通道。

◆ Invert Input（反转输入）：勾选此选项，将反转原素材指定的通道。

◆ Second Source（二级源）：指定要混合的第二个素材。

◆ Second Layer（二级图层）：设置指定素材混合运算时的通道。

◆ Second Layer Channel（二级图层通道）：设置二级图层的颜色通道。

◆ Second Layer Opacity（二级图层透明度）：设置指定素材的不透明度。

◆ Invert Second Layer（反相二级图层）：勾选此选项，将反转指定素材的通道。

◆ Stretch Second Layer to Fit（伸展二级图层以适配）：当指定的素材层与原素材层大小不同时，可采取拉伸适配方式来处理。

◆ Blending Mode（混合模式）：设置混合的运算模式。

◆ Preserve Transparency（保留透明度）：保留素材的原有不透明度。

**实例**：素材应用 Calculations（计算）特效的前后对比效果如图 8-49 所示。

图8-49 Calculations（计算）特效实例

### 8.2.3.4 Compound Arithmetic（复合运算）

**功能概述**：该特效用一个指定的视频轨道与原素材的通道进行混合，产生特殊的视觉效果。

**参数详解**：Compound Arithmetic（复合运算）特效的参数如图 8-50 所示。

图8-50 Compound Arithmetic（复合运算）参数

◆ Second Source Layer（二级源图层）：指定要混合的第二个素材。

◆ Operator（操作符）：设置混合的计算方式。

◆ Operate on Channels（在通道上操作）：设置混合时所使用的素材通道。

◆ Overflow Behavior（溢出特性）：设置混合失败后，所采取的处理方式。

◆ Stretch Second Source to Fit（伸展二级源以适配）：勾选此选项，二级源素材自动调整大小，以实时适配。

◆ Blend With Original（与原始图像混合）：设置第二素材与原素材的混合百分比。

实例：素材应用 Compound Arithmetic（复合运算）特效的前后对比效果如图 8-51 所示。

图8-51 Compound Arithmetic（复合运算）特效实例

### 8.2.3.5 Invert（反相）

功能概述：该特效反转素材的通道，产生负片效果。

参数详解：Invert（反相）特效的参数如图 8-52 所示。

图8-52 Invert（反相）参数

◆ Channel（通道）：设置要反转的颜色通道。

◆ Blend With Original（与原始图像混合）：设置反转通道后与原素材的混合百分比。

实例：素材应用 Invert（反相）特效的前后对比效果如图 8-53 所示。

图8-53 Invert（反相）特效实例

### 8.2.3.6 Set Matte（设置遮罩）

功能概述：该特效用指定素材的通道作为蒙版与原素材进行混合，产生特效的视觉效果。

参数详解：Set Matte（设置遮罩）特效的参数如图 8-54 所示。

图8-54 Set Matte（设置遮罩）参数

◆ Take Matte From Layer（从图层获取遮罩）：指定蒙版的来源层。

◆ Use For Matte（用于遮罩）：指定用哪个通道作为蒙版来混合。

◆ Invert Matte（反相遮罩）：勾选此选项，将反转指定的蒙版。

◆ Stretch Matte to Fit（伸展遮罩以适配）：如果蒙版与素材层大小不同，则进行拉伸适配处理。

◆ Composite Matte with Original（将遮罩与原始图像合成）：用指定的蒙版与原素材混合。

223

◆ Premultiply Mate Layer（预先进行遮罩图层正片叠加）：勾选此选项，遮罩图层将正片叠加。

实例：素材应用 Set Matte（设置遮罩）特效的前后对比效果如图 8-55 所示。

图8-55　Set Matte（设置遮罩）特效实例

### 8.2.3.7　Solid Composite（固态合成）

功能概述：该特效将原素材的通道与指定的一种颜色值进行混合，产生特殊的视觉效果。

参数详解：Solid Composite（固态合成）特效的参数如图 8-56 所示。

图8-56　Solid Composite（固态合成）参数

◆ Source Opacity（源透明度）：设置原素材的不透明度。

◆ Color（颜色）：指定一种颜色与原素材进行合成。

◆ Opacity（透明度）：设置指定颜色的不透明度。

◆ Blending Mode（混合模式）：设置指定色彩与原素材的混合模式。

实例：素材应用 Solid Composite（固态合成）特效的前后对比效果如图 8-57 所示。

图8-57　Solid Composite（固态合成）特效实例

## 8.2.4　Color Correction（色彩校正）

该滤镜组中的特效主要可对素材进行色彩校正，以达到某种特殊的色彩效果。

Color Correction（色彩校正）文件夹中包含 17 个视频特效，如图 8-58 所示。

图8-58　Color Correction（色彩校正）类视频特效

## 8.2.4.1 Brightness & Contrast（亮度与对比度）

**功能概述**：该特效调整素材的光亮程度以及亮部与暗部之间的差别。

**参数详解**：Brightness & Contrast（亮度与对比度）特效的参数如图 8-59 所示。

图 8-59 Brightness & Contrast（亮度与对比度）参数

◆ **Brightness**（亮度）：调整素材的光亮程度。正值为提高亮度，负值为降低亮度。

◆ **Contrast**（对比度）：调整素材亮部和暗部间的差距。正值为加强对比程度，负值为减弱对比程度。

**实例**：素材应用 Brightness & Contrast（亮度与对比度）特效的前后对比效果如图 8-60 所示。

图 8-60 Brightness & Contrast（亮度与对比度）特效实例

## 8.2.4.2 Broadcast Colors（广播级色彩）

**功能概述**：该特效对素材的色彩进行最后的修整，以适应电视设备回放时的精确显示。

**参数详解**：Broadcast Colors（广播级色彩）特效的参数如图 8-61 所示。

图 8-61 Broadcast Colors（广播级色彩）参数

◆ **Broadcast Locale**（广播区域）：选择素材回放所使用的播放制式。我国采用 PAL 制。

◆ **How to Make Color Safe**（如何确保颜色安全）：设置安全色的计算方式。

● **Reduce Luminance**（降低亮度）：降低素材的亮度。

● **Reduce Saturation**（降低饱和度）：降低素材的饱和度。

● **Key Out Unsafe**（抠出不安全区域）：丢弃不安全色。

● **Key Out Safe**（抠出安全区域）：丢弃安全色。

◆ **Maximum Signal Amplitude(IRE)**（最大信号幅度）：设置素材的最大修整强度。

**实例**：素材应用 Broadcast Colors（广播级色彩）特效的前后对比效果如图 8-62 所示。

图 8-62 Broadcast Colors（广播级色彩）特效实例

### 8.2.4.3　Change Color（更改颜色）

**功能概述**：该特效将通过调整视频素材中指定的某一颜色的 Hue（色调）、Brightness（亮度）和 Saturation（饱和度）参数来改变其色值。它与变色滤镜的功能有相似之处。

**参数详解**：Change Color（更改颜色）特效的参数如图 8-63 所示。

图8-64　Change Color（更改颜色）特效实例

图8-63　Change Color（更改颜色）参数

◆ View（视图）：设置预览时的观看模式，有 Corrected Layer（层校正）（实时查看校正素材的颜色变化）和 Color Correction Mask（校正蒙版颜色）（只查看校正素材的颜色蒙版）两个选项。

◆ Hue Transform（色相变换）：修改颜色的色调。

◆ Lightness Transform（明度变换）：修改颜色的亮度。

◆ Saturation Transform（饱和度变换）：修改颜色的饱和度。

◆ Color To Change（要更改的颜色）：指定要替换的主色。

◆ Matching Tolerance（匹配宽容度）：设置主色的容差值。

◆ Matching Softness（匹配柔和度）：设置颜色间的混合程度。值越大，颜色混合越柔和、自然。

◆ Match Colors（匹配颜色）：设置颜色的替换模式。用 RGB 色去替换，还是用色度或亮度去替换。

◆ Invert Color Correction Mask（反相色彩校正）：勾选此选项，反向校正。

**实例**：素材应用 Change Color（更改颜色）特效的前后对比效果如图 8-64 所示。

### 8.2.4.4　Change to Color（转换颜色）

**功能概述**：该特效将视频素材中指定的某一颜色替换为另一种颜色。

**参数详解**：Change to Color（转换颜色）特效的参数如图 8-65 所示。

图8-65　Change to Color（转换颜色）参数

◆ From（从）：设置被替换的颜色。

◆ To（到）：设置新的颜色。

◆ Change（更变）：设置被替换颜色的通道，可替换色调、亮度或饱和度。

◆ Change By（更改依据）：设置新颜色替换指定颜色的方式，可自然过渡直接覆盖。

◆ Tolerance（宽容度）：设置颜色的容差度。

◆ Softness（柔和度）：设置颜色替换的柔和度。

◆ View Correction Matte（查看校正杂边）：勾选此选项，可以查看替换颜色的蒙版信息。

实例：素材应用 Change to Color（转换颜色）特效的前后对比效果如图 8-66 所示。

图8-66 Change to Color（转换颜色）特效实例

### 8.2.4.5 Channel Mixer（通道混合器）

**功能概述**：该特效对素材的通道进行混合处理，以达到某种特殊的视觉效果。

**参数详解**：Channel Mixer（通道混合器）特效的参数如图 8-67 所示。

图8-67 Channel Mixer（通道混合器）参数

◆ Red-Red、Red-Green、Red-Blue（红色与红、绿、蓝通道混合）：设置素材的红色通道与 RGB 三色通道的混合程度。

◆ Green-Red、Green-Green、Green-Blue（绿色与红、绿、蓝通道混合）：设置素材的绿色通道与 RGB 三色通道的混合程度。

◆ Blue-Red、Blue-Green、Blue-Blue（蓝色与红、绿、蓝通道混合）：设置素材的蓝色通道与 RGB 三色通道的混合程度。

◆ Red-Const、Green-Const、Blue-Const（红、绿、蓝恒量）：保留 RGB 通道中的一个通道，对其他两个通道进行混合。

◆ Monochrome（单色）：勾选此选项，素材将转换为黑白效果。

**实例**：素材应用 Channel Mixer（通道混合）特效的前后对比效果如图 8-68 所示。

图8-68 Channel Mixer（通道混合）特效实例

### 8.2.4.6 Color Balance（色彩平衡）

**功能概述**：该特效对素材像素的阴影区、中间区和高光区域进行自动色彩平衡调节。

**参数详解**：Color Balance（色彩平衡）特效的参数如图 8-69 所示。

图8-69 Color Balance（色彩平衡）参数

◆ Shadow Red Balance、Shadow Green Balance、Shadow Blue Balance（阴影红色、绿色、蓝色平衡）：设置素材阴影区域的 RGB 三色平衡。

◆ Midtone Red Balance、Midtone Green Balance、Midtone Blue Balance（中间红色、绿色、蓝色平衡）：设置素材中间区域的 RGB 三色平衡。

◆ Highlight Red Balance、Highlight Green Balance、Highlight Blue Balance（高光红色、绿色、蓝色平衡）：设置素材高光区域的 RGB 三色平衡。

◆ Preserve Luminosity（保留亮度）：勾选此选项，将保留原素材的亮度值。

实例：素材应用 Color Balance（色彩平衡）特效的前后对比效果如图 8-70 所示。

图8-71　Color Balance(HLS)［色彩平衡（HLS）］参数

◆ Hue（色相）：对素材的色调进行调整。

◆ Lightness（明度）：对素材的亮度进行调整。

◆ Saturation（饱和度）：对素材的饱和度进行调整。

实例：素材应用 Color Balance(HLS)［色彩平衡（HLS）］特效的前后对比效果如图 8-72 所示。

图8-70　Color Balance（色彩平衡）特效实例

图8-72　Color Balance(HLS)［色彩平衡（HLS）］特效实例

### 8.2.4.7　Color Balance(HLS)［色彩平衡·（HLS）］

功能概述：该特效通过调整色调、亮度和饱和度，对视频素材进行调色。

参数详解：Color Balance(HLS)［色彩平衡（HLS）］特效的参数如图 8-71 所示。

### 8.2.4.8　Equalize（色彩均化）

功能概述：该特效依据色彩的 RGB、亮度或 Photoshop 风格，对视频素材进行色彩平衡校正。

参数详解：Equalize（色彩均化）特效的参数如图 8-73 所示。

图8-73　Equalize（色彩均化）参数

◆ Equalize（色调均化）：设置色彩校正的模式，有 RGB、Brightness（亮度）和 Photoshop Style（Photoshop 风格）3 个选项。

◆ Amount to Equalize（色调均化量）：设置平衡校正对素材的影响程度。

实例：素材应用 Equalize（色彩均化）特效的前后对比效果如图 8-74 所示。

图8-74　Equalize（色彩均化）特效实例

**8.2.4.9　Fast Color Corrector（快速色彩校正）**

功能概述：该特效对素材进行快速色调校正，以达到某种特效的效果。

参数详解：Fast Color Corrector（快速色彩校正）特效的参数如图 8-75 所示。

图8-75　Fast Color Corrector（快速色彩校正）参数

Fast Color Corrector（快速色彩校正）是 Three-Way Color Corrector（三路色彩校正）滤镜的简化版，参数含义请参见 8.2.4.15 节。

实例：素材应用 Fast Color Corrector（快速色彩校正）特效的前后对比效果如图 8-76 所示。

图8-76　Fast Color Corrector（快速色彩校正）特效实例

### 8.2.4.10 Leave Color（脱色）

**功能概述**：该特效将视频素材中指定的某种颜色保留，其他部分的色调都转为黑白。

**参数详解**：Leave Color（脱色）特效的参数如图 8-77 所示。

图 8-77 Leave Color（脱色）参数

◆ Amount to Decolor（脱色量）：设置脱色的强度。

◆ Color To Leave（要保留的颜色）：指定要保留颜色的 RGB 色调。

◆ Tolerance（宽容度）：设置脱色的容差值。

◆ Edge Softness（边缘柔和度）：设置脱色边缘的柔和度。

◆ Match colors（匹配颜色）：设置脱色时采用何种颜色模式。

**实例**：素材应用 Leave Color（脱色）特效的前后对比效果如图 8-78 所示。

图 8-78 Leave Color（脱色）特效实例

### 8.2.4.11 Luma Corrector（亮度校正）

**功能概述**：该特效的功能与 Luma Curve（亮度曲线）相同，通过参数来调整素材亮度部分的色调。

**参数详解**：Luma Corrector（亮度校正）特效的参数如图 8-79 所示。

图 8-79 Luma Corrector（亮度校正）参数

Luma Corrector（亮度校正）参数含义参见 RGB Color Corrector（RGB 色彩校正）和 Three-Way Color Corrector（三路色彩校正）滤镜的相关章节。

**实例**：素材应用 Luma Corrector（亮度校正）特效的前后对比效果如图 8-80 所示。

图 8-80 Luma Corrector（亮度校正）特效实例

## 8.2.4.12 Luma Curve（亮度曲线）

功能概述：该特效用曲线来控制调整素材亮度部分的色调。

参数详解：Luma Curve（亮度曲线）特效的参数如图 8-81 所示。

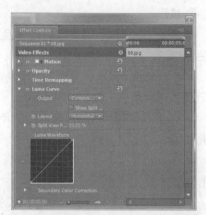

图8-81 Luma Curve（亮度曲线）参数面板

Luma Curve（亮度曲线）是 RGB Color Corrector（RGB 色彩校正）和 Three-Way Color Corrector（三路色彩校正）滤镜的简化版，参数含义请参见 RGB Color Corrector（RGB 色彩校正）、RGB Curves（RGB 曲线）和 Three-Way Color Corrector（三路色彩校正）滤镜的相关章节。

实例：素材应用 Luma Curve（亮度曲线）特效的前后对比效果如图 8-82 所示。

图8-82 Luma Curve（亮度曲线）特效实例

## 8.2.4.13 RGB Color Corrector（RGB色彩校正）

功能概述：该特效通过调整素材的整体 RGB 值和局部色彩范围的色调值，来达到某种特殊的色彩效果。

参数详解：RGB Color Corrector（RGB 色彩校正）特效的参数如图 8-83 所示。

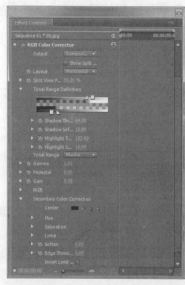

图8-83 RGB Color Corrector（RGB色彩校正）参数

◆ Output（输出）：设置 RGB 色彩校正后，素材渲染输出时的模式。

● Composite（复合）：正常渲染输出。

● Luma（亮度）：只渲染输出素材的亮度通道。

● Mask（遮罩）：只渲染输出素材的遮罩。

● Tonal Range（色调范围）：只渲染输出相同色彩的范围区域。

◆ Show Split View（显示拆分视图）：勾选此选项，视图中的素材被分割成校正后和校正前两种显示效果，如图 8-84 所示，这样便于实时查看色彩校正的结果。

图8-84 显示分割图

◆ Layout（版面）：设置分割视图的方式，有 Horizontal（水平）和 Vertical（垂直）两个选项。

◆ Split View Percent（拆分视图百分比）：设置分割视图前后对比所显示的百分比。50% 为各占监视器窗口的一半面积。

◆ Tonal Range Definition（色调范围定义）：设置素材色调像素间的清晰度，单击▶（展开）按钮，弹出如图 8-85 所示的参数面板。

图8-85　扩展面板

● Shadow Threshold（阴影阈值）：设置素材阴影的容差值。

● Shadow Softness（阴影柔和度）：设置素材阴影的柔化程度。

● Highlight Threshold（高光阈值）：设置高光像素的容差值。

● Highlight Softness（高光柔和度）：设置高光像素的柔化程度。

◆ Tonal Range（色调范围）：选择校正素材时的颜色通道，有 Master（主要色）、Highlight（高光）、Midtones（中间色）和 Shadow（阴影）4 个选项。

◆ Gamma（灰度系数）：设置素材中间色的倍增值。

◆ Pedestal（基值）：设置素材阴影色的倍增值。

◆ Gain（增益）：设置素材高光色的倍增值。

◆ RGB：单独校正 RGB 三原色的 Midtones（中间色）、Shadow（阴影）和 Highlight（高光）倍增值。

● Red Gamma、Green Gamma、Blue Gamma（红色、绿色、蓝色灰色系数）：设置三原色的中间色的倍增值。

● Red Pedestal、Green Pedestal、Blue Pedestal（红色、绿色、蓝色基准）：设置三原色的阴影色的倍增值。

● Red Gain、Green Gain、Blue Gain（红色、绿色、蓝色增益）：设置三原色的高光色的倍增值。

◆ Secondary Color Correction（辅助色彩校正）：辅助对素材的通道［Master（主要色）、Shadow（阴影）、Midtones（中间色）和 Highlight（高光）］进行色调、饱和度和亮度值的校正。

● Center（中置）：单击吸管按钮，可以在素材上取样一个色彩区域，然后对该区域进行色彩校正。

● Hue（色相）：调整取样后的色彩范围的色调值。

● Saturation（饱和度）：调整取样后的色彩范围的饱和度值。

● Luma（亮度）：调整取样后的色彩范围的亮度值。

● Soften（柔化）：柔化色彩的像素，使色彩过渡变得平滑自然。

● Edge Thinning（边缘细化）：对色彩像素的边缘进行锐化处理，使色彩边缘更清晰。

● Invert Limit Color（反相限制颜色）：勾选此选项，反转校正取样后的色彩范围。

实例：素材应用 RGB Color Corrector（RGB 色彩校正）特效的前后对比效果如图 8-86 所示。

图8-86　RGB Color Corrector（RGB色彩校正）特效实例

### 8.2.4.14　RGB Curves（RGB曲线）

功能概述：该特效用曲线来控制调整素材的整体 RGB 值和局部色彩范围的色调值，以达到特殊的色彩效果。功能与 RGB Color Corrector（RGB 色彩校正）滤镜相同。

参数详解：RGB Curves（RGB 曲线）特效的参数如图 8-87 所示。

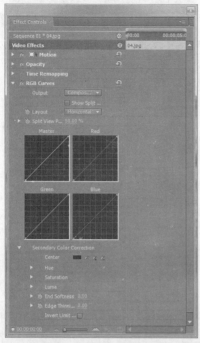

图8-87　RGB Curves（RGB曲线）参数

部分参数的说明请参见 RGB Color Corrector（RGB 色彩校正）相关章节。

RGB Curves（RGB 曲线）由 4 个小窗口组成，Master（主要色）窗口用于调整素材的总体色调；Red（红色）、Green（绿色）和 Blue（蓝色）窗口分别用于对素材的 RGB 三色通道进行调整。

每一个小窗口都有一条曲线，曲线的左端代表当前通道的阴影色，曲线的中端代表当前通道的中间色，曲线的右端代表当前通道的高光色。

单击曲线，可以在单击处添加一个控制锚点，拖曳控制点，可以实时观看各通道颜色的变化。将控制锚点拖曳出窗口，可删除此锚点。

实例：素材应用 RGB Curves（RGB 曲线）特效的前后对比效果如图 8-88 所示。

图8-88　RGB Curves（RGB曲线）特效实例

**8.2.4.15　Three-Way Color Corrector（三路色彩校正）**

功能概述：该特效通过调整素材的整体色调、饱和度、亮度和局部色彩范围的色调值，来达到某种特殊的色彩效果。

参数详解：Three-Way Color Corrector（三路色彩校正）特效的参数如图 8-89 所示。

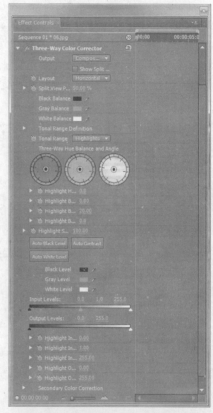

图8-89　Three-Way Color Corrector（三路色彩校正）参数

◆ Output（输出）：设置三路色彩校正后，素材渲染输出时的模式。

● Composite（复合）：正常渲染输出。

● Luma（亮度）：只渲染输出素材的亮度通道。

● Mask（蒙版）：只渲染输出素材的遮罩。

● Tonal Range（色调范围）：只渲染输出相同色彩的范围区域。

◆ Show Split View（显示拆分视图）：勾选此选项，视图中的素材被分割成校正后和校正前两种显示效果，如图 8-90 所示，这样便于实时查看色彩校正的结果。

图8-90　显示分割图

◆ Layout（版面）：设置分割视图的方式，有 Horizontal（水平）和 Vertical（垂直）两个选项。

◆ Split View Percent（拆分视图百分比）：设置分割视图前后对比所显示的百分比。50% 为各占监视器窗口的一半面积。

◆ Black Balance（黑平衡）：用指定的颜色来设置素材阴影色调的平衡。

◆ Gray Balance（灰平衡）：用指定的颜色来设置素材中间色调的平衡。

◆ White Balance（白平衡）：用指定的颜色来设置素材高光色调的平衡。

◆ Tonal Range Definition（色调范围定义）：设置素材色调像素间的清晰度，单击 ▶（展开）按钮，弹出如图 8-91 所示的参数面板。

图8-91　扩展面板

● Shadow Threshold、Highlight Threshold（阴影、高光阈值）：设置素材阴影或高光像素的容差值。

● Shadow Softness、Highlight Softness（阴影、高光柔化）：设置素材阴影或高光像素的柔化程度。

◆ Tonal Range（色调范围）：选择素材校正时的颜色通道，有 Master（主要色）、Highlights（高光）、Midtones（中间色）和 Shadows（阴影）4 个选项。

● Master（主要色）：当选择 Master（主要色）色调校正时，参数选项如图 8-92 所示。

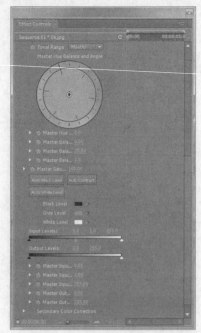

图8-92　Master（主要色）参数

● Master Hue Angle（主色相角度）：设置主色调的补色在色盘上的位置。

● Master Balance Magnitude（主平衡数量级）：设置主色调指针在色盘上的长度。

● Master Balance Gain（主平衡增益）：设置主色调的倍增强度。

● Master Balance Angle（主平衡角度）：设置主色调指针在色盘上的位置。

● Master Saturation（主饱和度）：设置主色调的饱和强度。

● Auto Black Level、Auto Contrast、Auto White Level（自动黑色阶、对比度、白色阶）：自动设置主饱和度的黑色阶、对比度、白色阶。

● Master Input Black Level、Master Gray Level、Master Input White Level（主输入黑、灰、白色阶）：手动设置主饱和度的输入黑、灰、白平衡。

● Master Output Black Level、Master Output White Level（主输出黑、白色阶）：手动设置主饱和度的输出黑、白平衡。

当 Tonal Range（色调范围）设为 Highlights（高光）模式时，参数如图 8-93 所示。参数含义与 Master（主要色）相同，这时所有参数只对素材的 Highlights（高光）部分起作用。

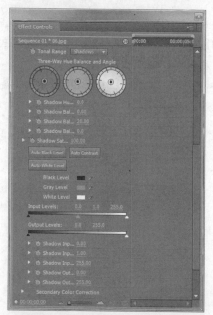

图8-93 Highlights（高光）参数

当 Tonal Range（色调范围）设为 Shadow（阴影）模式时，参数如图 8-94 所示。参数含义与 Master（主要色）相同，这时所有参数只对素材的 Shadow（阴影）部分起作用。

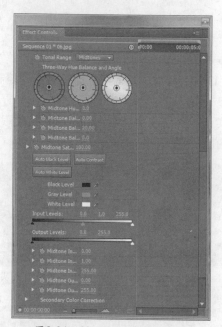

图8-94 Shadow（阴影）参数

当 Tonal Range（色调范围）设为 Midtones（中间色）模式时，参数如图 8-95 所示。参数含义与 Master（主要色）相同，这时所有参数只对素材的 Midtones（中间色）部分起作用。

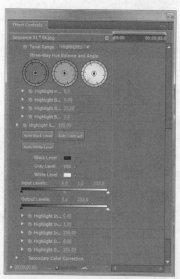

图8-95 Midtones（中间色）参数

◆ Secondary Color Correction（辅助色彩校正）：辅助对素材的通道 [Master（主要色）、Shadow（阴影）、Midtones（中间色）和 Highlight（高光）] 进行色调、饱和度和亮度值的校正。

● Center（中置）：单击吸管按钮，可以在素材上取样一个色彩区域，然后对该区域进行色彩校正。

● Hue（色相）：调整取样后的色彩范围的色调值。

● Saturation（饱和度）：调整取样后的色彩范围的饱和度值。

● Luma（亮度）：调整取样后的色彩范围的亮度值。

● Soften（柔化）：柔化色彩的像素，使色彩过渡变得平滑自然。

● Edge Thinning（边缘细化）：对色彩像素的边缘进行锐化，使色彩边缘更清晰。

● Inver Limit Color（反相限制颜色）：勾选此项，反转校正取样后的色彩范围。

实例：素材应用 Three-Way Color Corrector（三路色彩校正）特效的前后对比效果如图 8-96 所示。

图8-96 Three-Way Color Corrector（三路色彩校正）特效实例

#### 8.2.4.16　Tint（着色）

**功能概述**：该特效将指定的颜色着色到原始视频素材上。

**参数详解**：Tint（着色）特效的参数如图8-97所示。

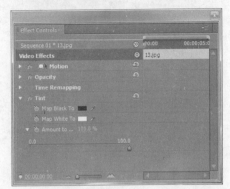

图8-97　Tint（着色）参数

◆ Map Black To（将黑色映射）：指定视频素材暗部的着色色彩。

◆ Map White To（将白色映射）：指定视频素材亮部的着色色彩。

◆ Amount to Tint（着色数量）：设置着色的程度。

**实例**：素材应用Tint（着色）特效的前后对比效果如图8-98所示。

图8-98　Tint（着色）特效实例

#### 8.2.4.17　Video Limiter（视频限幅器）

**功能概述**：该特效控制素材亮度以及色度的最小、最大限度，以防止色彩溢出。

**参数详解**：Video Limiter（视频限幅器）特效的参数如图8-99所示。

图8-99　Video Limiter（视频限幅器）参数

Video Limiter（视频限幅器）的部分参数含义参见 RGB Color Corrector（RGB色彩校正）和 Three-Way Color Corrector（三路色彩校正）滤镜相关章节。

◆ Signal Min、Signal Max（最小、最大亮度）：控制素材亮度和色度的最小、最大幅度。

◆ Reduction Method（缩减方式）：设置 Video Limiter（视频限幅器）滤镜对素材控制时的运算方式。

**实例**：素材应用 Video Limiter（视频限幅器）特效的前后对比效果如图8-100所示。

图8-100　Video Limiter（视频限幅器）特效实例

### 8.2.5　Distort（扭曲）

该滤镜组中的特效主要用于对素材进行扭曲、变形处理，包括球面化、弯曲、旋转和镜像等特效。

Distort（扭曲）文件夹中包含 11 个视频特效，如图8-101所示。

图8-101 Distort（扭曲）类视频特效

### 8.2.5.1 Bend（弯曲）

**功能概述**：该特效使视频素材在水平和垂直方向上产生扭曲，制作出如水波浪运动的效果。

**参数详解**：Bend（弯曲）特效的参数如图 8-102 所示。

图8-102 Bend（弯曲）参数

◆ Horizontal Intensity（水平强度）：设置水平方向上素材扭曲的强度。

◆ Horizontal Rate（水平速率）：设置水平方向上波纹扭曲运动的频度。

◆ Horizontal Width（水平宽度）：设置波纹在水平方向上的大小。

◆ Vertical Intensity（垂直强度）：设置垂直方向上素材扭曲的强度。

◆ Vertical Rate（垂直速率）：设置垂直方向上波纹扭曲运动的频度。

◆ Vertical Width（垂直宽度）：设置波纹在垂直方向上的大小。

单击 →目（扩展设置）按钮，弹出 Bend Settings（弯曲设置）对话框。

◆ Direction（方向）：设置水平和垂直扭曲的方向。

◆ Wave（波形）：设置扭曲的类型，有 Sine（曲线）、Circle（圆形）、Triangle（三角形）和 Square（正方形）4 个选项。

**实例**：素材应用 Band（弯曲）特效的前后对比效果如图 8-103 所示。

图8-103 Band（弯曲）特效实例

### 8.2.5.2 Corner Pin（边角固定）

**功能概述**：该特效通过 4 个顶角，对视频素材的形状进行调整。

**参数详解**：Corner Pin（边角固定）特效的参数如图 8-104 所示。

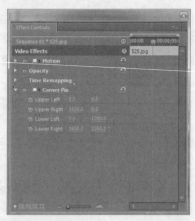

图8-104　Corner Pin（边角固定）参数

◆ Upper Left（左上）：设置左上角控制点的坐标位置。

◆ Upper Right（右上）：设置右上角控制点的坐标位置。

◆ Lower Left（左下）：设置左下角控制点的坐标位置。

◆ Lower Right（右下）：设置右下角控制点的坐标位置。

实例：素材应用 Corner Pin（边角固定）特效的前后对比效果如图 8-105 所示。

图8-105　Corner Pin（边角固定）特效实例

### 8.2.5.3　Lens Distortion（镜头扭曲）

功能概述：该特效可模拟透镜观看视频素材，产生扭曲变形的视觉效果。

参数详解：Lens Distortion（镜头扭曲）特效的参数如图 8-106 所示。

图8-106　Lens Distortion（镜头扭曲）参数

◆ Curvature（弯度）：设置透镜的曲率。正值为凸镜效果，负值为凹镜效果。

◆ Vertical Decentering（垂直偏移）：设置透镜在垂直方向上偏离原轴的比率。

◆ Horizontal Decentering（水平偏移）：设置透镜在水平方向上偏离原轴的比率。

◆ Vertical Prism FX（垂直棱镜效果）：设置透镜在垂直方向上扭曲变形强度。

◆ Horizontal Prism FX（水平棱镜效果）：设置透镜在水平方向上扭曲变形强度。

◆ Fill Color（填充颜色）：设置视频素材被透镜扭曲变形后，空白区域的颜色。

实例：素材应用 Lens Distortion（镜头扭曲）特效的前后对比效果如图 8-107 所示。

图8-107　Lens Distortion（镜头扭曲）特效实例

### 8.2.5.4　Magnify（放大）

功能概述：该特效将视频素材的局部放大，如放大镜那样观看物体。

参数详解：Magnify（放大）特效的参数如图 8-108 所示。

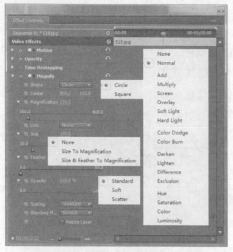

图8-108　Magnify（放大）参数

◆ **Shape**（形状）：设置放大镜的形状，有Circle（圆形）和Square（方形）两个选项。

◆ **Center**（居中）：设置放大镜水平和垂直方向的位置。

◆ **Magnification**（放大率）：设置放大镜的放大倍数。

◆ **Link**（链接）：设置Size To Magnification（达到放大率的大小）与Size&Feather To Magnification（达到放大率的大小和羽化）参数的关联。

◆ **Size**（大小）：设置放大镜的形状大小。

◆ **Feather**（羽化）：设置放大镜边缘的羽化强度。

◆ **Opacity**（透明度）：设置放大的局部图像的透明度。

◆ **Scaling**（缩放）：设置放大镜对图像的处理方式，有Standard（标准）、Soft（柔和）和Scatter（散布）3个选项。如果选择Soft（柔和）选项，则图像放大后，再进行平滑处理。

◆ **Blending Mode**（混合模式）：设置放大的局部图像与原始素材的混合方式。

**实例**：素材应用Magnify（放大）特效的前后对比效果如图8-109所示。

图8-109　Magnify（放大）特效实例

## 8.2.5.5　Mirror（镜像）

**功能概述**：该特效以指定的位置和角度，对视频素材进行镜像处理。

**参数详解**：Mirror（镜像）特效的参数如图8-110所示。

图8-110　Mirror（镜像）参数

◆ **Reflection Center**（反射中心）：设置镜像轴的坐标位置。

◆ **Reflection Angle**（反射角度）：设置镜像后的图像与原始图像的对称角度。

**实例**：素材应用Mirror（镜像）特效的前后对比效果如图8-111所示。

图8-111　Mirror（镜像）特效实例

## 8.2.5.6 Offset（偏移）

**功能概述：**该特效对视频素材进行错位偏移，偏移后与原素材混合叠加。

**参数详解：**Offset（偏移）特效的参数如图 8-112 所示。

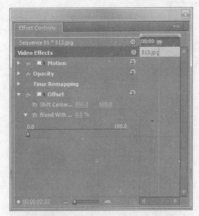

图 8-112　Offset（偏移）参数

◆ **Shift Center to**（将中心转换为）：设置偏移的水平和垂直距离。

◆ **Blend With Original**（与原始图像混合）：设置偏移后的素材与原始素材的混合百分比。

**实例：**素材应用 Offset（偏移）特效的前后对比效果如图 8-113 所示。

图 8-113　Offset（偏移）特效实例

## 8.2.5.7 Spherize（球面化）

**功能概述：**该特效将视频素材球体化，产生一种特殊的视觉效果。

**参数详解：**Spherize（球面化）特效的参数如图 8-114 所示。

图 8-114　Spherize（球面化）参数

◆ **Radius**（半径）：设置球状变形的半径。

◆ **Center of Sphere**（球面中心）：设置球状图形在屏幕上的坐标位置。

**实例：**素材应用 Spherize（球面化）特效的前后对比效果如图 8-115 所示。

图 8-115　Spherize（球面化）特效实例

## 8.2.5.8 Transform（变换）

**功能概述：**该特效对视频素材进行二维变形处理。

参数详解：Transform（变换）特效的参数如图8-116所示。

图8-116 Transform（变换）参数

◆ Anchor Point（定位点）：设置素材在二维空间中的定位点。

◆ Position（位置）：设置素材在屏幕中的实际位置。

◆ Uniform Scale（统一缩放）：勾选此选项，则素材的高、宽被锁定，等比例缩放素材。

◆ Scale（缩放比例）：设置素材的大小。

◆ Skew（倾斜）：设置素材的倾斜度。

◆ Skew Axis（倾斜轴）：设置倾斜的轴向坐标。

◆ Rotation（旋转）：设置素材的旋转度数。

◆ Opacity（透明度）：设置素材的透明度。

◆ Shutter Angle（快门角度）：设置快门的角度。

实例：素材应用Transform（变换）特效的前后对比效果如图8-117所示。

图8-117 Transform（变换）特效实例

### 8.2.5.9 Turbulent Displace（紊乱置换）

功能概述：该特效可使视频素材表面产生不同规则的扭曲变形效果。

参数详解：Turbulent Displace（紊乱置换）特效的参数如图8-118所示。

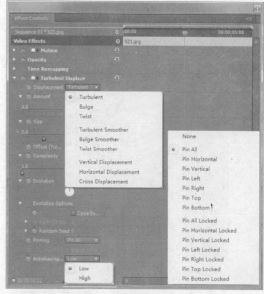

图8-118 Turbulent Displace（紊乱置换）参数

◆ Displacement（置换）：设置紊乱的类型，有Bulge（凸起）、Twist（扭曲）与Turbulent（湍流）等选项。

◆ Amount（数量）：设置紊乱的扭曲强度。

◆ Size（大小）：设置紊乱的形状大小。

◆ Offset(Turbulence)［偏移（湍流）］：设置紊乱的偏移坐标位置。

◆ Complexity（复杂度）：设置紊乱形状的细节复杂度。

◆ Evolution（演化）：设置紊乱的变化量。

◆ Pinning（固定）：设置紊乱运动时的障碍位置。

◆ Antialiasing for Best Quality（抗锯齿最佳品质）：设定紊乱滤镜的渲染品质。

实例：素材应用Turbulent Displace（紊乱置换）特效的前后对比效果如图8-119所示。

图8-119 Turbulent Displace（紊乱置换）特效实例

### 8.2.5.10 Twirl（旋转）

功能概述：该特效对视频素材按设定的位置、

大小进行扭曲旋转处理。

参数详解：Twirl（旋转）特效的参数如图 8-120 所示。

图8-120　Twirl（旋转）参数

◆ Angle（角度）：设置旋转的度数。

◆ Twirl Radius（旋转扭曲半径）：设置旋转的半径值。

◆ Twirl Center（旋转扭曲中心）：设置旋转的水平和垂直坐标。

实例：素材应用 Twirl（旋转）特效的前后对比效果如图 8-121 所示。

图8-121　Twirl（旋转）特效实例

### 8.2.5.11　Wave Warp（波形弯曲）

功能概述：该特效可使视频素材表面产生不同形状的水波浪效果。

参数详解：Wave Warp（波形弯曲）特效的参数如图 8-122 所示。

图8-122　Wave Warp（波形弯曲）参数

◆ Wave Type（波形类型）：设置波浪的形状。

◆ Wave Height（波形高度）：设置波浪在垂直方向上的扭曲强度。

◆ Wave Width（波形宽度）：设置波浪在水平方向上的扭曲强度。

◆ Direction（方向）：设置波浪的运动方向。

◆ Wave Speed（波形速度）：设置波浪的运动速度。

◆ Pinning（固定）：设置波浪运动时的障碍位置。

◆ Phase（相位）：设置波浪的变化量。

◆ Antialiasing(Best Quality)（清除锯齿）：设置波浪的渲染品质。

实例：素材应用 Wave Warp（波形弯曲）特效的前后对比效果如图 8-123 所示。

图8-123　Wave Warp（波形弯曲）特效实例

## 8.2.6　Generate（生成）

该滤镜组中的特效主要用于对素材进行特技处理，渲染生成如闪电、镜头光晕等效果。

Generate（生成）文件夹中包含 12 个视频特效，如图 8-124 所示。

图8-124 Generate（生成）类视频特效

8.2.6.1 4-Color Gradient（四色渐变）

功能概述：该特效可在视频素材上添加一个四色渐变层，通过调节透明度和叠加方式，产生特殊的效果。

参数详解：4-Color Gradient（四色渐变）特效的参数如图 8-125 所示。

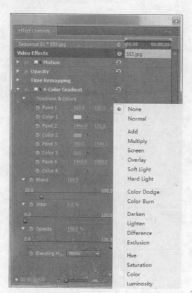

图8-125 4-Color Gradient（四色渐变）参数

◆ Positions & Colors（位置和颜色）：设置渐

变层的四个渐变点位置和颜色 RGB 值。

◆ Blend（混合）：设置渐变层 4 种颜色的混合百分比。

◆ Jitter（抖动）：设置颜色变化的百分比。

◆ Opacity（透明度）：设置渐变层的不透明度。

◆ Blending Mode（混合模式）：设置渐变层与素材的叠加方式。

实例：素材应用 4-Color Gradient（四色渐变）特效的前后对比效果如图 8-126 所示。

图8-126 4-Color Gradient（四色渐变）特效实例

8.2.6.2 Cell Pattern（蜂巢图案）

功能概述：该特效可在视频素材上添加一个蜂巢图案，通过调节透明度和叠加方式，产生特殊的效果。

参数详解：Cell Pattern（蜂巢图案）特效的参数如图 8-127 所示。

图8-127 Cell Pattern（蜂巢图案）参数

◆ Cell Pattern（单元格图案）：设置蜂巢图案的样式。

◆ Contrast（对比度）：设置蜂巢图案的锐化程度。

◆ Overflow（溢出）：设置当蜂巢图案超出视

频素材尺寸大小时，采取的处理方式。

◆ Disperse（分散）：设置蜂巢图案的不规则程度。

◆ Size（大小）：设置蜂巢图案的尺寸。

◆ Offset（偏移）：设置蜂巢图案在素材上的坐标位置。

◆ Tiling Options（拼贴选项）：设置一组蜂巢图案在水平和垂直方向上的平铺数量。

◆ Evolution（演化）：设置蜂巢图案的运动角度。

◆ Evolution Options（演化选项）：设置蜂巢图案的运动参数项。

实例：素材应用 Cell Pattern（蜂巢图案）特效的前后对比效果如图 8-128 所示。

图8-128　Cell Pattern（蜂巢图案）特效实例

### 8.2.6.3　Checkerboard（棋盘）

功能概述：该特效在视频素材上添加一个棋盘图案，通过调节透明度和叠加方式，产生特殊的效果。

参数详解：Checkerboard（棋盘）特效的参数如图 8-129 所示。

图8-129　Checkerboard（棋盘）参数

◆ Anchor（定位点）：设置棋盘的坐标位置。

◆ Size From（位置大小）：设置 Corner Point（角点）、Width Slider（宽度滑块）和 Width & Height Slider（宽度和高度滑块）参数是否捆绑在一起使用。

◆ Corner（边角）：设置角点的坐标位置。

◆ Width（宽度）：设置棋盘层的宽度大小。

◆ Height（高度）：设置棋盘层的高度大小。

◆ Feather（羽化）：设置棋盘格在内部和外部的羽化值。

◆ Color（彩色）：设置棋盘的 RGB 值。

◆ Opacity（透明度）：设置棋盘格的透明度。

◆ Blending Mode（混合模式）：设置棋盘与素材的叠加方式。

实例：素材应用 Checkerboard（棋盘）特效的前后对比效果如图 8-130 所示。

图8-130　Checkerboard（棋盘）特效实例

### 8.2.6.4　Circle（圆形）

功能概述：该特效在视频素材上添加一个圆形，通过调节透明度和叠加方式，产生特殊的效果。

参数详解：Circle（圆形）特效的参数如图 8-131 所示。

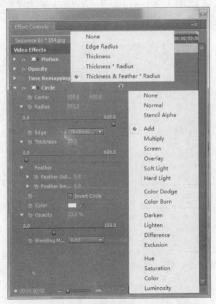

图8-131　Circle（圆形）参数面板

◆ Center（居中）：设置圆图形在素材上的位置。

◆ Radius（半径）：设置圆图形的大小。

◆ Edge（边缘）：设置 Edge Radius（边缘半径）、Thickness（厚度）、Thickness*Radius（厚度 * 半径）和 Thickness&Feather*Radius（厚度和羽化 * 半径）参数是否捆绑在一起使用。

◆ Feather（羽化）：设置圆图形线条在内部和外部的羽化值。

◆ Invert Circle（反相圆形）：勾选此选项，反转圆形的区域。

◆ Color（颜色）：设置圆形的填充颜色。

◆ Opacity（透明度）：设置圆图形的不透明度。

◆ Blending Mode（混合模式）：设置圆图形与素材的叠加方式。

实例：素材应用 Circle（圆形）特效的前后对比效果如图 8-132 所示。

图8-132　Circle（圆形）特效实例

8.2.6.5　Ellipse（椭圆）

功能概述：该特效在视频素材上添加一个椭圆图形，通过调节内、外边的颜色和羽化等参数，产生特殊的效果。

参数详解：Ellipse（椭圆）特效的参数如图 8-133 所示。

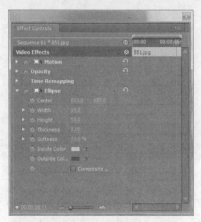

图8-133　Ellipse（椭圆）参数

◆ Center（居中）：设置椭圆图形在素材上的位置。

◆ Width（宽）：设置椭圆图形在水平方向的宽度。

◆ Height（高）：设置椭圆图形在垂直方向的高度。

◆ Thickness（厚度）：设置线条的粗细程度。

◆ Softness（柔化）：设置线条边缘的羽化强度。

◆ Inside Color（内边颜色）：设置线条内边的颜色。

◆ Outside Color（外边颜色）：设置线条外边的颜色。

◆ Composite On Original（混合）：勾选此选项，椭圆图形与源素材混合。

实例：素材应用 Ellipse（椭圆）特效的前后对比效果如图 8-134 所示。

图8-134　Ellipse（椭圆）特效实例

8.2.6.6　Eyedropper Fill（吸色管填充）

功能概述：该特效以视频素材上的某一色彩为基色，进行覆盖填充，使素材的整个色调偏向某一色系。

参数详解：Eyedropper Fill（吸色管填充）特效的参数如图 8-135 所示。

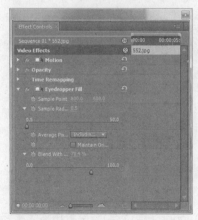

图8-135　Eyedropper Fill（吸色管填充）参数

◆ Sample Point（取样点）：设置滴管在素材上的取样点坐标位置。

◆ Sample Radius（取样半径）：设置滴管的取样大小。

◆ Average Pixel Colors（平均像素颜色）：设置滴管填充的混合方式。

◆ Maintain Original Alpha（保持原始Alpha）：勾选此选项，不填充素材的 Alpha 通道。

◆ Blend With Original（与原始素材混合）：设置填充色与原素材的混合不透明度。

实例：素材应用 Eyedropper Fill（吸色管填充）特效的前后对比效果如图 8-136 所示。

图8-136 Eyedropper Fill（吸色管填充）特效实例

### 8.2.6.7 Grid（网格）

功能概述：该特效在视频素材上添加一个栅格，通过调节透明度和叠加方式，产生特殊的效果。

参数详解：Grid（网格）特效的参数如图 8-137 所示。

图8-137 Grid（网格）参数

◆ Anchor（定位点）：设置栅格的坐标位置。

◆ Size From（位置大小）：设置 Corner Point（角点）、Width Slider（宽度滑块）和 Width & Height Slider（宽度和高度滑块）参数是否捆绑在一起使用。

◆ Corner（边角）：设置角点的坐标位置。

◆ Width（宽度）：设置栅格层的宽度大小。

◆ Height（高度）：设置栅格层的高度大小。

◆ Border（边框）：设置栅格线条的粗细。

◆ Feather（羽化）：设置栅格线条在内部和外部的羽化值。

◆ Invert Grid（反转网格）：勾选此选项，反转栅格图形。

◆ Color（颜色）：设置栅格的线条颜色。

◆ Opacity（透明度）：设置网格的不透明度。

◆ Blending Mode（混合模式）：设置栅格与素材的叠加方式。

实例：素材应用 Grid（网格）特效的前后对比效果如图 8-138 所示。

图8-138 Grid（网格）特效实例

### 8.2.6.8 Lens Flare（镜头光晕）

功能概述：该特效模拟摄像机在强光下拍摄时所产生的镜头光晕效果。

参数详解：Lens Flare（镜头光晕）特效的参数如图 8-139 所示。

图8-139 Lens Flare（镜头光晕）参数

◆ Flare Center（光晕中心）：用鼠标拖曳十字形图标，实时设置镜头光晕的坐标位置。

◆ Flare Brightness（光晕亮度）：设置镜头光晕的亮度。

◆ Lens Type（镜头类型）：设置镜头的类型，含有3种透镜，可以根据情况进行选择。

◆ Blend With Original（与原始图像混合）。

实例：素材应用 Lens Flare（镜头光晕）特效的前后对比效果如图8-140所示。

图8-140　Lens Flare（镜头光晕）特效实例

### 8.2.6.9　Lightning（闪电）

功能概述：该特效在视频素材上模拟闪电划过时所产生的炫目视觉特效。

参数详解：Lightning（闪电）特效的参数如图8-141所示。

图8-141　Lightning（闪电）参数

◆ Start point（起始点）：设置闪电发射的坐标位置。

◆ End point（结束点）：设置闪电结束的坐标位置。

◆ Segments（线段）：设置闪电主干的段数。值越大，闪电主干越复杂。

◆ Amplitude（波幅）：设置闪电波动的幅度。

值越大，闪电波形摇摆的范围也越广。

◆ Detail Level（细节层次）：设置闪电线条的粗糙度。值越大，闪电越粗糙越逼真。

◆ Detail Ammplitude（细节幅度）：设置闪电在每个段上的复杂度。

◆ Branching（分支）：设置闪电主干上的分支数量。值越大，分叉也越多。

◆ Rebranching（再分支）：设置第3层闪电的分支数量。

◆ Branch Angle（分支角度）：设置闪电分支产生的角度。

◆ Branch Seg.Length（分支段长度）：设置分叉后的闪电分支长度。

◆ Branch Segments（分支段）：设置分叉闪电的段数。值越大，分支闪电越复杂。

◆ Branch Width（分支宽度）：设置分叉闪电线条的宽度。

◆ Speed（速度）：设置闪电运动的速度。

◆ Stability（稳定性）：设置闪电运动时的平稳程度。

◆ Fixed Endpoint（固定端点）：勾选此选项，闪电的尾部被固定在一个坐标位置上。

◆ Width（宽度）：设置闪电的主干和分支线条的总宽度。

◆ Width Variation（宽度变化）：设置闪电宽度的随机变化程度。

◆ Core Width（核心宽度）：设置闪电中间最明亮的线条的宽度。

◆ Outside Color（外部颜色）：设置闪电线条的外部颜色。

◆ Inside Color（内部颜色）：设置闪电线条的内部颜色。

◆ Pull Force（拉力）：设置一个反弹的引力，使闪电朝反弹力的方向运动。

◆ Pull Direction（拉力方向）：设置反弹引力的方向。

◆ Random Seed（随机植入）：设置闪电随机产生的初始阈值。

◆ Blending Mode（混合模式）：设置闪电与素材的混合叠加模式。

◆ Simulation（模拟）：勾选此选项，则每一帧都产生不同的闪电形态。

实例：素材应用 Lightning（闪电）特效的前后对比效果如图 8-142 所示。

图8-142　Lightning（闪电）特效实例

### 8.2.6.10　Paint Bucket（油漆桶）

功能概述：该特效在视频素材上涂抹一层指定的颜色图案，颜色图案的大小可以通过阈值来随意调节，产生一种特殊的效果。

参数详解：Paint Bucket（油漆桶）特效的参数如图 8-143 所示。

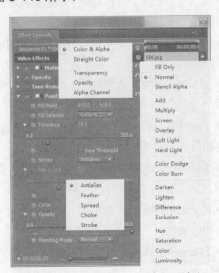

图8-143　Paint Bucket（油漆桶）参数

◆ Fill Point（填充点）：设置填充图案的起始坐标位置。

◆ Fill Selector（填充选取器）：设置填充时采用何种方式来获取填充区域。

◆ Tolerance（宽容度）：设置要填充区域颜色的容差度。

◆ Stroke（描边）：设置油漆的油性特点，包括 Feather（羽化）、Spread（伸展）与 Antialias（抗锯齿）等特性。

◆ Invert Fill（反相填充）：勾选此选项，则反向填充区域。

◆ Color（颜色）：设置油漆的颜色。

◆ Opacity（透明度）：设置油漆的不透明度。

◆ Blending Mode（混合模式）：设置油漆与素材的混合方式。

实例：素材应用 Paint Bucket（油漆桶）特效的前后对比效果如图 8-144 所示。

图8-144　Paint Bucket（油漆桶）特效实例

### 8.2.6.11　Ramp（渐变）

功能概述：该特效在视频素材上添加一个双色渐变层，通过调节透明度和叠加方式，产生一种特殊的效果。

参数详解：Ramp（渐变）特效的参数如图 8-145 所示。

图8-145 Ramp（渐变）参数

◆ Start of Ramp（渐变起点）：设置开始渐变颜色的坐标位置。

◆ Start Color（起始颜色）：设置开始色的 RGB 值。

◆ End of Ramp（渐变终点）：设置结束渐变颜色的坐标位置。

◆ End Color（结束颜色）：设置结束色的 RGB 值。

◆ Ramp Shape（渐变形状）：设置斜面渐变的生成方式。

◆ Ramp Scatter（渐变扩散）：设置渐变色的分散程度。

◆ Blend With Original（与原始图像混合）：设置斜面与原始素材的混合不透明度。

实例：素材应用 Ramp（渐变）特效的前后对比效果如图 8-146 所示。

图8-146 Ramp（渐变）特效实例

8.2.6.12 Write-on（书写）

功能概述：该特效在素材上动态绘制一条指定颜色、宽度、不透明度等属性的曲线。

参数详解：Write-on（书写）特效的参数如图 8-147 所示。

图8-147 Write-on（书写）参数

◆ Brush Position（画笔位置）：设置曲线的起始绘制坐标。

◆ Color（颜色）：设置笔刷的颜色。

◆ Brush Size（画笔大小）：设置笔刷的大小。

◆ Brush Hardness（画笔硬度）：设置笔刷的柔软程度。

◆ Brush Opacity（画笔透明度）：设置笔刷的不透明度。

◆ Stroke Length(secs)［描边长度（秒）］：设置笔触在素材上停留的时长。

◆ Brush Spacing(secs)［画笔间隔（秒）］：设置组成笔刷的圆点数量。

◆ Paint Time Properties（绘画时间属性）：设置笔刷的色彩模式。

◆ Brush Time Properties（画笔时间属性）：设置笔刷的硬度模式。

◆ Paint Style（上色样式）：设置笔刷与素材的混合模式。

实例：素材应用 Write-on（书写）特效的前后对比效果如图 8-148 所示。

图8-148　Write-on（书写）特效实例

### 8.2.7　Image Control（图像控制）

该滤镜组中的特效主要用于对素材的色彩进行特殊处理，例如色彩平衡、色彩替换、黑白和色彩偏移等。

Image Control（图像控制）文件夹中包含5个视频特效，如图8-149所示。

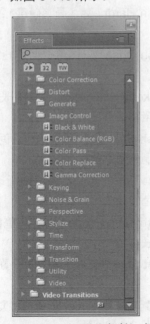

图8-149　Image Control（图像控制）类视频特效

功能概述：该特效将彩色视频素材转换成黑白效果。

参数详解：Black & White（黑白）特效没有参数选项。

实例：素材应用 Black & White（黑白）特效的前后对比效果如图 8-150 所示。

图8-150　Black & White（黑白）特效实例

功能概述：该特效通过红、绿和蓝通道，对视频素材进行调色。

参数详解：Color Balance(RGB)［色彩平衡（RGB）］特效的参数如图 8-151 所示。

图8-151　Color Balance(RGB)［色彩平衡（RGB）］参数

◆ Red（红色）：对素材的红色通道进行调整。

◆ Green（绿色）：对素材的绿色通道进行调整。

◆ Blue（蓝色）：对素材的蓝色通道进行调整。

实例：素材应用 Color Balance(RGB)［色彩平衡（RGB）］特效的前后对比效果如图 8-152 所示。

图8-152　Color Balance(RGB)［色彩平衡（RGB）］特效实例

### 8.2.7.3　Color Pass（色彩传递）

**功能概述**：该特效将视频素材中指定的某种颜色保留，其他部分的色调都转为黑白。

**参数详解**：Color Pass（色彩传递）特效的参数如图 8-153 所示。

图8-153　Color Pass（色彩传递）参数

◆ Similarity（相似性）：设置保留颜色的容差值。

◆ Color（颜色）：获取要保留的颜色。

**实例**：素材应用 Color Pass（色彩传递）特效的前后对比效果如图 8-154 所示。

图8-154　Color Pass（色彩传递）特效实例

### 8.2.7.4　Color Replace（颜色替换）

**功能概述**：该特效用新的颜色去替换视频素材中所取样获取的颜色。它与 Change Color（改变颜色）滤镜的功能有相似之处。

**参数详解**：Color Replace（颜色替换）特效的参数如图 8-155 所示。

图8-155　Color Replace（颜色替换）参数

◆ Similarity（相似性）：设置目标色的容差值。

◆ Target Color（目标颜色）：设置素材的取样色。

◆ Replace Color（替换颜色）：设置替换后的颜色。

### 8.2.7.5 Gamma Correction（灰度系数Gamma校正）

**功能概述**：该特效只对视频素材的中间色调进行调整，使素材变亮或变暗。

**参数详解**：Gamma Correction（灰度系数Gamma 校正）特效的参数如图 8-156 所示。

图8-156　Gamma Correction（灰度系数Gamma校正）参数

◆ Gamma（灰度系数）：设置素材中间色调的明暗度。

**实例**：素材应用 Gamma Correction（灰度系数 Gamma 校正）特效的前后对比效果如图 8-157 所示。

图8-157　Gamma Correction（灰度系数Gamma校正）

特效实例

### 8.2.8 Noise & Grain（噪波与颗粒）

该滤镜组中的滤镜以 Alpha 通道、HLS（H：色调，L：亮度，S：饱和度）为条件，对素材应用不规则的颗粒效果。

Noise & Grain（噪波与颗粒）文件夹中包含 6 个视频特效，如图 8-158 所示。

图8-158　Noise & Grain（噪波与颗粒）类视频特效

### 8.2.8.1 Dust & Scratches（蒙尘与刮痕）

**功能概述**：该特效在视频素材上添加灰尘或刮痕的视觉效果。

**参数详解**：Dust & Scratches（蒙尘与刮痕）特效的参数如图 8-159 所示。

图8-159　Dust & Scratches（蒙尘&刮痕）参数

◆ Radius（半径）：设置蒙尘或刮痕颗粒的半径值。

◆ Threshold（阈值）：设置蒙尘或刮痕颗粒的色调容差值。

◆ Operate On Alpha Channel（在 Alpha 通道）：勾选此选项，效果应用于 Alpha 通道。

实例：素材应用 Dust & Scratches（蒙尘与刮痕）特效的前后对比效果如图 8-160 所示。

图8-160　Dust & Scratches（蒙尘与刮痕）特效实例

### 8.2.8.2　Median（中间值）

功能概述：该特效将视频素材中的色彩进行虚化处理，产生类似晶格化的效果。

参数详解：Median（中间值）特效的参数如图 8-161 所示。

图8-161　Median（中间值）参数

◆ Radius（半径）：设置虚化像素的大小。

◆ Operate On Alpha Channel（在 Alpha 通道）：勾选此选项，将 Median（中间值）特效应用到素材的 Alpha 通道。

实例：素材应用 Median（中间值）特效的前后对比效果如图 8-162 所示。

图8-162　Median（中间值）特效实例

### 8.2.8.3　Noise（噪波）

功能概述：该滤镜在素材表面添加颗粒噪波点。

参数详解：Noise（噪波）特效的参数如图 8-163 所示。

图8-163　Noise（噪波）参数

◆ Amount of Noise（噪波数量）：设置噪波点的数量。

◆ Noise Type（噪波类型）：勾选 Use Color Noise（使用彩色噪波）选项，产生彩色颗粒噪波点。

◆ Clipping（剪切）：勾选 Clip Result（剪切结果值）选项，噪波叠加在素材之上。

实例：素材应用 Noise（噪波）特效的前后对比效果如图 8-164 所示。

图8-164　Noise（噪波）特效实例

### 8.2.8.4　Noise Alpha（噪波Alpha）

功能概述：该特效依据 Alpha 通道，对视频素材应用不规则的颗粒效果。

参数详解：Noise Alpha（噪波 Alpha）特效的参数如图 8-165 所示。

图8-165　Noise Alpha（噪波Alpha）参数

◆ Noise（噪波）：设置噪波的类型，包含

Uniform Random（统一随机）、Squared Random（方形随机）、Uniform Animation（统一动画）和 Squared Animation（方形动画）4 种。

◆ Amount（数量）：设置噪波的数量。

◆ Original Alpha（原始 Alpha）：设置噪波如何影响素材的原始 Alpha 通道，包含 Add（添加）、Clamp（固定）、Scale（比例）和 Edges（边缘）4 种。

◆ Overflow（溢出）：设置颗粒溢出后所采取的处理方式，包含 Clip（裁剪）、Wrap Back（回绕）和 Wrap（卷包）3 种。

◆ Random Seed（随机植入）：设置颗粒的初始随机角度。

◆ Noise Options(Animation)［噪波选项（动画）］：为颗粒指定动画效果，可以设置动画的循环次数。

实例：素材应用 Noise Alpha（噪波 Alpha）特效的前后对比效果如图 8-166 所示。

图8-166　Noise Alpha（噪波Alpha）特效实例

### 8.2.8.5　Noise HLS（噪波HLS）

功能概述：该特效依据 HLS 通道，对视频素材应用不规则的颗粒效果。

参数详解：Noise HLS（噪波 HLS）特效的参数如图 8-167 所示。

图8-167　Noise HLS（噪波HLS）参数

◆ Noise（噪波）：设置噪波的类型，包含 Uniform（统一）、Squared（方形）和 Grain（颗粒）3 种。

◆ Hue（色相）：设置素材色调通道上的颗粒百分比量。

◆ Lightness（明度）：设置素材亮度通道上的颗粒百分比量。

◆ Saturation（饱和度）：设置素材饱和度通道上的颗粒百分比量。

◆ Grain Size（颗粒大小）：设置颗粒的大小。

◆ Noise Phase（噪波相位）：设置颗粒变化的速度。

实例：素材应用 Noise HLS（噪波 HLS）特效的前后对比效果如图 8-168 所示。

图8-168　Noise HLS（噪波HLS）特效实例

**8.2.8.6　Noise HLS Auto（自动噪波HLS）**

功能概述：该特效和 Noise HLS（噪波 HLS）滤镜功能相同，不再赘述。

实例：素材应用 Noise HLS Auto（自动噪波 HLS）特效的前后对比效果如图 8-169 所示。

图8-169　Noise HLS Auto（自动噪波HLS）特效实例

## 8.2.9　Perspective（透视）

该滤镜组中的特效用于对素材进行透视处理，以达到特殊的视觉效果。

Perspective（透视）文件夹中包含 5 个视频特效，如图 8-170 所示。

图8-170　Perspective（透视）类视频特效

**8.2.9.1　Basic 3D（基本3D）**

功能概述：该特效通过将素材旋转和倾斜，产生三维透视的视觉效果。

参数详解：Basic 3D（基本 3D）特效的参数
如图 8-171 所示。

图8-171　Basic 3D（基本3D）参数

◆ Swivel（旋转）：设置素材旋转的度数。

◆ Tilt（倾斜）：设置素材的倾斜程度。

◆ Distance to Image（与图像的距离）：设置
素材与图像间的距离。

◆ Specular Highlight（镜面高光）：勾选此选
项，在素材上产生镜面反射高光的效果。

◆ Preview（预览）：勾选此选项，素材以白
色线框显示，以提高预览速度。

实例：素材应用 Basic 3D（基本 3D）特效的
前后对比效果如图 8-172 所示。

图8-172　Basic 3D（基本3D）特效实例

### 8.2.9.2　Bevel Alpha（斜角 Alpha）

功能概述：该特效在带 Alpha 通道的素材上产
生立体效果。

参数详解：Bevel Alpha（斜角 Alpha）特效的
参数如图 8-173 所示。

图8-173　Bevel Alpha（斜角Alpha）参数

◆ Edge Thickness（边缘厚度）：设置立体效
果的强度。

◆ Light Angle（照明角度）：设置光照方向。

◆ Light Color（照明色彩）：设置灯光的颜色。

◆ Light Intensity（照明强度）：设置光照强度。

实例：素材应用 Bevel Alpha（斜角 Alpha）
特效的前后对比效果如图 8-174 所示。

图8-174　Bevel Alpha（斜角Alpha）特效实例

功能概述：该特效使素材边缘产生立体的透视效果。与 Bevel Alpha（斜角 Alpha）不同的是，Bevel Edges（斜角边）对整个素材起作用，而 Bevel Alpha（斜角 Alpha）只对素材的 Alpha 通道起作用。

参数详解：Bevel Edges（斜角边）特效的参数如图 8-175 所示。

图8-175 Bevel Edges（斜角边）参数

参数详解：参数含义见 Bevel Alpha（斜角 Alpha）特效。

实例：素材应用 Bevel Edges（斜角边）特效的前后对比效果如图 8-176 所示。

图8-176 Bevel Edges（斜角边）特效实例

功能概述：该特效在带 Alpha 通道的素材上产生阴影效果。

参数详解：Drop Shadow（投影阴影）特效的参数如图 8-177 所示。

图8-177 Drop Shadow（投影阴影）参数

◆ Shadow Color（阴影颜色）：设置阴影的颜色。

◆ Opacity（透明度）：设置阴影的不透明度。

◆ Direction（方向）：设置阴影的下落方向。

◆ Distance（距离）：设置阴影与主物体的距离。

◆ Softness（柔和度）：设置阴影的边缘柔化程度。

◆ Shadow Only（仅阴影）：勾选此选项，只显示阴影，原始素材不可见。

实例：素材应用 Drop Shadow（投影阴影）特效的前后对比效果如图 8-178 所示。

图8-178 Drop Shadow（投影阴影）特效实例

### 8.2.9.5 Radial Shadow（径向放射阴影）

**功能概述**：该特效在带 Alpha 通道的素材上产生阴影效果。

**参数详解**：Radial Shadow（径向放射阴影）特效的参数如图 8-179 所示。

图8-179 Radial Shadow（径向放射阴影）参数

◆ Shadow Color（阴影颜色）：设置阴影的颜色。

◆ Opacity（透明度）：设置阴影的不透明度。

◆ Light Source（光源）：设置阴影产生的方向。

◆ Projection Distance（投影距离）：设置阴影与主物体的距离。

◆ Softness（柔和度）：设置阴影的边缘柔化程度。

◆ Render（渲染）：设置阴影产生的计算方式。

◆ Color Influence（颜色影响）：设置阴影边缘是否显示原素材的色彩。

◆ Shadow Only（仅阴影）：勾选此选项，只显示阴影，原始素材不可见。

Resize Layer（调整图层大小）：勾选此选项，设置参数时影响图层大小。

**实例**：素材应用 Radial Shadow（径向放射阴影）特效的前后对比效果如图 8-180 所示。

图8-180 Radial Shadow（径向放射阴影）特效实例

### 8.2.10 Stylize（风格化）

该滤镜组中的特效模仿各种绘画风格，使素材产生不同的绘图风格。

Stylize（风格化）文件夹中包含 13 个视频特效，如图 8-181 所示。

图8-181 Stylize（风格化）类视频特效

### 8.2.10.1 Alpha Glow（Alpha辉光）

**功能概述**：该特效在素材的 Alpha 通道边缘产生辉光视觉效果，光辉的颜色可以自定义。

**参数详解**：Alpha Glow（Alpha 辉光）特效的参数如图 8-182 所示。

图8-182 Alpha Glow（Alpha辉光）参数

◆ Glow（发光）：设置辉光的宽度。

◆ Brightness（亮度）：设置辉光的光亮程度。

◆ Start Color（起始颜色）：设置辉光的起始颜色。

◆ End Color（结束颜色）：设置辉光的结束颜色。

实例：素材应用 Alpha Glow（Alpha 辉光）特效的前后对比效果如图 8-183 所示。

图8-183　Alpha Glow（Alpha辉光）特效实例

### 8.2.10.2　Brush Strokes（画笔描绘）

**功能概述**：该特效使素材产生水彩风格的绘制效果。

**参数详解**：Brush Strokes（画笔描绘）特效的参数如图 8-184 所示。

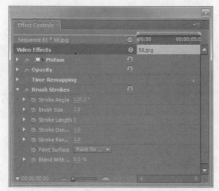

图8-184　Brush Strokes（画笔描绘）参数

◆ **Stroke Angle**（描绘角度）：设置笔触的绘制方向。

◆ **Brush Size**（画笔大小）：设置笔刷的大小。

◆ **Stroke Length**（描绘长度）：设置笔触在素材上停留的时长。

◆ **Stroke Density**（描绘浓度）：设置组成笔刷的圆点数量。

◆ **Stroke Randomness**（描绘随机性）：设置随机产生笔触的阈值。

◆ **Paint Surface**（表面上色）：设置笔触与素材的混合模式。

◆ **Blend With Original**（与原始图像混合）：设置笔触与原素材的混合百分比。

**实例**：素材应用 Brush Strokes（画笔描绘）特效的前后对比效果如图 8-185 所示。

图8-185　Brush Strokes（画笔描绘）特效实例

### 8.2.10.3　Color Emboss（彩色浮雕）

**功能概述**：该特效通过锐化素材中的色彩边缘，产生彩色浮雕的特殊效果。

**参数详解**：Color Emboss（彩色浮雕）特效的参数如图 8-186 所示。

图8-186　Color Emboss（彩色浮雕）参数

◆ **Direction**（方向）：设置浮雕的受光方向。

◆ Relief（凸现）：设置浮雕的凹凸强度。

◆ Contrast（对比度）：设置浮雕的锐化程度。

◆ Blend With Original（与原始图像混合）：设置浮雕与原素材的混合百分比。

实例：素材应用 Color Emboss（彩色浮雕）特效的前后对比效果如图 8-187 所示。

图8-187　Color Emboss（彩色浮雕）特效实例

8.2.10.4　Emboss（浮雕）

功能概述：该特效与 Color Emboss（彩色浮雕）的功能相同，区别在于 Emboss（浮雕）特效不带颜色。

参数详解：Emboss（浮雕）特效的参数如图 8-188 所示。

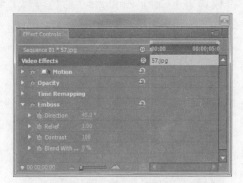

图8-188　Emboss（浮雕）参数

参数含义见 Color Emboss（彩色浮雕）特效。

实例：素材应用 Emboss（浮雕）特效的前后

对比效果如图 8-189 所示。

图8-189　Emboss（浮雕）特效实例

8.2.10.5　Find Edges（查找边缘）

功能概述：该特效强化素材中物体的边缘，产生素描绘制的视觉效果。

参数详解：Find Edges（查找边缘）特效的参数如图 8-190 所示。

图8-190　Find Edges（查找边缘）参数

◆ Invert（反相）：将边缘反向处理。

◆ Blend With Original（与原始图像混合）：设置查找边缘后与原素材的混合百分比。

实例：素材应用 Find Edges（查找边缘）特效的前后对比效果如图 8-191 所示。

图8-191 Find Edges（查找边缘）特效实例

功能概述：该特效用指定的方块数填充素材，产生马赛克，以达到降低画面分辨率的视觉效果。

参数详解：Mosaic（马赛克）特效的参数如图 8-192 所示。

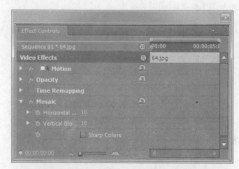

图8-192 Mosaic（马赛克）参数

◆ Horizontal Blocks（水平块）：设置水平方向上的方块数量。

◆ Vertical Blocks（垂直块）：设置垂直方向上的方块数量。

◆ Sharp Colors（锐化颜色）：设置马赛克边缘的锐化强度。

实例：素材应用 Mosaic（马赛克）特效的前后对比效果如图 8-193 所示。

图8-193 Mosaic（马赛克）特效实例

功能概述：该特效调整素材的像素层级，产生像素分级的特殊效果。

参数详解：Posterize（招贴画）特效的参数如图 8-194 所示。

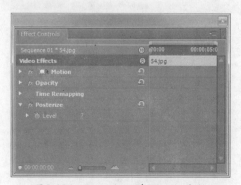

图8-194 Posterize（招贴画）参数

◆ Level（色阶）：设置像素的分层色阶。

实例：素材应用 Posterize（招贴画）特效的前后对比效果如图 8-195 所示。

图8-197　Replicate（复制）特效实例

图8-195　Posterize（招贴画）特效实例

### 8.2.10.8　Replicate（复制）

功能概述：该特效将素材横向和纵向复制并排列，产生大量相同素材。

参数详解：Replicate（复制）特效的参数如图 8-196 所示。

### 8.2.10.9　Roughen Edges（边缘粗糙）

功能概述：该特效用不规则的粗糙纹理与原素材合成，产生一种特殊的视觉效果。

参数详解：Roughen Edges（边缘粗糙）特效的参数如图 8-198 所示。

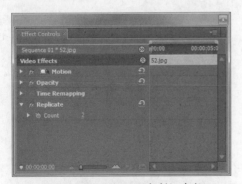

图8-196　Replicate（复制）参数

图8-198　Roughen Edges（边缘粗糙）参数

◆ Count（计算）：设置素材的复制倍数。

实例：素材应用 Replicate（复制）特效的前后对比效果如图 8-197 所示。

◆ Edge Type（边缘类型）：设置纹理的类型。

◆ Edge Color（边缘颜色）：设置纹理的颜色。

◆ Border（边框）：设置镶边的大小。

◆ Edge Sharpness（边缘锐度）：设置分形纹理的复杂度。

◆ Fractal Influence（不规则碎影响）：设置边缘的不规则程度。

◆ Scale（绽放）：设置纹理大小的不规则度。

◆ Stretch Width or Height（伸展宽度或高度）：设置纹理纵向或横向的拉伸强度。

◆ Offset(Turbulence)［偏移（湍流）］：设置纹理的偏移程度。

◆ Complexity（复杂度）：设置纹理图案的复杂度。

◆ Evolution（演化）：设置纹理运动时的角度。

◆ Evolution Options（演化选项）：设置边缘粗糙的不规则动画效果。

实例：素材应用 Roughen Edges（边缘粗糙）特效的前后对比效果如图 8-199 所示。

图8-199　Roughen Edges（边缘粗糙）特效实例

8.2.10.10　Solarize（曝光过度）

功能概述：该特效对素材进行曝光度处理，从而产生特殊的视觉效果。

参数详解：Solarize（曝光过度）特效的参数如图 8-200 所示。

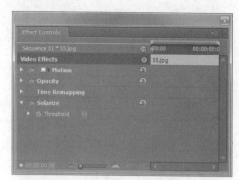

图8-200　Solarize（曝光过度）参数

◆ Threshold（阈值）：设置曝光的强度。

实例：素材应用 Solarize（曝光过度）特效的前后对比效果如图 8-201 所示。

图8-201　Solarize（曝光过度）特效实例

8.2.10.11　Strobe Light（闪光灯）

功能概述：该特效在素材播放时周期性地产生闪光灯频闪的特殊效果，可以设定频闪的时长和周期等参数。

参数详解：Strobe Light（闪光灯）特效的参数如图 8-202 所示。

图8-202 Strobe Light（闪光灯）参数

◆ Strobe Color（明暗闪动色）：设置频闪的颜色。

◆ Blend With Original（与原始图像混合）：设置频闪与原素材的混合程度。

◆ Strobe Duration(secs)［明暗闪动持续时间（秒）］：设置频闪一次的持续时间。

◆ Strobe Period(secs)［明暗闪动间隔时间（秒）］：设置频闪的间隔时间。

◆ Random Strobe Probablity（随机明暗闪动概率）：设置频闪的随机阈值。

◆ Strobe（闪光）：设置频闪的处理方式。

◆ Strobe Operator（闪烁运算符）：设置频闪与素材的混合模式。

◆ Random Seed（随机植入）：设置产生闪白的随机值。

实例：素材应用 Strobe Light（闪光灯）特效的前后对比效果如图 8-203 所示。

图8-203 Strobe Light（闪光灯）特效实例

### 8.2.10.12 Texturize（纹理）

功能概述：该特效指定一个素材作为纹理与原素材合成，产生特殊的视觉效果。

参数详解：Texturize（纹理）特效的参数如图 8-204 所示。

图8-204 Texturize（纹理）参数

◆ Texture Layer（纹理图层）：指定作为纹理的素材层。

◆ Light Direction（光线方向）：设置纹理的光照方向。

◆ Texture Contrast（纹理对比度）：设置纹理的强度。

◆ Texture Placement（纹理位置）：设置纹理的排列方式。

实例：素材应用 Texturize（纹理）特效的前后对比效果如图 8-205 所示。

图8-205 Texturize（纹理）特效实例

### 8.2.10.13 Threshold（阈值）

功能概述：该特效将素材转换为黑白效果后，

调节黑白像素的过渡级别。

**参数详解**：Threshold（阈值）特效的参数如图 8-206 所示。

图8-206　Threshold（阈值）参数

◆ Level（色阶）：调节黑白像素的过渡色阶。

**实例**：素材应用 Threshold（阈值）特效的前后对比效果如图 8-207 所示。

图8-207　Threshold（阈值）特效实例

## 8.2.11　Time（时间）

该滤镜组中的特效主要用于对素材的运动帧进行控制，产生帧与帧重影、抽帧等特殊视觉效果。

Time（时间）文件夹中包含3个视频特效，如图 8-208 所示。

图8-208　Time（时间）类视频特效

8.2.11.1　Echo（重影）

**功能概述**：该特效改变视频素材帧的播放延迟时间，使图像帧产生重叠、拖尾等视觉效果。

**参数详解**：Echo（重影）特效的参数如图 8-209 所示。

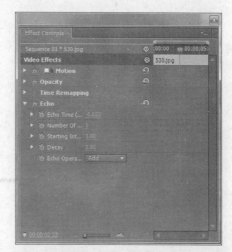

图8-209　Echo（重影）参数

◆ Echo Time(seconds)［重显时间（秒）］：设置视频素材帧的播放延迟时间。

◆ Number of Echoes（重影数量）：设置帧的重叠数。

◆ Starting Intensity（起始强度）：设置当前帧出现的强度。值为 1 时，当前帧正常显示；值为

0.5 时，当前帧以正常显示强度的一半进行显示。

◆ Decay（衰减）：设置前后帧之间的混合强度。

◆ Echo Operarator（重影运算符）：设置前后帧的渲染方式。

实例：素材应用 Echo（重影）特效的前后对比效果如图 8-210 所示。

图8-210　Echo（重影）特效实例

### 8.2.11.2　Posterize Time（抽帧）

功能概述：该特效重设定素材的播放速率，产生帧跳跃、帧平滑的特殊效果。

参数详解：Posterize Time（抽帧）特效的参数如图 8-211 所示。

图8-211　Posterize Time（抽帧）参数

◆ Frame Rate（帧速率）：自定义素材的播放速率。

实例：素材应用 Posterize Time（抽帧）特效的效果如图 8-212 所示。

图8-212　Posterize Time（抽帧）特效实例

> 提示　大家也可以自己调节速率参数来体验 Posterize Time（抽帧）特效的实例效果。

## 8.2.12　Transform（变换）

Transform（变换）滤镜主要用于对素材进行裁切、翻转、滚动等操作。

Transform（变换）文件夹中包含 7 个视频特效，如图 8-213 所示。

图8-213　Transform（变换）类视频特效

### 8.2.12.1 Camera View（摄像机视图）

功能概述：该特效模拟摄像机在不同角度和焦段拍摄视频素材，产生特殊的效果。

参数详解：Camera View（摄像机视图）特效的参数如图8-214所示。

图8-214 Camera View（摄像机视图）参数

◆ Longitude（经度）：设置摄像机在垂直方向上的拍摄角度。

◆ Latitude（纬度）：设置摄像机在水平方向上的拍摄角度。

◆ Roll（滚动）：以摄像机为中心，旋转拍摄。

◆ Focal Length（焦点距）：设置摄像的焦距。值越大，拍摄的视野越窄，反之亦然。

◆ Distance（距离）：设置摄像机与素材间的距离。

◆ Zoom（缩放）：缩放素材。

◆ Fill Color（填充颜色）：设置视频素材空白区域的颜色。

实例：素材应用 Camera View（摄像机视图）特效的前后对比效果如图8-215所示。

图8-215 Camera View（摄像机视图）特效实例

### 8.2.12.2 Crop（裁剪）

功能概述：该特效依据指定的像素或百分比值，对视频素材的尺寸进行裁剪。

参数详解：Crop（裁剪）特效的参数如图8-216所示。

图8-216 Crop（剪切）参数

◆ Left（左侧）：裁剪视频素材的左边界。

◆ Top（顶部）：裁剪视频素材的上边界。

◆ Right（右侧）：裁剪视频素材的右边界。

◆ Bottom（底部）：裁剪视频素材的下边界。

◆ Zoom（缩放）：勾选此选项，素材裁剪时进行缩放操作。

实例：素材应用 Crop（裁剪）特效的前后对比效果如图8-217所示。

图8-217 Crop（裁剪）特效实例

### 8.2.12.3　Edge Feather（羽化边缘）

功能概述：该特效依据指定的数值，对视频素材的边缘进行羽化处理。

参数详解：Edge Feather（羽化边缘）特效的参数如图 8-218 所示。

图8-218　Edge Feather（羽化边缘）参数

◆ Amount（数量）：设置边缘羽化的强度。

实例：素材应用 Edge Feather（羽化边缘）特效的前后对比效果如图 8-219 所示。

图8-219　Edge Feather（羽化边缘）特效实例

### 8.2.12.4　Horizontal Flip（水平翻转）

功能概述：该特效将视频素材水平翻转。

参数详解：Horizontal Flip（水平翻转）特效没有参数选项。

实例：素材应用 Horizontal Flip（水平翻转）特效的前后对比效果如图 8-220 所示。

图8-220　Horizontal Flip（水平翻转）特效实例

### 8.2.12.5　Horizontal Hold（水平保持）

功能概述：该特效将视频素材在水平方向上倾斜偏移，产生在水平向上拉伸变形图像的效果。

参数详解：Horizontal Hold（水平保持）特效的参数如图 8-221 所示。

图8-221 Horizontal Hold（水平保持）参数

◆ **Offset**（偏移）：设置水平保持的偏移强度。

**实例**：素材应用 Horizontal Hold（水平保持）特效的前后对比效果如图 8-222 所示。

图8-222 Horizontal Hold（水平保持）特效实例

### 8.2.12.6 Vertical Flip（垂直翻转）

**功能概述**：该特效将视频素材垂直翻转。

**参数详解**：Vertical Flip（垂直翻转）特效没有参数选项。

**实例**：素材应用 Vertical Flip（垂直翻转）特效的前后对比效果如图 8-223 所示。

图8-223 Vertical Flip（垂直翻转）特效实例

### 8.2.12.7 Vertical Hold（垂直保持）

**功能概述**：该特效将视频素材在垂直方向上滚动，产生类似于一帧帧图像向上滑动的效果。

**参数详解**：Vertical Hold（垂直保持）特效没有参数选项。

**实例**：素材应用 Vertical Hold（垂直保持）特效的前后对比效果如图 8-224 所示。

图 8-224　Vertical Hold（垂直保持）特效实例

### 8.2.13　Transition（过渡）

该滤镜组中的特效采用转场特技的方法对素材进行特殊处理，以达到某种特殊的视觉效果。

Transition（过渡）文件夹中包含 5 个视频特效，如图 8-225 所示。

图 8-225　Transition（过渡）类视频特效

**功能概述**：该特效用方块形式对素材进行处理，以达到特殊的视觉效果。

**参数详解**：Block Dissolve（块溶解）特效的参数如图 8-226 所示。

图 8-226　Block Dissolve（块溶解）参数

◆ **Transition Completion**（过渡完成）：设置块溶解的完成百分比。

◆ **Block Width**（块宽度）：设置块的宽度。

◆ **Block Height**（块高度）：设置块的高度。

◆ **Feather**（羽化）：设置溶解块边缘的柔化程度。

◆ **Soft Edges**（柔化边缘）：勾选此选项，对素材边缘进行柔化。

**实例**：素材应用 Block Dissolve（块溶解）特效的前后对比效果如图 8-227 所示。

图 8-227　Block Dissolve（块溶解）特效实例

**功能概述**：该特效以某一视频轨道作为条件，对素材进行处理，以达到某种特殊的视觉效果。

**参数详解**：Gradient Wipe（渐变擦除）特效的参数如图 8-228 所示。

图8-228　Gradient Wipe（渐变擦除）参数

◆ **Transition Completion**（过渡完成）：设置渐变擦除的完成百分比。

◆ **Transition Softness**（过渡柔和度）：设置渐变的柔化程度。

◆ **Gradient Layer**（渐变图层）：选择视频层作为擦除的条件。

◆ **Gradient Placement**（渐变位置）：设置渐变擦除时的运动方式，包含 Tile（平铺）、Center（中心）和 Stertch（拉伸）3 种方式。

◆ **Invert Gradient**（反相渐变）：勾选此选项，将反转擦除效果。

**实例**：素材应用 Gradient Wipe（渐变擦除）特效的前后对比效果如图 8-229 所示。

图8-229　Gradient Wipe（渐变擦除）特效实例

**功能概述**：该特效以某个角度为起点对素材进行擦除处理，以达到特殊的视觉效果。

**参数详解**：Linear Wipe（线性擦除）特效的参数如图 8-230 所示。

图8-230　Linear Wipe（线性擦除）参数

◆ **Transition Completion**（过渡完成）：设置线性擦除的完成百分比。

◆ **Wipe Angle**（擦除角度）：设置线性擦除的起始角度。

◆ **Feather**（羽化）：设置线性擦除边缘的羽化程度。

**实例**：素材应用 Linear Wipe（线性擦除）特效的前后对比效果如图 8-231 所示。

图8-231　Linear Wipe（线性擦除）特效实例

#### 8.2.13.4  Radial Wipe（径向擦除）

**功能概述**：该特效采用时针的运动方式对素材进行处理，以达到特殊的视觉效果。

**参数详解**：Radial Wipe（径向擦除）特效的参数如图 8-232 所示。

图8-232  Radial Wipe（径向擦除）参数

◆ **Transition Completion**（过渡完成）：设置径向擦除的完成百分比。

◆ **Start Angle**（起始角度）：设置径向擦除的起始角度。

◆ **Wipe Center**（擦除中心）：设置径向擦除的中心坐标位置。

◆ **Wipe**（擦除）：设置径向擦除的运动方式，包含 Clockwise（顺时针）、Counterclockwise（逆时针）和 Both（二者都有）3 种方式。

◆ **Feather**（羽化）：设置径向擦除边缘的柔化程度。

**实例**：素材应用 Radial Wipe（径向擦除）特效的前后对比效果如图 8-233 所示。

图8-233  Radial Wipe（径向擦除）特效实例

#### 8.2.13.5  Venetian Blinds（百叶窗）

**功能概述**：该特效以百叶窗形式对素材进行处理，以达到某种特殊的视觉效果。

**参数详解**：Venetian Blinds（百叶窗）特效的参数如图 8-234 所示。

图8-234  Venetian Blinds（百叶窗）参数

◆ **Transition Completion**（过渡完成）：设置百叶窗擦除的完成百分比。

◆ **Direction**（方向）：设置百叶窗擦除的起始角度。

◆ **Width**（宽度）：设置叶片的宽度。

◆ **Feather**（羽化）：设置百叶窗擦除边缘的羽化程度。

**实例**：素材应用 Venetian Blinds（百叶窗）特效的前后对比效果如图 8-235 所示。

图8-235  Venetian Blinds（百叶窗）特效实例

## 8.2.14 Utility（实用）

该滤镜组中只有 Cineon Converter（色频转换）视频特效。Cineon Converter（色频转换）素材的色调进行对数、线性之间转换，以达到不同的色调效果。

参数详解：Cineon Converter（色频转换）特效的参数如图 8-236 所示。

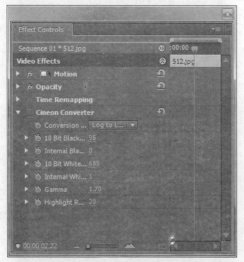

图8-236 Cineon Converter（色频转换）参数

◆ Conversion Type（转换类型）：设置色调的转换方式。

◆ 10 Bit Black Point（10 位黑场）：以 10 位数据调整素材的黑场。

◆ Internal Black Point（内部黑场）：调整素材的自身黑场。

◆ 10 Bit White Point（10 位白场）：以 10 位数据调整素材的白场。

◆ Internal White Point（内部白场）：调整素材的自身白场。

◆ Gamma（灰度系数）：调整素材的灰度级数。

◆ Highlight Rolloff（高光滤除）：消除高光部分的过度曝光。

实例：素材应用 Cineon Converter（色频转换）特效的前后对比效果如图 8-237 所示。

图8-237 Cineon Converter（色频转换）特效实例

## 8.2.15 Video（视频）

Video（视频）文件夹中只包含 Timecode（时间码）视频特效，如图 8-238 所示。

图8-238 Video（视频）类视频特效

功能概述：该特效在素材上添加与摄像机同步的时间码，以精确对位和编辑。

参数详解：Timecode（时间码）特效的参数如图 8-239 所示。

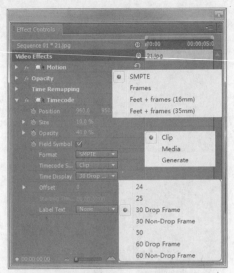

图8-239 Timecode（时间码）参数

◆ Position（位置）：设置时间码在素材上的显示位置。

◆ Size（大小）：设置时间码在素材上的显示大小。

◆ Opacity（透明度）：设置时间码的背景在素材上显示时的不透明度。

◆ Field Symbol（场符号）：勾选此选项，可显示素材的场景符号。

◆ Format（格式）：设置时间码的显示方式。

◆ Timecode Source（时间码源）：设置时间

码的产生方式。

◆ Time Display（时间显示）：设置时间码的显示制式。

◆ Offset（偏移）：设置时间码的偏移帧数。

◆ Label Text（标签文本）：为时间码添加标签文字。

实例：素材应用 Timecode（时间码）特效的前后对比效果如图 8-240 所示。

图8-240 Timecode（时间码）特效实例

## 8.3　本章小结

掌握视频特效是影片编辑必不可少的基础。特效用得巧、用得精，能对影片起到画龙点睛、起死回生的效果。本章对 Adobe Premiere Pro CS5 的所有视频特效都做了详细的介绍，希望能帮助大家快速掌握它们！

# 第 9 章
## 音频特效

影视作品的创作，绝不能忽视声音的应用。声音能烘托出不同的气氛，例如恐怖片的怪异声音，战争片的枪炮声，儿童片的欢笑声等，这些都是促使一个影片成功的重要因素之一。

Adobe Premiere Pro CS5具有强大的音频编辑能力，利用音频轨道可以制作单声道、立体声和5.1声道，也可以添加丰富的音频特效。

## 9.1　关于音频编辑

在 Adobe Premiere Pro CS5 中，可以通过 Audio Mixer（调音台）窗口来编辑音频，也可以通过 Effect Controls（效果控制）面板来编辑音频。

在 Audio Mixer（调音台）窗口中调节参数对整个 Audio Track（音频轨道）起作用，如图 9-1 所示。也就是说，不管这个轨道中有多少个独立的音频素材，都统一受 Audio Mixer（调音台）窗口的控制。

图9-2　Effect Controls（效果控制）面板

### 9.1.1　认识Audio Mixer（调音台）

Audio Mixer（调音台）是一个专业而直观的音频混合工具。它将 Timelines（时间线）窗口的 Audio Track（音频轨道）形象地罗列在一起，就像录音棚中的控制台一样，通过它可以对多个音频轨道进行编辑，例如为音轨添加音频特效、设置音轨子混合、自动化操作等。

图9-1　Audio Mixer（调音台）窗口

通过 Effect Controls（效果控制）面板调节参数只对 Audio Track（音频轨道）中的某一个音频素材起作用，而对 Audio Track（音频轨道）中其他素材无效，如图 9-2 所示。

### 动手操作 108　打开 Audio Master Meters（音频主控电平表）面板

(Step01) 单击菜单栏中 Window（窗口）>Audio Master Meters（音频主控电平表）命令，如图 9-3 所示。

**Step02** Audio Master Meters（音频主控电平表）是一个独立的小面板，没有任何按钮及参数，它主要用于监视音频轨道是否正常工作，如图9-4所示。单击面板右上角的 ⊠（关闭）按钮，可随时关闭它。

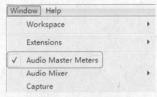

图9-3　Audio Master Meters（音频主控电平表）命令

图9-4　音频主控电平表面板

## 动手操作109　打开 Audio Mixer(调音台)控制面板

**Step01** 单击菜单 Window（窗口）>Audio Mixer（调音台）>Sequence（序列）命令，如图9-5所示。

> **提示** 创建多个序列后，Audio Mixer（调音台）子菜单列表中会显示多个序列的名称。每个序列对应一个调音台，调音台不能共用。

**Step02** 单击要打开的序列名称后，就会出现如图9-6所示的 Audio Mixer（调音台）窗口。单击窗口右上角的 ⊠（关闭）按钮，可随时关闭它。

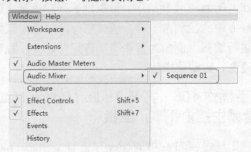

图9-5　Audio Mixer（调音台）命令

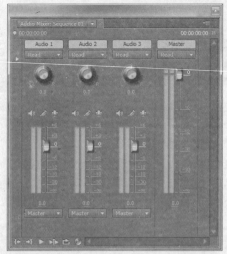

图9-6 Audio Mixer（调音台）窗口

### 9.1.2　Audio Mixer（调音台）窗口详解

Audio Mixer（调音台）窗口由 10 部分组成，分别是 Audio Mixer List（调音台列表）、Audio Track Tags（音频轨道标签）、Auto Control（自动控制）、Awing、Balance Control（摇摆、均衡控制）、Track Condition（轨道状态）、Volume Control（音量控制）、Track Output（轨道输出）、Editor Play（编辑播放）、Panel Menu（面板菜单）和 Effects Settings（效果设置），如图9-7所示。

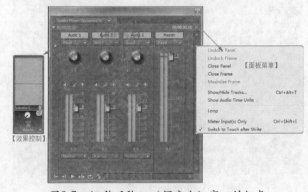

图9-7　Audio Mixer（调音台）窗口的组成

#### 1. 调音台列表

Audio Mixer List（调音台列表）由 Mixer List Section（调音台列表栏）、The Code（当前时码）和 Total Code（总时码）3 部分组成，如图9-8所示。通过 Mixer List Section（调音台列表栏）可以快速切换不同序列的 Audio Mixer（调音台）窗口。在 The Code（当前时码）中输入时间码，可以快速定位编辑点。

图9-8 调音台列表

**2. 音频轨道标签**

Audio Track Tags（音频轨道标签）显示 Timelines（时间线）窗口的音频轨道数，如图9-9所示。对调音台的音频轨道进行编辑，其结果会直接反馈到 Timelines（时间线）窗口的音频轨道。轨道标签名可以重命名，将光标移到标签处双击，即可重新输入名称。

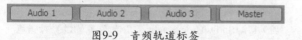

图9-9 音频轨道标签

**3. 自动控制**

Auto Control（自动控制）栏显示当前音频轨道的自动编辑属性，含有 Off（关）、Read（只读）、Latch（锁定）、Touch（触动）和 Write（写入）5 种模式，如图9-10所示。

图9-10 自动控制模式

◆ Off（关）：关闭模式。在这种模式下，忽略所有自动控制的操作。

◆ Read（只读）：自动读取模式。在 Read（只读）模式下，只执行先前对音频轨道修改的变化值，对当前的操作忽略不计。

◆ Latch（锁定）：锁定模式。在这种模式下，对音频轨道的修改都会被记录成关键帧动画，且保持最后一个关键帧的状态到下一次编辑操作的开始。

◆ Touch（触动）：触动模式。在这种模式下，对音频轨道的修改都会被记录成关键帧动画，且在最后一个操作结束时，自动回到 Touch（触动）编辑前的状态。

◆ Write（写入）：写入模式。在这种模式下，对音频轨道的修改都会被记录成关键帧动画，且在最后一个操作结束时，自动将模式切换到 Touch（触动）状态，等待继续编辑。

**4. 摇摆、均衡控制**

在 Awing、Balance Control（摇摆、均衡控制）区可以看到一个旋钮，L 表示左声道，R 表示右声道，如图9-11所示。按住鼠标拖动按钮上的指针对音频轨道做摇摆或均衡设置，也可以单击旋钮下面的数字，直接输入参数。负值表示将音频设定在左声道，正值表示将音频设定在右声道。如果在 Auto Control（自动控制）的某种状态下调整它们，则调整的过程将被记录成关键帧动画。

图9-11 摇摆、均衡控制

**5. 轨道状态**

Track Condition（轨道状态）控制当前音频轨道的工作状态，如图9-12所示。

图9-12 轨道状态

◆ （静音轨道）：单击此按钮，将当前的音频轨道设置静音状态。

◆ （独奏轨道）：单击此按钮，将除当前音频轨道之外的其他轨道，设置为静音状态。

◆ （音频信号录制轨道）：单击此按钮，将外部音频设备输入的音频信号录制到当前轨道。

**6. 音量控制**

Volume Control（音量控制）对当前轨道的音高进行调节，拖动 （音量推子）按钮，可实时控制当前轨道的音量，如图9-13所示。

图9-13 音量控制

**7. 轨道输出**

Track Output（轨道输出）控制轨道的输出状态。打开下拉列表，可以将当前轨道指定输出到一个子混合轨道或主音轨当中，如图 9-14 所示。

图9-14　轨道输出

**8. 编辑播放**

Editor Play（编辑播放）控制音频的播放状态，如图 9-15 所示。

图9-15　编辑播放

◆ ⃗（到入点）：单击此按钮，将时间指针移到入点位置。

◆ ⃗（到出点）：单击此按钮，将时间指针移到出点位置。

◆ ▶（播放）：单击此按钮，开始播放音频。

◆ ▶▮（入、出点播放）：单击此按钮，播放入、出点之间的音频。

◆ ⭯（循环）：单击此按钮，循环播放音频。

◆ ⬤（录制）：单击此按钮，开始录制音频设备输入的信号。

**9. 面板菜单**

利用面板菜单可对当前的 Audio Mixer（调音台）进行设置。单击 Audio Mixer（调音台）窗口右上角的 ≡（扩展）按钮，弹出相应的菜单命令，如图 9-16 所示。

| | |
|---|---|
| Undock Panel | |
| Undock Frame | |
| Close Panel | |
| Close Frame | |
| Maximize Frame | |
| Show/Hide Tracks... | Ctrl+Alt+T |
| Show Audio Time Units | |
| Loop | |
| ✓ Meter Input(s) Only | Ctrl+Shift+I |
| Switch to Touch after Write | |

图9-16　面板菜单

◆ Show/Hide Tracks（显示 / 隐藏轨道）：设置当前 Audio Mixer（调音台）窗口中轨道的可见状态。选择该命令，弹出如图 9-17 所示的对话框。勾选状态表示显示该轨道，未选状态表示隐藏该轨道。

图9-17　Show/Hide Tracks（显示/隐藏轨道）对话框

◆ Show Audio Units 显示（音频单位）：勾选此选项，Adobe Premiere Pro 的时间单位以音频单位为准。

◆ Loop（循环）：勾选此选项，循环播放音频。功能同 ⭯（循环）按钮相同。

◆ Meter Input（s）Only（只显示输入）：勾选此选项，只显示主音轨的电平，隐藏其他音轨及控制器。

◆ Switch to Touch after Write（写后切换到触动）：勾选此选项，在 Auto Control（自动控制）状态为 Write（写入）模式时，对音轨 Write（写入）操作完成后，将 Auto Control（自动控制）状态切换到 Touch（触动）模式。

**10. 效果设置**

单击 Audio Mixer（调音台）窗口左侧的 ▶（展开）按钮，显示 Effects Settings（效果设置）区域，如图 9-18 所示。

图9-18　Effects Settings（效果设置）区域

在 Effects Settings（效果设置）区域，可以为音轨添加音频特效和指定输出设置，还可以添加子混合轨道。一个音轨最多可以添加 5 个特效和设置 5 个子混合项，如图 9-19 所示。

图9-19 效果列表

子混合是在当前序列的音轨输出到主音轨的过程中，添加的一个过渡音轨。当对多个音轨使用相同的效果时，常用子混合来实现。图 9-20 所示为音轨的子混合效果示例，从图中可以看到 Submix 1（子混合 1）和 Submix 2（子混合 2）可以接受多个音轨的输出，并且子混合之间可以混合输出。

图9-20 子混合示例图

## 动手操作 110 为音轨添加音频特效

Step01 首先创建一个名为"练习"的项目工程文件（项目的创建见本书第 3 章 3.1 节），然后导入本书配套光盘中"音频素材"目录中的音频文件，如图 9-21 所示。

图9-21 导入音频素材

Step02 在 Project（项目）窗口中选择并拖动音频文件到 Timelines（时间线）窗口的 Audio 1（音频 1）轨道中，如图 9-22 所示。

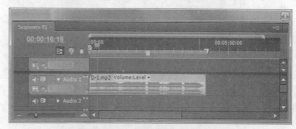

图9-22 添加素材到音频1轨道

Step03 单击菜单栏中 Window（窗口）>Audio Mixer（调音台）> "练习"命令，打开 Audio Mixer（调音台）窗口，并单击面板左侧的 ▼（扩展）按钮，展开 Effect Controls（效果设置）区域，如图 9-23 所示。

图9-23 显示Effect Controls（效果设置）区域

(Step04) 在 Audio 1（音频 1）标签下的 Audio Effects List（音轨特效列表）中选择 Reverb（混响）特效，如图 9-24 所示。

图9-24　添加音轨特效

(Step05) 这样就成功地为 Audio 1（音频 1）添加了一个 Reverb（混响）特效。我们可以用第 4 步骤的方法，继续为音轨添加最多 5 个音频特效，如图 9-25 所示。

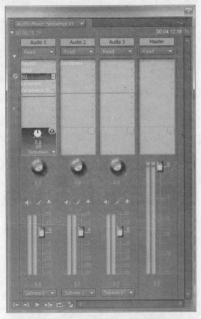

图9-25　为音轨添加更多特效

## 动手操作 111　为音轨添加子混合效果

(Step01) 接上面的操作，在标签名称为 Audio 1（音频 1）的 Submix List（子混合列表）中选择 Create Stereo Submix（创建立体声子混合）选项，如图 9-26 所示。

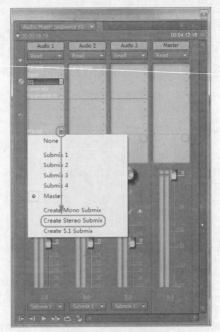

图9-26　添加子混合

| 提示 | 子混合有 Mono Submix（单声道子混合）、Stereo Submix（立体声子混合）、5.1 Submix（5.1 子混合）3 种类型，可根据实际情况决定用哪种混合。 |
|---|---|

(Step02) 这样就成功地为 Audio 1（音频 1）添加了 Submix（子混合）效果。我们可以用第 6 步骤的方法，继续为音轨添加最多 5 个子混合的效果，如图 9-27 所示。

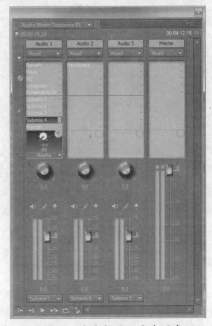

图9-27　为音轨添加多个混合

## 动手操作 112 编辑音轨特效和子混合

**Step01** 接上面的操作，音轨子混合和音轨特效的编辑方法相同，步骤如下。

① 激活要编辑的特效或子混合名。

② 在参数调节区域的参数列表中选择要调节的参数。

③ 在参数区修改相应的参数值。

如图 9-28 所示。

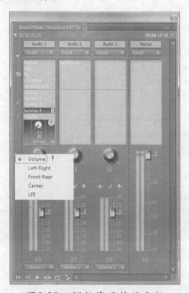

图9-28 调整降噪特效参数

**Step02** 利用第 8 步的方法，可以修改任何音轨的子混合参数和音轨特效参数。图 9-29 所示为修改 Audio 1（音频 1）的 Submix 1（子混合 1）效果的 Balance（均衡）参数。

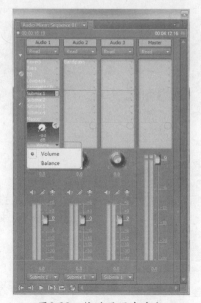

图9-29 修改子混合参数

## 动手操作 113 删除音轨特效和子混合效果

接上面的操作，音轨特效和子混合效果的删除方法相同，步骤如下。

① 打开要删除的特效或子混合列表。

② 在列表中选择 None（没有）选项，如图 9-30 所示。

③ 出现空白即为删除，如图 9-31 所示。

图9-30 在列表中选择None（没有）选项

图9-31 删除后的效果

## 动手操作 114 进行自动控制操作

**Step01** 创建一个名为"练习 01"的项目工程文件（项目的创建见本书第 3 章 3.1 节），然后导入本书配套光盘中"音频素材"目录中的音频文件，并将它添加到 Timelines（时间线）窗口的 Audio 2（音频 2）轨道中，如图 9-32 所示。

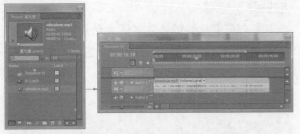

图9-32　导入并添加素材到轨道

(Step02) 单击 Audio 2（音频 2）名称栏的 （显示关键帧）按钮，在弹出的列表中选择 Show Track Keyframes（显示轨道关键帧）选项，如图 9-33 所示。

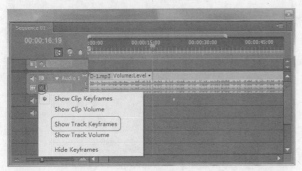

图9-33　选择Show Track Keyframes（显示轨道关键帧）选项

(Step03) 打开 Audio Mixer（调音台）窗口，设置 Audio 2（音频 2）轨道的 Auto Control（自动控制）模式为 Write（写入），如图 9-34 所示。

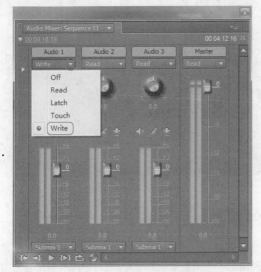

图9-34　设置Audio 2（音频2）为Write（写入）模式

(Step04) 单击 Audio Mixer（调音台）窗口底部的 （播放）按钮播放音频，在播放音频的同时上下拖动 Audio 2（音频 2）的 （音量推子）按钮，如图 9-35 所示。

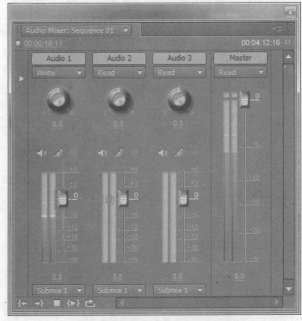

图9-35　上下拖动音量推子按钮

(Step05) 再此单击 （播放）按钮停止播放后，在 Timelines（时间线）窗口中就会出现音量变化的关键帧，如图 9-36 所示。至此即完成了一次 Write（写入）操作的自动控制。

图9-36　音量变化的关键帧

(Step06) 如果要继续对当前的音轨执行 Touch（触动）模式的 Swing、Balance Control（摇摆、均衡控制）操作，则首先设置 Audio 2（音频 2）轨道的 Auto Control（自动控制）模式为 Touch（触动），如图 9-37 所示。

(Step07) 单击 （播放）按钮播放音频，在播放音频的同时左右调节 Audio 2（音频 2）的 Swing、Balance Control（摇摆、均衡控制）旋钮指针，或直接输入参数值，如图 9-38 所示。

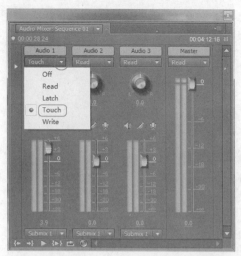

图9-37 设置Audio 2（音频2）为Touch（触动）模式

图9-38 调节旋钮指针

(Step08) 再此单击 ▶（播放）按钮停止播放，在音频素材属性表中设置显示 Balance（均衡）关键帧，如图9-39所示。

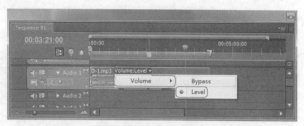

图9-39 显示Balance（均衡）关键帧

(Step09) 在音频素材上即出现了 Balance（均衡）变化的关键帧，如图 9-40 所示。

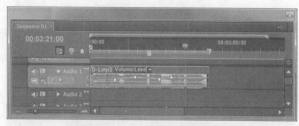

图9-40 均衡变化的关键帧

(Step10) 回放试听音频素材，音量会发生大小变化、左右声道来回摇摆的效果。

## 动手操作 115 制作 5.1 声道的音频

(Step01) 创建一个名为"练习 02"的项目工程文件（项目的创建见本书第 3 章 3.1 节），然后新建一个 Sequence（序列）并设置序列的 Audio（音频）选项，如图 9-41所示。

图9-41 新建序列

(Step02) 导入本书配套光盘中"音频素材"目录中的音频文件，并将它们依次添加到 Timelines（时间线）窗口的 Audio 1（音频 1）、Audio 2（音频 2）、Audio 3（音频 3）、Audio 4（音频 4）、Audio 5（音频 5）和 Audio 6（音频 6）轨道中，如图 9-42 所示。

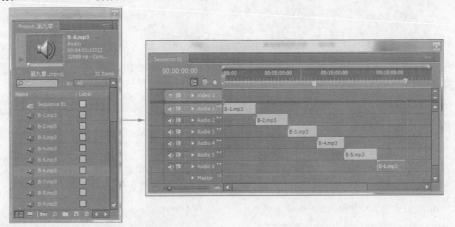

图9-42　添加素材到时间线轨道中

(Step03) 打开 Audio Mixer（调音台）窗口，重命名轨道名称，如图 9-43 所示。

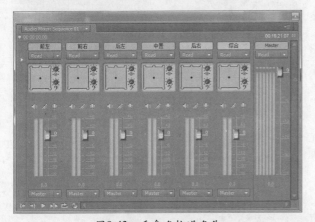

图9-43　重命名轨道名称

(Step04) 5.1 声道的控制面板如图 9-44 所示。

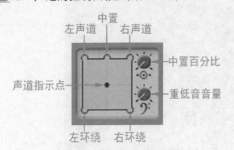

图9-44　5.1声道控制面板

◆ Center Percentage（中置百分比）：拖动指针，改变中置的百分比。

◆ LFE Volume（重低音音量）：拖动指针，改变重低音的音量大小。

◆ 声道指示点：移动这个小黑点，改变音轨的声道。

> **提示** 　　拖动 5.1 声道控制面板上的声道指示点，可以将某一个音轨放置到相应的声道当中。

(Step05) 移动声道指示点，将 6 个音轨分别放到 5.1 声道的相应声道当中，如图 9-45 所示。

图9-45　设置音轨到5.1声道

(Step06) 单击 （播放）按钮或按空格键播放音轨，6 个音轨素材的声响分别在 5.1 声道的不同声道中响起。

(Step07) 如果要对 5.1 声道的各个声道进行 Auto Controls（自动控制）编辑，可用"动手操作 115"的方法进行处理，在此不再赘述。

## **9.2** Audio Effect（音频特效）

Audio Effect（音频特效）是调节声音素材的声效属性的一种听觉特效。它与 Audio Mixer（调音台）窗口不同，它调节的是音频轨道中的声音素材，且一次可以为素材添加超过 5 个特效。

在 Adobe Premiere Pro CS5 中，Audio Effect（音频特效）按声道被划分存储在 3 个滤镜组中，即 5.1、Stereo（立体声）和 Mono（单声道），如图 9-46 所示。

图9-46 3组滤镜

在这 3 种滤镜组中，分别存储有大量的音频特效。单击滤镜组名称左侧的 ▶（展开）按钮，显示音频特效，如图 9-47 所示。

图9-47 滤镜列表

### 9.2.1 相同的音频特效

相同的音频特效就是这 3 组特效列表中共有的音频滤镜。

9.2.1.1 Bandpass（选频）

**功能概述**：该特效用来调整音频的低、中、高的频率范围。

**参数详解**：Bandpass（选频）特效的参数如图 9-48 所示。

图9-48 Bandpass（选频）参数

◆ Bypass（中置）：指定频段的调整范围。

◆ Q：指定受影响的强度。

9.2.1.2 Bass（低音）

**功能概述**：该特效用来增加或减少音频素材的低音分贝。

**参数详解**：Bass（低音）特效的参数如图 9-49 所示。

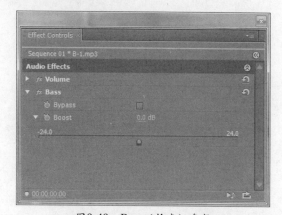

图9-49 Bass（低音）参数

◆ Boost(放大)：设置增加或减少低音分贝的量。

## 9.2.1.3　Channel Volume（声道音量）

**功能概述**：该特效改变左、右声道的音量大小。

**参数详解**：Channel Volume（声道音量）特效的参数如图 9-50 所示。

图9-50　Channel Volume（声道音量）参数

◆ Left（左）：设置左声道的音量。

◆ Right（右）：设置右声道的音量。

## 9.2.1.4　Chorus（和声）

**功能概述**：该特效可使音频素材产生和声效果。

**参数详解**：Chorus（和声）特效的参数如图 9-51 所示。

图9-51　Chorus（和声）参数

Chorus（和声）特效分为两种操作方式，一种是图形化的旋钮方式，另一种是参数调节方式。但不管采用哪种方式操作，其结果都是相同的。

◆ LFO Type（和声处理类型）：设置音频的和声类型，有 Sine（正弦波）、Rect（矩形）和 Triangle（三角）3 种类型。

◆ Rate（速率）：设置和声频率与原素材频率的速度。

◆ Depth（深度）：设置和声频率的幅度变化值。

◆ Mix（混合）：设置和声特效与原音频素材的混合程度。

◆ FeedBack（反馈）：设置有多少和声效果反馈到音频素材。

◆ Delay（延时）：设置和声效果的延迟时间。

| 提示 | 虽然 Chorus（和声）与 Flanger（镶边）特效的参数相同，但其对音频素材处理后的视听效果完全不同，大家可以多试听辨别。 |
| --- | --- |

## 9.2.1.5　DeClicker（清除咔嚓声）

**功能概述**：该特效自动去除音频素材中的咔嚓声。

**参数详解**：DeClicker（清除咔嚓声）特效的参数如图 9-52 所示。

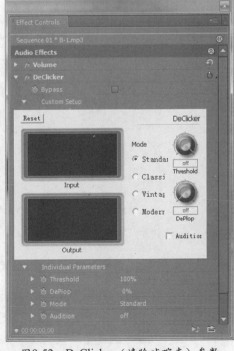

图9-52　DeClicker（清除咔嚓声）参数

◆ Threshold（阈值）：设置去除咔嚓声的检测范围。

◆ DePlop（去咔嚓声程度）：设置去除咔嚓声的程度。

◆ Mode（模式）：设置去咔嚓声的模式。

◆ Audition（试听设定）：设置是试听含咔嚓声的音频还是试听咔嚓声处理后的音频。

### 9.2.1.6 DeCrackler（清除爆音）

**功能概述**：该特效用于清除音频素材的爆音。

**参数详解**：DeCrackler（清除爆音）特效的参数如图9-53所示。

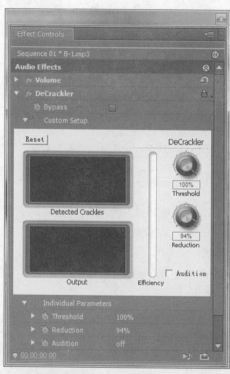

图9-53 DeCrackler（清除爆音）参数

◆ Threshold（阈值）：设置爆音的检测初始范围。

◆ Reduction（减少）：设置爆音的清除量。

◆ Audition（试听设定）：设置是试听含爆音的音频，还是试听爆音处理后的音频。

### 9.2.1.7 DeEsser（清除嘶声）

**功能概述**：该特效用于去除音频素材中嘶嘶声。

**参数详解**：DeEsser（清除嘶声）特效的参数如图9-54所示。

DeEsser（清除嘶声）特效有两种操作方式，一种是图形化的旋钮方式，另一种是参数调节方式。但不管采用哪种方式操作，其结果都是相同的。

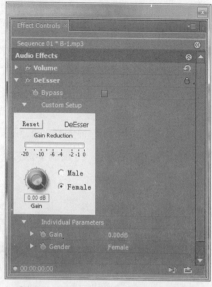

图9-54 DeEsser（清除嘶嘶声）参数

◆ Gain（增益）：设置去除嘶嘶声的增益量。

◆ Gender（性别）：设置去嘶嘶声的男、女声限值。

### 9.2.1.8 DeHummer（清除嗡嗡声）

**功能概述**：该特效用于去除音频素材的嗡嗡声频段。

**参数详解**：DeHummer（清除嗡嗡声）特效的参数如图9-55所示。

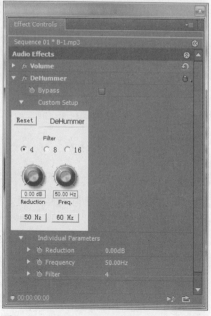

图9-55 DeHummer（清除嗡嗡声）参数

DeHummer（清除嗡嗡声）特效分为两种操作方式，一种是图形化的旋钮方式，另一种是参数调节方式。但不管采用哪种方式操作，其结果都是相同的。

◆ Reduction（减少）：设置去嗡嗡声的最小量。

◆ Frequency（频率）：设置一个上限频率。

◆ Filter（级别）：设置去除嗡嗡声的运算级别。

### 9.2.1.9 Delay（延迟）

功能概述：该特效可为音频素材添加回声效果。

参数详解：Delay（延迟）特效的参数如图 9-56 所示。

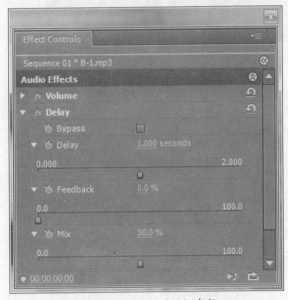

图9-56 Delay（延迟）参数

◆ Delay（延迟）：设置回声与原素材的延迟时间。

◆ Feedback（反馈）：设置有多少回声反馈到原素材上。

◆ Mix（混合）：设置混响的强度。

### 9.2.1.10 DeNoiser（清除噪声）

功能概述：该特效自动去除音频素材中的噪声。

参数详解：DeNoiser（清除噪声）特效的参数如图 9-57 所示。

◆ Noisefloor（降噪上限）：设置降噪的一个上限值。

◆ Offset（偏移）：设置降噪时的偏移量。

◆ Freeze（冻结）：将某一频段的信号值保持不变。

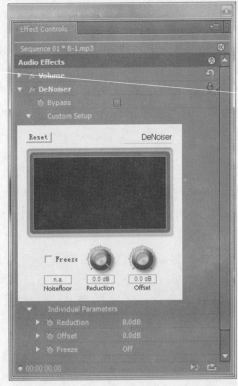

图9-57 DeNoiser（清除噪音）参数

### 9.2.1.11 Dynamics（动态）

功能概述：该特效用于控制音频素材频率的浮动范围，它能在频率发生急剧变化的情况下控制音色的柔和度。

参数详解：Dynamics（动态）特效的参数如图 9-58 所示。

图9-58 Dynamics（动态）参数

Dynamics（动态）特效分为两种操作方式，一种是图形化的旋钮方式，另一种是参数调节方式。但不管采用哪种方式操作，其结果都是相同的。

◆ Auto Gate（自动切断）：勾选该选项，则除去设定极限以下的所有频段信号。利用旋钮中的参数 Threshold（阈值）可设定一个切断上限，当音频信号低于上限值时，删除不需要的频段信息；利用 Gate on 可（切断开）设定自动切断打开的时间间隔；利用 Gate Off（切断关）可设定自动切断关闭的时间间隔；Hold（保持）用于当音频信号低于阈值时，设定 Auto Gate（自动切断）打开的持续时间长度。

◆ Compressor（压缩器）：勾选此选项，可设置音色柔和的级别和高音级别来平衡音频素材的频率浮动范围。设定一个上限，当音频信号低于上限值时，删除不需要的频段信息。

◆ Expander（扩展器）：勾选此选项，设定一个压缩浮动范围。

◆ Limit（限幅器）：勾选此选项，设定一个音频音高的上限幅度。

◆ SoftClip（柔和器）：勾选此选项，设定一个音频柔和的上限幅度。

### 9.2.1.12　EQ

**功能概述**：该特效可调节音频素材的低、中、高频段的频率和级别。

**参数详解**：EQ 特效的参数如图 9-59 所示。

图9-59　EQ参数

EQ 特效分为两种操作方式，一种是图形化的旋钮方式，另一种是参数调节方式。但不管采用哪种方式操作，其结果都是相同的。

◆ Frequency（频率）：由低、中、高组成，用来调节这 3 个频段的频率高低。

◆ Gain（增益）：调整 3 个频段的频高。

◆ Cut（削弱）：降低某一频段的信号。

◆ Q：用来指定 3 个频段的宽度。

◆ Output（输出）：设置输出时的总增益强度。

### 9.2.1.13　Flanger（镶边）

**功能概述**：该特效可使音频素材混合产生 20 世纪 60 年代和 70 年代的唱盘音响效果，形成使声音短期延误、停滞或随机间隔变化的音频信号。

**参数详解**：Flanger（镶边）特效的参数如图 9-60 所示。

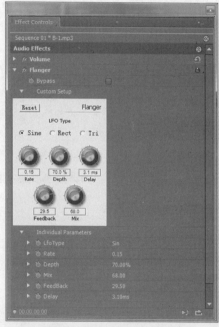

图9-60　Flanger（镶边）参数

Flanger（镶边）特效分为两种操作方式，一种是图形化的旋钮方式，另一种是参数调节方式。但不管采用哪种方式操作，其结果都是相同的。

◆ LFO Type（频率振荡类型）：设置音频的凝滞类型，有 Sine（正弦波）、Rect（矩形）和 Tri（三角）3 种类型。

◆ Rate（速率）：设置频率振荡的速度。

◆ Depth（深度）：设置频率振荡时的幅度变化值。

◆ Mix（混合）：设置镶边特效与原音频素材的混合程度。

◆ Feedback（反馈）：设置有多少振荡凝滞效果反馈到音频素材。

◆ Delay（延时）：设置频率振荡凝滞时的延迟时间。

## 9.2.1.14　Highpass（高通）

功能概述：该特效以指定的频率为起点，消除音频素材的低频段信号。

参数详解：Highpass（高通）特效的参数如图 9-61 所示。

图9-61　Highpass（高通）参数

◆ Cutoff（屏蔽度）：设置要消除低频的起始频率。

## 9.2.1.15　Invert（反相）

功能概述：该特效可反转声道状态。

参数详解：该特效没有任何参数，直接将其添加到音频素材上即可。

## 9.2.1.16　Lowpass（低通）

功能概述：该特效以指定的频率为起点，消除音频素材的高频段信号。

参数详解：Lowpass（低通）特效的参数如图 9-62 所示。

图9-62　Lowpass（低通）参数

◆ Cutoff（屏蔽度）：指定低通频率的初始值。

## 9.2.1.17　Multiband Compressor（多频段压缩）

功能概述：该特效对音频素材的低、中、高波段进行压缩控制。

参数详解：Multiband Compressor（多频段压缩）特效的参数如图 9-63 所示。

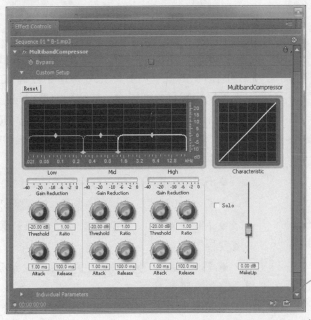
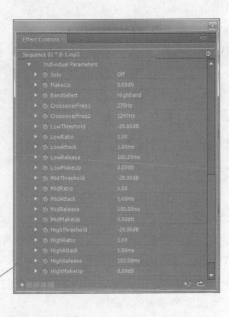

图9-63　Multiband Compressor（多频段压缩）参数

Multiband Compressor（多频段压缩）特效分为两种操作方式，一种是图形化的旋钮方式，另一种是参数调节方式。但不管采用哪种方式操作，其结果都是相同的。

◆ Low、Mid、High（低、中、高波段）：多频段压缩将音频素材的频段分为 3 个波段，分别对它们的信号进行压缩。

◆ Threshold（阈值）：设定 3 个波段的压缩上限，当音频信号低于上限值时，压缩不需要的频段信息。

◆ Ratio（压缩系数）：设定 3 个波段的压缩强度系数。

◆ Attack（处理）：设置 3 个波段压缩时的处理时间。

◆ Release（释放）：设置 3 个波段压缩时的结束时间。

◆ Solo（活动播放）：勾选此选项，只播放被激活的波段效果。

◆ MakeUp（波段调节）：拖动该推子，移动压缩的波段范围。

### 9.2.1.18 Multitap Delay（多功能延迟）

**功能概述**：该特效为音频素材添加 4 个回声效果。

**参数详解**：Multitap Delay（多功能延迟）特效的参数如图 9-64 所示。

图9-64　Multitap Delay（多功能延迟）参数

◆ Delay（延迟）：设置回声与原素材的延迟时间。

◆ Feedback（反馈）：设置有多少回声反馈到

原素材上。

◆ Level（级别）：设置回声的音量。

◆ Mix（混合）：设置混响的强度。

### 9.2.1.19 Notch（去除指定频率）

**功能概述**：该特效用于去除音频的指定频率频段。

**参数详解**：Notch（去除指定频率）特效的参数如图 9-65 所示。

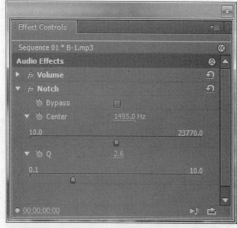

图9-65　Notch（去除指定频率）参数

◆ Center（中置）：设置去除声音的初始频率范围。

◆ Q：设置去除指定频率的级别。

### 9.2.1.20 Parametric EQ（参数均衡）

**功能概述**：该特效调整指定频段的音频均衡量。

**参数详解**：Parametric EQ（参数均衡）特效的参数如图 9-66 所示。

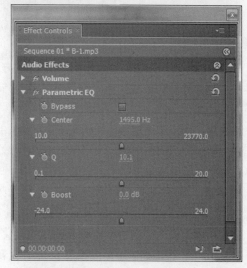

图9-66　Parametric EQ（参数均衡）参数

◆ Center（中置）：指定均衡的初始频段的范围。

◆ Q：指定均衡的受影响强度。

◆ Boost（放大）：提高各频段的音量。

### 9.2.1.21　Phaser（声道相位）

**功能概述**：该特效可使音频素材产生频率间错位的声响效果。

**参数详解**：Phaser（声道相位）特效的参数如图 9-67 所示。

图9-67　Phaser（声道相位）参数

Phaser（声道相位）特效分为两种操作方式，一种是图形化的旋钮方式，另一种是参数调节方式。但不管采用哪种方式操作，其结果都是相同的。

◆ LFO Type（声道相位类型）：设置音频的声道错位类型，有 Sine（正弦波）、Rect（矩形）和 Tri（三角）3 种类型。

◆ Rete（速率）：设置相位频率与原素材频率的速度。

◆ Depth（深度）：设置相位频率的幅度变化值。

◆ Mix（混合）：设置声道相位特效与原音频素材的混合程度。

◆ FeedBack（反馈）：设置有多少声道相位效果反馈到音频素材。

◆ Delay（延时）：设置相位效果的延迟时间。

> **提示**　虽然 Phaser（声道相位）与 Chorus（和声）和 Flanger（镶边）特效的参数相同，但其对音频素材处理后的视听效果完全不同，大家可以多试听辨别。

### 9.2.1.22　PitchShifter（变调）

**功能概述**：该特效用于改变音频素材的音调。

**参数详解**：PitchShifter（变调）特效的参数如图 9-68 所示。

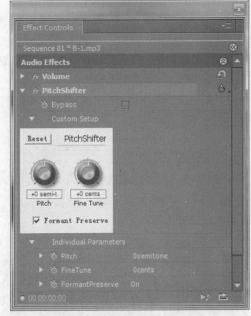

图9-68　PitchShifter（变调）参数

◆ Pitch（音调）：调节半个音程的变化量。

◆ FineTune（微调）：对半音程进行微调。

◆ Formant Preserve（频高限制）：限制变调时出现爆音的情况。

### 9.2.1.23　Reverb（混响）

**功能概述**：该特效为音频素材添加回响效果，常用于模仿室内声响效果。

**参数详解**：Reverb（混响）特效的参数如图 9-69 所示。

◆ Pre Delay（预延迟）：设置声音撞击物体后反弹到听众的延迟时间。

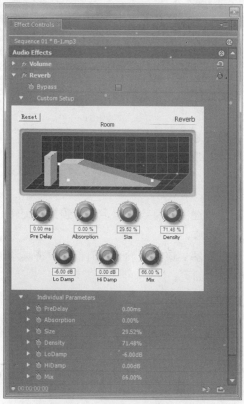

图9-69 Reverb（混响）参数

◆ Absorption（吸收）：设置声音的吸收率。

◆ Size（大小）：设置室内空间的大小。

◆ Density（密度）：设置反射的密度。

◆ Lo Damp（低阻尼）：设置一个低频阻尼。

◆ Hi Damp（高阻尼）：设置一个高频阻尼。

◆ Mix（混合）：设置混响的强度。

### 9.2.1.24 Spectral NoiseReduction（频谱降噪）

功能概述：该特效以频谱表的形式去除音频素材的噪声，如语音、吹口哨声和铃声等。

参数详解：Spectral NoiseReduction（频谱降噪）特效的参数如图9-70所示。

◆ Freq1、2、3（频率1、2、3）：设置3个频率的滤波器值。

◆ Reduction1、2、3（减少1、2、3）：设置3个频率的降噪阈值。

◆ Filter1、2、3（滤波器1、2、3）：激活相应的滤波器开关。

◆ MaxLevel（最大级别）：设置滤波器降噪的最大量。

◆ CursorMode（模式）：激活滤波器频率的光标控制。

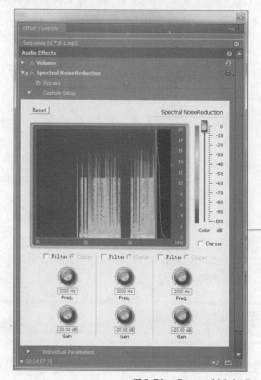

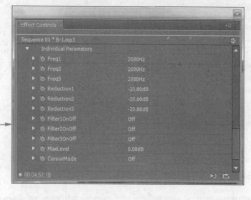

图9-70 Spectral NoiseReduction（频谱降噪）参数

### 9.2.1.25　Treble（高音）

**功能概述**：该特效用于增加或减少音频素材的高音分贝。

**参数详解**：Treble（高音）特效的参数如图9-71所示。

图9-71　Treble（高音）参数

◆ **Boost**（放大）：设置增加或减少高音分贝的量。

### 9.2.1.26　Volume（音量）

**功能概述**：该特效用于调节音频素材的音量大小。

**参数详解**：Volume（音量）特效的参数如图9-72所示。

图9-72　Volume（音量）参数

◆ **Level**（级别）：设置素材音量的大小。

## 9.2.2　不相同的音频特效

### 9.2.2.1　Fill Left（使用左声道）

**功能概述**：该特效将指定的音频素材旋转在左声道进行回放。

**参数详解**：该特效没有任何参数，将其添加到音频素材中即可。

### 9.2.2.2　Fill Right（使用右声道）

**功能概述**：该特效将指定的音频素材旋转在右声道进行回放。

**参数详解**：该特效没有任何参数，将其添加到音频素材中即可。

### 9.2.2.3　互换声道

**功能概述**：该特效将立体声音频素材的左右声道互换。

**参数详解**：该特效没有任何参数，将其添加到音频素材中即可。

### 9.2.2.4　Balance（平衡）

**功能概述**：该特效可控制立体声左右声道的音量比。

**参数详解**：Balance（平衡）特效的参数如图9-73所示。

图9-73　Balance（平衡）参数

◆ **Balance**（均衡）：左右拖动滑块，改变立体声声道的音量比。

## 9.3　本章小结

音频编辑是影视作品制作过程中一个重要的操作环节。在 Adobe Premier Pro CS5 中，通过 Audio Mixer（调音台）和 Audio Effect（音频特效）两个模块，可以快速、有效地完成音频的编辑工作。

# 第10章
# 影片的输出

通过前面章节的学习我们知道，项目工程文件是包含各种视、音频素材、字幕、特效、剪辑数据等信息的一个开放文件，在任何情况下，都可以对它进行编辑处理。但Project（项目）仅是一个保存剪辑的信息库，它不能用播放器和播放设备来观看浏览。所以，在Adobe Premiere Pro CS5中，编辑完成一个Project（项目）后，要输出压缩成不同类型的视、音频文件，便于播放器和播放设备预览观看。

在Adobe Premiere Pro CS5中，所谓输出就是将一个已经编辑好的项目工程文件，打包压缩成可在不同设备或播放器中观看的通用的视、音频格式文件。

输出决定了视、音频文件的格式和品质。在输出时，可以选择MOV、AVI、TIFF、WAV和MP3等文件格式，并且可以为这些格式的文件选择一个压缩编码程序。

要成功地完成输出操作，参数的设置是关键。

下面我们将详细地讲解输出的整个流程及相关知识。

## 10.1　Export（导出）子菜单

完成一个 Project（项目）的编辑后，单击菜单栏中 File（文件）>Export（导出）命令，弹出如图 10-1 所示的子菜单。

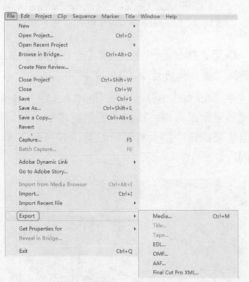

图10-1　Export（导出）子菜单

各项菜单命令的含义如下。

◆ Media（媒体）：选择此命令，将 Project（项目）输出为各种编码（如 MPG1、MPG1-VCD、MPG2、MPG2-DVD\SVCD、FLV、RM 等）的视、音频文件，Media（媒体）是最核心的输出菜单项。

◆ Title（字幕）：选择此命令，将 Project（项目）中指定的 Title（字幕）保存为后缀为 Prtl 格式的一个独立文件，便于以后多次使用。

◆ Tape（输出到磁带）：如果有录像机等设备，选择此命令，可以直接将 Project（项目）输出到磁带中。

◆ EDL（输出到 EDL）：选择此命令，将 Project（项目）的剪辑输出保存为一个编辑表，可供其他设备调用。

◆ OMF（输出为 OMF）：选择此命令，将 Project（项目）中的音频素材数据封装为 OMF 格式文档，以便 PRO Tools 音频工作站数据相互调用。

## 10.2 Adobe媒体编码器

Adobe 媒体编码器是集成了输出音频、静帧、DVD（PAL 和 NTSC 制式）和流式媒体等文件格式的一个综合输出模块。它提供了标准的 MPEG 编码（MPEG1-VCD、MPEG2-SVCD、MPEG2-DVD 和 MPEG2 高清）以及各种视、音频和流媒体文件的编码预设。

> **提示** 何为流式媒体？

流式媒体是采用流式的方式，在 Internet 上播放视、音频文件的一种传输协议。用这种方式观看 Internet 上的视、音频文件，可随时点播随时观看，而不是传统意义上的将整个文件下载完成后才能播放。例如现在非常流行的网络电视播放软件，就采用了流式媒体技术。

流式媒体文件与用户的网速有很大的关系。例如用户的网速是 56K 的调制解调器，而我们制作了一个传输为 1024K 的流式媒体文件，那么用户在互联网上观看这个文件时，就会出现加载困难的情况。好在 Adobe Premiere Pro 提供了众多的流式媒体预置方案，以适应各种不同的网络带宽。

Adobe 媒体编码窗口是输出各种视、音频、DVD 和流式媒体文件的综合参数设置窗口。

当 Project（项目）编辑完成后，单击菜单栏中 File（文件）>Export（导出）>Media（媒体）命令，便弹出 Adobe Media（媒体）输出设置窗口，如图 10-2 所示。

图10-2　Adobe Media（媒体）设置窗口

Adobe Media（媒体）编码器大致由 3 部分组成，Output Preview（输出预览）窗口、Output

Preset（输出预置）面板和 Extended Parameters（扩展参数）面板。

### 10.2.1 Output Preview（输出预览）窗口

Output Preview（输出预览）窗口是文件渲染输出时的监视窗口，如图 10-3 所示。

图10-3　Output Preview（输出预览）窗口

Output Preview（输出预览）窗口的顶部有 Source（源）和 Output（输出）两个选项。

◆ Source（源）：激活 Source（源）选项时，监视器显示来自时间轨道中的素材输出。我们可以对监视器窗口中的素材进行裁剪，并可以选择裁剪比例，如图 10-4 所示。

图10-4　裁剪素材

◆ Output（输出）：激活 Output（输出）选项时，监视器显示来自 Source（源）（即裁剪以后的最终输出效果）中的素材，可以选择 Scale To Fit（缩放以适配）、Black Borders（黑色边框）和 Change Output Size（更改输出尺寸）选项，图 10-5 所示为 Source（源）和 Output（输出）窗口的对比效果。

图10-5　监视窗口对比效果

Output Preview（输出预览）窗口的底部有 ⊿（设置入点）和 ⊾（设置出点）两个非常重要的按钮，它们控制影片的输出长度。

◆ ⊿（设置入点）：设置影片输出的起始时间点。默认影片输出起始点为时间轨道中定义的素材起点。

◆ ⊾（设置出点）：设置影片输出的终止时间点。默认影片输出终止点为时间轨道中定义的素材终点。

Output Preview（输出预览）窗口中还有一些其他选项，如 ⬌（切换）按钮，用于在 Source（源）和 Output（输出）窗口间切换。🔘（时间指针）钮，通过拖曳此钮，可以输出窗口快速预览影片。▤（预览纵横比）按钮，设置预览影片时的纵横比，有纵横比校正预览和 1：1 像素预览两个选项。

## 10.2.2　Output Preset（输出预置）面板

Output Preset（输出预置）面板是输出视、音频和流式媒体的一个预置方案面板，如图 10-6 所示。

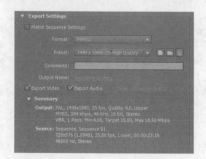

图10-6　Output Preset（输出预置）面板

一般情况下，输出视、音频、DVD 和流式媒体文件，可直接从 Adobe 媒体编码器的输出方案中选择预设。因为预置方案已经是最佳的输出设置了，它适合绝大多数播放设备和 Internet 对流式文件的传输要求。

下面我们对 Adobe 媒体编码器的几个重要参数做简单的介绍。

◆ Format（格式）：设置视、音素材输出时所使用的文件格式，如 AVI、QuickTime、MPEG 和 MP3 等，如图 10-7 所示。

图10-7　输出文件格式列表

◆ Preset（预置）：当选定文件格式后，在 Preset（预置）列表中就会列出文件格式所对应编码配置方案（如制式和尺寸）。如果我们将素材输出成 MPEG2-DVD 文件，则 Preset（预置）列表会出现如图 10-8 所示的制式及尺寸选项。如果我们将素材输出成 H.264 文件，Preset（预置）列表会出现如图 10-9 所示的制式及尺寸选项。

图10-8　MPEG2-DVD预置方案列表

Apple iPod, Apple iPhone Audio
Apple iPod, Apple iPhone Video
Apple iPod, Apple iPhone Widescreen Video
Apple TV 480p
Apple TV 720p
HDTV 1080p 24 High Quality
HDTV 1080p 25 High Quality
HDTV 1080p 29.97 High Quality
HDTV 720p 24 High Quality
HDTV 720p 25 High Quality
HDTV 720p 29.97 High Quality
NTSC DV High Quality
NTSC DV Widescreen High Quality
● PAL DV High Quality
PAL DV Widescreen High Quality
TiVo® Series3™ (NTSC)
TiVo® Series3™ HD
Vimeo HD
Vimeo SD
YouTube SD
YouTube Widescreen HD
YouTube Widescreen SD
3GPP 176 x 144 15fps Level 1
3GPP 176 x 144 15fps
3GPP 220 x 176 15fps
3GPP 320 x 240 15fps
3GPP 352 x 288 15fps
3GPP 640 x 480 15fps

图10-9　H.264预置方案列表

如此多的方案如何选择呢？

分析图 10-8 的列表后，我们可以用排除法选择自己所要的预置方案：

● DVD 有两种制式，NTSC 和 PAL 制。我国采用 PAL 制，所以应该排除所有 NTSC 的预置表。

● 16∶9 和 4∶3 是宽屏和标准的像素比方式，如果要输出宽屏，则选择 PAL DV 16∶9 方案。反之，则选择 PAL DV 4∶3 方案。

● 从品质要求来选择。从列表中可以看到，不管是 NTSC，还是 PAL，都有低品质和高品质之分，通常选择 PAL 高品质方案。

● 从码率编码来选择。目前有 CBR（衡定）和 VBR（可变速）两种码率编码，如果影片中制作了复杂的动画效果，VBR 码率是首选方案，它提供了动作变化时的高品质回放质量。VBR（可变速）包含一次扫描和二次扫描方式，为了达到较高的画质，二次扫描是首选，但这会增加渲染时间。

对于流式媒体文件来说，可以从制式、调制解调器式配置、下载式配置等方案中选择。流式媒体文件的输出，最关键的是网络带宽的限制，这个要根据实际情况来决定。

Output Video、Output Audio（输出视频、输出音频）：勾选其中一项，则输出相对应的部分。

◆ ▣（保存预置）：将当前预置或自定义的参数存盘，以方便以后调用。

◆ ▢（导入预置）：单击此按钮，可导入保存的预置参数文件。

◆ ▦（删除）：删除当前的预置方案。

◆ Comments（注释）：可以在输出影片时添加注释说明文字。

◆ Output Name（输出名称）：指定影片输出时的保存路径和文件名称。

◆ Export Video（导出视频）：勾选此选项，输出素材的视频部分。

◆ Export Audio（导出音频）：勾选此选项，输出素材的音频部分。

◆ Summary（摘要）：显示当前影片的输出信息，如制式、编码等信息。

### 10.2.3　Extended Parameters（扩展参数）面板

Extended Parameters（扩展参数）面板用于对预置方案参数进行自定义或进行更详细的参数设定，如图 10-10 所示。

图10-10　Extended Parameters（扩展参数）面板

◆ Gaussian Blur（高斯模糊）：对视频作模糊处理。Blurriness（模糊度）设置模糊强度，Blur Dimension（模糊尺寸）设置模糊的方向，如图 10-11 所示。

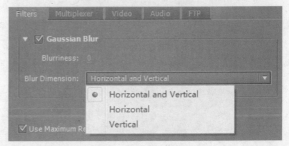

图10-11　参数面板

◆ Multiplexer（多路复用器）：设置影片格式的兼容性，图 10-12 所示为选择 H.264 输出视频时的参数项。选择的视频格式不同，其参数也不一样。如果选择输出 MPEG2-DVD，则参数设置如图 10-13 所示。

图10-12 H.264参数项

图10-13 MPEG2-DVD参数项

◆ Video（视频）：详细设置视频的相关参数，例如制式、品质、帧率、场或像素纵横比等，如图 10-14 所示。

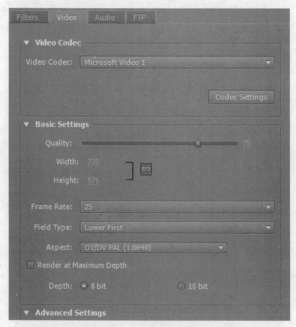

图10-14 视频参数面板

■ Video Codec（视频编码器）：为视频的输出指定一种压缩编码程序。选择不同的文件格式，其压缩编码程序也不同。例如选择输出 AVI 格式，则可选择的压缩程序如图 10-15

所示；如果选择以 QuickTime 格式输出，则可选择的压缩程序如图 10-16 所示。

图10-15 AVI格式编码器

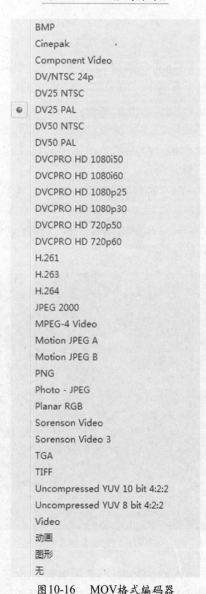

图10-16 MOV格式编码器

● Quality（品质）：设置影片的压缩品质，通过拖动品质的百分比滑块来设置。

● Width、Height（宽度、高度）：设置影片的尺寸。我国使用 PAL 制，选择 720×576 即可。

● Frame Rate（帧速率）：设置影片播放的帧数。电影速率为 24，PAL 制为 25，NTSC 为 29.97 或 30，通常选择 25。

● Field Type（场类型）：设置影片的场扫描方式，有上场、下场和无场 3 种方式。

● Aspect（纵横比）：设置影片画面的长、宽比。图 10-17 所示为通用的像素纵横比选项列表。

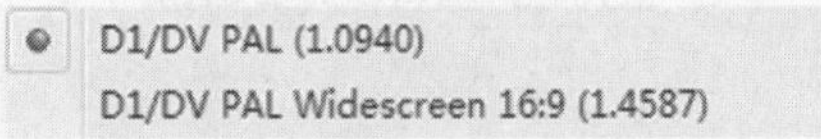

D1/DV PAL (1.0940)
D1/DV PAL Widescreen 16:9 (1.4587)

图10-17　像素纵横比列表

● Depth（深度）：设置影片渲染时的颜色位数，有 8bit、16bit、24bit 和 32bit。

● Key frame every（关键帧间隔）：制作了动画，或关键帧过多时，可设置每隔多少帧创建一个关键帧，以节省渲染时间或降低运算复杂度。

◆ Audio（音频）：设置音频的相关参数，如格式、编码、取样或频率等，如图 10-18 所示。如果要输出标准的 VCD、SVCD、DVD 或 HDVD，通常保持默认值即可。

图10-18　音频参数面板

● Audio Codec（音频编码）：为音频的渲染输出指定一种压缩编码程序。压缩编码程序

如图 10-19 所示。

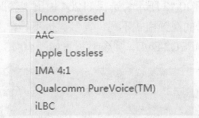

图10-19　Audio（音频）压缩程序列表

● Audio Layer（音频层）：设置音频的压缩级别，如 MP3 音频格式，可选择 MPEG 1 层、1 层或 3 层压缩。

● Audio Mode（音频模式）：设置音频的混音模式，可选立体声或单声道等，如图 10-20 所示。

图10-20　音频模式列表

● Sample Rate（频率）：设置音频的采样率，较高的采样值会得到越好的视听效果。一般情况下选择 44.1kHz。

● Bitrate（比特率）：设置音频回放时的码率。

◆ FTP：在这个面板中可以设置 FTP 服务器的相关参数，例如服务器的名称、端口、远程目录、用户登录、密码等选项，如图 10-64 所示（FTP 服务器的相关知识请参阅有关书籍）。

图10-21　其他参数面板

## 10.3　Adobe Media Encoder渲染输出

Adobe Media Encoder 是个独立运行的程序，它既可以用于快速视、音频格式之间转换，又是 Adobe Premiere Pro CS5 最后渲染输出影片必不可少的组成部分。

### 10.3.1　Adobe Media Encoder的窗口组成

Adobe Media Encoder 程序的启动界面如图 10-22 所示。

图10-22　启动界面

Adobe Media Encoder 的窗口如图 10-23 所示。

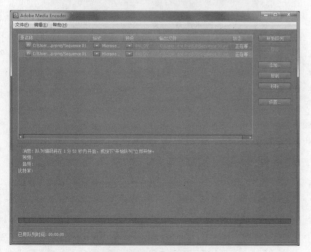

图10-23　编码窗口

◆ 菜单栏：提供编码渲染窗口的所有操作命令。

◆ 待编码的队列文件表：列出待渲染输出的文件。

◆ 面板按钮：提供菜单中常用的操作按钮。

### 10.3.2　Adobe Media Encoder的菜单

Adobe Media Encoder 的菜单栏由 3 部分组成，如图 10-24 所示。

文件(F)　编辑(E)　帮助(H)

图10-24　菜单栏

◆ 文件：主要提供打开、保存文件等操作命令，如图 10-25 所示。

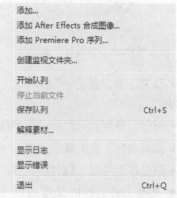

图10-25　"文件"菜单

● 添加：打开要进行编码转换的视、音频文件，如：AVI、MOV、WAV、MPG 和 TIF 等。

● 添加 After Effects 合成图像：打开 After Effects 合成图像工程文件，通过 Adobe Media Encoder 来渲染输出。批量渲染 After Effects 合成图像时，非常有用。

● 添加 Premiere Pro 序列：打开 Premiere Pro 的序列工程文件，进行渲染输出。批量渲染 Premiere Pro CS5 序列文件时，非常有用。

● 创建监视文件夹：在指定的盘符创建一个监视目录。

● 开始队列：单击此命令，开始渲染输出指定的文件。

● 停止当前文件：单击此命令，终止正在渲染输出的文件。

● 保存队列：将待编码渲染的文件保存为一个文档，以便以后打开继续操作。

● 显示日志：显示以往渲染文件的日志信息。

● 显示错误：显示以往渲染文件时的错误信息。

● 退出：退出 Adobe Media Encoder 程序。

◆ 编辑：主要用于对素材进行编辑操作，如剪切、复制和粘贴等，如图 10-26 所示。

图 10-26　"编辑"菜单

● 还原：取消最后一次的操作，恢复到之前的状态。

● 重做：重复执行最后一次的操作。

● 重置状态：恢复默认设置。

● 跳过所选项目：跳过被选择的项目。

● 复制：将选择的文件或项目，复制到剪贴板。

● 移除：将选择的文件或项目删除。

● 全选：选择所有文件或项目。

● 导出设置：打开 Adobe 媒体编码参数设置窗口。

● 首选项：设置 Adobe Media Encoder 程序的参数，如图 10-27 所示。

图 10-27　参数设置面板

◆ 帮助：提供联机帮助和在线教程等信息，如图 10-28 所示。

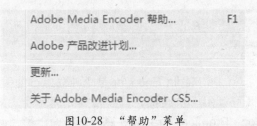

图 10-28　"帮助"菜单

● Adobe Media Encoder 帮助：以目录表的形式显示帮助文档。

● Adobe 产品改进计划：联机获取程序后续产品的升级情况。

● 更新：联机在线更新。

● 关于 Adobe Media Encoder CS5：显示程序的版本号、序列号、及版权等信息。

## 动手操作 116　输出 AVI 格式的文件

Step01 创建一个名为"输出 01"的项目工程文件，然后导入本书配套光盘中"视频素材"目录中的"视频素材 001.avi"和"音频素材"目录中的"音频素材 .mp3"视、音频文件，如图 10-29 所示。

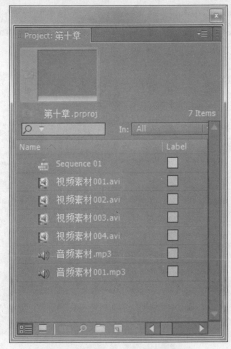

图 10-29　导入视、音频素材

Step02 在 Project（项目）窗口中选择"视频素材 001.avi"和"音频素材 .mp3"文件，将它们添加到时间线轨道，设置"工作范围条"的长度与视频长度一致，如图 10-30 所示。

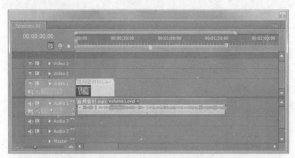

图10-30　添加文件到轨道

Step03 单击菜单栏中 File（文件）>Export（导出）> Media（媒体）命令，在弹出的媒体编码器设置窗口，设置 Format（格式）为 Microsoft AVI，Output Name（输出名称）为"序列 01_2.avi"，勾选 Export Video（导出视频）和 Export Audio（导出音频）复选框，将 Extended Parameters（扩展参数）面板的 Video Codec（视频编解码器）设为 Microsoft Video 1 编码程序，将 Field Type（场类型）设为 Progresive（逐行），其他参数保持默认状态，如图 10-31 所示。

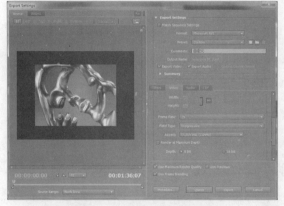

图10-31　媒体编码器设置窗口

Step04 切换至 Extended Parameters（扩展参数）面板中的 Audio（音频）选项卡，设置 Sample Rate（采样率）为 48000Hz，Channels（声道）为 Stereo（立体声），Sample Type（采样类型）为 16bit（16 位），如图 10-32 所示。

图10-32　Audio（音频）参数设置

Step05 单击 Queue 按钮，打开 Adobe Media Encoder 编码程序窗口，单击右侧的"开始队列"按钮渲染输出视频，如图 10-33 所示。

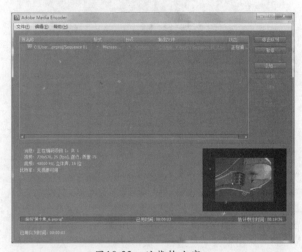

图10-33　渲染输出窗口

Step06 渲染完成，在磁盘中就会生成一个名为"序列 01-2.avi"的文件。输出 AVI 文件时，视频编解码器的选择很关键，它决定了视频的质量。

## 动手操作 117　输出单帧图像

Step01 创建一个名为"输出 02"的项目工程文件，然后导入本书配套光盘中"视频素材"目录中的"视频素材 002.avi"视频文件，将它添加到时间线轨道，如图 10-34 所示。

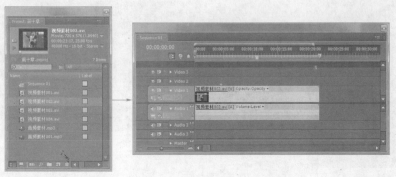

图10-34　导入视频并添加到轨道

(Step02) 单击 Sequence Monitor（序列监视器）底部的 ▶（播放）按钮预览视频，当时间指针指到要输出的画面帧时，暂停播放，如图 10-35 所示。

图10-35　定位时间指针

(Step03) 单击菜单栏中 File（文件）>Export（导出）> Media（媒体）命令，在弹出的媒体编码器设置窗口中，设置 Format（格式）为 Windows Bitmap（Windows 位图），Preset（预置）为 PAL Bitmap（PAL 位图），Output Name（输出名称）为"序列 01.bmp"，勾选 Export Video（导出视频）复选框，其他参数保持默认状态，如图 10-36 所示。

(Step04) 单击 Queue 按钮，打开 Adobe Media Encoder 编码程序窗口，单击右侧的"开始队列"按钮渲染输出视频，如图 10-37 所示。

(Step05) 输出单帧图像时，最关键的是时间指针的定位，它决定了单帧输出时的图像内容。

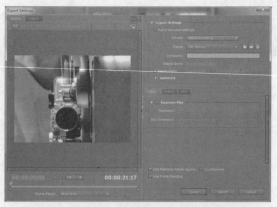

图10-36　Media（媒体）编码器设置窗口

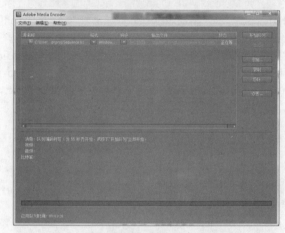

图10-37　渲染输出窗口

## 动手操作 118　输出音频文件

(Step01) 创建名为"输出 03"的项目工程文件，然后导入本书配套光盘中"视频素材"目录中的"音频素材 001.mp3"文件，将它添加到时间线轨道，如图 10-38 所示。

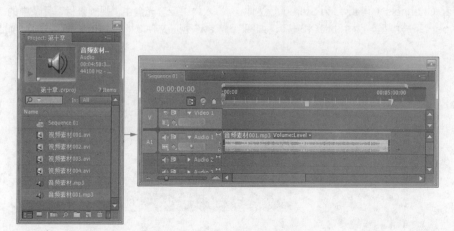

图10-38　导入素材并添加到轨道

(Step02) 单击菜单栏中 File（文件）>Export（导出）>Media（媒体）命令，在弹出的窗口中设置 Format（格式）为 Windows Waveform（Windows 波形），Output Name（输出名称）为"序列 01.wav"，勾选 Export Audio（导出音频）复选框，在 Expand Parameters（扩展参数）面板中设置 Audio Codec（音频编解）为 Uncompressed（无压缩），其他参数保持默认设置，如图 10-39 所示。

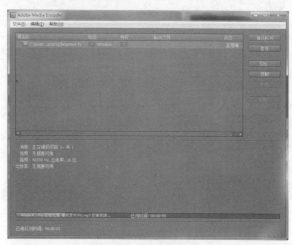

图10-40 渲染输出窗口

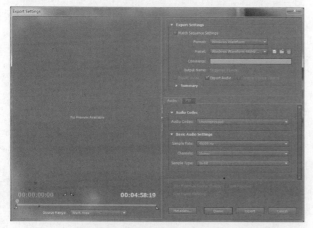

图10-39 媒体编码器设置窗口

(Step03) 单击 Queue 按钮，打开 Adobe Media Encoder 编码程序窗口，单击右侧的"开始队列"按钮渲染输出视频，如图 10-40 所示。

## 动手操作 119 输出静帧序列文件

　　静帧序列是按一定编号生成的一组静态图片。在影视编辑中，常常用这种格式的文件进行 Alpha 通道合成。

(Step01) 首先创建名为"输出 04"的项目工程文件，然后导入本书配套光盘中"视频素材"目录中的"视频素材 004.avi"文件，将它添加时间线轨道中，如图 10-41 所示。

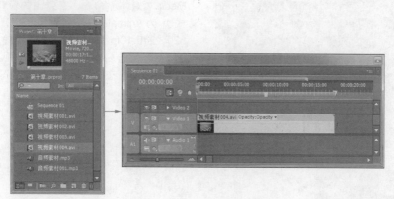

图10-41 导入视频并添加到轨道

(Step02) 在 Timelines（时间线）窗口中拖动 The Scope of Work（工作范围条），设定只输出视频的一部分内容，如图 10-42 所示。

(Step03) 单击菜单栏中 File（文件）>Export（导出）>Media（媒体）命令，在弹出的窗口中设置 Format（格式）为 Targa，Preset（预置）为 PAL Targa，Output Name（输出名称）为"序列 01.tga"，勾选 Export Video（导出视频）复选框，在 Video（视频）扩展参数面板中必须勾选 Export As Sequence（导出为序列）复选框，其他参数保持默认状态，如图 10-43 所示。

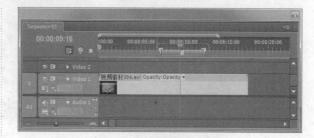

图10-42 设定输出范围

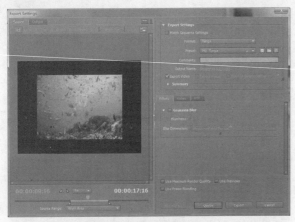

图10-43　媒体编码器设置窗口

**Step04** 单击 Queue 按钮，打开 Adobe Media En-coder 编码程序窗口，单击右侧的"开始队列"按钮渲染输出视频，如图 10-44 所示。

图10-44　渲染输出窗口

**Step05** 图 10-45 所示为输出完成后的静帧序列文件。

图10-45　输出的静帧序列文件

## 动手操作 120　输出 GIF 格式的动画文件

**Step01** 创建名为"输出 05"的项目工程文件，然后导入本书配套光盘中"视频素材"目录中的"视频素材 004.avi"视频文件，将它添加到时间线轨道中，如图 10-46 所示。

**Step02** 单击菜单栏中 File（文件）>Export（导出）>Media（媒体）命令，在弹出的窗口中设置 Format（格式）为 Animated GIF（动画 GIF），Preset（预置）为 320×240 10fps，Output Name（输出名称）为"序列 01.gif"，勾选 Export Video（导出视频）复选框，其他参数保持默认状态，如图 10-47 所示。

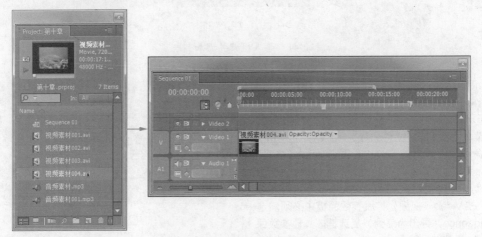

图10-46　导入视频并添加到轨道

图10-47 媒体编码器设置窗口

Step03 单击 ▢ Queue ▢ 钮，打开 Adobe Media Encoder 编码程序窗口，单击右侧的"开始队列"按钮渲染输出视频，如图10-48所示。

图10-48 渲染输出窗口

Step04 运行 ACDSee 软件，打开刚才输出的 GIF 动画文件观看效果，如图10-49所示。

图10-49 用ACDSee软件播放GIF动画文件

## 动手操作 121 输出 DVD 文件

Step01 创建名为"DVD 输出"的项目工程文件，然后导入本书配套光盘中"视频素材"目录中的"视频素材 001.avi"视频文件和"音频素材"目录中的"音频素材 .mp3"音频文件，并将它们添加到视、音频轨道中，如图 10-50 所示。

Step02 选择 ▢ （剃刀）工具，以"视频素材 001.avi"视频文件长度为准，裁切并删除"音频素材 .mp3"音频文件多余的部分，如图 10-51 所示。

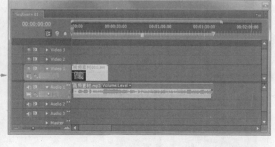

图10-50 导入视、音频文件并添加到轨道

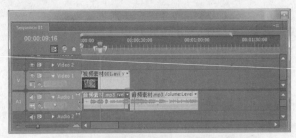

图10-51　裁切并删除多余的音频文件

(Step03) 单击菜单栏中 File（文件）>Export（导出）>Media（媒体）命令，在弹出的窗口中设置 Format（格式）为 MPEG2-DVD，Preset（预置）为 PAL Progressive High Quality（PAL 高品质），Output Name（输出名称）为"序列 01.m2v"，勾选 Export Video（导出视频）和 Export Audio（导出音频）复选框，其他参数保持默认状态，如图 10-52 所示。

图10-52　媒体编码器设置窗口

(Step04) 单击 [　Queue　] 按钮，打开 Adobe Media En-coder 编码程序窗口，单击右侧的"开始队列"按钮渲染输出视频，如图 10-53 所示。

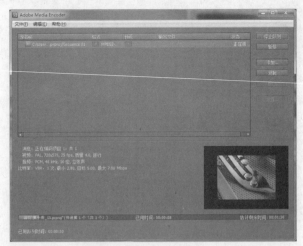

图10-53　渲染输出窗口

> **提示**　DVD 的预置方案有十几种，主要依据本地的电视制式和画面品质来选择。我国采用 PAL 制式，因此所有 NTSC 制式的方案都无效。

### 动手操作 122　输出 WMV 格式的流媒体文件

Windows Media 是 Microsoft 公司开发的一种新的视、音频格式文件，扩展名为 wmv。在 Internet Explorer 浏览器中可以回放各种画质的 Windows Media 视频，是目前最流行的流媒体文件之一。

(Step01) 创建名为"WMV 流媒体输出"的项目工程文件，然后导入本书配套光盘中"视频素材"目录中的"视频素材 001.avi"视频文件和"音频素材"目录中的"音频素材 .mp3"音频文件，并将它们添加到轨道中，如图 10-54 所示。

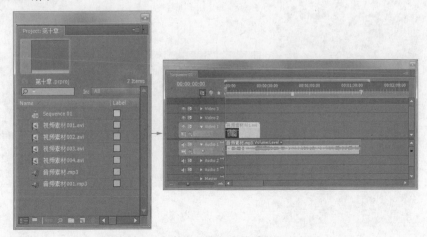

图10-54　导入视、音频文件并添加到轨道

Step02 选择 ✦ （剃刀）工具，以"视频素材 001.avi"视频文件长度为准，裁切并删除"音频素材 .mp3"音频文件多余的部分，如图 10-55 所示。

图10-55　裁切并删除多余的音频文件

Step03 单击菜单栏中 File（文件）>Export（导出）>Media（媒体）命令，在弹出的窗口中设置 Format（格式）为 Windows Media，Preset（预置）为 PAL Source to High Quality（PAL 源到流），Output Name（输出名称）为"序列 01.wmv"，勾选 Export Video（导出视频）和 Export Audio（导出音频）复选框，其他参数保持默认状态，如图 10-56 所示。

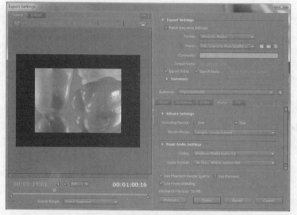

图10-56　媒体编码器设置窗口

提示

WMV 流媒体文件的预置方案有十几种，主要依据用户的网络带宽和画质要求为标准，例如用户使用的是 56K 调制解调器上网，那么就应该用 WM9 PAL 32K download 方案来渲染输出。其他参数，例如画幅尺寸、帧速率等可根据实际情况进行修改设置。

Step04 单击 ▢ Queue ▢ 按钮，打开 Adobe Media Encoder 编码程序窗口，单击右侧的"开始队列"按钮渲染输出视频，如图 10-57 所示。

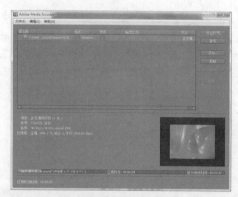

图10-57　渲染输出窗口

## 动手操作 123　输出 QuickTime 格式的文件

QuickTime 是 Apple 公司开发的一种跨平台的数字媒体格式，扩展名为 mov。在 Windows NT 和 UNIX 平台都可以用这种流媒体格式进行视、音频文件的传输，也是目前最流行的视、音频格式之一。

Step01 创建名为"MOV 流媒体输出"的项目工程文件，然后导入本书配套光盘中"视频素材"目录中的"视频素材 004.avi"视频文件和"音频素材"目录中的"音频素材 001.mp3"音频文件，并将它们添加到轨道中，如图 10-58 所示。

图10-58　导入视、音频文件并添加到轨道

**Step02** 选择 ✂ （剃刀）工具，以"视频素材004.avi"视频文件长度为准，裁切并删除"音频素材001.mp3"音频文件多余的部分，如图10-59所示。

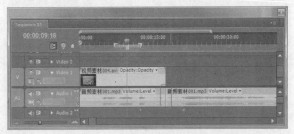

图10-59　裁切并删除多余的音频文件

**Step03** 单击菜单栏中 File（文件）>Export（导出）>Media（媒体）命令，在弹出的窗口中设置 Format（格式）为 QuickTime，Preset（预置）为 PAL DV，Output Name（输出名称）为"序列01.mov"，勾选 Export Video（导出视频）和 Export Audio（导出音频）复选框，其他参数保持默认状态，如图10-60所示。

图10-60　媒体编码器设置窗口

| 提示 | MOV文件的预置方案有十几种，主要依据用户的网络带宽和画质要求来选择预置方案。选择方案后，还可以对参数，例如画幅尺寸、帧速率进行修改。一般情况下，保持默认参数即可。 |
|---|---|

# 10.4　本章小结

选择不同的文件格式和压缩编码，其影片的画面品质和适应播放环境的能力是不一样的。所以，能否制作出符合要求的高质量影片，输出设置是关键。Adobe Premier Pro CS5 为用户提供了多种输出预设方案，用户在不借助第三方软件的情况下，即可轻松自如地输出标清、高清和流式媒体文件。

# 案例应用篇

- 基本效果案例实战

- 字幕特效案例实战

- 抠像特技案例实战

- 过渡特技案例实战

- 滤镜特效案例实战

# 第 11 章
# 基本效果案例实战

## 11.1 快速制作一个简单的视频动画

### 11.1.1 实例概述

　　本例利用 Position（位置）、Scale（缩放比例）和 Opacity（透明度）的关键帧动画制作图像的移动、缩放、淡入淡出的视觉效果。此外，本例还运用视频特效和音频特效对素材进行简单的编辑。本例制作流程如图 11-1 所示，本例最终效果如图 11-2 所示。

图11-1　操作流程图

图11-2　效果图

本例所用素材"br-476.jpg"、"br-478.jpg"、"br-535.jpg"和"雪映移城.mp3"在本书配套光盘中"素材\第11章"文件夹中。

## 11.1.2　操作步骤

### 1. 新建项目、导入素材

**Step01** 启动 Premiere Pro CS5 软件，单击 New Project（新建项目）按钮，弹出 New Project（新建项目）对话框，在 Action and Title Safe Areas（活动与字幕安全区域）选项区域中输入活动和字幕的安全值，在 Video（视频）、Audio（音频）和 Capture（采集）选项区域中设置视、音频素材的显示格式及采集素材时所使用的格式。在没有特殊要求时，采用默认设置即可。最后在 Name（名称）栏中输入"第十一章案例"，在 Location（位置）选项中指定项目的保存路径，最后单击 OK 按钮，如图 11-3 所示。

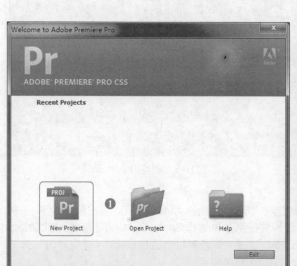
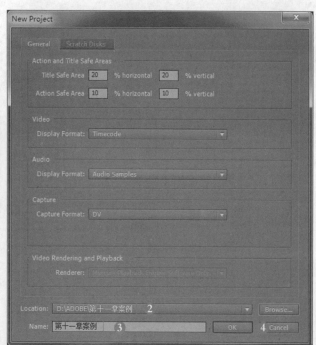

图 11-3　新建项目

**Step02** 弹出 New Sequence（新建序列）对话框，在列表中选择 DV-PAL 视频制式，设置音频采样为 Standard 48kHz（标准 48kHz），在 Sequence Name（序列名称）栏中输入序列名（提示：序列名可在进入操作界面后修改，本案例采用系统默认序列名），最后单击 OK 按钮，进入 Premiere Pro CS5 操作界面，如图 11-4 所示。

图11-4 新建序列

(Step03) 单击菜单栏中 File（文件）>Import（导入）命令，或在 Project（项目）窗口的空白处双击，导入本书配套光盘"素材\第11章"文件夹中的4个素材文件，如图11-5所示。

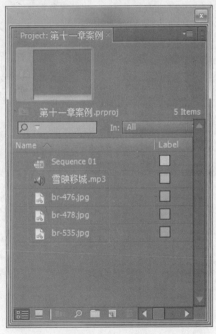

图11-5 导入素材

### 2. 新建彩色背景

(Step01) 单击 Project（项目）窗口底部的 （新建素材）按钮，在弹出的列表中选择 Color Matte（彩色蒙版）选项，创建一个 RGB 值为（235，145，30）的彩色背景，如图11-6所示。

图11-6 创建彩色背景

(Step02) 选择刚创建的"背景素材"，单击鼠标右键，在弹出的快捷菜单中选择 Speed/Duration（速度/持续时间）命令，设置"背景素材"的 Duration（持续时间）为 12 秒，如图11-7所示。

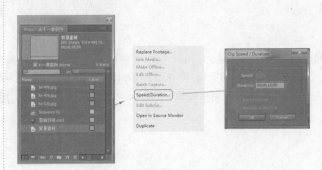

图11-7 修改素材的持续时间

(Step03) 采用同样方法设置"br-478.jpg"和"br-535.jpg"素材的 Duration（持续时间）为 5 秒，"br-476.jpg"素材的 Duration（持续时间）为 7 秒，如图11-8所示。

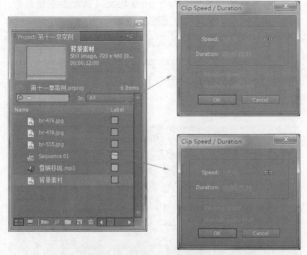

图11-8 修改素材的持续时间

### 3. 添加素材到视、音频轨道

**Step01** 在 Project（项目）窗口中选择"雪映移城 .mp3"音频素材，将其拖曳添加到 Audio 1（音频 1）轨道，将其他素材分别拖曳添加到 Video 1（视频 1）、Video 2（视频 2）和 Video 3（视频 3）轨道。最后，将"br-535.jpg"素材，拖曳添加到 Video 2（视频 2）轨道"br-476.jpg"素材的后面，如图 11-9 所示。

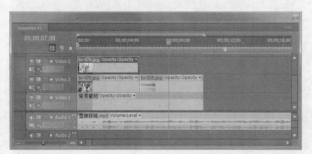

图11-9 添加素材到轨道

**提 示**

1. 添加素材到轨道后，如果素材显示的长度非常小，如图 11-10 所示，可以左右拖曳 Timelines（时间线）窗口顶部 （时间标尺缩放条）的右端来改变显示单位，或者单击 Timelines（时间线）窗口左下角的 （时间单位缩小）按钮和 （时间单位放大）按钮来改变显示单位，也可以用键盘快捷键"-"和"+"来快速改变时间显示单位。

**提 示**

图11-10 显示较小的素材长度

2. 在添加或编辑素材时，应打开 Timelines（时间线）窗口左上角的 （吸附）按钮。激活此按钮，剪辑影片时只要遇到素材的头、尾，或者入出点、标记点等，系统会自动捕捉其位置。

3. Scale to Frame Size（适配为当前画面大小）：当导入的图像素材尺寸与 Project（项目）设置的视频尺寸不一致时，首先在 Timelines（时间线）窗口的轨道中选择素材，然后单击鼠标右键，在弹出的快捷菜单中选择或取消选择 Scale to Frame Size（适配为当前画面大小）命令即可，如图 11-11 所示。

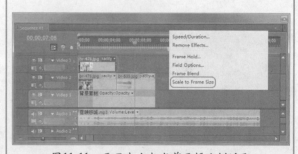

图11-11 画面大小与当前画幅比例适配

◆选择 Scale to Frame Size（适配为当前画面大小）命令：选择后，导入的素材尺寸自动适配 Project（项目）所设置的视频尺寸。大尺寸的素材将自动缩小，小尺寸的素材将自动放大。

◆取消选择 Scale to Frame Size（适配为当前画面大小）命令：取消选择后，导入的素材保持原尺寸大小。

我们也可以在全局环境参数中设置是否自动适配画幅大小。单击菜单栏中 Edit（编辑）>Preferences（参数）>General（常规）命令，在

**提　示**

弹出的全局环境参数面板中勾选或取消勾选 Default scale to frame size（画面大小默认适配为当前项目画面尺寸）复选框即可，如图 11-12 所示。

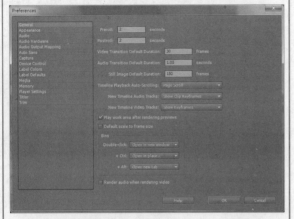

图11-12　设置默认画面宽高比为项目设置大小

设置了全局环境参数后，以后导入的素材的画幅大小，都受此参数的控制。

(Step02) 打 开 "br-476.jpg"、"br-478.jpg" 和 "br-535.jpg" 素材文件的 Scale to Frame Size（适配为当前画面大小）选项（操作方法见上面的提示）。

**4. 为背景素材添加视频特效**

(Step01) 单击 Video 2（视频 2）和 Video 3（视频 3）轨道前的轨道显示按钮，暂且关闭此轨道上的素材显示，如图 11-13 所示。

图11-13　暂时关闭轨道上的素材显示

(Step02) 选择 Timelines（时间线）窗口中的"背景素材"，展开 Effect（效果）窗口的 Video Effect（视频特效）>Generate（生成）滤镜组，选择 Ramp（渐变）特效，将它拖曳到 Effect Controls（效果控制）面板，如图 11-14 所示。

图11-14　添加Ramp（渐变）特效

(Step03) 在 Effect Controls（效果控制）面板中展开 Ramp（渐变）特效参数，设置 Start Color（起始颜色）的 RGB 值为（255，0，0），End Color（结束颜色）的 RGB 值为（255，255，255），Ramp Shape（渐变形状）为 Linear Ramp（线性渐变），Blend With Original（与原始图像混合）为 80%，其他参数保持默认状态，如图 11-15 所示。

(Step04) 继续为"背景素材"添加视频特效。展开 Effect（效果）窗口的 Video Effect（视频特效）>Generate（生成）滤镜组，选择 Lens Flare（镜头光晕）特效，将它拖曳到 Effect Controls（效果控制）面板，并设置相关参数，如图 11-16 所示。

图11-15　设置Ramp（渐变）特效参数

图11-16　添加Lens Flare（镜头光晕）特效

(Step05) 将时间指针移到 0 帧处，单击 Lens Flare（镜头光晕）>Flare Center（光晕中心）参数前面的 ⏱（关键帧开关）按钮，打开关键帧动画开关，在 0 帧处创建一个关键帧，并设置关键帧值为（-160，35），如图 11-17 所示。

图11-17　在0帧处创建关键帧

Step06 将时间指针移到 12 秒帧处，单击 Flare Center（光晕中心）参数后面的 ◀ ◆ ▶（关键帧搜索）按钮中间的小菱形，在此位置创建一个关键帧，并设置关键帧值为（660，35），如图 11-18 所示。

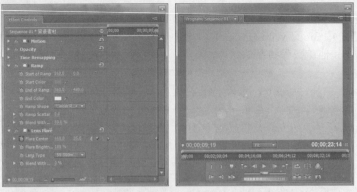

图11-18　在12秒帧处创建关键帧

这样就完成了模拟太阳运动的动态背景效果，如图 11-19 所示。

图11-19　模拟太阳运动

5. 设置素材关键帧动画

Step01 单击 Video 3（视频 3）轨道前的显示轨道按钮，打开此轨道上的素材显示。

Step02 选择 "br-476.jpg" 素材，打开 Effect Controls（效果控制）面板，展开 Motion（运动）参数，设置素材的 Scale（缩放比例）为 30，Position（位置）为（1000，-185），如图 11-20 所示。

图11-20　设置素材的缩放比例和位置

**Step03** 将时间指针移到 0 帧处，单击 Position（位置）参数前面的 🕐（关键帧开关）按钮，打开关键帧动画开关，并在 0 帧处创建一个关键帧，如图 11-21 所示。

打开此轨道上的素材显示。

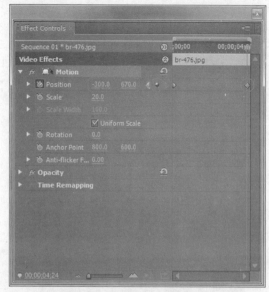

图11-22 在5秒帧处创建关键帧

图11-21 在0帧处创建关键帧

**Step04** 将时间指针移到 5 秒帧处，单击 Position（位置）参数后面的 ◀ ◆ ▶（关键帧搜索）按钮中间的小菱形，在此位置创建一个关键帧，并设置 Position（位置）为 (-300，670)，如图 11-22 所示。

**Step05** 单击 Video 2（视频 2）轨道前的轨道显示按钮，

**Step06** 选择 "br-478.jpg" 素材，打开 Effect Controls（效果控制）面板，展开 Motion（运动）参数，设置素材的 Scale（缩放比例）为 20，Position（位置）设为 "-200，-130"，如图 11-23 所示。

**Step07** 将时间指针移到 0 帧处，单击 Position（位置）参数前面的 🕐（关键帧开关）按钮，打开关键帧动画开关，并在 0 帧处创建一个关键帧，如图 11-24 所示。

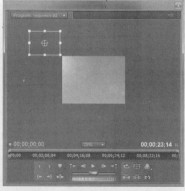

图11-23 设置素材的缩放比例和位置

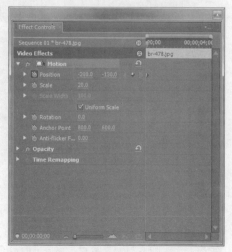

图11-24 在0帧处创建关键帧

(Step08) 将时间指针移到 5 秒帧处，单击 Position（位置）参数后面的 ◄ ◆ ► （关键帧搜索）按钮中间的小菱形，在此位置创建一个关键帧，并设置 Position（位置）为（950，600），如图 11-25 所示。

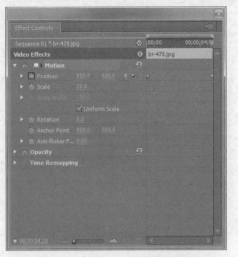

图11-25　在5秒帧处创建关键帧

打开效果参数的 🖼 （关键帧开关）后，如果对参数值做了改动，那么在当前时间指针位置就会生成一个关键帧，这一点大家一定要注意。

Step04 和 Step08 也可以用这种方法完成：首先确定时间指针位置，然后直接修改要生成动画的参数值，那么在当前时间位置就会自动生成一个关键帧，而不需要单击 ◄ ◆ ► （关键帧搜索）按钮中间的小菱形。以后关键帧动画的制作，都可以用这两种方法来完成。

提示

### 6. 为素材添加阴影特效

(Step01) 选择 "br-1.jpg" 素材，展开 Effect（效果）窗口的 Video Effect（视频特效）>Perspective（透视）滤镜组，选择 Drop Shadow（投影阴影）特效，将它拖曳到 Effect Controls（效果控制）面板，如图 11-26 所示。

(Step02) 在 Effect Controls（效果控制）面板中展开 Drop Shadow（投影阴影）特效参数，设置 Shadow Color（阴影颜色）为黑色，Opacity（透明度）为 50，Direction（方向）为 150，Distance（距离）为 65，Softness（柔和度）为 145，其他参数保持默认状态，如图 11-27 所示。

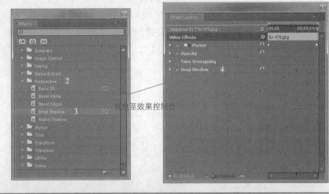

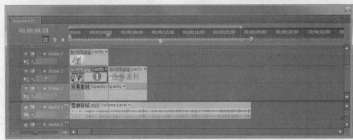

图11-26　添加Drop Shadow（投影阴影）特效

图11-27　设置Drop Shadow（投影阴影）
特效参数

(Step03) 选择 Drop Shadow（投影阴影）特效，单击鼠标右键，选择 Copy（复制）命令，如图 11-28 所示。

(Step04) 选择 "br-2.jpg" 素材，展开 Effect Controls（效果控制）面板，在空白处单击鼠标右键，选择 Paste（粘贴）命令，将 Drop Shadow（投影阴影）特效赋予当前素材，如图 11-29 所示。

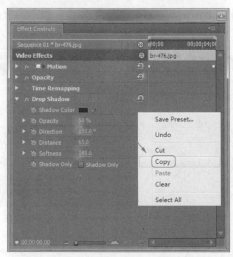

图11-28 复制Drop Shadow（投影阴影）特效

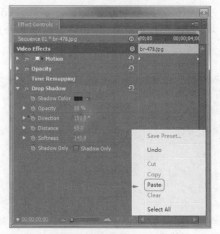

图11-29 粘贴Drop Shadow（投影阴影）特效

**Step05** 同样地，将 Drop Shadow（投影阴影）特效赋予"br-535.jpg"素材。

> **提示** 当多个素材使用相同的特效时，可采用复制、粘贴的方法来提高操作效率。

**Step06** 将时间指针移到 5 秒帧处，选择"br-535.jpg"素材，打开 Effect Controls（效果控制）面板，展开 Motion（运动）参数，打开 Position（位置）和 Scale（缩放比例）参数的（关键帧开关），设置 Position（位置）值为（360，610），Scale（缩放比例）值为 0，如图 11-30 所示。

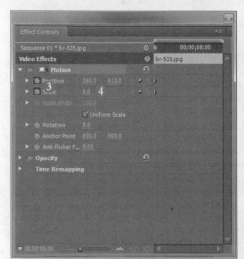

图11-30 设置素材运动关键帧

Step07 移动时间指针到 8 秒帧处，设置 Position（位置）值为（360，250），Scale（缩放比例）值为 20，如图 11-31 所示。

Step08 移动时间指针到 12 秒帧处，设置 Scale（缩放比例）值为 30，如图 11-32 所示，图像效果如图 11-33 所示。

图11-31　设置素材运动关键帧

图11-32　设置素材缩放比例关键帧

图11-33　图像效果

### 7. 为素材添加视频特效

Step01 选择"br-535.jpg"素材，展开 Effect（效果）窗口的 Video Effect（视频特效）>Transition（过渡）滤镜组，选择 Gradient Wipe（渐变擦除）特效，将它拖曳到 Effect Controls（效果控制）面板，如图 11-34 所示。

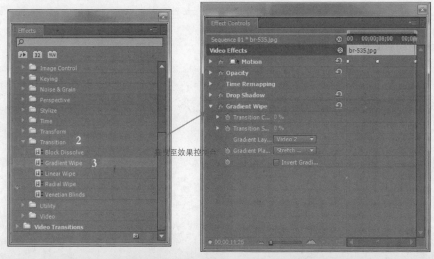

图11-34　添加Gradient Wipe（渐变擦除）特效

Step02 将时间指针移到 8 秒帧处，展开 Gradient Wipe（渐变擦除）特效参数，打开 Transition Completion（过渡完成）参数的 （关键帧开关），设置 Transition Completion（过渡完成）为 0。将时间指针移到 12 秒帧处，设置 Transition Completion（过渡完成）为 100，如图 11-35 所示。

图11-35 设置Gradient Wipe（渐变擦除）参数的关键帧动画

（Step03）继续设置 Gradient Wipe（渐变擦除）特效的其他参数，设置 Transition Softness（过渡柔和度）为 70，Gradient Layer（渐变图层）为 Video 1（视频 1）轨道，Gradient Placement（渐变位置）为 Center Gradient（中心渐变），勾选 Invert Gradient（反相渐变）复选框，如图 11-36 所示。

图11-36 设置Gradient Wipe（渐变擦除）特效参数

### 8. 设置音频素材的淡出效果

（Step01）选择背景音乐素材，单击 Audio 1（音频 1）名称处的 ◇（关键帧显示）按钮，在弹出的列表中选择 Show Clip Keyframes（显示素材关键帧）选项，如图 11-37 所示。

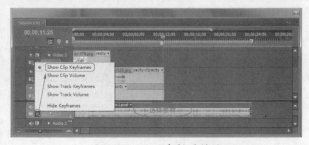

图11-37 显示素材关键帧

（Step02）将时间指针移到 10 秒 15 帧处，单击 ▶（选择工具）按钮，按住 Ctrl 键，在背景音乐音频素材的时间指针位置处单击，创建一个音量关键帧，如图 11-38 所示。

图11-38 添加音量关键帧

（Step03）将时间指针移到 12 秒帧处，单击 ▶（选择工具）按钮，按住 Ctrl 键，在背景音乐音频素材的时间指针位置处单击，再创建一个音量关键帧，并用鼠标拖曳最后一个关键帧到音量曲线的底部，如图 11-39 所示。

图11-39 添加音量关键帧

> 提示 音频素材音量关键帧的创建，也可以用视频素材参数关键帧的创建方法来完成。首先确定时间指针的位置，然后打开 Effect Controls（效果控制）面板，展开 Audio（音量）参数，打开 Level（电平）的 ⓑ（关键帧开关）后，修改电平参数值，生成关键帧。重复上面的操作，继续创建余下的关键帧。这样就制作了与步骤 2、步骤 3 相同的音量淡出关键帧动画效果。

### 9. 渲染输出影片

（Step01）设置 Timelines（时间线）窗口的 Work area column（工作区域栏）范围条为整个影片，如图 11-40 所示。

图11-40 设置Work area column（工作区域栏）范围条

Step02 单击菜单栏中 File（文件）>Export（导出）>Media（媒体）命令，如图 11-41 所示。

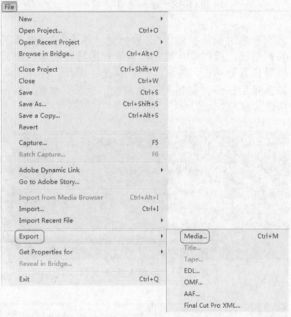

图11-41 导出为Media（媒体）文件

Step03 打开 Export Settings（导出设置）对话框，设置 Format（格式）为 MPEG2，Preset（预置）为 PAL DV Widescreen（PAL DV 高品质），在 Output Name（输出名称）栏内指定视频保存的路径和文件名，勾选 Export Video（导出视频）、Export Audio（导出音频）复选框，其他参数保持默认状态，如图 11-42 所示。

图11-42 设置影片的输出参数

Step04 最后，单击 Export Settings（导出设置）对话框右下角的 Queue 按钮，打开 Adobe Media Encoder 窗口，单击"开始队列"按钮，开始渲染生成影片，如图 11-43 所示。

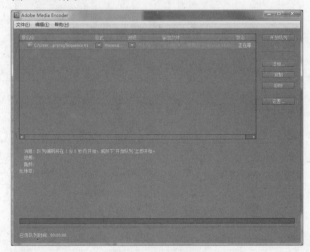

图11-43 渲染文件

Step05 渲染完成后，就可以用播放器观看这段 MPG 格式的影片了！

提示 渲染后效果见本书配套光盘中相关文件。

## 11.2 制作倒计时片头及画中画效果

### 11.2.1 实例概述

本例用 Adobe Premiere Pro CS5 自带的片头通用倒计时素材，制作影片的倒计时片头，同时配合素材的 Position（位置）、Scale（缩放比例）参数的变化，模拟画中画效果。本例制作流程如图 11-44 所示，本例最终效果如图 11-45 所示。

图11-44 操作流程图

图11-45 效果图

本例所用素材"br-40.jpg"、"br-43.jpg"、"br-72.jpg"和"br-279.jpg"放在本书配套光盘"素材\第11章"文件夹中。

## 11.2.2 操作步骤

1. 新建项目、导入素材

**Step01** 启动 Premiere Pro CS5 软件，单击 New Project（新建项目）按钮，弹出 New Project（新建项目）对话框，在 Action and Title Safe Areas（活动与字幕安全区域）选项区域中输入活动和字幕的安全值，在 Video（视频）、Audio（音频）和 Capture（采集）选项区域中设置视、音频素材的显示格式及采集素材时所使用的格式。在没有特殊要求时，采用默认设置即可。在 Name（名称）栏中输入"第十一章案例2"，在 Location（位置）选项中指定项目的保存路径，最后单击 OK 按钮，如图 11-46 所示。

**Step02** 弹出 New Sequence（新建序列）对话框，在列表中选择 DV-PAL 视频制式，设置音频采样为 Standard 48kHz（标准 48kHz），在 Sequence Name（序列名称）栏中输入序列名（提示：序列名可在进入操作界面后修改，本案例采用系统默认序列名），最后单击 OK 按钮进入 Premiere Pro CS5 操作界面，如图 11-47 所示。

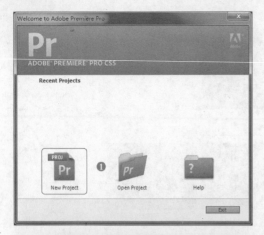

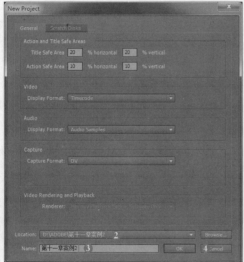

图11-46　新建项目

图11-47　新建序列

**Step03** 单击菜单栏中 File（文件）>Import（导入）命令，或在 Project（项目）窗口的空白处双击，导入本书配套光盘"素材\第 11 章"文件夹中的 4 个素材文件，如图 11-48 所示。

图11-48　导入素材

**Step04** 选择 Project（项目）窗口中的"br-40.jpg"素材，单击鼠标右键，在弹出的快捷菜单中选择 Speed/Duration（速度/持续时间）命令，设置素材的 Duration（持续时间）为 8 秒，如图 11-49 所示。

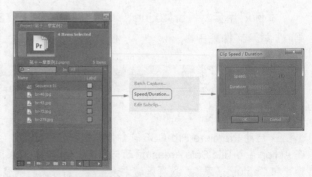

图11-49　修改素材的持续时间

**Step05** 同样地，设置其他素材的 Duration（持续时间）为 8 秒。

### 2.新建倒计时片头素材

**Step01** 单击 Project（项目）窗口底部的 （新建素材）按钮，在弹出的列表中选择 Universal Counting Leader（片头通用倒计时）选项，如图 11-50 所示。

字色）的 RGB 值为（255，255，255），如图 11-51 所示。

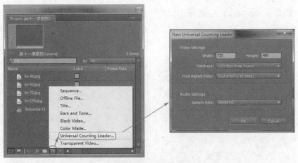

图11-50 新建通用倒计时素材

(Step02) 在弹出的 Universal Counting Leader Setup（片头通用倒计时设置）对话框中，设置 Wipe Color（划变色）的 RGB 值为（110，60，5），Background Color（背景色）的 RGB 值为（218，218，218），Line Color（线条色）的 RGB 值为（135，30，0），Target Color（目标色）的 RGB 值为（0，115，5），Numeral Color（数

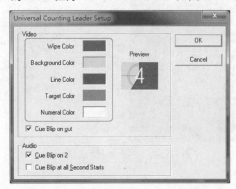

图11-51 Universal Counting Leader（片头通用倒计时）
参数设置

(Step03) 单击 Project（项目）窗口底部的 ▣（新建素材）按钮，在弹出的列表中选择 Color Matter（彩色蒙版）选项，创建一个 RGB 值为（255，255，255）的白色背景，如图 44-52 所示。

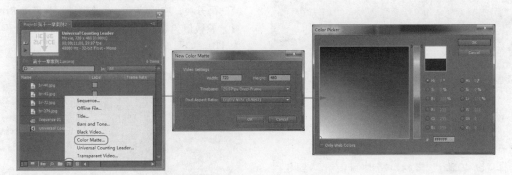

图11-52 创建白色背景素材

> 提示 创建白色蒙版素材的目的是在倒计时片头结束后插入一个闪白效果。

(Step04) 选择刚创建的 Color Matter（彩色蒙版）素材，单击鼠标右键，在弹出的快捷菜单中选择 Speed/Duration（速度/持续时间）命令，设置素材的 Duration（持续时间）为 2 帧，如图 11-53 所示。

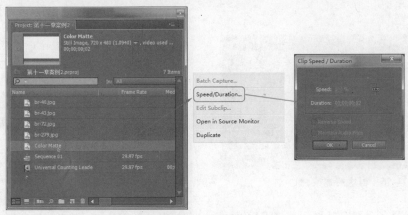

图11-53 设置素材持续时间

(Step05) 同样地，设置 Universal Counting Leader（片头通用倒计时）素材的持续时间为 5 秒，如图 11-54 所示。

图11-54　设置素材持续时间

## 3. 添加素材到轨道

在 Project（项目）窗口中选择所有素材，将它们拖曳添加到如图 11-55 所示的轨道中。

图11-55　添加素材到轨道

## 4. 设置素材关键帧动画

Step01 选择"br-40.jpg"素材，将时间指针移到 5 秒 2 帧处，打开 Effect Controls（效果控制）面板，展开 Motion（运动）参数，单击 Position（位置）和 Scale（缩放比例）参数前面的 ⏱（关键帧开关）按钮，打开关键帧动画开关，在此创建一个关键帧，并设置 Position（位置）参数值为（300，245），Scale（缩放比例）参数值为 120，如图 11-56 所示。

图11-56　创建关键帧

Step02 将时间指针移到 7 秒 2 帧处，单击 Position（位置）和 Scale（缩放比例）参数后面的 ◀ ◆ ▶（关键帧搜索）按钮中间的小菱形，在此位置创建一

个关键帧，并设置 Position（位置）参数值为（135，110），Scale（缩放比例）参数值为 60，如图 11-57 所示。

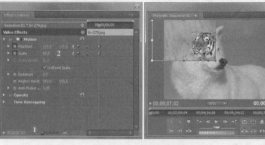

图11-57　创建关键帧

Step03 选择"TH-3.jpg"素材，将时间指针移到 7 秒 2 帧处，打开 Effect Controls（效果控制）面板，展开 Motion（运动）参数，单击 Position（位置）和 Scale（缩放比例）参数前面的 ⏱（关键帧开关）按钮，打开关键帧动画开关，在此创建一个关键帧，并设置 Position（位置）参数值为（360，240），Scale（缩放比例）参数值为 110，如图 11-58 所示。

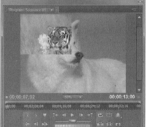

图11-58　创建关键帧

Step04 将时间指针移到 9 秒 2 帧处，单击 Position（位置）和 Scale（缩放比例）参数后面的 ◀ ◆ ▶（关键帧搜索）按钮中间的小菱形，在此位置创建一个关键帧，并设置 Position（位置）参数值为（545，375），Scale（缩放比例）参数值为 55，如图 11-59 所示。

图11-59　创建关键帧

Step05 选择"TH-2.jpg"素材，将时间指针移到9秒2帧处，打开Effect Controls（效果控制）面板，展开Motion（运动）参数，单击Position（位置）和Scale（缩放比例）参数前面的 ⏱ （关键帧开关）按钮，打开关键帧动画开关，在此创建一个关键帧，并设置Position（位置）参数值为（360，240），Scale（缩放比例）参数值为110，如图11-60所示。

图11-60 创建关键帧

Step06 将时间指针移到11秒2帧处，单击Position（位置）和Scale（缩放比例）参数后面的 ‹ ♦ › （关键帧搜索）按钮中间的小菱形，在此位置创建一个关键帧，并设置Position（位置）参数值为（546，122），Scale（缩放比例）参数值为55，如图11-61所示。

图11-61 创建关键帧

Step07 选择"TH-1.jpg"素材，将时间指针移到11秒2帧处，打开Effect Controls（效果控制）面板，展开Motion（运动）参数，单击Position（位置）和Scale（缩放比例）参数前面的 ⏱ （关键帧开关）按钮，打开关键帧动画开关，在此创建一个关键帧，并设置Position（位置）参数值为（360，240），Scale（缩放比例）参数值为110，如图11-62所示。

图11-62 创建关键帧

Step08 将时间指针移到13秒帧处，单击Position（位置）和Scale（缩放比例）参数后面的 ‹ ♦ › （关键帧搜索）按钮中间的小菱形，在此位置创建一个关键帧，并设置Position（位置）参数值为（160，378），Scale（缩放比例）参数值为55，如图11-63所示。

图11-63 创建关键帧

### 5. 渲染输出影片

Step01 设置Timelines（时间线）窗口中Work area column（工作区域栏）范围条为整个影片，然后单击菜单栏中File（文件）>Export（导出）> Media（媒体）命令，如图11-64所示。

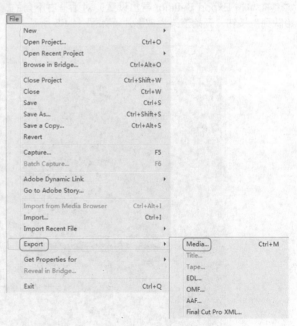

图11-64 导出文件

Step02 打开Export Settings（导出设置）对话框，设置Format（格式）为Microsoft AVI，Preset（预置）为PAL DV，在Output Name（输出名称）栏内指定视频保存的路径和文件名，勾选Export Video（导出视频）复选框，其他参数保持默认状态，如图11-65所示。

图11-65　设置影片的输出参数

Step03 单击 Export Setting（导出设置）对话框右下角的 Queue 按钮，打开 Adobe Media Encoder 窗口，单击"开始队列"按钮，开始渲染生成影片，如图 11-66 所示。

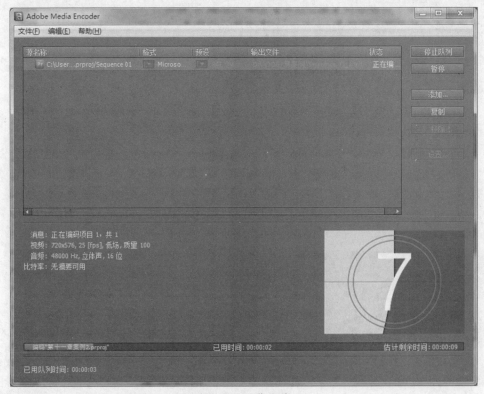

图11-66　渲染文件

## 11.3 自制影片导引片段

### 11.3.1 实例概述

本例利用 Adobe Photoshop CS5 绘制两张带 Alpha 通道的图像素材，用作电影场记板的遮罩，然后与 Adobe Premiere Pro CS5 字幕工具创建的数字素材连接，完成影片开拍计数的镜头效果。本例制作流程如图 11-67 所示，本例最终效果如图 11-68 所示。

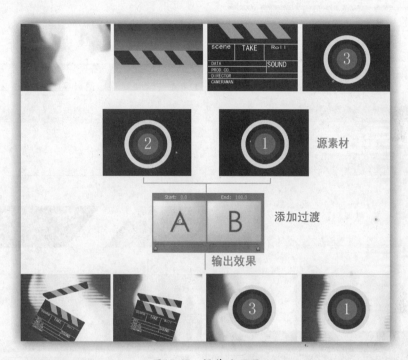

图11-67　操作流程图

图11-68　效果图

本例所用素材"燃烧 .avi"放在本书配套光盘"素材\第 11 章"文件夹中。

### 11.3.2 操作步骤

#### 1. 绘制 Alpha 通道素材

Step01 启动 Adobe Photoshop CS5 软件，单击菜单栏中"文件 > 新建"命令，创建一个 720×576 的白底图像，命名为"场记板 -1"，如图 11-69 所示。

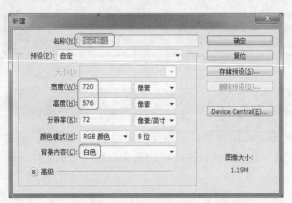

图11-69 新建图像

(Step02) 单击图层面板底部的 （新建图层）按钮，新建一个图层，然后单击工具箱中的 ▢（矩形工具）按钮，绘制出一个矩形，如图11-70所示。

图11-70 绘制矩形

(Step03) 单击工具箱中的 ▽（多边形套索工具）按钮，选取矩形左下角部分，将其删除，如图11-71所示。

(Step04) 单击图层面板底部的 ▢（新建图层）按钮，新建"图层2"，设置前景色为灰白色，然后单击 ▢（矩形工具）按钮，按Ctrl+T键，自由变换编辑矩形，如图11-72所示。

(Step05) 复制两次"图层2"，然后调整图层中矩形的位置，如图11-73所示。

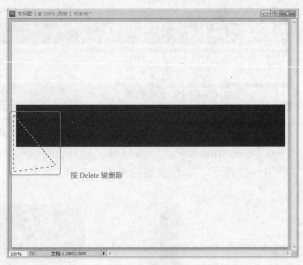

图11-71 删除选区

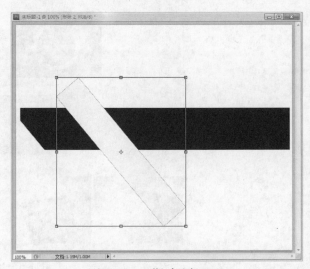

图11-72 绘制并编辑矩形

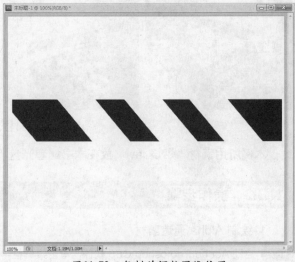

图11-73 复制并调整图像位置

Step06 按住键盘中 Ctrl 键，单击"图层 1"缩略图，选择图层选区，然后按 Shift+Ctrl+I 键反向选择选区，依次删除"图层 2"及复制图层选区中的图形，如图 11-74 所示。

Step07 单击 （魔棒工具）按钮，选择图像中的白色区域，然后按键盘中 Shift+Ctrl+I 键反向选择，将图形部分选中。展开"通道"面板，单击面板底部的 （将选择存储为通道）按钮，添加 Alpha 通道，最后将图像文档保存为"场记板 -1.tif"，如图 11-75 所示。

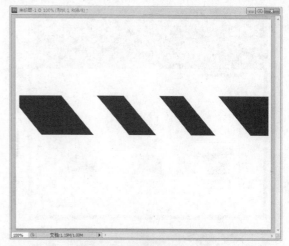

图11-74 删除选区中的图形

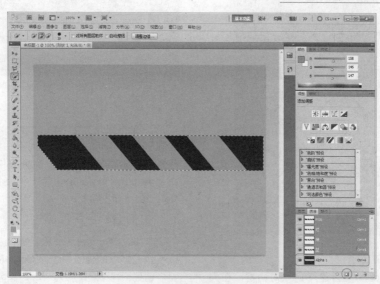

图11-75 创建Alpha通道

Step08 同样地，绘制如图 11-76 所示的遮罩图像，并将其保存为"场记板 -2.tif"。

### 2. 新建项目

Step01 启动 Premiere Pro CS5 软件，单击 New Project（新建项目）按钮，弹出 New Project（新建项目）对话框，在 Action and Title Safe Areas（活动与字幕安全区域）选项区域中输入活动和字幕的安全值，在 Video（视频）、Audio（音频）和 Capture（采集）选项区域中设置视、音频素材的显示格式及采集素材时所使用的格式。最后在 Name（名称）栏中输入"第 11 章案例 3"，在 Location（位置）选项中指定项目的保存路径，最后单击 OK 按钮，如图 11-77 所示。

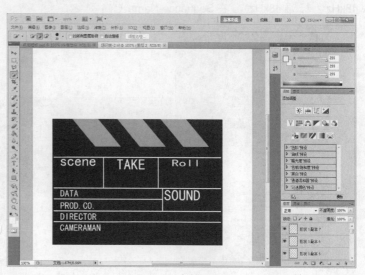

图11-76 绘制遮罩

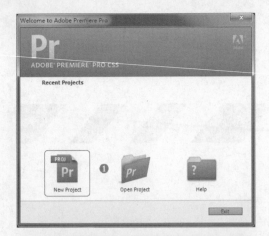

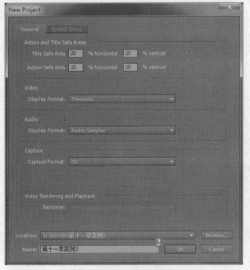

图11-77 新建项目

(Step02) 弹出 New Sequence（新建序列）对话框，在列表中选择 DV-PAL 视频制式，设置音频采样为 Standard 48kHz（标准48kHz），在 Sequence Name（序列名

称）栏中输入序列名，最后单击 OK 按钮进入 Premiere Pro CS5 操作界面，如图 11-78 所示。

图11-78 新建序列

(Step03) 单击菜单栏中 File（文件）>Import（导入）命令，或在 Project（项目）窗口的空白处双击，导入本书配套光盘"素材\第 11 章"文件夹中的"燃烧 .avi"和前面用 Adobe Photoshop CS5 绘制的"场记板 -1.tif"和"场记板 -2.tif"素材。

### 3. 新建彩色背景素材

(Step01) 单击 Project（项目）窗口底部的 ■（新建素材）按钮，在弹出的列表中选择 Color Matter（彩色蒙版）选项，创建一个 RGB 值为（255，255，255）的白色背景，如图 11-79 所示。

图11-79 创建白色背景素材

**Step02** 选择刚创建的白色背景，单击鼠标右键，在弹出的快捷菜单中选择 Speed/Duration（速度 / 持续时间）命令，设置白色背景的 Duration（持续时间）为 2 帧，如图 11-80 所示。

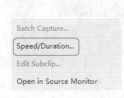

图11-80 修改素材的持续时间

**Step03** 同样地，修改"场记板 -1.tif"和"场记板 -2.tif"素材的持续时间为 5 秒。

### 4. 新建计数图形

**Step01** 单击 Project（项目）窗口底部的 ▣（新建素材）按钮，在弹出的列表中选择 Title（字幕）选项，打开字幕编辑器窗口。单击字幕工具面板中的 ○（椭圆工具）按钮，在字幕工作区内绘制 4 个大小不等的圆，填充颜色依次为白、黑、暗红和红，如图 11-81 所示。

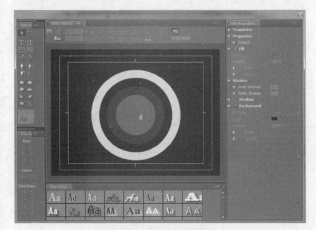

图11-81 创建计数图形

**Step02** 单击字幕工具面板中的 T（文字工具）按钮，在圆形中央创建数字，如图 11-82 所示。

**Step03** 同样地，创建计数图形 2 和计数图形 1，并将 3 个计数图形素材的持续时间设置为 2 秒。

**Step04** 依次将素材添加到轨道，如图 11-83 所示。

### 5. 设置图形素材的定位点

**Step01** 在时间线轨道中选择"场记板 -1.tif"素材，激活 Effect Controls（效果控制）面板，展开 Motion（运动）参数，设置 Scale（缩放比例）值为 75.5，将 Anchor Point（定位点）移到素材的左下角，如图 11-84 所示。

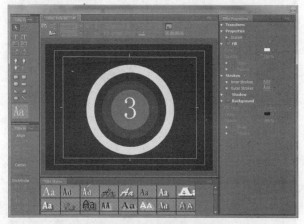

图11-82 创建计数数字

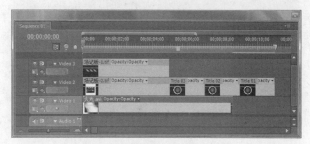

图11-83 添加素材至轨道

图11-84 设置素材定位点

**Step02** 同样地，设置"场记板 -2.tif"素材的 Scale（缩放比例）值为 70，将 Anchor Point（定位点）移到素材的左上角，如图 11-85 所示。

### 6. 设置素材关键帧动画

**Step01** 将时间指针移到 0 帧处，选择"场记板 -1.tif"素材，打开 Effect Controls（效果控制）面板，展开 Motion（运动）参数，单击 Rotation（旋转）参数前面

的 （关键帧开关）按钮，打开关键帧动画开关，在此时间位置创建一个关键帧，并设置 Rotation（旋转）参数值为 -15，如图 11-86 所示。

数值为 30，如图 11-89 所示。

图11-85　设置素材定位点

图11-88　在不同位置创建关键帧

图11-86　设置关键帧及参数

(Step02) 将时间指针移到 2 秒帧处，单击 Rotation（旋转）参数后面的 （关键帧搜索）按钮中间的小菱形，在此位置创建一个关键帧，并设置 Rotation（旋转）参数值为 15，如图 11-87 所示。

图11-89　设置关键帧及参数

(Step05) 将时间指针移到 2 秒帧处，单击 Rotation（旋转）参数后面的 （关键帧搜索）按钮中间的小菱形，在此位置创建一个关键帧，并设置 Rotation（旋转）参数值为 15，如图 11-90 所示。

图11-90　设置关键帧及参数

图11-87　设置关键帧及参数

(Step03) 同样地，在 4 秒帧处创建 Rotation（旋转）关键帧，参数设为 -15，在 6 秒帧处创建 Rotation（旋转）关键帧，参数设为 15，如图 11-88 所示。

(Step04) 将时间指针移到 0 帧处，选择"场记板 -2.tif"素材，打开 Effect Controls（效果控制）面板，展开 Motion（运动）参数，单击 Rotation（旋转）参数前面的 （关键帧开关）按钮，打开关键帧动画开关，在此时间位置创建一个关键帧，并设置 Rotation（旋转）参

(Step06) 同样地，在 4 秒帧处创建 Rotation（旋转）关键帧，参数设为 30，在 6 秒帧处创建 Rotation（旋转）关键帧，参数设为 15，如图 11-91 所示。

### 7. 设置视频过渡

(Step01) 展开 Effect（效果）窗口的 Video Transitions（视频过渡）>Zoom（缩放）过渡，选择 Zoom Trails（缩放拖尾）过渡特技，将它拖曳到"Title-03"和"Title-02"素材的中间，然后在过渡面板中选择刚添加的 Zoom Trails（缩放拖尾）过渡，进入 Effect Controls（效果控制）面板，设置过渡参数，如图 11-92 所示。

图11-91　在不同位置创建关键帧

图11-92　添加视频过渡

**Step02** 继续添加 Zoom Trails（缩放拖尾）过渡到"Title-02"和"Title-01"中间，并设置相同的过渡参数，如图 11-93 所示。

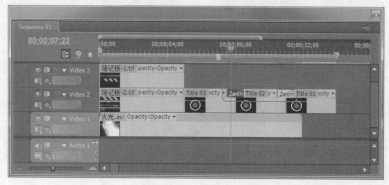

图11-93　添加视频过渡

<table>
<tr><td>提示</td><td>Adobe Premiere Pro CS5 提供了几十种视频过渡特效，用户可以选择自己喜欢的过渡来练习，不必拘泥于本例中使用的过渡。</td></tr>
</table>

### 8. 设置视频时长

(Step01) 在时间线轨道窗口中选择"燃烧.avi"素材，单击鼠标右键，在弹出的快捷菜单中选择 Speed/Duration（速度 / 持续时间）命令，设置"燃烧.avi"素材的的持续时间为 12 秒，如图 11-94 所示。

<table>
<tr><td>提示</td><td>由于"燃烧.avi"素材的时长与计数素材的总时长不等，所以要修改视频素材的长度为 12 秒，以便首尾对齐。</td></tr>
</table>

(Step02) 完成上面的操作，就可以将素材合成了，或者将它输出为独立的视频片段，以方便以后使用。

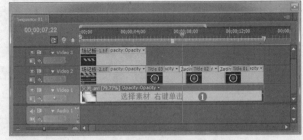

图11-94　修改素材的持续时间

<table>
<tr><td>提示</td><td>本案例只起到抛砖引玉的作用，其实倒计时视频片头多种多样，你可以发挥自己的想象力制作出更为精彩的导引素材。</td></tr>
</table>

## 11.4　制作简单的滤镜特效

### 11.4.1　实例概述

本例使用 Adobe Premiere Pro CS5 自带的视频滤镜特效和外挂滤镜，来制作一个简单的片头效果。本例制作流程如图 11-95 所示，本例最终效果如图 11-96 所示。

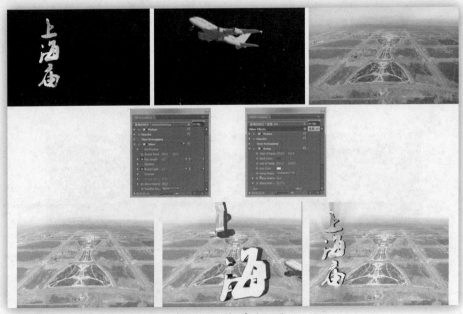

图11-95　操作流程图

图11-96　效果图

本例所用素材 3D 文字序列帧、3D 飞机序列帧和 "背景 .jpg" 放在本书配套光盘 "素材 \ 第 11 章" 文件夹中。

## 11.4.2　操作步骤

### 1. 新建项目

(Step01) 启动 Premiere Pro CS5 软件，单击 New Project（新建项目）按钮，弹出 New Project（新建项目）对话框，在 Action and Title Safe Area（活动与字幕安全区域）选项区域中输入活动和字幕的安全值，在 Video（视频）、Audio（音频）和 Capture（采集）选项区域中设置视、音频素材的显示格式及采集素材时所使用的格式。最后在 Name（名称）栏中输入 "简单的特效"，在 Location（位置）选项中指定项目的保存路径，单击 OK 按钮，如图 11-97 所示。

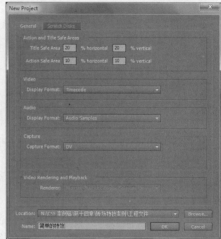

图11-97　新建项目

(Step02) 弹出 New Sequence（新建序列）对话框，在列表中选择 DV PAL 视频制式，设置音频采样为 Standard 48kHz（标准 48kHz），在 Sequence Name（序列名称）栏中输入序列名 "简单的特效"，最后单击 OK 按钮进入 Premiere Pro CS5 操作界面，如图 11-98 所示。

### 2. 导入素材

(Step01) 单击菜单栏中 File（文件）>Import（导入）命令，或在 Project（项目）窗口的空白处双击，导入本书配套光盘 "素材 \ 第 11 章" 文件夹中的 "shanhai.TGA"、"fei.TGA" 和 "背景 .jpg" 素材文件，如图 11-99 所示。

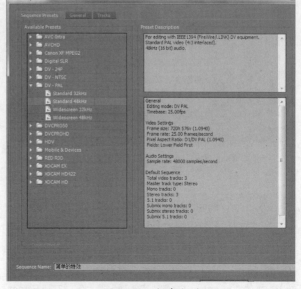

图11-98　新建序列

图11-99　导入素材

**Step02** 在 Project（项目）窗口中选择"背景.jpg"素材，单击鼠标右键，在弹出的快捷菜单中选择 Speed/Duration（速度/持续时间）命令，设置素材的 Duration（持续时间）为4秒，如图11-100所示。

图11-100　修改素材的持续时间

**Step03** 同样地，设置"shanhai.TGA"和"fei.TGA"序列素材的持续时间为4秒。

**Step04** 在 Project（项目）窗口中选择"shanhai.TGA"、"fei.TGA"和"背景.jpg"素材，将它们拖曳添加到时间线轨道，如图11-101所示。

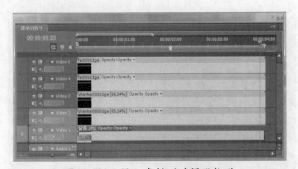

图11-101　添加素材到时间线轨道

> **提示**　"shanhai.TGA"和"fei.TGA"序列帧素材要重复添加到轨道，产生叠加的效果。

### 3. 设置基本参数

**Step01** 在 Timelines（时间线）窗口中，选择 Video 2轨道中的"shanhai.TGA"序列帧素材，打开 Effect

Controls（效果控制）面板，设置 Scale（缩放比例）参数值为50，如图11-102所示。

图11-102　设置缩放比例参数值

**Step02** 同样地，对 Video 3轨道中的"shanhai.TGA"序列帧素材设置相同的缩放比例值。

**Step03** 选择 Video 4轨道中的"fei.TGA"序列帧素材，打开 Effect Controls（效果控制）面板，设置 Scale（缩放比例）参数值为55，如图11-103所示。

图11-103　设置缩放比例参数值

**Step04** 同样地，对 Video 5轨道中的"fei.TGA"序列帧素材设置相同的缩放比例值。

### 4. 添加特效并设置动画

**Step01** 在 Timelines（时间线）窗口中选择"背景.jpg"素材，展开 Effects（效果）窗口的 Video Effects（视频特效）>Generate（生成）滤镜组，选择 Ramp（渐变）滤镜，将它拖曳到 Effect Controls（效果控制）面板，并设置相关参数，如图11-104所示。

**Step02** 继续为"背景.jpg"素材添加特效滤镜。打开 Effects（效果）窗口的 Video Effects（视频特效）>Color Correction（色彩校正）滤镜组，选择 Brightness&Contrast（亮度&对比度）特效，将它拖曳添加到 Effect Controls（效果控制）面板，并设置相应参数值，如图11-105

所示。

图11-104 添加特效

图11-105 添加特效

**Step03** 选择 Video 2 轨道中的 "shanhai.TGA" 序列帧素材,展开 Effects(效果)窗口的 Video Effects(视频特效)>Trapcode(粒子)滤镜组,选择 Shine(发光)滤镜,将它拖曳到 Effect Controls(效果控制)面板,并设置相关参数,如图 11-106 所示。

图11-106 添加特效

**Step04** 将时间指针移到 3 秒帧处,单击 Ray Length(光线长度)和 Boost Light(灼热强度)参数前面的 (关键帧开关)按钮,打开关键帧动画开关,在此时间位

置创建一个关键帧,并设置参数值为 0,如图 11-107 所示。

图11-107 创建关键帧

**Step05** 将时间指针移到 3 秒 20 帧处,单击 Ray Length(光线长度)和 Boost Light(灼热强度)参数后面的 (关键帧搜索)按钮中间的小菱形,在此位置创建关键帧,并设置 Ray Length(光线长度)的参数值为 50,Boost Light(灼热强度)的参数值为 2,如图 11-108 所示的线条。

图11-108 添加关键帧

**Step06** 同样地,选择 Video 4(视频 4)轨道中的 "fei.TGA" 序列帧素材,展开 Effects(效果)窗口的 Video Effects(视频特效)>Trapcode(粒子)滤镜组,选择 Shine(发光)滤镜,将它拖曳到 Effect Controls(效果控制)面板,并设置相关参数,如图 11-109 所示。

图11-109 添加特效

Step07 为 Video 5（视频 5）轨道中的"fei.TGA"素材添加特效滤镜。打开 Effects（效果）窗口的中 Video Effects（视频特效）>Color Correction（色彩校正）滤镜组，选择 Tint（染色）特效，将它拖曳添加到 Effect Controls（效果控制）面板，并设置相应参数值，如图 11-110 所示。

Video Effects（视频特效）> Color Correction（色彩校正）滤镜组，选择 Brightness&Contrast（亮度 & 对比度）特效，将它拖曳添加到 Effect Controls（效果控制）面板，并设置相应参数值，如图 11-111 所示。

图11-110　添加特效

图11-111　添加特效

Step08 继续为 Video 5（视频 5）轨道中的"fei.TGA"素材添加特效滤镜。打开 Effects（效果）窗口中的

**5. 渲染输出影片**

Step01 激活 Timelines（时间线）窗口，单击菜单栏中 File（文件）>Export（导出）>Media（媒体）命令，如图 11-112 所示。

图11-112　导出为Media（媒体）文件

Step02 打开 Export Settings（导出设置）对话框，设置 Format（格式）为 MPEG 2，Preset（预置）为 PAL DV，在

Output Name（输出名称）栏内指定视频保存的路径和文件名，勾选 Export Video（导出视频）、Export Audio（导出音频）复选框，其他参数保持默认状态，如图 11-113 所示。

图11-113 设置影片的输出参数

Step03 单击 Export Settings（导出设置）对话框右下角的 Queue 按钮，打开 Adobe Media Encoder 窗口，单击"开始队列"按钮，开始渲染生成影片，如图 11-114 所示。

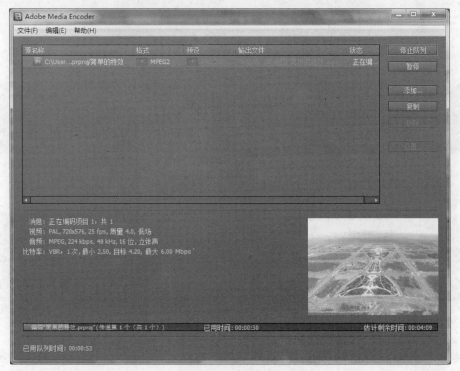

图11-114 渲染文件

# 第 12 章
# 字幕特效案例实战

## 12.1 制作游动字幕

### 12.1.1 实例概述

本例使用游动字幕，制作出字幕与朗诵同步运动的视听效果。

本例的知识点包括过渡、运动字幕、音频素材的合成等内容。

本例制作流程图如图 12-1 所示。本例最终效果图如图 12-2 所示。

图12-1 操作流程图

图12-2 效果图

本例所用素材"11.jpg"、"14.jpg"、"15.jpg"、"16.jpg"、"17.jpg"、"19.jpg"和"背景音乐.mp3"均放在本书配套光盘"素材\第 12 章"文件夹中。

### 12.1.2 操作步骤

#### 1. 新建项目、导入素材

(Step01) 启动 Premiere Pro CS5 软件，单击 New Project（新建项目）按钮，弹出 New Project（新建项目）对话框，在 Action and Title Safe Areas（活动与字幕安全区域）区域中输入活动和字幕的安全值，在 Video（视频）、Audio（音频）和 Capture（采集）区域中设置视、音频素材的显示格式及采集素材时所使用的格式。在 Name（名称）栏中输入"第十二章案例 1"，在 Location（位置）选项中指定项目的保存路径，单击 OK 按钮，如图 12-3 所示。

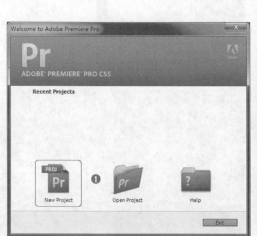

图12-3 新建项目

(Step02) 弹出 New Sequence（新建序列）对话框，在列表中选择 DV-PAL 视频制式，设置音频采样为 Standard 48kHz（标准 48kHz），在 Sequence Name（序列名称）栏中输入序列名，单击 OK 按钮进入 Premiere Pro CS5 操作界面，如图 12-4 所示。

(Step03) 单击菜单栏中 File（文件）>Import（导入）命令，或在 Project（项目）窗口的空白处双击，导入本书配套光盘"素材\第 12 章"文件夹中的"11.jpg"、"14.jpg"、"15.jpg"、"16.jpg"、"17.jpg"、"19.jpg"和"背景音乐 .mp3"文件，如图 12-5 所示。

图12-4 新建序列

图12-5　导入素材

图12-7　新建字幕

(Step04) 选择"11.jpg"素材，单击鼠标右键，在弹出的快捷菜单中选择 Speed/Duration（速度／持续时间）命令，设置素材的 Duration（持续时间）为6秒，如图12-6所示。

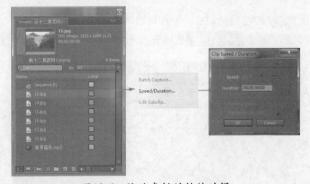

图12-6　修改素材的持续时间

(Step05) 同样地，设置其余4个图像素材的持续时间为6秒。

**2. 新建字幕**

(Step01) 单击 Project（项目）窗口底部的 ![] （新建素材）按钮，在弹出的列表中选择 Title（字幕）选项，并命名字幕为"昆仑"，然后单击 OK 按钮，如图12-7所示。

(Step02) 打开 Title（字幕）窗口后，选择 T （横排字幕）工具，在屏幕左下角新建标题"昆仑"，参数设置如图12-8所示，关闭 Title（字幕）窗口。

图12-8　Title（字幕）窗口

> **提示**　本例会用到汉仪字库，练习前请先安装该字库文件。

(Step03) 继续创建字幕。单击 Project（项目）窗口底部的 ![] （新建素材）按钮，在弹出的列表中选择 Title（字幕）选项，并命名字幕为"正文内容"，然后单击 OK 按钮。

(Step04) 打开 Title（字幕）窗口后，选择 T （横排字幕）工具，在屏幕底部输出以下内容。

横空出世 莽昆仑 阅尽人间春色 飞起玉龙三百万 搅得周天寒彻

夏日消溶 江河横溢 人或为鱼鳖 千秋功罪 谁人曾与评说

而今我谓昆仑 不要这高 不要这多雪 安得倚天抽宝剑

把汝裁为三截 一截遗欧 一截赠美 一截还东国

太平世界 环球同此凉热

**Step05** 字幕参数设置如图 12-9 所示。

图12-9　Title（字幕）窗口

**提示**　文本内容不要分行输入。

**Step06** 设置完相应的参数后，单击 Title（字幕）窗口顶部的 ▤（静态 / 滚动 / 游动字幕）按钮，在弹出的 Roll/Crawl Options（滚动 / 游动选项）对话框中，设置参数如图 12-10 所示，最后关闭 Title（字幕）窗口完成创建。

图12-10　创建游动字幕

**3. 设置字幕时长**

在 Project（项目）窗口中，选择素材后单击鼠标右键，在弹出的快捷菜单中选择 Speed/Duration（速度 / 持续时间）命令，分别设置"昆仑"和"正文内容"字幕的 Duration（持续时间）为 30 秒。

**4. 添加素材到轨道**

**Step01** 展开 Effect（效果）窗口的 Video Transitions

（视频过渡）>Dissolve（叠化）过渡组，选择 Cross Dissolve（交叉叠化）过渡特效，单击鼠标右键，将 Cross Dissolve（交叉叠化）特效设置为默认过渡，如图 12-11 所示。

图12-11　设置默认过渡

**Step02** 在 Project（项目）窗口中选择"背景音乐 .mp3"音频素材，将它拖曳添加到 Audio 1（音频 01）轨道中；选择"昆仑"字幕，将它添加到 Video 3（视频 3）轨道中；选择"正文内容"游动字幕，将它添加到 Video 2（视频 2）轨道中，如图 12-12 所示。

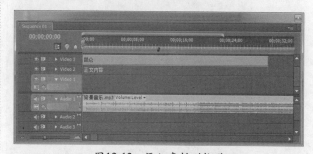

图12-12　添加素材到轨道

**Step03** 激活 Video 1（视频 1）轨道，在 Project（项目）窗口中按顺序选择"11.jpg"、"14.jpg"、"15.jpg"、"16.jpg"、"17.jpg"和"19.jpg"素材，然后单击菜单栏中 Project（项目）>Automate To Sequence（自动匹配到序列）命令，在弹出的 Automate To Sequence（自动匹配到序列）对话框中设置参数，如图 12-13 所示。单击 OK 按钮，素材自动添加到 Video 1（视频 1）轨道中，且应用 Cross Dissolve（交叉叠化）过渡效果。

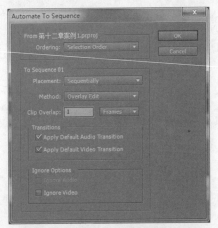

图 12-13　Automate To Sequence（自动匹配到序列）对话框

(Step04) 自动匹配素材到 Timelines（时间线）窗口后，效果如图 12-14 所示。

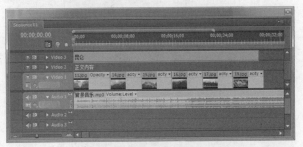

图 12-14　自动匹配素材到轨道

## 5. 设置素材关键帧动画

(Step01) 选择"昆仑"字幕，移动时间指针到 0 帧处，按住 Ctrl 键，在素材透明度曲线上单击，添加一个透明关键帧；移动时间指针到 2 帧处，再添加一个透明度关键帧，并拖动透明关键帧到曲线的底部，如图 12-15 所示。

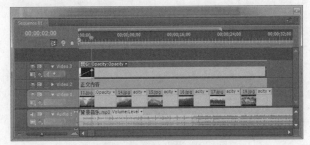

图 12-15　设置字幕的淡入效果

(Step02) 选择"11.jpg"素材，移动时间指针到当前素材的首端，打开 Effect Controls（效果控制）面板，展开 Motion（运动）参数，单击 Scale（缩放比例）参数前面的 (关键帧开关) 按钮，在此时间位置创建一个关键帧，并设置缩放比例关键帧的参数值为 100；移动时间指针到"11.jpg"素材的尾端，单击 Scale（缩放比例）参数后面的 (关键帧搜索) 按钮中间的小菱形，在此位置创建一个关键帧，并设置缩放比例关键帧的参数值为 150，如图 12-16 所示。

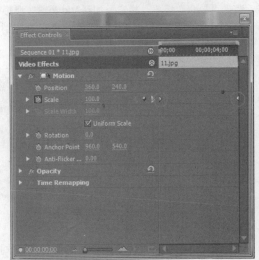

图 12-16　设置素材缩放比例的关键帧动画

(Step03) 采用步骤 2 的方法，为"14.jpg"、"15.jpg"、"16.jpg"、"17.jpg"和"19.jpg"素材添加缩放比例关键帧，首端关键帧的参数值为 100，尾端关键帧的参数值为 150。

## 6. 渲染输出影片

(Step01) 设置 Timelines（时间线）窗口中的 Work area column（工作区域栏）范围条为整个影片，单击菜单栏中 File（文件）>Export（导出）>Media（媒体）命令，如图 12-17 所示。

图12-17  导出为Media（媒体）文件

(Step02) 打开 Export Settings（导出设置）对话框后，设置 Format（格式）为 Microsoft AVI，Preset（预置）为 PAL DV Widescreen（PAL DV 高品质），在 Export Name（输出名称）栏内指定视频保存的路径和文件名，勾选 Export Video（导出视频）和 Export Audio（导出音频）复选框，其他参数保持默认状态，如图 12-18 所示。

图12-18  设置影片的输出参数

(Step03) 单击 Export Settings（导出设置）对话框右下角的 ▭Queue▭ 按钮，打开 Adobe Media Encoder 窗口，单击 "开始队列" 按钮，开始渲染生成影片，如图 12-19 所示。

图12-19　渲染文件

## 12.2　制作滚动字幕

### 12.2.1　实例概述

本例使用滚动字幕，制作出字幕与音乐相辉映的视听效果。

本例知识点包括运动字幕、轨道蒙版、位移和缩放关键帧动画等内容。

本例制作流程如图 12-20 所示，本例最终效果如图 12-21 所示。

图12-20　操作流程

图12-21　效果图

本例所用素材"20.jpg"、"24.jpg"和背景音乐"2.mp3"放在本书配套光盘"素材\第12章"文件夹中。

## 12.2.2　操作步骤

### 1. 新建项目、导入素材

(Step01) 启动 Premiere Pro CS5 软件，单击 New Project（新建项目）按钮，弹出 New Project（新建项目）对话框，在 Action and Title Safe Areas（活动与字幕安全区域）区域中输入活动和字幕的安全值，在 Video（视频）、Audio（音频）和 Capture（采集）区域中设置视、音频素材的显示格式及采集素材时所使用的格式。在 Name（名称）栏中输入"第十二章案例2"，在 Location（位置）选项中指定项目的保存路径，单击 OK 按钮，如图 12-22 所示。

图12-22　新建项目

(Step02) 弹出 New Sequence（新建序列）对话框，在列

表中选择 DV-PAL 视频制式，设置音频采样为 Standard 48kHz（标准48kHz），在 Sequence Name（序列名称）栏中输入序列名，单击 OK 按钮进入 Premiere Pro CS5 操作界面，如图 12-23 所示。

图12-23　新建序列

(Step03) 单击菜单栏中 File（文件）> Import（导入）命令，或在 Project（项目）窗口的空白处双击，导入本书配套光盘"素材\第12章"文件夹中的静帧图片素材和"背景音乐 2.mp3"文件，如图 12-24 所示。

图12-24　导入素材

**2. 新建字幕**

(Step01) 单击 Project（项目）窗口底部的 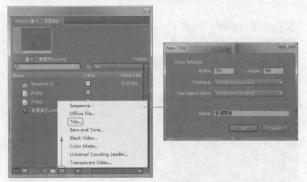（新建素材）按钮，在弹出的列表中选择 Title（字幕）选项，并命名字幕为"轨道蒙版"，然后单击 OK 按钮，如图 12-25 所示。

图12-25　新建字幕

(Step02) 打开 Title（字幕）窗口后，选择直角工具，在屏幕下放绘制一个渐变透明方向相反的矩形，参数设置如图 12-26 所示，最后关闭 Title（字幕）窗口完成创建。

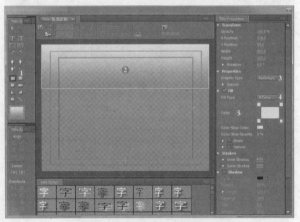

图12-26　Title（字幕）窗口

> **提示** 　本例会用到汉仪字库，练习前请先安装该字库文件。

(Step03) 继续使用直角工具，在屏幕下方绘制一个渐变透明方向相反的矩形，参数设置如图 12-27 所示，最后关闭 Title（字幕）窗口完成创建。

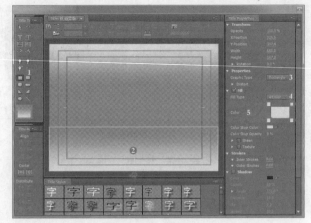

图12-27　字幕窗口

(Step04) 继续创建字幕。单击 Project（项目）窗口底部的 （新建素材）按钮，在弹出的列表中选择 Title（字幕）选项，并命名字幕为"致橡树"，然后单击 OK 按钮。

(Step05) 打开 Title（字幕）窗口后，选择 T（横排字幕）工具，输入文字并设置字幕参数，如图 12-28 所示。

图12-28　Title（字幕）窗口

(Step06) 设置相应的参数后，单击 Title（字幕）窗口顶部的 （静态/滚动/游动字幕）按钮，在弹出的 Roll/Crawt Options（滚动/游动选项）对话框中，设置参数如图 12-29 所示，最后关闭 Title（字幕）窗口完成创建。

图12-29 滚动字幕

### 3. 设置字幕时长

在 Project（项目）窗口中，选择素材后单击鼠标右键，在弹出的快捷菜单中选择 Speed/Duration（速度/持续时间）命令，分别设置"20.jpg"素材的 Duration（持续时间）为 6 秒，"24.jpg"素材的 Duration（持续时间）为 54 秒，"轨道蒙版"和"致橡树"字幕的 Duration（持续时间）为 60 秒。

### 4. 添加素材到轨道

在 Project（项目）窗口中选择"背景音乐 2.mp3"音频素材，将它拖曳到 Audio 1（音频 1）轨道，选择"20.jpg"、"24.jpg"图片素材，将它拖曳到 Video 1（视频 1）轨道，选择"致橡树"字幕，将它拖曳到 Video 2（视频 2）轨道中，选择"轨道蒙版"素材，将它拖曳到 Video 3（视频 3）轨道中，如图 12-30 所示。

图12-30 添加素材到轨道

### 5. 添加轨道蒙版特效

在 Project（项目）窗口中，选择"致橡树"字幕素材，打开 Effect（效果）窗口的 Video Effect（视频特效）>Key（键）滤镜组，选择 Track Matte Key（轨

道蒙版键）特效，将它拖曳添加到 Effect Controls（效果控制）面板，参数设置如图 12-31 所示。

图12-31 设置字幕的淡入效果

### 6. 设置素材关键帧动画

(Step01) 选择"24.jpg"素材，移动时间指针到当前素材的首端，打开 Effect Controls（效果控制）面板，展开 Motion（运动）参数，单击 Position（位置）和 Scale（缩放比例）参数前面的 ⏱（关键帧开关）按钮，在此时间位置创建关键帧，并设置位置关键帧的参数值为（360，540），缩放比例关键帧的参数值为 300，移动时间指针到"24.jpg"素材的尾端，单击 Position（位置）和 Scale（缩放比例）参数后的 ◀ ◆ ▶（关键帧搜索）按钮中间的小菱形，在此位置创建关键帧，并设置位置参数值为（360，60），缩放比例参数值为 180，如图 12-32 所示。

图12-32 设置关键帧

(Step02) 完成上面的操作后，就可以渲染输出为需要的影片格式了。

**12.3** 用字幕工具绘制花纹图案

### 12.3.1 实例概述

本例使用字幕工具绘制一个花纹图案，通过本例，读者可熟悉和掌握字幕工具的使用方法和技巧。

本例制作流程如图 12-33 所示，本例最终效果如图 12-34 所示。

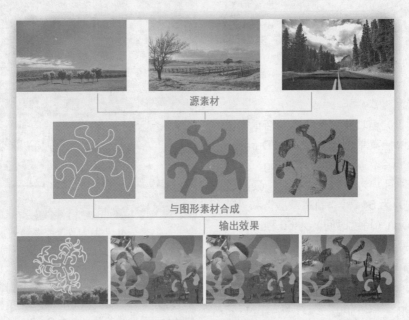

源素材

与图形素材合成

输出效果

图12-33　操作流程图

图12-34　效果图

本例所用素材"21.jpg"、"22.jpg"和"23.jpg"放在本书配套光盘"素材\第12章"文件夹中。

### 12.3.2 操作步骤

1. 新建项目、导入素材

Step01 启动 Premiere Pro CS5 软件，单击 New Project（新建项目）按钮，弹出 New Project（新建项目）对话框，在 Action and Title Safe Areas（活动与字幕安全区域）区域中输入活动和字幕的安全值，在 Video（视频）、Audio（音频）和 Capture（采集）区域中设置视、音频素材的显示格式及采集素材时所使用的格式。在 Name（名称）栏中输入"第十二章案例 3"，在 Location（位置）选项中指定项目的保存路径，单击 ▓▓OK▓▓ 按钮，如图 12-35 所示。

图 12-38 所示。

图12-36 新建序列

图12-35 新建项目

图12-37 导入素材

(Step02) 弹出 New Sequence（新建序列）对话框，在列表中选择 DV-PAL 视频制式，设置音频采样为 Standard 48kHz（标准48kHz），单击 OK 按钮进入 Premiere Pro CS5 操作界面，如图 12-36 所示。

(Step03) 单击菜单栏中 File（文件）>Import（导入）命令，或在 Project（项目）窗口的空白处双击，导入本书配套光盘"素材\第 12 章"文件夹中的"21.jpg"、"22.jpg"和"23.jpg"文件，如图 12-37 所示。

2. 新建字幕

(Step01) 单击 Project（项目）窗口底部的 （新建素材）按钮，在弹出的列表中选择 Tile（字幕）选项，并命名字幕为"花纹图案"，然后单击 OK 按钮，如

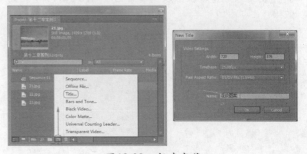

图12-38 新建字幕

Step02 打开 Tile（字幕）窗口后，选择 🖊（钢笔工具），在屏幕中央绘制如图 12-39 所示的线条。

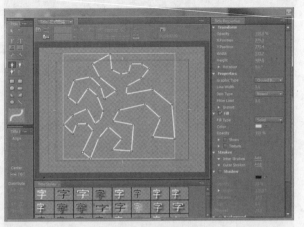

图12-39　绘制线条

Step03 然后利用 🖊（钢笔工具）、 🖊（删除定位点工具）、 🖊（添加定位点工具）和 🖊（转换定位点工具）按钮，对各顶点进行编辑修改，如图 12-40 所示。

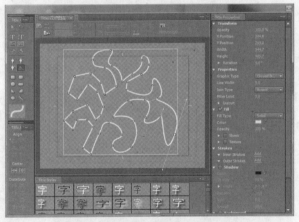

图12-40　编辑顶点

Step04 继续进行编辑修改，最终完成如图 12-41 所示的效果。

Step05 在参数面板的 Drawing Type（绘图类型）列表中选择 Closed Bezier（关闭贝赛尔曲线）或 Filling Bezier（填充贝赛尔曲线）两种类型，如图 12-42 所示。

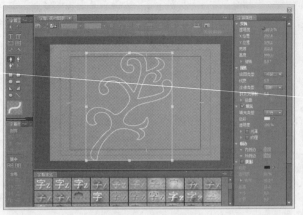

图12-41　线条编辑完成

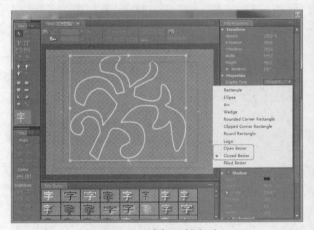

图12-42　选择绘制类型

> 提示　如果选择 Closed Bezier（关闭贝赛尔曲线）类型，则只显示线条，曲线组成的区域镂空；如果选择 Filling Bezier（填充贝赛尔曲线）类型，则曲线组成的区域由指定的颜色填充。

Step06 选择 Drawing Type（绘图类型）为 Closed Bezier（关闭贝赛尔曲线），然后关闭字幕设计窗口保存字幕。

### 3. 添加素材、字幕到轨道

Step01 在 Project（项目）窗口中选择 "21.jpg" 和 "花纹图案" 素材，将它们拖曳添加到视频轨道中，如图 12-43 所示。

Step02 在轨道中选择 "21.jpg" 素材，打开 Effect Controls（效果控制）面板，展开 Motion（运动）参数，设置 Scale（缩放比例）值为 180，如图 12-44 所示，图像效果如图 12-45 所示。

图12-43 添加素材到轨道

图12-44 设置素材缩放比例　　　图12-45 图像效果

(Step03) 在轨道中选择"花纹图案"素材，打开 Effect Controls（效果控制）面板，展开 Motion（运动）参数，设置 Scale（缩放比例）值为 45，Anchor Point（定位点）数值为（350，288），如图 12-46 所示。

图12-46 设置素材缩放比例及定位点

(Step04) 复制轨道 2 中的"花纹图案"素材，将它粘贴到轨道 3 和轨道 4 中，如图 12-47 所示。

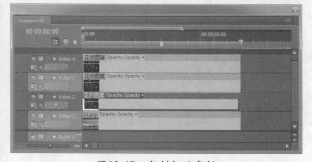

图12-47 复制粘贴素材

(Step05) 打开 Effect Controls（效果控制）面板，调节 Motion（运动）>Rotation（旋转）参数，将轨道 2、轨道 3 和轨道 4 中的"花纹图案"素材旋转摆放成如图 12-48 所示的效果。

图12-48 摆放素材

### 4. 添加视频特效

(Step01) 选 择 轨 道 1 中 的"21.jpg"素 材，展 开 Effect（效 果） 窗 口 的 Video Effect（视 频 特 效） >Image Control（图像控制） 滤镜组，选择 Color Balance(RGB) ［色彩平衡（RGB）］特效，将它拖曳添加到 Effect Controls（效果控制）面板，然后设置相关参数，如图 12-49 所示。

图12-49 添加视频特效

(Step02) 选择轨道 2 中的"花纹图案"素材，展开 Effect（效果）窗口的 Video Effect（视频特效）> Stylize（风格化）滤镜组，选择 Alpha Glow（Alpha 辉光）特效，将它拖曳添加到 Effect Controls（效果控制）面板，然后设置相关参数，如图 12-50 所示。

图12-50　添加视频特效

视频滤镜的复制和粘贴，需要在Effect（效果）窗口中完成，先在Effect（效果）窗口中选择要复制的滤镜，按键盘中Ctrl+C键（复制），然后再选择需要粘贴滤镜的素材，在Effect（效果）窗口中，按Ctrl+V中（粘贴），即可完成滤镜的粘贴。

(Step03) 复制 Alpha Glow（Alpha 辉光）特效，将它粘贴到轨道3和轨道4的"花纹图案"素材中，效果如图 12-51 所示。

图12-51　粘贴视频滤镜

### 5. 填充花纹图案

(Step01) 在 Project（项目）窗口中选择"花纹图案"素材，按键盘中 Ctrl+C 键进行复制，然后按 Ctrl+V 键粘贴出副本，重命名副本素材为"花纹图案 - 填充"，如图 12-52 所示。

(Step02) 在 Project（项目）窗口中双击"花纹图案 - 填充"素材，打开 Title（字幕）窗口，设置花纹图案的 Drawing Type（绘制类型）为 Filling Bezier（填充贝赛尔曲线），Color（色彩）的 RGB 值为（5，0，180），如图 12-53 所示。

图12-52　复制并粘贴素材

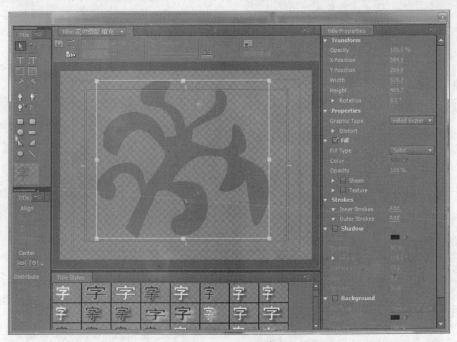

图12-53　设置曲线参数

(Step03) 同样地，继续复制粘贴出两个"花纹图案"素材，并设置不同的色彩，如图 12-54 所示。

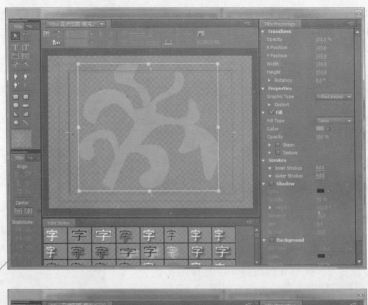

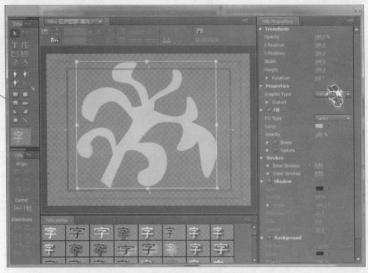

图12-54 设置不同的曲线参数

Step04 在 Project（项目）窗口中选择"22.jpg"、"花纹图案 - 填充"、"花纹图案 - 填充 2"和"花纹图案 - 填充 3"素材，将它们拖曳添加到视频轨道中，如图 12-55 所示。

图12-55 添加素材到轨道

Step05 在轨道中选择"22.jpg"素材，打开 Effect Controls（效果控制）面板，展开 Motion（运动）参数，设置 Scale（缩放比例）值为 180，展开 Effect（效果）窗口的 Video Effect（视频特效）>Color Correction（色彩校正）滤镜组，

选择 RGB Curves（RGB 曲线）特效，将它拖曳添加到 Effect Controls（效果控制）面板，然后设置相关参数，如图 12-56 所示。

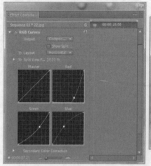

图12-56　添加视频特效

（Step06）调整轨道 2、轨道 3 和轨道 4 中花纹图案的位置、缩放比例和透明度参数，制作出如图 12-57 所示的效果。

图12-57　为素材设置不同的参数

提示　步骤 6 中可对素材位置、缩放比例和透明度参数进行灵活设置，不必拘泥于给出的图例效果。

### 6. 综合应用花纹图案

（Step01）继续复制粘贴绘制的花纹，并指定不同的颜色。

（Step02）在 Project（项目）窗口中选择"23.jpg"和各个花纹图案素材，将它们拖曳添加到视频轨道中，如图 12-58 所示。

图12-58　添加素材到轨道

（Step03）设置各个花纹图案素材的位置、缩放比例、叠加模式和透明度等参数，效果如图 12-59 所示。

图12-59　不同花纹的组合效果

提示　步骤 3 中可对素材位置、缩放比例和透明度参数进行灵活调整，不必拘泥于给出的图例效果。

## 12.4 制作随意运动、变化的色块文字

### 12.4.1 实例概述

本例使用 Effect Controls（效果控制）面板的 Motion（运动）中的 Position（位置）、Scale（缩放比例）、Rotation（旋转）等参数，制作出色块、文字随机运动的视觉效果。

本例知识点包括字幕、图形、关键帧动画等内容。

本例制作流程如图 12-60 所示，本例最终效果如图 12-61 所示。

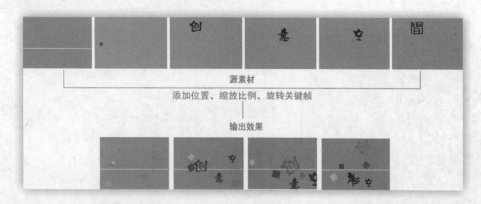

图12-60 操作流程图

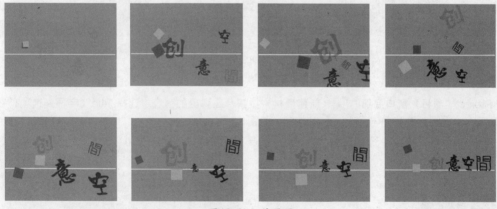

图12-61 效果图

本例所用素材全部由 Premiere Pro CS5 自带的工具创建。

### 12.4.2 操作步骤

#### 1. 新建项目

(Step01) 启动 Premiere Pro CS5 软件，单击 New Project（新建项目）按钮，弹出 New Project（新建项目）对话框，在 Action and Title Safe Areas（活动与字幕安全区域）区域中输入活动和字幕的安全值，在 Video（视频）、Audio（音频）和 Capture（采集）区域中设置视、音频素材的显示格式及采集素材时所使用的格式。在 Name（名称）栏中输入"第十二章案例4"，在 Location（位置）选项中指定项目的保存路径，单击 OK 按钮，如图 12-62 所示。

(Step02) 弹出 New Sequence（新建序列）对话框，在列表中选择 DV-PAL 视频制式，设置音频采样为 Standard 48kHz（标准 48kHz），在 Sequence Name（序列名称）栏中输入序列名，单击 [ OK ] 按钮进入 Premiere Pro CS5 操作界面，如图 12-63 所示。

图12-62　新建项目

图12-63　新建序列

## 2. 创建视频背景

(Step01) 单击 Project（项目）窗口底部的 🔲（新建素材）按钮，在弹出的列表中选择 Title（字幕）选项，在弹出的对话框中将其命名为"视频背景"，单击 [ OK ] 按钮，如图 12-64 所示。

(Step02) 打开 Title（字幕）窗口，选择 🔲（直角矩形工具），绘制一个大于 720×576 尺寸的红色填充矩形，如图 12-65 所示。

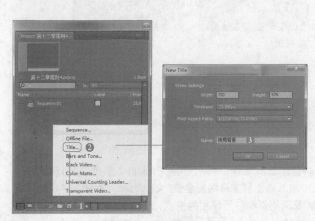

图12-64　新建字幕

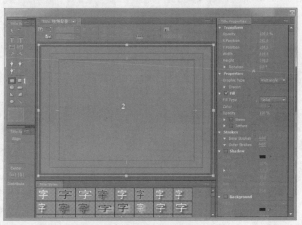

图12-65　字幕窗口

(Step03) 选择 \（直线工具），在屏幕三分之二的位置绘制一条白条直线，如图 12-66 所示。最后关闭 Title（字幕）窗口完成创建。

其他参数保持默认状态。

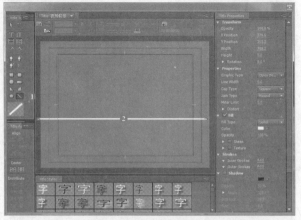

图12-66 绘制直线

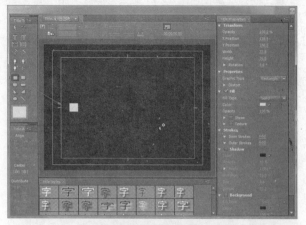

图12-68 绘制色块

### 3. 创建色块和文字

(Step01) 单击 Project（项目）窗口底部的 （新建素材）按钮，在弹出的列表中选择 Title（字幕）命令并命名为"彩色色块"，如图 12-67 所示。

图12-67 新建字幕

(Step02) 打开 Title（字幕）窗口，选择 □（直角矩形工具），绘制一个小矩形，如图 12-68 所示，最后关闭 Title（字幕）窗口完成创建。

(Step03) 在 Project（项目）窗口中选择刚创建的"彩色色块"素材，单击鼠标右键，在弹出的快捷菜单中选择 Copy（复制）命令，然后在 Project（项目）窗口的空白处，单击鼠标右键，在弹出的快捷菜单中选择 Paste（粘贴）命令，复制 1 个副本，并命名为"彩色色块 2"，如图 12-69 所示。

(Step04) 在 Project（项目）窗口中双击新复制的色块素材，打开 Title（字幕）窗口，修改色块的填充颜色为绿色，

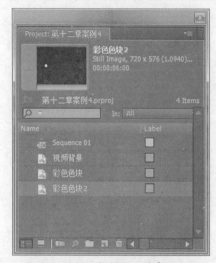

图12-69 复制色块并命名

(Step05) 新建字幕，单击 Project（项目）窗口底部的 （新建素材）按钮，在弹出的列表中选择 Title（字幕）选项，并命名为"创"，如图 12-70 所示。

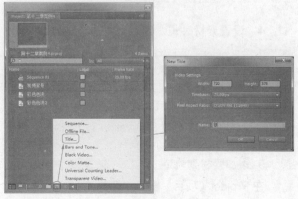

图12-70 新建字幕

**Step06** 打开 Title（字幕）窗口，选择 T（横排字幕）工具，新建字幕，如图 12-71 所示，最后关闭 Title（字幕）窗口完成创建。

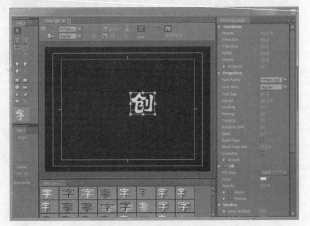

图12-71　创建文字"创"

**Step07** 采用步骤 5 和步骤 6 的方法，继续创建"意"、"空"和"间隔"3 个字幕，参数与"创"字幕相同，如图 12-72 所示。

图12-72　创建其他字幕

### 4．设置素材时长

**Step01** 在 Project（项目）窗口中选择"视频背景"素材，单击鼠标右键，在弹出的快捷菜单中选择 Speed/Duration（速度/持续时间）命令，设置素材的 Duration（持续时间）为 15 秒，如图 12-73 所示。

**Step02** 同样地，将其他素材 Duration（持续时间）设置为 15 秒。

### 5．添加素材到轨道

在 Project（项目）窗口中选择素材，分别添加素材到 Timelines（时间线）各轨道中，如 12-74 图

所示。

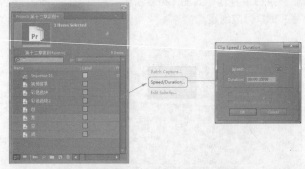

图12-73　设置素材时间

图12-74　添加素材到轨道

### 6．设置色块关键帧动画

**Step01** 在 Timelines（时间线）窗口中选择"彩色色块"素材，打开 Effect Controls（效果控制）面板，展开 Motion（运动）参数，将时间指针移到 0 帧处，单击 Position（位置）、Scale（缩放比例）和 Rotation（旋转）参数前的 ⏱（关键帧开关）按钮，在此时间位置创建一个关键帧，如图 12-75 所示。

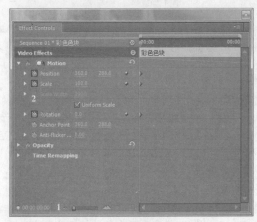

图12-75　创建关键帧

Step02 移动时间指针到1秒帧处，单击Position（位置）、Scale（缩放比例）和Rotation（旋转）参数后的 （关键帧搜索）按钮中间的小菱形，在此位置创建一个关键帧，并修改参数值，如图12-76所示。

图12-76　创建关键帧

Step03 同样地，将时间指针移到其他位置，创建Position（位置）、Scale（缩放比例）和Rotation（旋转）参数关键帧，并修改参数值，如图12-77所示。

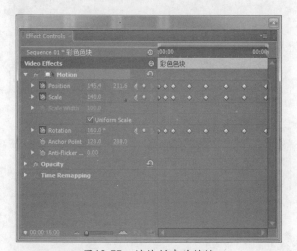

图12-77　继续创建关键帧

Step04 在Timelines（时间线）窗口中选择"彩色色块2"素材，打开Effect Controls（效果控制）面板，展开Motion（运动）参数，将时间指针移到0帧处，单击Position（位置）、Scale（缩放比例）和Rotation（旋转）参数前面的 （关键帧开关）按钮，在此时间位置创建一个关键帧，如图12-78所示。

Step05 将时间指针移到其他位置，创建Position（位置）、Scale（缩放比例）和Rotation（旋转）参数的关键帧，并修改参数值，如图12-79所示。

图12-78　继续创建关键帧

图12-79　继续创建关键帧

**7. 设置字幕关键帧动画**

Step01 在设置字幕关键帧动画之前，先将4个字幕的位置摆放好，并将定位点设置在物体的中心，如图12-80所示。

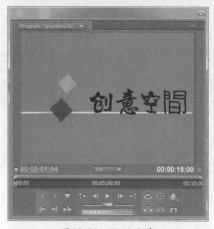

图12-80　摆放文字

(Step02) 在 Timelines（时间线）窗口中，选择"创"
素材，打开 Effect Controls（效果控制）面板，打开
Position（位置）、Scale（缩放比例）和 Rotation（旋转）
参数前面的 （关键帧开关），在此时间位置创建一个
关键帧，如图 12-81 所示。

图12-81　添加关键帧

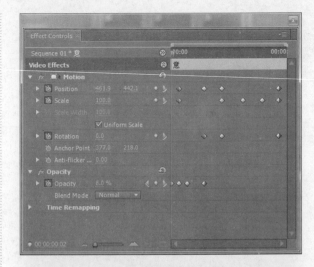

(Step03) 将时间指针移到其他位置，创建 Position（位置）、
Scale（缩放比例）和 Rotation（旋转）参数的关键帧，
并修改参数值，如图 12-82 所示。

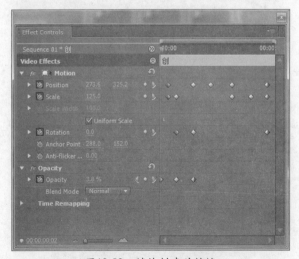

图12-82　继续创建关键帧

(Step04) 同样地，对"意"、"空"与"间"3 个字幕添加任
意运动变化的关键帧动画，如图 12-83 所示。

(Step05) 完成上面的操作，就可以渲染输出视频片段了。

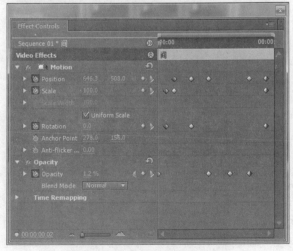

图12-83　为其他文字添加关键帧

# 第 13 章
# 抠像特技案例实战

## 13.1 绿屏抠像

### 13.1.1 实例概述

本例使用 Color Key（颜色键）滤镜，抠像处理人物与文字的绿背景，然后与温馨的图片素材叠加，完成合成效果的制作。本例制作流程如图 13-1 所示，本例最终效果如图 13-2 所示。

图13-1 操作流程图

图13-2 效果图

本例所用素材"22.jpg"、"23.jpg"和"24.jpg"放在本书配套光盘"素材\第 13 章"文件夹中。

### 13.1.2 操作步骤

1. 新建项目、导入素材

Step01 启动 Premiere Pro CS5 软件，单击 New Project（新建项目）按钮，弹出 New Project（新建项目）对话框，

在 Action and Title Safe Areas（活动与字幕安全区域）区域中输入活动和字幕的安全值，在 Video（视频）、Audio（音频）和 Capture（采集）区域中设置视、音频素材的显示格式及采集素材时所使用的格式。在 Name（名称）栏中输入"第十三章案例1"，在 Location（位置）选项中指定项目的保存路径，单击 OK 按钮，如图 13-3 所示。

图13-4　新建序列

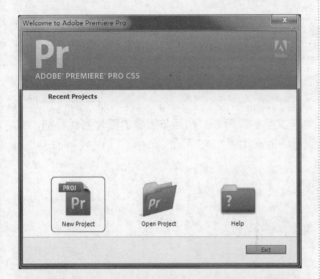

图13-3　新建项目

(Step02) 弹出 New Sequence（新建序列）对话框，在列表中选择 DV PAL 视频制式，设置音频采样为 Standard 48kHz（标准 48kHz），在 Sequence Name（序列名称）栏中输入序列名，单击 OK 按钮进入 Premiere Pro CS5 操作界面，如图 13-4 所示。

(Step03) 单击菜单栏中 File（文件）>Import（导入）命令，或在 Project（项目）窗口的空白处双击，导入本书配套光盘"素材 \ 第 13 章"文件夹中的"22.jpg"、"23.jpg"和"24.jpg"文件，如图 13-5 所示。

图13-5　导入素材

### 2. 添加素材到轨道

(Step01) 在 Project（项目）窗口中选择"23.jpg"和"24.jpg"图像素材，将它拖曳添加到 Video 2（视频 2）轨道中；选择"22.jpg"视频素材，将它添加到 Video 1（视频 1）轨道中，如图 13-6 所示。

图13-6　添加素材到轨道

(Step02) 在 Timelines（时间线）窗口中，选择"22.jpg"图像素材，单击鼠标右键，在弹出的快捷菜单中勾选 Scale to Frame Size（适配为当前画面大小）命令。

> **提示**　由于两个背景图像素材的尺寸与项目画幅不一致，所有要打开 Scale to Frame Size（适配为当前画面大小）命令，以匹配项目画幅尺寸。

**3. 添加视频特效**

(Step01) 在 Timelines（时间线）窗口中，选择"23.jpg"素材，打开 Effect（效果）窗口中的 Video Effect（视频特效）>Color Correction（色彩校正）滤镜组，选择 Brightness &Contrast（亮度与对比度）特效，将它拖曳添加到 Effect Controls（效果控制）面板，并设置相关参数，如图 13-7 所示。

图13-7　添加Brightness &Contrast（亮度与对比度）滤镜

(Step02) 继续添加滤镜。打开 Video Effect（视频特效）>Keying（键控）滤镜组，选择 Color Key（颜色键）特效，将它拖曳添加到 Effect Controls（效果控制）面板。

首先用吸管在"23.jpg"视频素材的绿色区域获取抠像主要颜色的 RGB 值，然后再微调其他参数。设置 Color Tolerance（颜色宽容度）参数值为 145，Edge Thin（薄化边缘）参数值为 3，Edge Feather（羽化边缘）参数值为 0，如图 13-8 所示。

图13-8　添加Color Key（颜色键）滤镜

(Step03) 继续添加滤镜。打开 Video Effect（视频特效）>Image Control（图像控制）滤镜组，选择 Color Balance(RGB)［色彩平衡(RGB)］特效，将它拖曳添加到 Effect Controls（效果控制）面板，并设置相关参数，如图 13-9 所示。

图13-9　添加Color Balance(RGB)［色彩平衡（RGB）］滤镜

**4. 添加其他视频特效滤镜**

同样地，为"24.jpg"素材添加视频特效。

> **提示**　添加 Color Balance(RGB)［色彩平衡(RGB)］滤镜的主要目的是消除图像边缘的绿色残留。

完成上述操作后，视频合成效果如图 13-10 所示。

图13-10　抠像合成效果

#### 5. 渲染输出影片

(Step01) 设置 Timelines（时间线）窗口中 Work area column（工作区域栏）范围条为整个影片，单击菜单栏中 File（文件）>Import（导出）>Media（媒体）命令，如图 13-11 所示。

图13-11　导出为Media（媒体）文件

(Step02) 打开 Export Settings（导出设置）对话框后，设置 Format（格式）为 Microsoft AVI，Preset（预置）为 PAL DV Widescreen（PAL DV 高品质），在 Export Name（输出名称）栏内指定视频保存的路径和文件名，勾选 Export Video（导出视频）复选框，其他参数保持默认状态，如图 13-12 所示。

(Step03) 单击 Export Settings（导出设置）对话框右下角的 Queue 按钮，打开 Adobe Media Encoder 窗口，单击"开始队列"按钮，开始渲染生成影片，如图 13-13 所示。

图13-12　设置影片的输出参数

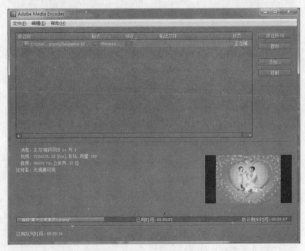

图13-13　渲染文件

## 13.2 蓝屏抠像

### 13.2.1 实例概述

本例使用 Color Key（颜色键）滤镜，抠像处理儿童素材的蓝背景，然后与素材叠加，完成与实景的特技合成效果。本例制作流程如图 13-14 所示，本例最终效果如图 13-15 所示。

添加滤镜

输出效果

图13-14　操作流程图

图13-15　效果图

本例所用素材"001.jpg"、"002.jpg"和"003.jpg"放在本书配套光盘"素材\第13章"文件夹中。

### 13.2.2 操作步骤

#### 1. 新建项目、导入素材

Step01 启动 Premiere Pro CS5 软件，单击 New Project（新建项目）按钮，弹出 New Project（新建项目）对话框，在 Action and Title Safe Areas（活动与字幕安全区域）区域中输入活动和字幕的安全值，在 Video（视频）、Audio（音频）和 Capture（采集）区域中设置视、音频素材的显示格式及采集素材时所使用的格式。在 Name（名称）栏中输入"第十三章案例2"，在 Location（位置）选项中指定项目的保存路径，单击 OK 按钮，如图 13-16 所示。

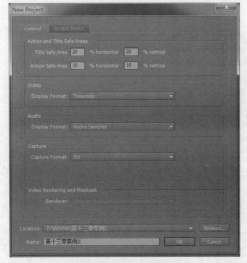

图13-16 新建项目

**Step02** 弹出 New Sequence（新建序列）对话框，在列表中选择 DV PAL 视频制式，设置音频采样为 Standard 48kHz（标准 48kHz），在 Sequence Name（序列名称）栏中输入序列名，单击 ▢OK▢ 按钮进入 Premiere Pro CS5 操作界面，如图 13-17 所示。

图13-17 新建序列

**Step03** 单击菜单栏中 File（文件）>Import（导入）命令，或在 Project（项目）窗口的空白处双击，导入本书配套光盘"素材 \ 第 13 章"文件夹中的"001.jpg"、"002.jpg"和"003.jpg"文件，如图 13-18 所示。

图13-18 导入素材

### 2. 添加素材到轨道

**Step01** 在 Project（项目）窗口中选择"002.jpg"和"003.jpg"素材，将它拖曳添加到 Video 1（视频 1）轨道中；选择"001.jpg"抠像素材，将它添加到 Video 2（视频 2）轨道中，如图 13-19 所示。

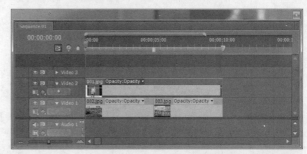

图13-19 添加素材到轨道

**Step02** 在 Timelines（时间线）窗口中，分别选择"002.jpg"、"003.jpg"和"001.jpg"文件素材，单击鼠标右键，在弹出的快捷菜单中勾选 Scale to Frame Size（适配为当前画面大小）命令。

### 3. 添加视频特效

**Step01** 在 Timelines（时间线）窗口中，选择"001.jpg"抠像素材，打开 Effect（效果）窗口中 Video Effect（视频特效）>Color Correction（色彩校正）滤镜组，选择 Brightness & Contrast（亮度与对比度）特效，将它拖曳添加到 Effect Controls（效果控制）面板，并设置相关参数，如图 13-20 所示。

图13-20 添加Brightness & Contrast（亮度与对比度）滤镜

(Step02) 继续添加滤镜。打开 Video Effect（视频特效）>Keying（键控）滤镜组，选择 Color Key（颜色键）特效，将它拖曳添加到 Effect Controls（效果控制）面板，并设置 Threshold（阈值）参数值为100%，Cutoff（屏蔽度）参数值为60%，如图 13-21 所示。

(Step03) 继续添加滤镜。打开 Video Effect（视频特效）>Image Control（图像控制）滤镜组，选择 Color Balance(RGB)［色彩平衡（RGB）］特效，将它拖曳添加到 Effect Controls（效果控制）面板，并设置相关参数，如图 13-22 所示。

图13-21 添加Color Key（颜色键）滤镜　　　　图13-22 添加Color Balance(RGB)［色彩平衡（RGB）］滤镜

**提 示** 添加 Color Balance(RGB)［色彩平衡 (RGB)］滤镜的主要目的是消除人物边缘残留的蓝色。

(Step04) 完成上述操作后，视频合成效果如图 13-23 所示。

图13-23 抠像合成效果

#### 4. 渲染输出影片

(Step01) 设置 Timelines（时间线）窗口中 Work area column（工作区域栏）范围条为整个影片，单击菜单栏中 File（文件）>Export（导出）>Media（媒体）命令，如图 13-24 所示。

图13-24　导出为Media（媒体）文件

(Step02) 打开 Export Settings（导出设置）对话框，设置 Format（格式）为 QuickTime，Preset（预置）为 PAL DV，在 Export Name（输出名称）栏内指定视频保存的路径和文件名，勾选 Export Video（导出视频）复选框，其他参数保持默认状态，如图 13-25 所示。

(Step03) 单击 Export Settings（导出设置）对话框右下角的 Queue 按钮，打开 Adobe Media Encoder 窗口，单击"开始队列"按钮，开始渲染生成影片，如图 13-26 所示。

图13-25　设置影片的输出参数

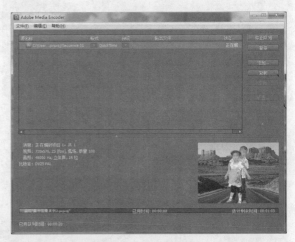

图13-26　渲染文件

## 13.3 轨道遮罩键

### 13.3.1 实例概述

　　本例使用 Track Matte Key（轨道遮罩键）滤镜，实现轨道之间的抠像遮罩效果。该滤镜常用于制作动态字幕、动态纹理、素材叠加等特技效果。本例制作流程如图 13-27 所示，本例最终效果如图 13-28 所示。

图13-27　操作流程图

图13-28　效果图

本例所用素材"黑马.avi"、"轨道遮罩.avi"和"背景.jpg"放在本书配套光盘"素材\第13章"文件夹中。

## 13.3.2　操作步骤

### 1. 新建项目

(Step01) 启动 Premiere Pro CS5 软件，单击 New Project（新建项目）按钮，弹出 New Project（新建项目）对话框，在 Action and Title Safe Areas（活动与字幕安全区域）区域中输入活动和字幕的安全值，在 Video（视频）、Audio（音频）和 Capture（采集）区域中设置视、音频素材的显示格式及采集素材时所使用的格式。在 Name（名称）栏中输入"轨道遮罩"，在 Location（位置）选项中指定项目的保存路径，单击　OK　按钮，如图13-29 所示。

图13-29　新建项目

**Step02** 弹出 New Sequence（新建序列）对话框，在列表中选择 DV PAL 视频制式，设置音频采样为 Standard 48kHz（标准 48kHz），在 Sequence Name（序列名称）栏中输入序列名，单击 ▇OK▇ 按钮进入 Premiere Pro CS5 操作界面，如图 13-30 所示。

图13-30 新建序列

**2. 导入素材**

单击菜单栏中 File（文件）>Import（导入）命令，或在 Project（项目）窗口的空白处双击，导入本书配套光盘"素材\第 13 章"文件夹中的"黑马.avi"、"轨道遮罩.avi"和"背景.jpg"文件，如图 13-31 所示。

图13-31 导入素材

**3. 添加素材到轨道**

选择 Project（项目）窗口中的"黑马.avi"、"轨道遮罩.avi"和"背景.jpg"素材，将它们拖曳添加到如图 13-32 所示的轨道中。

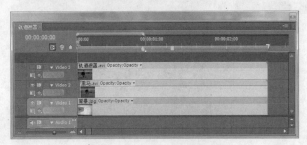

图13-32 添加素材到轨道

**4. 为素材添加滤镜**

**Step01** 选择 Video 2（视频 2）轨道中的"黑马.avi"视频素材，打开 Effects（效果）窗口中 Video Effects（视频特效）>Keying（抠像）滤镜组，选择 Track Matte Key（轨道遮罩键）特效，将它拖曳添加到 Effect Controls（效果控制）面板，如图 13-33 所示。

图13-33 添加特效

**Step02** 在 Matte（遮罩）列表中选择 Video 3（视频 3）轨道中素材（即"轨道遮罩.avi"视频文件将作为遮罩素材），在 Composite Using（合成方式）列表中选择 Matte Luma（遮罩亮度）作为抠像条件，如图 13-34 所示。

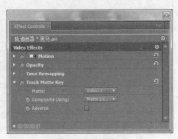

图13-34 设置滤镜参数

**Step03** 继续为"黑马.avi"视频素材添加滤镜。打开 Effects（效果）窗口中 Video Effects（视频特效）>Perspective（透视）滤镜组，选择 Drop Shadow（投影阴影）特效，将它拖曳添加到 Effect Controls（效果控制）面板，并设置相应参数值，如图片 13-35 所示。

图13-35 添加特效

**Step04** 完成上述操作后，视频合成效果如图 13-36 所示。

图13-36 抠像合成效果

### 5. 渲染输出影片

Step01 激活 Timelines（时间线）窗口，单击菜单栏中 File（文件）>Export（导出）>Media（媒体）命令，如图 13-37 所示。

图13-37 导出为Media（媒体）文件

Step02 打开 Export Settings（导出设置）对话框，设置 Format（格式）为 MPEG 2，Preset（预置）为 PAL DV，在 Output Name（输出名称）栏内指定视频保存的路径和文件名，勾选 Export Video（导出视频）、Export Audio（导出音频）复选框，其他参数保持默认状态，如图 13-38 所示。

Step03 单击 Export Settings（导出设置）对话框右下角的 Queue 按钮，打开 Adobe Media Encoder 窗口，单击"开始队列"按钮，开始渲染生成影片，如图 13-39 所示。

图13-38 设置影片的输出参数

图13-39 渲染文件

## 13.4 超级颜色键

### 13.4.1 实例概述

本例使用 Ultra Key（超级颜色键）滤镜，完成复杂精细抠像效果的制作，比如毛发、薄纱、玻璃等不易处理的背景抠像。本例制作流程如图 13-40 所示，本例最终效果如图 13-41 所示。

图13-40　操作流程图

图13-41　效果图

本例所用素材"毛发玻璃抠像素材 .avi"和"br-319.jpg"放在本书配套光盘"素材\第 13 章"文件夹中。

### 13.4.2 操作步骤

#### 1. 新建项目

Step01 启动 Premiere Pro CS5 软件，单击 New Project（新建项目）按钮，弹出 New Project（新建项目）对话框，在 Action and Title Safe Areas（活动与字幕安全区域）区域中输入活动和字幕的安全值，在 Video（视频）、Audio（音频）和 Capture（采集）区域中设置视、音频素材的显示格式及采集素材时所使用的格式。在 Name（名称）栏中输入"超级颜色键",在 Location(位置)选项中指定项目的保存路径,单击 OK 按钮,如图 13-42 所示。

图13-42 新建项目

**(Step02)** 弹出 New Sequence(新建序列)对话框,在列表中选择 DV PAL 视频制式,设置音频采样为 Standard 48kHz(标准 48kHz),在 Sequence Name(序列名称)栏中输入序列名,单击 OK 按钮进入 Premiere Pro CS5 操作界面,如图 13-43 所示。

图13-43 新建序列

**2. 导入素材**

单击菜单栏中 File(文件)>Import(导入)命令,或在 Project(项目)窗口的空白处双击,导入本书配套光盘"素材\第 13 章"文件夹中的"毛发玻璃抠像素材 .avi"和"br-319.jpg"文件,如图 13-44 所示。

图13-44 导入素材

**3. 添加素材到轨道**

选择 Project(项目)窗口中的"毛发玻璃抠像素材 .avi"和"br-319.jpg"素材,将它们拖曳添加到如图 13-45 所示的轨道中。

图13-45 添加素材到轨道

**4. 为素材添加滤镜**

**(Step01)** 选择 Video 2(视频 2)轨道中的"毛发玻璃抠像素材 .avi"视频素材,打开 Effects(效果)窗口中 Video Effects(视频特效)>Keying(抠像)滤镜组,选择 Ultra Key(超级颜色键)特效,将它拖曳添加到 Effect Controls(效果控制)面板,如图 13-46 所示。

图13-46 添加特效

**(Step02)** 展开 Ultra Key(超级颜色键)特效参数项,设置相关参数值,如图 13-47 所示。

**(Step03)** 继续为"毛发玻璃抠像素材 .avi"视频素材添加滤镜。打开 Effects(效果)窗口中 Video Effects(视频特效)>Color Correction(色彩校正)滤镜组,选择

Brighteness&Contrast（亮度 & 对比度）特效，将它拖曳添加到 Effect Controls（效果控制）面板，并设置相应参数值，如图 13-48 所示。

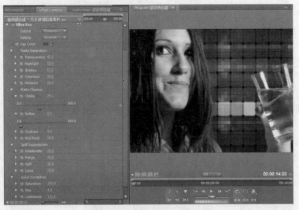

图13-47　设置滤镜参数

图13-48　添加特效

#### 5. 渲染输出影片

**Step01** 激活 Timelines（时间线）窗口，单击菜单栏中 File（文件）>Export（导出）>Media（媒体）命令，如图 13-49 所示。

图13-49　导出为 Media（媒体）文件

**Step02** 打开 Export Settings（导出设置）对话框，设置 Format（格式）为 MPEG 2，Preset（预置）为 PAL DV，在 Output Name（输出名称）栏内指定视频保存的路径和文件名，勾选 Export Video（导出视频）、Export Audio（导出音频）复选框，其他参数保持默认状态，如图 13-50 所示。

图13-50　设置影片的输出参数

**Step03** 单击 Export Settings（导出设置）对话框右下角的 Queue 按钮，打开 Adobe Media Encoder 窗口，单击"开始队列"按钮，开始渲染生成影片，如图 13-51 所示。

图13-51　渲染文件

# 第 14 章
# 过渡特技案例实战

## 14.1 缩放过渡

### 14.1.1 实例概述

本例使用各种缩放过渡，制作特殊的视觉效果。本例制作流程如图 14-1 所示，本例最终效果如图 14-2 所示。

图14-1　操作流程图

图14-2　效果图

本例所用素材"花海 A.MOV"、"花海 B.MOV"、"枫叶 .MOV"和"麦浪 .MOV"放在本书配套光盘"素材 \ 第 14 章"文件夹中。

### 14.1.2 操作步骤

1. 新建项目

Step01 启动 Premiere Pro CS5 软件，单击 New Project（新建项目）按钮，弹出 New Project（新建项目）对话框，

在 Action and Title Safe Areas（活动与字幕安全区域）区域中输入活动和字幕的安全值，在 Video（视频）、Audio（音频）和 Capture（采集）区域中设置视、音频素材的显示格式及采集素材时所使用的格式。在 Name（名称）栏中输入"缩放过渡"，在 Location（位置）选项中指定项目的保存路径，单击 OK 按钮，如图 14-3 所示。

图14-3　新建项目

**Step02** 弹出 New Sequence（新建序列）对话框，在列表中选择 DV PAL 视频制式，设置音频采样为 Standard 48kHz（标准48kHz），在 Sequence Name（序列名称）栏中输入序列名"缩放过渡"，单击 OK 按钮进入 Premiere Pro CS5 操作界面，如图 14-4 所示。

图14-4　新建序列

**2. 导入素材**

单击菜单栏中 File（文件）>Import（导入）命令，或在 Project（项目）窗口的空白处双击，导入本书配套光盘"素材\第14章"文件夹中的

"花海 A.MOV"、"花海 B.MOV"、"枫叶 .MOV"和"麦浪 .MOV"视频素材，如图 14-5 所示。

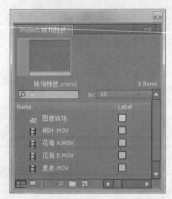

图14-5　导入素材

**3. 新建彩色蒙版**

**Step01** 单击 Project（项目）窗口底部的 [J]（新建素材）按钮，在弹出的列表中选择 Color Matte（彩色蒙版）选项，创建一个红色背景蒙版，如图 14-6 所示。

图14-6　新建蒙版

**Step02** 采用 Step01 的方法，继续创建绿色、黄色、蓝色的背景蒙版。

**Step03** 在 Project（项目）窗口中依次选择这 4 个彩色蒙版背景素材，单击鼠标右键，在弹出的快捷菜单中选择 Speed/Duration（速度 / 持续时间）命令，设置素材的 Duration（持续时间）为 13 秒，如图 14-7 所示。

图14-7　修改素材的持续时间

### 4. 添加素材到轨道

选择 Project（项目）窗口中的"花海 A.MOV"、"花海 B.MOV"、"枫叶.MOV"和"麦浪.MOV"视频素材，将它拖曳添加到 Video 2（视频 02）轨道中；选择"红色背景"、"绿色背景"、"黄色背景"和"蓝色背景"，将它们添加到 Video 1（视频 1）轨道中，如图 14-8 所示。

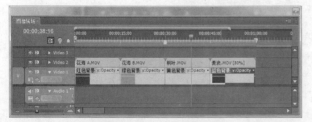

图14-8　添加素材到轨道

### 5. 添加过渡

(Step01) 展开 Effects（效果）窗口中 Video Transitions（视频过渡）>Zoom（缩放）过渡组，选择 Cross Zoom（交叉缩放）过渡特技，将它拖曳到"花海 A.MOV"和"花海 B.MOV"视频素材首尾衔接处，然后进入 Effect Controls（效果控制）面板，设置过渡的 Duration（持续时间）为 2 秒 15 帧，如图 14-9 所示。

图14-9　添加过渡到素材

(Step02) 展开 Effects（效果）窗口中 Video Transitions（视频过渡）>Zoom（缩放）过渡组，选择 Zoom（缩放）过渡特技，将它拖曳到"花海 B.MOV"和"枫叶.MOV"视频素材首尾衔接处，然后进入 Effect Controls（效果控制）面板，设置过渡的 Duration（持续时间）为 2 秒 15 帧，如图 14-10 所示。

图14-10　添加过渡到素材

(Step03) 再次展开 Effects（效果）窗口中 Video Transitions（视频过渡）>Zoom（缩放）过渡组，选择 Zoom Boxes（缩放盒子）过渡特技，将它拖曳到"枫叶.MOV"和"麦浪.MOV"视频素材首尾衔接处，然后进入 Effect Controls（效果控制）面板，设置过渡的 Duration（持续时间）为 2 秒 15 帧，如图 14-11 所示。

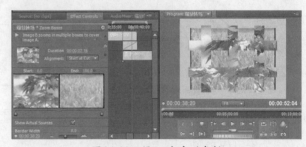

图14-11　添加过渡到素材

(Step04) 完成上面的操作后，就可以渲染输出为视频片段了。

**提示**　渲染效果见本书配套光盘中相关文件。

## 14.2 卷页过渡

### 14.2.1 实例概述

本例使用各种卷页过渡，制作特殊的视觉效果。本例制作流程如图 14-12 所示，本例最终效果如图 14-13 所示。

图14-12　操作流程图

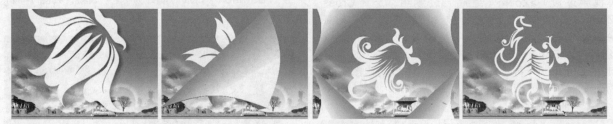

图14-13　效果图

本例所用素材"Flower_01.MOV"、"Flower_02.MOV"、"Flower_03.MOV"、"Flower_04.MOV"和"背景.jpg"放在本书配套光盘"素材\第14章"文件夹中。

### 14.2.2　操作步骤

#### 1. 新建项目

（Step01）启动 Premiere Pro CS5 软件，单击 New Project（新建项目）按钮，弹出 New Project（新建项目）对话框，在 Action and Title Safe Areas（活动与字幕安全区域）区域中输入活动和字幕的安全值，在 Video（视频）、Audio（音频）和 Capture（采集）区域中设置视、音频素材的显示格式及采集素材时所使用的格式。在 Name（名称）栏中输入"翻页转场"，在 Location（位置）选项中指定项目的保存路径，单击 OK 按钮，如图 14-14 所示。

图14-14　新建项目

（Step02）弹出 New Sequence（新建序列）对话框，在列表中选择 DV PAL 视频制式，设置音频采样为 Standard 48kHz（标准 48kHz），在 Sequence Name（序列名称）栏中输入序列名"翻页转场"，单击 OK 按钮进入 Premiere Pro CS5 操作界面，如图 14-15 所示。

图14-15 新建序列

## 2. 导入素材

单击菜单栏中 File（文件）>Import（导入）命令，或在 Project（项目）窗口的空白处双击，导入本书配套光盘"素材\第14章"文件夹中的"Flower_01.MOV"、"Flower_02.MOV"、"Flower_03.MOV"、"Flower_04.MOV"和"背景.jpg"素材，如图14-16 所示。

图14-16 导入素材

## 3. 添加素材到轨道

选择 Project（项目）窗口中的"Flower_01.MOV"、"Flower_02.MOV"、"Flower_03.MOV"、"Flower_04.MOV"视频素材，将它们拖曳添加到 Video 2（视频2）轨道中；选择"背景.jpg"图像素材，将它添加到 Video 1（视频1）轨道中，如图14-17 所示。

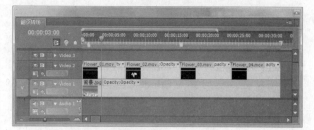

图14-17 添加素材到轨道

## 4. 添加特效

Step01 选择"Flower_01.MOV"视频素材，打开 Effects（效果）窗口中 Video Effects（视频特效）>Perspective（透视）滤镜组，选择 Drop Shadow（投影阴影）特效，将它拖曳添加到 Effect Controls（效果控制）面板，并设置相应参数值，如图14-18 所示。

图14-18 添加视频特效

Step02 同样地，为"Flower_02.MOV"、"Flower_03.MOV"和"Flower_04.MOV"视频素材添加 Drop Shadow（投影阴影）特效。

## 5. 添加过渡

Step01 展开 Effects（效果）窗口中 Video Transitions（视频过渡）>Page Peel（卷页）过渡组，选择 Page Peel（翻页）过渡特技，将它拖曳到"Flower_01.MOV"和"Flower_02.MOV"视频素材首尾衔接处，然后进入 Effect Controls（效果控制）面板，设置过渡的 Duration（持续时间）为2秒15帧，如图14-19 所示。

图14-19 添加过渡到素材

Step02 再次展开 Effects（效果）窗口中 Video Transitions（视频过渡）>Page Peel（卷页）过渡组，选择 Center Peel（中心剥落）过渡特技，将它拖曳到"Flower_02.MOV"和"Flower_03.MOV"视频素材首尾衔接处，然后进入 Effect Controls（效果控制）面板，设置过渡的 Duration（持续时间）为 2 秒 15 帧，如图 14-20 所示。

组，选择 Roll Away（卷走）过渡特技，将它拖曳到"Flower_03.MOV"和"Flower_04.MOV"视频素材首尾衔接处，然后进入 Effect Controls（效果控制）面板，设置过渡的 Duration（持续时间）为 2 秒 15 帧，如图 14-21 所示。

图14-21　添加过渡到素材

图14-20　添加过渡到素材

Step03 再次展开 Effects（效果）窗口中 Video Transitions（视频过渡）>Page Peel（卷页）过渡

Step04 完成上面的操作后，就可以渲染输出为视频片段了。

> 提示　渲染效果见本书配套光盘中的相关文件。

## 14.3　不规则图形过渡

### 14.3.1　实例概述

本例使用各种不规则图形过渡，制作特殊的视觉效果。本例制作流程如图 14-22 所示，本例最终效果如图 14-23 所示。

> 提示　本例将使用到 Starglow（光晕）滤镜，大家可在网络上搜索并下载，本书不提供安装程序。

图14-22　操作流程图

图14-23 效果图

本例所用素材"PA-1.MOV"、"PA-2.MOV"、"PA-3.MOV"和"PA-4.MOV"放在本书配套光盘"素材\第14章"文件夹中。

### 14.3.2 操作步骤

#### 1. 新建项目

(Step01) 启动 Premiere Pro CS5 软件，单击 New Project（新建项目）按钮，弹出 New Project（新建项目）对话框，在 Action and Title Safe Areas（活动与字幕安全区域）区域中输入活动和字幕的安全值，在 Video（视频）、Audio（音频）和 Capture（采集）区域中设置视、音频素材的显示格式及采集素材时所使用的格式。在 Name（名称）栏中输入"不规则图形转场"，在 Location（位置）选项中指定项目的保存路径，单击 [ OK ] 按钮，如图 14-24 所示。

图14-24 新建项目

(Step02) 弹出 New Sequence（新建序列）对话框，在列表中选择 DV PAL 视频制式，设置音频采样为 Standard 48kHz（标准 48kHz），在 Sequence Name（序列名称）栏中输入序列名"不规则图形转场"，单击 [ OK ] 按钮进入 Premiere Pro CS5 操作界面，如图 14-25 所示。

#### 2. 导入素材

单击菜单栏中 File（文件）>Import（导入）命令，或在 Project（项目）窗口的空白处双击，导入本书配套光盘"素材\第14章"文件夹中的

"PA-1.MOV"、"PA-2.MOV"、"PA-3.MOV"和"PA-4.MOV"视频素材，如图 14-26 所示。

图14-25 新建序列

图14-26 导入素材

#### 3. 添加素材到轨道

选择 Project（项目）窗口中的"PA-1.MOV"、"PA-2.MOV"、"PA-3.MOV"和"PA-4.MOV"视频素材，将它们拖曳添加到视频轨道中，如图 14-27 所示。

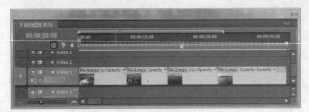

图14-27　添加素材到轨道

### 4. 添加特效

**Step01** 选择"PA-1.MOV"视频素材，打开Effects（效果）窗口中Video Effects（视频特效）> Trapcode（粒子）滤镜组，选择Starglow（光晕）特效，将它拖曳添加到Effect Controls（效果控制）面板，并设置相应参数值，如图14-28所示。

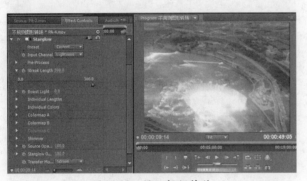

图14-28　添加视频特效

**Step02** 同样地，为"PA-2.MOV"、"PA-3.MOV"和"PA-4.MOV"视频素材添加Starglow（光晕）特效。

### 5. 添加过渡

**Step01** 展开Effects（效果）窗口中Video Transitions（视频过渡）>Wipe（擦除）过渡组，选择Paint Splatter（油漆飞溅）过渡特技，将它拖曳到"PA-1.MOV"和"PA-2.MOV"视频素材首尾衔接处，然后进入Effect Controls（效果控制）面板，设置过渡的Duration（持续时间）为2秒15帧，如图14-29所示。

**Step02** 再次展开Effects（效果）窗口中Video Transitions（视频过渡）>Wipe（擦除）过渡组，选择Random Blocks（随机块）过渡特技，将它拖曳到"PA-2.MOV"和"PA-3.MOV"视频素材首尾衔接处，然后进入Effect Controls（效果控制）面板，设置过渡的Duration（持续时间）为2秒15帧，如图14-30所示。

**Step03** 再次展开Effects（效果）窗口中Video Transitions（视频过渡）>Slide（滑动）过渡组，选择Slash Slide（斜线滑动）过渡特技，将它拖曳到

"PA-3.MOV"和"PA-4.MOV"视频素材首尾衔接处，然后进入Effect Controls（效果控制）面板，设置过渡的Duration（持续时间）为2秒15帧，如图14-31所示。

图14-29　添加过渡到素材

图14-30　添加过渡到素材

图14-31　添加过渡到素材

**Step04** 完成上面的操作后，就可以渲染输出为视频片段了。

提示　渲染效果见本书配套光盘中相关文件。

## 14.4 不同过渡特技综合应用

### 14.4.1 实例概述

本例使用 Iris Box（盒形划像）、Iris Round（圆划像）、Inset（插入）和 Checkerboard（棋盘）等过渡特技，制作出画中画叠加的视觉效果。

本例知识点包括单素材过渡的添加、序列嵌套和素材特效复制、粘贴等内容。

本例制作流程如图 14-32 所示，本例最终效果如图 14-33 所示。

图14-32　操作流程图

图14-33　效果图

本例所用素材"SV-1.MOV"、"SV-2.MOV"、"SV-3.MOV"和"SV-4.MOV"放在本书配套光盘"素材\第14章"文件夹中。

### 14.4.2 操作步骤

**1. 新建项目**

Step01 启动 Premiere Pro CS5 软件，单击 New Project（新建项目）按钮，弹出 New Project（新建项目）对话框，在 Action and Title Safe Areas（活动与字幕安全区域）区域中输入活动和字幕的安全值，在 Video（视频）、Audio（音频）

和 Capture（采集）区域中设置视、音频素材的显示格式及采集素材时所使用的格式。在 Name（名称）栏中输入"转场综合应用"，在 Location（位置）选项中指定项目的保存路径，单击 OK 按钮，如图 14-34 所示。

图14-34　新建项目

Step02 弹出 New Sequence（新建序列）对话框，在列表中选择 DV PAL 视频制式，设置音频采样为 Standard 48kHz（标准 48kHz），在 Sequence Name（序列名称）栏中输入序列名"转场综合应用"，单击 OK 按钮进入 Premiere Pro CS5 操作界面，如图 14-35 所示。

图14-35　新建序列

### 2. 导入素材

单击菜单栏中 File（文件）>Import（导入）命令，或在 Project（项目）窗口的空白处双击，导入本书配套光盘"素材\第 14 章"文件夹中

的"SV-1.MOV"、"SV-2. MOV"、"SV-3.MOV" 和 "SV-4.MOV"视频素材，如图 14-36 所示。

### 3. 新建序列

Step01 单击 Project（项目）窗口底部的 🔳（新建素材）按钮，在弹出的列表中选择 Sequence（序列）选项，如图 14-37 所示。

图14-36　导入素材

图14-37　新建序列

Step02 弹出 New Sequence（新建序列）对话框，在列表中选择 DV PAL 视频制式，设置音频采样为 Standard 48kHz（标准 48kHz），在 Sequence Name（序列名称）栏中输入序列名"序列 01"，单击 OK 按钮，如图 14-38 所示。

图14-38　新建序列

**Step03** 采用同样的方法，新建"序列02"、"序列03"、"序列04"和"序列05"。完成后，在 Project（项目）窗口中共有 5 个序列，如图 14-39 所示。

图14-39 序列素材

### 4. 添加特效

**Step01** 激活"序列01"时间线窗口，然后将 Project（项目）窗口中的"SV-1.MOV"视频素材拖曳添加到"序列01"时间线窗口的 Video 1（视频 1）轨道和 Video 2（视频 2）轨道中，如图 14-40 所示。

图14-40 添加素材到轨道

**Step02** 选择 Video 1（视频 1）轨道中的"SV-1.MOV"视频素材，打开 Effects（效果）窗口中 Video Effects（视频特效）>Adjust（调节）滤镜组，选择 Extract（提取）特效，将它拖曳添加到 Effect Controls（效果控制）面板，并设置 Softness（柔化）参数值为 100，Motion（运动）的 Scale（缩放比例）参数值为 150，如图 14-41 所示。

**Step03** 选择 Video 2（视频 2）轨道中的"SV-1.MOV"视频素材，打开 Effects（效果）窗口中 Video Effects（视频特效）>Adjust（调节）滤镜组，选择 Lighting Effects（照明效果）特效，将它拖曳添加到 Effect Controls（效果控制）面板，并设置 Ambience

Intensity（环境亮度）参数值为 40，其他参数保持默认状态，如图 14-42 所示。

图14-41 添加特效并设置参数

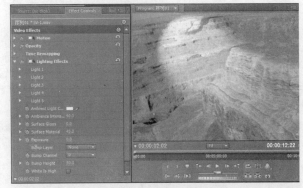

图14-42 添加特效并设置参数

**Step04** 展开 Effects（效果）窗口中 Video Transitions（视频过渡）>Iris（划像）过渡组，选择 Iris Box（盒形划像）过渡特技，将它拖曳到 Video 2（视频 2）轨道中的"SV-1.MOV"视频素材上，并设置相关参数，如图 14-43 所示。

图14-43 添加过渡到素材

**Step05** 按空格键，观看过渡及合成效果，如图 14-44 所示。

图14-44　过渡及合成效果

**Step06** 下面为"SV-2.MOV"、"SV-3.MOV"和"SV-4.MOV"素材添加过渡并合成，操作流程与"SV-1.MOV"素材的方法大致相同。

激活"序列02"时间线窗口，将Project（项目）窗口中的"SV-2.MOV"视频素材拖曳添加到"序列02"时间线窗口的Video 1（视频1）轨道和Video 2（视频2）轨道中。

激活"序列03"时间线窗口，将Project（项目）窗口中的"SV-3.MOV"视频素材拖曳添加到"序列03"时间线窗口的Video 1（视频1）轨道和Video 2（视频2）轨道中。

激活"序列04"时间线窗口，将Project（项目）窗口中的"SV-4.MOV"视频素材拖曳添加到"序列04"时间线窗口的Video 1（视频1）轨道和Video 2（视频2）轨道中。

图14-45　添加素材到轨道

**Step07** 复制素材属性。激活"序列01"时间线窗口，选择Video 1（视频1）轨道中的"SV-1.MOV"素材，单击鼠标右键，在弹出的快捷菜单中选择Copy（复制）命令，如图14-46所示。

图14-46　复制素材属性

**Step08** 粘贴属性。激活"序列02"时间线窗口，选择Video 1（视频1）轨道中的"SV-2.MOV"素材，单击鼠标右键，在弹出的快捷菜单中选择Paste Attributes（粘贴属性）命令，"序列01"时间线窗口中的Video 1（视频1）轨道中"SV-1.MOV"素材的属性就粘贴到"序列02"时间线窗口中的Video 1（视频1）轨道中"SV-2.

MOV"素材上了，如图14-47所示。

图14-47　粘贴属性

**Step09** 继续复制属性到其他素材上。

激活"序列03"时间线窗口，选择Video 1（视频1）轨道中"SV-3.MOV"素材，单击鼠标右键，在弹出的快捷菜单中选择Paste Attributes（粘贴属性）命令。

激活"序列04"时间线窗口，选择Video 1（视频1）轨道中"SV-4.MOV"素材，单击鼠标右键，在弹出的快捷菜单中选择Paste Attributes（粘贴属性）命令。

这样，"序列01"时间线窗口中Video 1（视频1）素材的属性即被粘贴到了"序列03"和"序列04"时间线窗口的Video 1（视频1）轨道素材中了。

**Step10** 激活"序列01"时间线窗口，选择Video 2（视频2）轨道中"SV-1.MOV"素材，单击鼠标右键，在弹出的快捷菜单中选择Copy（复制）命令，如图14-48所示。

图14-48　复制素材属性

**Step11** 粘贴属性。激活"序列02"时间线窗口，选择Video 2（视频2）轨道中"SV-2.MOV"素材，单击鼠标右键，在弹出的快捷菜单中选择Paste Attributes（粘贴属性）命令，这样，"序列01"时间线窗口中Video2（视频2）轨道中的"SV-1.MOV"素材属性就粘贴到"序列02"时间线窗口的Video 2（视频2）轨道中"SV-2.MOV"素材上了，如图14-49所示。

图14-49 粘贴属性

**Step12** 继续粘贴属性。

激活"序列03"时间线窗口,选择 Video 2(视频2)轨道中"SV-3.MOV"素材,单击鼠标右键,在弹出的快捷菜单中选择 Paste Attributes(粘贴属性)命令。

激活"序列04"时间线窗口,选择 Video 2(视频2)轨道中"SV-4.MOV"素材,单击鼠标右键,在弹出的快捷菜单中选择 Paste Attributes(粘贴属性)命令。

这样,"序列01"时间线窗口中 Video 2(视频2)素材的属性即被粘贴到了"序列03"和"序列04"时间线窗口中 Video 2(视频2)轨道素材中了。

**Step13** 激活"序列02"时间线窗口。展开 Effects(效果)窗口中 Video Transitions(视频过渡)> Iris(划像)过渡组,选择 Iris Round(圆划像)过渡特技,将它拖曳到 Video 2(视频2)轨道中"SV-2.MOV"视频素材上,并设置相关参数,如图14-50所示。

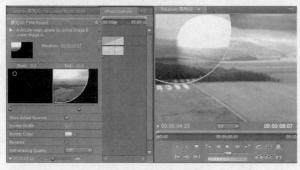

图14-50 添加过渡

**Step14** 按空格键,观看"序列02"的过渡及合成效果,如图14-51所示。

图14-51 过渡及合成效果

**Step15** 激活"序列03"时间线窗口。展开 Effects(效果)窗口中 Video Transitions(视频过渡)> Wipe(擦除)过渡组,选择 Inset(插入)过渡特技,将它拖曳到 Video 2(视频2)轨道中"SV-3.MOV"视频素材上,并设置相关参数,如图14-52所示。

图14-52 设置过渡参数

**Step16** 按空格键,观看"序列03"的过渡及合成效果,如图14-53所示。

图14-53 过渡及合成效果

**Step17** 激活"序列04"时间线窗口。展开 Effects(效果)窗口中 Video Transitions(视频过渡)> Wipe(擦除)过渡组,选择 Checkerboard(棋盘)过渡特技,将它拖曳到 Video 2(视频2)轨道中"SV-4.MOV"视频素材上,并设置相关参数,如图14-54所示。

图14-54 添加过渡

| 提示 | 单击 Checkerboard（棋盘）过渡参数面板中 Custom（自定义）按钮，设置 Horizontal Slices（水平切片）为 5，Vertical Slices（垂直切片）为 3。 |
|---|---|

**Step18** 按空格键，观看"序列 04"的过渡及合成效果，如图 14-55 所示。

图14-55　过渡及合成效果

#### 5. 嵌套序列

激活"序列 05"时间线窗口，依次选择 Project（项目）窗口中的"序列 01"、"序列 02"、"序列 03"和"序列 04"，将它们拖曳添加到 Video 1（视频 1）轨道中，如图 14-56 所示。

图14-56　嵌套序列

#### 6. 渲染输出影片

**Step01** 设置 Timelines（时间线）窗口中"序列 05"工作区范围条为 47 秒 12 帧，单击菜单栏中 File（文件）> Export（导出）>Media（媒体）命令，如图 14-57 所示。

图14-57　导出为Media（媒体）文件

**Step02** 打开 Export Settings（导出设置）对话框，设置 Format（格式）为 MPEG 2，Preset（预置）为 PAL DV，在 Output Name（输出名称）栏内指定视频保存的路径和文件名，勾选 Export Video（导出视频）、Export Audio（导出音频）复选框，其他参数保持默认状态，如图 14-58 所示。

图14-58　设置影片的输出参数

**Step03** 单击 Export Settings（导出设置）对话框右下角的 Queue 按钮，打开 Adobe Media Encoder 窗口，单击"开始队列"按钮，开始渲染生成影片，如图 14-59 所示。

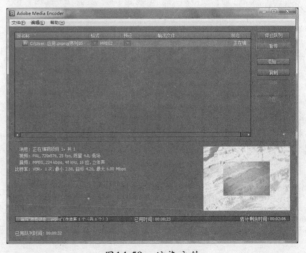

图14-59　渲染文件

| 提示 | 渲染效果见本书配套光盘中相关文件。 |
|---|---|

# 第 15 章
# 滤镜特效案例实战

## 15.1　夜景照明特效

### 15.1.1　实例概述

　　本例使用 Lighting Effects（照明效果）和 Brightness&Contrast（亮度与对比度）滤镜，制作夜景变化的特殊效果。本例制作流程如图 15-1 所示，本例最终效果图如图 15-2 所示。

图15-1　操作流程图

图15-2　效果图

　　本例所用素材"室内夜景 .jpg"放在本书配套光盘"素材\第 15 章"文件夹中。

## 15.1.2 操作步骤

### 1. 新建项目

**Step01** 启动 Premiere Pro CS5 软件，单击 New Project（新建项目）按钮，弹出 New Project（新建项目）对话框，在 Action and Title Safe Areas（活动与字幕安全区域）区域中输入活动和字幕的安全值，在 Video（视频）、Audio（音频）和 Capture（采集）区域中设置视、音频素材的显示格式及采集素材时所使用的格式。在 Name（名称）栏中输入"夜景特效"，在 Location（位置）项中指定项目的保存路径，单击 OK 按钮，如图 15-3 所示。

图15-3　新建项目

**Step02** 弹出 New Sequence（新建序列）对话框，在列表中选择 DV PAL 视频制式，设置音频采样为 Standard 48kHz（标准 48kHz），在 Sequence Name（序列名称）栏中输入序列名"特效合成"，单击 OK 按钮进入 Premiere Pro CS5 操作界面，如图 15-4 所示。

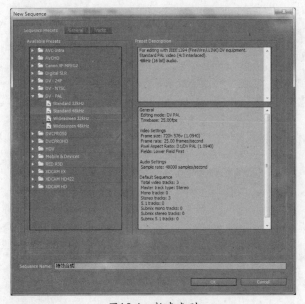

图15-4　新建序列

### 2. 导入素材

单击菜单栏中 File（文件）> Import（导入）命令，或在 Project（项目）窗口的空白处双击，导入本书配套光盘"素材\第 15 章"文件夹中的"室内夜景.jpg"文件，如图 15-5 所示。

图15-5　导入素材

### 3. 添加滤镜特效

**Step01** 在 Project（项目）窗口中选择"夜景-1.jpg"图像素材，将它拖曳添加到轨道，然后打开 Effects（效果）窗口中 Video Effects（视频特效）> Adjust（调整）滤镜组，选择 Lighting Effects（照明效果）特效，将它拖曳添加到 Effect Controls（效果控制）面板，如图 15-6 所示。

图15-6　添加 Lighting Effects（照明效果）滤镜

**Step02** 将时间指针移到 0 帧处，单击 Ambience Intensity（环境照明强度）参数前面的 ⏱ （关键帧开关）按钮，打开关键帧动画开关，在此时间位置创建一个关键帧，并设置关键帧的参数值为 0，如图 15-7 所示。

图15-7　在 0 帧处创建关键帧

**Step03** 将时间指针移到 5 秒帧处，单击 Ambience Intensity（环境照明强度）参数后面的 ◄ ◆ ► （关键帧搜索）按钮中间的小菱形，在此位置创建一个关键帧，并设置关键帧的参数值为 50，如图 15-8 所示。

图15-8 在5秒帧处创建关键帧

(Step04) 将时间指针移到 15 秒帧处，单击 Ambience Intensity（环境照明强度）参数后面的 ◀ ◆ ▶（关键帧搜索）按钮中间的小菱形，在此位置创建一个关键帧，并设置关键帧的参数值为 80，如图 15-9 所示。

图15-9 在15秒帧处创建关键帧

(Step05) 播放视频观看效果，可以看到素材从黑暗逐渐变到明亮的动画效果，如图 15-10 所示。

图15-10 夜景动画效果

### 4. 添加点光源效果

(Step01) 展开 Lighting Effects（照明效果）特效的 Light 1（光照1）选项，设置 Light Color（照明颜色）的 RGB 值为（255，185，0），Center（中心）坐标值为（265，240），Major Radius（主要半径）参数值为 40，Angle（角度）为 225，Intensity（强度）为 100，Focus（聚集）参数值为 60，如图 15-11 所示。

图15-11 设置滤镜参数

(Step02) 将时间指针移到 0 帧处，单击 Minor Radius（次要半径）参数前面的 ◉（关键帧开关）按钮，打开关键帧动画开关，在此时间位置创建一个关键帧，并设置关键帧的参数值为 0，如图 15-12 所示。

图15-12 在0帧处创建关键帧

(Step03) 将时间指针移到 15 秒帧处，单击 Minor Radius（次要半径）参数后面的 ◀ ◆ ▶（关键帧搜索）按钮中间的小菱形，在此位置创建一个关键帧，并设置关键帧的参数值为 26，如图 15-13 所示。

图15-13 在15秒帧处创建关键帧

(Step04) 同样地，继续在图像的右上角添加光照效果，参数可根据情况自由设置，最终效果如图 15-14 所示。

图15-14　添加光照效果

(Step05) 完成上述操作后，即已为夜景添加了变化的光源效果，如图 15-15 所示。

(Step06) 最后为素材添加 Brightness&Contrast（亮度与对比度）滤镜，调整素材的对比度。打开 Effects（效果）窗口中 Video Effects（视频特效）>Color Correction（色彩校正）滤镜组，选择 Brightness&Contrast（亮度与对比度）

特效，将它拖曳添加到 Effect Controls（效果控制）面板，并设置相应参数值，如图 15-16 所示。

图15-15　最终效果（左边为原图，右边为添加光照后的效果）

图15-16　添加滤镜并设置参数

# 15.2 夜视仪透视效果

## 15.2.1 实例概述

本例使用 Lighting Effects（照明效果）和 Brightness&Contrast（亮度与对比度）滤镜，制作夜视仪透视效果。本例制作流程如图 15-17 所示，本例最终效果如图 15-18 所示。

图15-17　操作流程图

图15-18　效果图

本例所用素材"航拍.MOV"放在本书配套光盘"素材\第15章"文件夹中。

### 15.2.2　操作步骤

#### 1. 新建项目

Step01 启动 Premiere Pro CS5 软件，单击 New Project（新建项目）按钮，弹出 New Project（新建项目）对话框，在 Action and Title Safe Areas（活动与字幕安全区域）区域中输入活动和字幕的安全值，在 Video（视频）、Audio（音频）和 Capture（采集）区域中设置视、音频素材的显示格式及采集素材时所使用的格式。在 Name（名称）栏中输入"夜视仪透视"，在 Location（位置）选项中指定项目的保存路径，单击 OK 按钮，如图 15-19 所示。

图15-19　新建项目

Step02 弹出 New Sequence（新建序列）对话框，在列表中选择 DV PAL 视频制式，设置音频采样为 Standard 48kHz（标准 48kHz），在 Sequence Name（序列名称）栏中输入序列名"特效合成"，单击 OK 按钮进入 Premiere Pro CS5 操作界面，如图 15-20 所示。

#### 2. 导入素材

单击菜单栏中 File（文件）>Import（导入）命令，或在 Project（项目）窗口的空白处双击，导入本书配套光盘"素材\第15章"文件夹中的

"航拍.MOV"文件，如图 15-21 所示。

图15-20　新建序列

#### 3. 添加滤镜特效

Step01 在 Project（项目）窗口中选择"航拍.MOV"视频素材，将它拖曳添加到轨道。打开 Effect Controls（效果控制）面板，设置 Scale（缩放比例）的参数值为 122，如图 15-22 所示。

图15-21　导入素材

图15-22　设置素材缩放比例

**Step02** 为视频素材添加 Lighting Effects（照明效果）特效。打开 Effects（效果）窗口中 Video Effects（视频特效）>Adjust（调整）滤镜组，选择 Lighting Effects（照明效果）特效，将它拖曳添加到 Effect Controls（效果控制）面板，并设置相关参数，如图 15-23 所示。

图15-23　添加Lighting Effects（照明效果）滤镜

**Step03** 展开 Lighting Effects（照明效果）特效的 Light 1（光照 1）选项，设置 Light Color（照明颜色）的 RGB 值为（0，200，5），Major Radius（主要半径）参数值为 10，Minor Radius（次要半径）参数值为 10，Angle（角度）为 225，Intensity（强度）为 26，Focus（聚集）参数值为 100，如图 15-24 所示。

图15-24　设置滤镜参数

**Step04** 将时间指针移到 0 帧处，单击 Center（中心）参数前面的 🕐（关键帧开关）按钮，打开关键帧动画开关，在此时间位置创建一个关键帧，并设置关键帧的参数值为（150、130），如图 15-25 所示。

**Step05** 将时间指针移到 15 秒帧处，单击 Center（中心）参数后面的 ◀ ◆ ▶（关键帧搜索）按钮中间的小菱形，在此位置创建一个关键帧，并设置关键帧的参数值为（145、540），如图 15-26 所示。

**Step06** 每隔 5 秒或 8 秒长度即创建关键帧并设置 Center（中心）坐标值，以模拟夜视仪透视移动拍摄效果，如图 15-27 所示。

**Step07** 最后为素材添加 Brightness&Contrast（亮度与对比度）滤镜，调整素材的对比度。打开 Effects（效果）窗口中 Video Effects（视频特效）> Color Correction（色彩校正）滤镜组，选择 Brightness&Contrast（亮度与对比度）特效，将它拖曳添加到 Effect Controls（效果控制）面板，并设置相应参数值，如图 15-28 所示。

图15-25　在0帧处创建关键帧

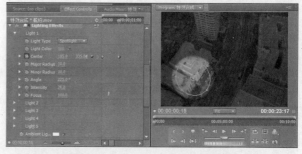

图15-26　在15秒帧处创建关键帧

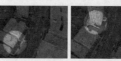

图15-27　夜视仪透视效果

图15-28　添加滤镜并设置参数

**Step08** 完成上面的操作后，再进行细微调节，即可渲染输出了。

## 15.3　碳铅笔画效果

### 15.3.1　实例概述

本例使用 Find Edges（查找边缘）、Black&White（黑白）和 Fast Blur（快速模糊）滤镜，制作出素描视觉合成效果。本例制作流程如图 15-29 所示，本例最终效果如图 15-30 所示。

图15-29　操作流程图

图15-30　效果图

本例所用素材"小动物.jpg"和"小女孩.jpg"放在本书配套光盘"素材\第15章"文件夹中。

### 15.3.2　操作步骤

**1. 新建项目**

Step01 启动 Premiere Pro CS5 软件，单击 New Project（新建项目）按钮，弹出 New Project（新建项目）对话框，

在 Action and Title Safe Areas（活动与字幕安全区域）区域中输入活动和字幕的安全值，在 Video（视频）、Audio（音频）和 Capture（采集）区域中设置视、音频素材的显示格式及采集素材时所使用的格式。在 Name（名称）栏中输入"碳铅笔画"，在 Location（位置）选项中指定项目的保存路径，单击 OK 按钮，如图 15-31 所示。

图15-31　新建项目

**Step02** 弹出 New Sequence（新建序列）对话框，在列表中选择 DV PAL 视频制式，设置音频采样为 Standard 48kHz（标准 48kHz），在 Sequence Name（序列名称）栏中输入序列名"特效合成"，单击 OK 按钮进入 Premiere Pro CS5 操作界面，如图 15-32 所示。

图15-32　新建序列

2. 导入素材

单击菜单栏中 File（文件）>Import（导入）

命令，或在 Project（项目）窗口的空白处双击，导入本书配套光盘"素材\第15章"文件夹中的"小动物 .jpg"和"小女孩 .jpg"文件，如图 15-33 所示。

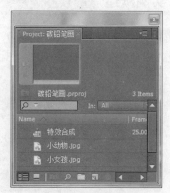

图15-33　导入素材

3. 添加滤镜制作碳铅笔画效果

**Step01** 在 Porject（项目）窗口中选择"小动物 .jpg"图像素材，将它拖曳添加到轨道。打开 Effects（效果）窗口中 Video Effects（视频特效）> Stylize（风格化）滤镜组，选择 Find Edges（查找边缘）特效，将它拖曳添加到 Effect Controls（效果控制）面板，并设置相关参数，如图 15-34 所示。

图15-34　添加特效

**Step02** 为素材添加 Find Edges（查找边缘）特效后，产生了彩色的轮廓线效果，但并不是我们需要的碳铅笔勾勒效果，打开 Video Effects（视频特效）>Image Control（图像控制）滤镜组，选择 Black&White（黑白）特效，将它拖曳添加到 Effect Controls（效果控制）面板，如图 15-35 所示。

**Step03** 为素材添加 Brightness&Contrast（亮度与对比度）滤镜，调整素材的对比度。打开 Effects（效果）窗口中 Video Effects（视频特效）> Color Correction（色彩校正）滤镜组，选择 Brightness&Contrast（亮度与对比度）特效，将它拖曳添加到 Effect Controls

（效果控制）面板，并设置相应参数值，如图15-36所示。

图15-35　添加特效

图15-36　添加特效

**Step04** 为素材添加模糊滤镜，打开 Video Effects（视频特效）>Blur&Sharpen（模糊与锐化）滤镜组，选择 Fast Blur（快速模糊）特效，将它拖曳添加到 Effect Controls（特效控制）面板，并设置参数，如图15-37所示。

图15-37　添加特效

### 4. 用人物素材勾勒碳铅笔效果

**Step01** 在 Project（项目）窗口中选择"小女孩.jpg"图像素材，将它拖曳添加到"小动物.jpg"图像素材后面，在轨道中选择"小女孩.jpg"图像素材，打开 Effects（效果）窗口中 Video Effects（视频特效）>Color Correction（色彩校正）滤镜组，选择

Brightness&Contrast（亮度与对比度）特效，将它拖曳添加到 Effect Controls（效果控制）面板，并设置相应参数值，如图15-38所示。

图15-38　添加滤镜并设置参数

**Step02** 继续添加滤镜。打开 Effects（效果）窗口中 Video Effects（视频特效）>Stylize（风格化）滤镜组，选择 Find Edges（查找边缘）特效，将它拖曳添加到 Effect Controls（效果控制）面板，并设置相关参数，如图15-39所示。

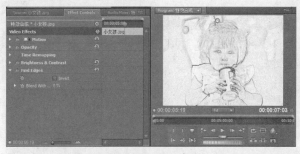

图15-39　添加特效

**Step03** 继续添加滤镜。打开 Video Effects（视频特效）>Image Control（图像控制）滤镜组，选择 Black&White（黑白）特效，将它拖曳添加到 Effect Controls（效果控制）面板，如图15-40所示。

图15-40　添加特效

**Step04** 打开 Video Effects（视频特效）>Blur&Sharpen

（模糊与锐化）滤镜组，选择 Fast Blur（快速模糊）特效，将它拖曳添加到 Effect Controls（效果控制）面板，并设置参数，如图 15-41 所示。

Step05 完成上面的操作后，再进行细微调节，即可渲染输出了。

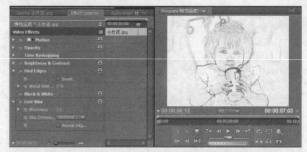

图15-41　添加Fast Blur（快速模糊）滤镜

# 15.4　更改颜色特效

## 15.4.1　实例概述

本例使用 Brightness&Contrast（亮度与对比度）和 Change Color（更改颜色）滤镜，来更改素材中指定的某种颜色。本例制作流程如图 15-42 所示，本例最终效果如图 15-43 所示。

图15-42　操作流程图

图15-43　效果图

本例所用素材"人物 .jpg"放在本书配套光盘"素材 \ 第 15 章"文件夹中。

## 15.4.2　操作步骤

### 1. 新建项目

Step01 启动 Premiere Pro CS5 软件，单击 New Project（新建项目）按钮，弹出 New Project（新建项目）对话框，

在 Action and Title Safe Areas（活动与字幕安全区域）区域中输入活动和字幕的安全值，在 Video（视频）、Audio（音频）和 Capture（采集）区域中设置视、音频素材的显示格式及采集素材时所使用的格式。在 Name（名称）栏中输入"更改颜色"，在 Location（位置）选项中指定项目的保存路径，单击 OK 按钮，如图 15-44 所示。

图15-44 新建项目

Step02 弹出 New Sequence（新建序列）对话框，在列表中选择 DV PAL 视频制式，设置音频采样为 Standard 48kHz（标准48kHz），在 Sequence Name（序列名称）栏中输入序列名"特效合成"，单击 OK 按钮进入 Premiere Pro CS5 操作界面，如图 15-45 所示。

图15-45 新建序列

## 2. 导入素材

单击菜单栏中 File（文件）>Import（导入）命令，或在 Project（项目）窗口的空白处双击，导入本书配套光盘"素材\第15章"文件夹中的"人物 .jpg"文件，如图 15-46 所示。

图15-46 导入素材

## 3. 添加素材到轨道

Step01 在 Project（项目）窗口中选择"人物 .jpg"图像素材，将它拖曳添加到轨道，然后打开 Effects（效果）窗口中 Video Effects（视频特效）> Color Correction（色彩校正）滤镜组，选择 Brightness&Contrast（亮度与对比度）特效，将它拖曳添加到 Effect Controls（效果控制）面板，并设置相应参数值，如图 15-47 所示。

图15-47 添加特效滤镜

Step02 继续添加滤镜。打开 Effects（效果）窗口中 Video Effects（视频特效）>Color Correction（色彩校正）滤镜组，选择 Change Color（更改颜色）特效，将它拖曳添加到 Effect Controls（效果控制）面板，并设置相关参数值，如图 15-48 所示。

图15-48 添加Change Color（更改颜色）滤镜

Step03 完成上述操作后，原始素材与编辑后素材的对比效果如图 15-49 所示。

**Step04** 当然，我们可以继续设置 Change Color（更改颜色）参数值，来获取不同色值的效果，如图 15-50 所示。

图15-49　素材对比效果

图15-50　不同颜色的视觉效果

## 15.5　脱色特效

### 15.5.1　实例概述

本例使用 Brightness&Contrast（亮度与对比度）和 Leave Color（脱色）滤镜，来保留素材中指定的某种颜色。本例制作流程如图 15-51 所示，本例最终效果如图 15-52 所示。

图15-51　操作流程图

图15-52　效果图

本例所用素材"雨伞.jpg"放在本书配套光盘"素材\第15章"文件夹中。

## 15.5.2 操作步骤

### 1. 新建项目

**Step01** 启动 Premiere Pro CS5 软件，单击 New Project（新建项目）按钮，弹出 New Project（新建项目）对话框，在 Action and Title Safe Areas（活动与字幕安全区域）区域中输入活动和字幕的安全值，在 Video（视频）、Audio（音频）和 Capture（采集）区域中设置视、音频素材的显示格式及采集素材时所使用的格式。在 Name（名称）栏中输入"脱色特效"，在 Location（位置）选项中指定项目的保存路径，单击 OK 按钮，如图 15-53 所示。

**Step02** 弹出 New Sequence（新建序列）对话框，在列表中选择 DV PAL 视频制式，设置音频采样为 Standard 48kHz（标准48kHz），在 Sequence Name（序列名称）栏中输入序列名"特效合成"，单击 OK 按钮进入 Premiere Pro CS5 操作界面，如图 15-54 所示。

图15-53 新建项目　　　　　　　　　图15-54 新建序列

### 2. 导入素材

单击菜单栏中 File（文件）>Import（导入）命令，或在 Project（项目）窗口的空白处双击，导入本书配套光盘"素材\第15章"文件夹中的"雨伞.jpg"文件，如图 15-55 所示。

图15-55 导入素材

### 3. 添加素材到轨道

**Step01** 在 Project（项目）窗口中选择"雨伞.jpg"图像素材，将它拖曳添加到轨道，然后打开 Effects（效果）窗口中 Video Effects（视频特效）>Color Correction（色彩校正）滤镜组，选择 Brightness&Contrast（亮度与对比度）特效，将它拖曳添加到 Effect Controls（效果控制）面板，并设置相应参数值，如图 15-56 所示。

**Step02** 继续添加滤镜。打开 Effects（效果）窗口中 Video Effects（视频特效）>Color Correction（色彩校正）滤镜组，选择 Leave Color（脱色）特效，将它拖曳添加到 Effect Controls（效果控制）面板，并设置相关参数值，如图 15-57 所示。

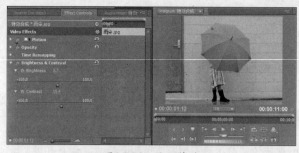

图15-56　添加特效

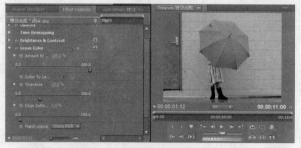

图15-57　添加滤镜并设置参数

Step03 完成上述操作后，原始素材与编辑后素材的对比

效果如图 15-58 所示。

图15-58　素材对比效果

Step04 当然，也可以添加上一案例所用的 Change Color（更改颜色）特效，设置不同 RGB 值的颜色，产生不同的效果，如图 15-59 所示。

图15-59　不同的颜色效果

Step05 完成上面的操作后，再进行细微调节，即可渲染输出了。

## 15.6　胶片颗粒划痕效果

### 15.6.1　实例概述

本例使用 Black&White（黑 & 白）、Color Balance（RGB）[色彩平衡（RGB）]、Noise（噪波）和 Compound Arithmetic（复合运算）滤镜，制作出具有颗粒、划痕的电影胶片视觉效果。本例制作流程如图 15-60 所示，本例最终效果如图 15-61 所示。

图15-60　操作流程图

图15-61　效果图

本例所用素材"海洋.MOV"和"噪点划痕.MOV"放在本书配套光盘"素材\第15章"文件夹中。

### 15.6.2　操作步骤

#### 1. 新建项目

(Step01) 启动 Premiere Pro CS5 软件，单击 New Project（新建项目）按钮，弹出 New Project（新建项目）对话框，在 Action and Title Safe Areas（活动与字幕安全区域）区域中输入活动和字幕的安全值，在 Video（视频）、Audio（音频）和 Capture（采集）区域中设置视、音频素材的显示格式及采集素材时所使用的格式。在 Name（名称）栏中输入"胶片颗粒划痕"，在 Location（位置）选项中指定项目的保存路径，单击 OK 按钮，如图 15-62 所示。

图15-62　新建项目

(Step02) 弹出 New Sequence（新建序列）对话框，在列表中选择 DV PAL 视频制式，设置音频采样为 Standard 48kHz（标准48kHz），在 Sequence Name（序列名称）栏中输入序列名"特效合成"，单击 OK 按钮进入 Premiere Pro CS5 操作界面，如图 15-63 所示。

#### 2. 导入素材

(Step01) 单击菜单栏中 File（文件）>Import（导入）命令，或在 Project（项目）窗口的空白处双击，导

入本书配套光盘"素材\第15章"文件夹中的"海洋.MOV"和"噪点划痕.MOV"文件，如图 15-64 所示。

图15-63　新建序列

图15-64　导入素材

(Step02) 在 Project（项目）窗口中选择"噪点划痕.MOV"视频素材，单击鼠标右键，在弹出的快捷菜单中选择 Speed/Duration（速度/持续时间）命令，设置素材的 Duration（持续时间）为 9 秒 10 帧，如图 15-65 所示。

图15-65 修改素材的持续时间

### 3. 添加素材到轨道

在 Project（项目）窗口中选择"噪点划痕.MOV"视频素材，将它拖曳添加到 Video 1（视频 1）轨道中；选择"海洋.MOV"视频素材，将它拖曳添加到 Video 2（视频 2）轨道中，如图 15-66 所示。

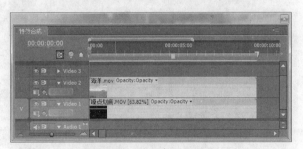

图15-66 添加素材到轨道

### 4. 添加视频特效

Step01 在 Timelines（时间线）窗口中，选择"海洋.MOV"视频素材，打开 Video Effects（视频特效）> Image Control（图像控制）滤镜组，选择 Black&White（黑白）特效，将它拖曳添加到 Effect Controls（效果控制）面板，如图 15-67 所示。

图15-67 添加 Black&White（黑白）滤镜

Step02 继续添加滤镜。打开 Video Effects（视频特效）>Image Control（图像控制）滤镜组，选择 Color Balance（RGB）[色彩平衡（RGB）]特效，将它拖曳

添加到 Effect Controls（效果控制）面板，并设置参数，如图 15-68 所示。

图15-68 添加 Color Balance(RGB)[色彩平衡（RGB）]滤镜

Step03 继续添加滤镜。打开 Video Effects（视频特效）>Noise&Grain（噪波与颗粒）滤镜组，选择 Noise（噪波）特效，将它拖曳添加到 Effect Controls（效果控制）面板，并设置参数，如图 15-69 所示。

图15-69 添加 Noise（噪波）滤镜

Step04 继续添加滤镜。打开 Video Effects（视频特效）>Channel（通道）滤镜组，选择 Compound Arithmetic（复合运算）特效，将它拖曳添加到 Effect Controls（效果控制）面板，并设置参数，如图 15-70 所示。

图15-70 添加 Compound Arithmetic（复合运算）滤镜

### 5. 渲染输出影片

Step01 设置 Timelines（时间线）窗口的工作区范围条为 9 秒 10 帧，单击菜单栏中 File（文件）> Export（导出）> Media（媒体）命令，如图 15-71 所示。

图15-71 导出为Media（媒体）文件

图15-72 设置影片的输出参数

图15-73 渲染文件

**Step02** 打开 Export Settings（导出设置）对话框，设置 Format（格式）为 MPEG 2，Preset（预置）为 PAL DV，在 Output Name（输出名称）栏内指定视频保存的路径和文件名，勾选 Export Video（导出视频）、Export Audio（导出音频）复选框，其他参数保持默认状态，如图 15-72 所示。

**Step03** 单击 Export Settings（导出设置）对话框右下角的 Queue 按钮，打开 Adobe Media Encoder 窗口，单击"开始队列"按钮，开始渲染生成影片，如图 15-73 所示。

## 15.7 视频特效组合

### 15.7.1 实例概述

本例使用 Adobe Premiere Pro CS5 自带的视频滤镜，制作幻灯片演示的特技效果。使用的视频滤镜包括 Paint Bucket（油漆桶）、Lens Flare（镜头光晕）、Offset（偏移）、Grid（网格）和 Replicate（复制）等，通过这些滤镜制作出素材色彩变化、缩放、淡入淡出等视觉效果。本例制作流程图如图 15-74 所示。本例最终效果图如图 15-75 所示。

图15-74　操作流程图

图15-75　效果图

本例所用素材"Flow-a.jpg"、"Flow-b.jpg"、"Flow-c.jpg"和"Flow-d.jpg"放在本书配套光盘"素材\第15章"文件夹中。

## 15.7.2　操作步骤

### 1. 新建项目

(Step01) 启 动 Premiere Pro CS5 软 件，单击 New Project（新建项目）按钮，弹出 New Project（新建项目）对话框，在 Action and Title Safe Areas（活动与字幕安全区域）区域中输入活动和字幕的安全值，在 Video（视频）、Audio（音频）和 Capture（采集）区域中设置视、音频素材的显示格式及采集素材时所使用的格式。在 Name（名称）栏中输入"视频特效组合"，在 Location（位置）选项中指定项目的保存路径，单击 OK 按钮，如图 15-76 所示。

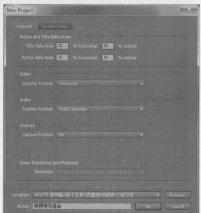

图15-76　新建项目

**Step02** 弹出 New Sequence（新建序列）对话框，在列表中选择 DV PAL 视频制式，设置音频采样为 Standard 48kHz（标准48kHz），在 Sequence Name（序列名称）栏中输入序列名"特效合成"，单击 OK 按钮进入 Premiere Pro CS5 操作界面，如图 15-77 所示。

Duration（持续时间）为 6 秒，如图 15-79 所示。

图15-79 修改素材的持续时间

图15-77 新建序列

**2. 导入素材**

**Step01** 单击菜单栏中 File（文件）>Import（导入）命令，或在 Project（项目）窗口的空白处双击，导入本书配套光盘"素材\第 15 章"文件夹中的"Flow-a.jpg"、"Flow-b.jpg"、"Flow-c.jpg"和"Flow-d.jpg"素材文件，如图 15-78 所示。

图15-78 导入素材

**Step02** 在 Project（项目）窗口中选择"Flow-a.jpg"图像素材，单击鼠标右键，在弹出的快捷菜单中选择 Speed/Duration（速度/持续时间）命令，设置素材的

**Step03** 同样地，分别设置"Flow-b.jpg"、"Flow-c.jpg"和"Flow-d.jpg"3 个素材的持续时间为 6 秒。

**3. 添加素材到轨道**

**Step01** 在 Project（项目）窗口中依次选择"Flow-a.jpg"、"Flow-b.jpg"、"Flow-c.jpg"和"Flow-d.jpg"素材，单击 Project（项目）窗口底部的 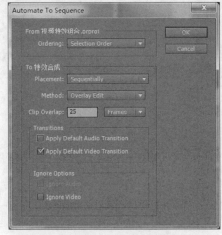 纽，弹出 Automate To Sequence（自动匹配到序列）设置窗口。将 Ordering（顺序）设为 Selection Order（顺序选择），Placement（放置）设为 Sequentially（按顺序），Method（方法）设为 Overlay Edit（覆盖编辑），Clip Overlap（素材重叠）设为 1 秒，勾选 Apply Default Video Transition（应用默认视频转场切换）复选框，如图 15-80 所示。

图15-80 设置素材Automate To Sequence

（自动匹配到序列）参数

| 提示 | Automate To Sequence（自动匹配到序列）命令是依据素材的选择顺序或排列顺序，将素材添加到轨道，所以在添加素材前，应先计划好素材的出场顺序。 |
|------|------|

**Step02** 自动匹配到序列后，素材在轨道中的显示效果如图 15-81 所示。

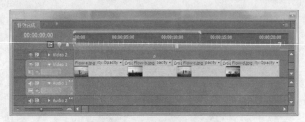

图15-81　添加素材到轨道

#### 4. 为"Flow-a.jpg"素材添加视频特效

在 Timelines（时间线）窗口中选择"Flow-a.jpg"素材，展开 Effects（效果）窗口中 Video Effects（视频特效）>Generate（生成）滤镜组，选择 Paint Bucket（油漆桶）和 Lens Flare（镜头光晕）滤镜，将它拖曳到 Effect Controls（效果控制）面板，并设置相关参数，如图 15-82 所示。

图15-82　添加特效

#### 5. 为"Flow-a.jpg"素材设置特效动画

Step01 将时间指针移到 0 帧处，单击 Paint Bucket（油漆桶）和 Lens Flare（镜头光晕）滤镜参数 Color（颜色）和 Flare Center（光晕中心）前面的 （关键帧开关）按钮，打开关键帧动画开关，在此时间位置创建一个关键帧，并设置 Color（颜色）RGB 值为（0，6，255），Flare Center（光晕中心）关键帧的值为（-10，-20），如图 15-83 所示。

Step02 将时间指针移到 3 秒帧处，单击 Color（颜色）和 Flare Center（光晕中心）参数后面的 （关键帧搜索）按钮中间的小菱形，在此位置创建一个关键帧，并设置 Color（颜色）RGB 值为（255，45，45），Flare Center（光晕中心）值为（345，265），如图 15-84 所示。

Step03 将时间指针移到 6 秒帧处，单击 Color（颜色）和 Flare Center（光晕中心）参数后面的 （关键

帧搜索）按钮中间的小菱形，在此位置创建一个关键帧，并设置 Color（颜色）RGB 值为（0，220，10），Flare Center（光晕中心）值为（840，535），如图 15-85 所示。

图15-83　在0帧处创建关键帧

图15-84　在3帧处创建关键帧

图15-85　在6秒帧处创建关键帧

#### 6. 为"Flow-b.jpg"素材添加视频特效

在 Timelines（时间线）窗口中选择"Flow-b.jpg"素材，展开 Effects（效果）窗口中 Video Effects（视频特效）>Generate（生成）滤镜组，选择 Grid（网格）滤镜，将它拖曳到 Effect Controls（效果控制）面板，并设置相关参数，如图 15-86 所示。

图15-86　添加特效

图15-88　在8秒帧处创建关键帧

### 7. 为"Flow-b.jpg"素材设置特效动画

Step01 将时间指针移到 6 秒帧处，单击 Grid（网格）滤镜参数 Color（颜色）、Opacity（透明度）和 Blending Mode（混合模式）前面的 ⏱ （关键帧开关）按钮，打开关键帧动画开关，在此时间位置创建一个关键帧，并设置 Color（颜色）RGB 值为（255,255,255），Opacity（透明度）值为 0，Blending Mode（混合模式）为 Overlay（叠加），如图 15-87 所示。

图15-89　在10秒帧处创建关键帧

### 8. 为"Flow-c.jpg"素材添加视频特效

在 Timelines（时间线）窗口中选择"Flow-c.jpg"素材，展开 Effects（效果）窗口中 Video Effects（视频特效）>Distort（扭曲）滤镜组，选择 Offset（偏移）滤镜，将它拖曳到 Effect Controls（效果控制）面板，并设置相关参数，如图 15-90 所示。

图15-87　在6秒帧处创建关键帧

Step02 将时间指针移到 8 秒帧处，单击 Color（颜色）、Opacity（透明度）和 Blending Mode（混合模式）参数后面的 ◀◆▶ （关键帧搜索）按钮中间的小菱形，在此位置创建一个关键帧，并设置 Color（颜色）RGB 值为（255，235，0），Opacity（透明度）值为 100，Blending Mode（混合模式）为 Saturation（饱和度），如图 15-88 所示。

Step03 将时间指针移到 10 秒帧处，单击 Color（颜色）、Opacity（透明度）和 Blending Mode（混合模式）参数后面的 ◀◆▶ （关键帧搜索）按钮中间的小菱形，在此位置创建一个关键帧，并设置 Color（颜色）RGB 值为（255，255，255），Opacity（透明度）值为 80，Blending Mode（混合模式）为 Overlay（叠加），如图 15-89 所示。

图15-90　添加特效

### 9. 为"Flow-c.jpg"素材设置特效动画

Step01 将时间指针移到 11 秒帧处，单击 Offset（偏移）滤镜参数 Shift Center To（将中心转换为）和 Blend With Original（与原图像混合）前面的 ⏱ （关键帧开关）按钮，打开关键帧动画开关，在此时间位置创建一个关键帧，并设置 Shift Center To（将中心转换为）值为

（510，215），Blend With Original（与原图像混合）值为0，如图 15-91 所示。

图 15-94 所示。

图15-91　在11秒帧处创建关键帧

图15-93　在15秒帧处创建关键帧

**Step02** 将时间指针移到 13 秒帧处，单击 Shift Center To（将中心转换为）和 Blend With Original（与原始图像混合）参数后面的 ◄ ◆ ► （关键帧搜索）按钮中间的小菱形，在此位置创建一个关键帧，并设置 Shift Center To（将中心转换为）值为（560，-210），Blend With Original（与原图像混合）值为 30，如图 15-92 所示。

图15-94　添加特效

### 11. 为"Flow-d.jpg"素材设置特效动画

**Step01** 将时间指针移到 16 秒帧处，单击 Replicate（复制）滤镜参数 Count（计数）前面的 ◎ （关键帧开关）按钮，打开关键帧动画开关，在此时间位置创建一个关键帧，并设置 Count（计数）值为 3，如图 15-95 所示。

图15-92　在13秒帧处创建关键帧

**Step03** 将时间指针移到 15 秒帧处，单击 Shift Center To（将中心转换为）和 Blend With Original（与原始图像混合）参数后面的 ◄ ◆ ► （关键帧搜索）按钮中间的小菱形，在此位置创建一个关键帧，并设置 Shift Center To（将中心转换为）值为（980，230），Blend With Original（与原图像混合）值为 50，如图 15-93 所示。

### 10. 为"Flow-d.jpg"素材添加视频特效

在 Timelines（时间线）窗口中选择"Flow-d.jpg"素材，展开 Effects（效果）窗口中 Video Effects（视频特效）>Stylize（风格化）滤镜组，选择 Replicate（复制）滤镜，将它拖曳到 Effect Controls（效果控制）面板，并设置相关参数，如

图15-95　在16秒帧处创建关键帧

**Step02** 将时间指针移到 18 秒帧处，单击 Count（计数）参数后面的 ◄ ◆ ► （关键帧搜索）按钮中间的小菱形，在此位置创建一个关键帧，并设置 Count（计数）值为 4，如图 15-96 所示。

图15-96 在18秒帧处创建关键帧

**Step03** 将时间指针移到 20 秒帧处，单击 Count（计数）参数后面的 ◁ ◆ ▷（关键帧搜索）按钮中间的小菱形，在此位置创建一个关键帧，并设置 Count（计数）值为 2，

如图 15-97 所示。

图15-97 在20秒帧处创建关键帧

**Step04** 完成上面的操作后，再进行细微调节，即可渲染输出了。

## 15.8 书写特效

### 15.8.1 实例概述

本例使用 Adobe Premiere Pro CS5 自带的视频滤镜 Write-on（书写）特效，完成文字或线条从无到有的书写效果。此外，本例还使用了外挂滤镜 Shine（发光），来制作耀眼的光线放射特技。本例制作流程如图 15-98 所示，本例最终效果如图 15-99 所示。

> **提示** Shine（发光）滤镜可在网络上搜索下载，本书不提供安装程序。

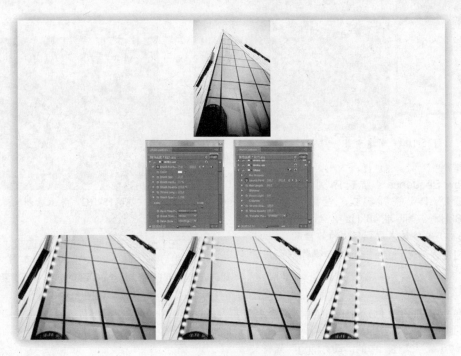

图15-98 操作流程图

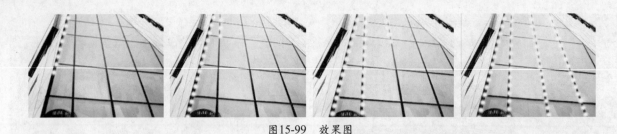

图15-99　效果图

本例所用素材"动力.jpg"放在本书配套光盘"素材\第15章"文件夹中。

### 15.8.2　操作步骤

#### 1. 新建项目

**Step01** 启动 Premiere Pro CS5 软件，单击 New Project（新建项目）按钮，弹出 New Project（新建项目）对话框，在 Action and Title Safe Areas（活动与字幕安全区域）区域中输入活动和字幕的安全值，在 Video（视频）、Audio（音频）和 Capture（采集）区域中设置视、音频素材的显示格式及采集素材时所使用的格式。在 Name（名称）栏中输入"书写特效"，在 Location（位置）选项中指定项目的保存路径，单击 OK 按钮，如图 15-100 所示。

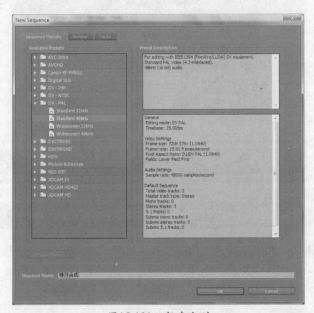

图15-101　新建序列

图15-100　新建项目

**Step02** 弹出 New Sequence（新建序列）面板后，在列表中选择 DV PAL 视频制式，设置音频采样为 Standard 48kHz（标准 48kHz），在 Sequence Name（序列名称）栏中输入序列名"特效合成"，单击 OK 按钮进入 Premiere Pro CS5 操作界面，如图 15-101 所示。

#### 2. 导入素材

**Step01** 单击菜单栏中 File（文件）>Import（导入）命令，或在 Project（项目）窗口的空白处双击，导入本书配套光盘"素材\第15章"文件夹中的"动力.jpg"素材文件，如图 15-102 所示。

图15-102　导入素材

**Step02** 在 Project（项目）窗口中选择"动力.jpg"素材，单击鼠标右键，在弹出的快捷菜单中选择 Speed/Duration（速度/持续时间）命令，设置素材的 Duration（持续时间）为 8 秒，如图 15-103 所示。

图15-103 修改素材的持续时间

Step03 在 Project（项目）窗口中选择"动力 .jpg"素材，将其拖曳添加到时间线轨道。

### 3. 添加特效并设置动画

Step01 在 Timelines（时间线）窗口中选择"动力 .jpg"素材，展开 Effects（效果）窗口中 Video Effects（视频特效）>Generate（生成）滤镜组，选择 Write-on（书写）滤镜，将它拖曳到 Effect Controls（效果控制）面板，并设置相关参数，如图 15-104 所示。

图15-104 添加特效

Step02 将时间指针移到 0 帧处，单击 Brush Position（画笔位置）参数前面的 （关键帧开关）按钮，打开关键帧动画开关，在此时间位置创建一个关键帧，如图 15-105 所示。

图15-105 在0帧处创建关键帧

Step03 将时间指针移到 1 秒 20 帧处，沿楼层线条从上而下绘制线条，如图 15-106 所示。

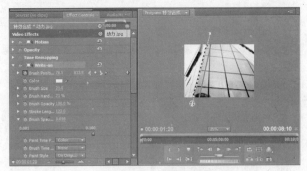

图15-106 绘制线条

Step04 完成第一线条的绘制后，继续添加 Write-on（书写）滤镜，绘制第二线条，如图 15-107 所示。

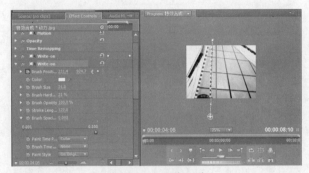

图15-107 绘制线条

Step05 同样地，继续添加 Write-on（书写）滤镜并绘制线条，最终结果如图 15-108 所示。

图15-108 绘制线条

> 提示 绘制线条时，关键帧处曲线的两边都有曲线调节手柄，可随时调整线条曲率。

> 提示 线条间的时间间隔，可根据情况自行定义，以便产生先后绘制的动画效果。

### 4. 添加发光特效

Step01 为素材添加 Shine（发光）滤镜。展开 Effects

（效果）窗口中 Video Effects（视频特效）> Trapcode（粒子）滤镜组，选择 Shine（发光）滤镜，将它拖曳到 Effect Controls（效果控制）面板，并设置相关参数，如图 15-109 所示。

图15-109　添加特效

图15-110　在0帧处创建关键帧

(Step02) 将时间指针移到 0 帧处，单击 Shine（发光）滤镜参数 Source Point（源点）前面的 🕐（关键帧开关）按钮，打开关键帧动画开关，在此时间位置创建一个关键帧，并设置 Source Point（源点）的坐标值为（75，570），如图 15-110 所示。

(Step03) 将时间指针移到 8 秒帧处，单击 Shine（发光）滤镜参数 Source Point（源点）后面的 ◄ ◆ ►（关键帧搜索）按钮中间的小菱形，在此位置创建一个关键帧，并设置 Source Point（源点）的坐标值为（588，690），如图 15-111 所示。

图15-111　在8秒帧处创建关键帧

| 提示 | 本案例有抛砖引玉之意，Write-on（书写）滤镜不但能绘制直线，还可以绘制曲线、文字、图案等，希望大家能够自行尝试。 |

## 15.9　版画风格效果

### 15.9.1　实例概述

本例使用 Adobe Premiere Pro CS5 自带的视频滤镜 Threshold（阈值）、Fast Blur（快速模糊）和 Tint（染色）特效，来制作版画风格的影像效果。本例制作流程如图 15-112 所示；本例最终效果如图 15-113 所示。

本例所用素材"夜景.jpg"和"桥.jpg"放在本书配套光盘"素材\第 15 章"文件夹中。

图15-112　操作流程图

图15-113　效果图

## 15.9.2　操作步骤

### 1. 新建项目

**Step01** 启动 Premiere Pro CS5 软件，单击 New Project（新建项目）按钮，弹出 New Project（新建项目）对话框，在 Action and Title Safe Areas（活动与字幕安全区域）区域中输入活动和字幕的安全值，在 Video（视频）、Audio（音频）和 Capture（采集）区域中设置视、音频素材的显示格式及采集素材时所使用的格式。在 Name（名称）栏中输入"版画风格"，在 Location（位置）选项中指定项目的保存路径，单击 OK 按钮，如图 15-114 所示。

图15-115　新建序列

图15-114　新建项目

**Step02** 弹出 New Sequence（新建序列）对话框，在列表中选择 DV PAL 视频制式，设置音频采样为 Standard 48kHz（标准48kHz），在 Sequence Name（序列名称）栏中输入序列名"特效合成"，单击 OK 按钮进入 Premiere Pro CS5 操作界面，如图 15-115 所示。

### 2. 导入素材

**Step01** 单击菜单栏中 File（文件）>Import（导入）命令，或在 Project（项目）窗口的空白处双击，导入本书配套光盘"素材\第15章"文件夹中的"夜景.jpg"和"桥.jpg"素材文件，如图 15-116 所示。

图15-116　导入素材

**Step02** 在 Project（项目）窗口选择"夜景.jpg"素材，单击鼠标右键，在弹出的快捷菜单中选择 Speed/Duration（速度/持续时间）命令，设置素材的 Duration（持续时间）为 3 秒，如图 15-117 所示。

图15-117　修改素材的持续时间

图15-120　在0帧处创建关键帧

**Step03** 同样地，设置"桥.jpg"素材的持续时间为3秒。

**Step04** 在 Project（项目）窗口选择"夜景.jpg"和"桥.jpg"素材，将它们拖曳添加到时间线轨道，如图15-118所示。

图15-118　添加素材到时间线轨道

### 3. 添加特效并设置动画

**Step01** 在 Timelines（时间线）窗口中选择"夜景.jpg"素材，展开 Effects（效果）窗口中 Video Effects（视频特效）>Stylize（风格化）滤镜组，选择 Threshold（阈值）滤镜，将它拖曳到 Effect Controls（效果控制）面板，并设置相关参数，如图15-119所示。

图15-119　添加特效

**Step02** 将时间指针移到0帧处，单击 Level（级别）参数前面的（关键帧开关）按钮，打开关键帧动画开关，在此时间位置创建一个关键帧，并设置参数值为0，如图15-120所示。

**Step03** 将时间指针移到1秒115帧，单击 Level（级别）参数后面的（关键帧搜索）按钮中间的小菱形，在此位置创建关键帧，并设置参数值为50，如图15-121所示。

图15-121　添加关键帧

**Step04** 为素材添加 Fast Blur（快速模糊）滤镜。打开 Video Effects（视频特效）>Blur&Sharpen（模糊与锐化）滤镜组，选择 Fast Blur（快速模糊）特效，将它拖曳添加到 Effect Controls（效果控制）面板，并设置参数，如图15-122所示。

图15-122　添加特效

**Step05** 为"桥.jpg"素材添加与"夜景.jpg"相同的 Threshold（阈值）和 Fast Blur（快速模糊）滤镜，并设置相同的 Level（级别）关键帧动画，如图15-123所示。

图15-123 添加特效　　　　　　　图15-124 添加特效

**Step06** 完成上述操作后，为"桥.jpg"素材添加Tint（染色）滤镜，并设置关键帧动画，如图15-124所示。

> **提示** 大家以个人喜好随意设置 Tint（染色）滤镜的关键帧动画，在此不再赘述。

**Step07** 完成上面的操作后，再进行细微调节，即可渲染输出了。

## 15.10 慢、快和倒放镜头效果

### 15.10.1 实例概述

本例使用 Speed/Duration（速度/持续时间）命令，制作出素材慢镜头、快镜头和倒放的特技效果。本例的制作流程如图 15-125 所示。本例的最终效果如图 15-126 所示。

修改素材的Speed／Duration【速度／持续时间】参数值

图15-125 操作流程图

图15-126 效果图

本例所用素材"滚动的云.MOV"、"海龟.MOV"和"珊瑚.MOV"放在本书配套光盘"素材\第15章"文件夹中。

### 15.10.2 操作步骤

#### 1. 新建项目

(Step01) 启动 Premiere Pro CS5 软件，单击 New Project（新建项目）按钮，弹出 New Project（新建项目）对话框，在 Action and Title Safe Areas（活动与字幕安全区域）区域中输入活动和字幕的安全值，在 Video（视频）、Audio（音频）和 Capture（采集）区域中设置视、音频素材的显示格式及采集素材时所使用的格式。在 Name（名称）栏中输入"快慢镜头"，在 Location（位置）选项中指定项目的保存路径，单击 OK 按钮，如图 15-127 所示。

图15-127 新建项目

(Step02) 弹出 New Sequence（新建序列）对话框，在列表中选择 DV PAL 视频制式，设置音频采样为 Standard 48kHz（标准 48kHz），在 Sequence Name（序列名称）栏中输入序列名"特效合成"，单击 OK 按钮进入 Premiere Pro CS5 操作界面，如图 15-128 所示。

图15-128 新建序列

## 2. 导入素材

单击菜单栏中 File（文件）>Import（导入）命令，或在 Project（项目）窗口的空白处双击，导入本书配套光盘"素材\第15章"文件夹中的"滚动的云.MOV"、"海龟.MOV"和"珊瑚.MOV"素材文件，如图 15-129 所示。

图15-129　导入素材

## 3. 添加素材到轨道

在 Project（项目）窗口中选择"滚动的云.MOV"视频素材，将它拖曳添加到 Video 1（视频 1）轨道中；选择"海龟.MOV"视频素材，将它添加到 Video 2（视频 2）轨道中；选择"珊瑚.MOV"视频素材，将它添加到 Video 3（视频 3）轨道中，如图 15-130 所示。

图15-130　添加素材到轨道

## 4. 设置慢镜头

Step01 在 Timelines（时间线）窗口中，选择"滚动的云.MOV"视频素材，单击鼠标右键，在弹出的快捷菜单中选择 Speed/Duration（速度/持续时间）命令，设置 Speed（速度）参数值，如图 15-131 所示。

图15-131　设置慢镜头

图15-132　设置素材 Frame Blend（帧融合）

Step02 在 Timelines（时间线）窗口中，选择"滚动的云.MOV"视频素材，单击鼠标右键，在弹出的快捷菜单中勾选 Frame Blend（帧融合）命令，打开素材的帧融合开关。

## 5. 设置快镜头

Step01 在 Timelines（时间线）窗口中，选择"海龟.MOV"视频素材，单击鼠标右键，在弹出的快捷菜单中选择 Speed/Duration（速度/持续时间）命令，设置 Speed（速度）参数值，如图 15-133 所示。

图15-133　设置快镜头

置 Speed（速度）参数值，如图 15-133 所示。

图15-135　设置倒放

**Step02** 改变了"海龟.MOV"视频素材的播放速度后，素材的长度也发生了变化，这时要重新编排素材的时间位置，如图 15-134 所示。

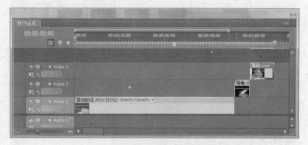

图15-134　调整素材位置

> 提示　若只勾选 Reverse Speed（倒放速度）复选框，则素材按正常速度倒放视频素材。如果让素材在倒放的同时又加快速度，则需要改变 Speed（速度）参数的百分比值。

**Step02** 继续设置 Speed/Duration（速度 / 持续时间）参数值，如图 15-136 所示。

图15-136　设置倒放

**Step03** 在 Timelines（时间线）窗口中，选择"海龟.MOV"视频素材，单击鼠标右键，在弹出的快捷菜单中勾选 Frame Blend（帧融合）命令，打开素材的帧融合开关。

### 6. 设置素材的倒放效果

**Step01** 在 Timelines（时间线）窗口中，选择"珊瑚.MOV"视频素材，单击鼠标右键，在弹出的快捷菜单中选择 Speed/Duration（速度 / 持续时间）命令，设

**Step03** 完成上面的操作后，即可渲染输出慢镜头、快镜头和倒放的视频片段了。

# 综合
# 应用篇

4

- 电子相册——儿童影集
- 纪录片片头——《中国建筑》
- 音乐栏目片头——《摇滚世界》

# 第 16 章
# 电子相册——儿童影集

## 16.1 实例概述

本例学习如何编辑组合一组儿童照片，制作出一段动态的相册浏览效果。本例制作流程如图 16-1 所示，本例最终效果如图 16-2 所示。

图16-1 操作流程图

图16-2 效果图

本例所用素材 10 张儿童照片、4 个背景素材和"背景音乐 .mp3"放在本书配套光盘"素材 \ 第 16 章"文件夹中。

## 16.2 操作步骤

### 16.2.1 分镜头A

#### 1. 新建项目

**Step01** 启动 Premiere Pro CS5 软件，单击 New Project（新建项目）按钮，弹出 New Project（新建项目）对话框，在 Action and Title Safe Areas（活动与字幕安全区域）区域中输入活动和字幕的安全值，在 Video（视频）、Audio（音频）和 Capture（采集）区域中设置视、音频素材的显示格式及采集素材时所使用的格式。在 Name（名称）栏中输入"儿童影集"，在 Location（位置）选项中指定项目的保存路径，单击 OK 按钮，如图 16-3 所示。

图16-3　新建项目

**Step02** 弹出 New Sequence（新建序列）对话框，在列表中选择 DV PAL 视频制式，设置音频采样为 Standard 48kHz（标准 48kHz），在 Sequence Name（序列名称）栏中输入序列名"分镜头 A"，单击 OK 按钮进入 Premiere Pro CS5 操作界面，如图 16-4 所示。

**Step03** 单击菜单栏中 Edit（编辑）>Preferences（参数）>General（常规）命令，设置 Still Image Default Duration（静帧图像默认持续时间）为 75 帧，单击 OK 按钮完成设置，如图 16-5 所示。

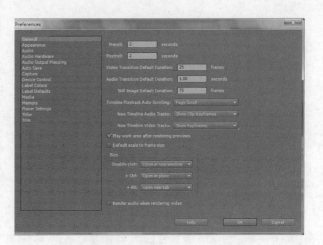

图16-4　新建序列　　　　　　　　　　　　图16-5　General（常规）参数项

| 提示 | Still Image Default Duration（静帧图像默认持续时间）的参数值，控制导入的静态图像的时间长度。设为 75 帧，则新导入所有静帧图像的时长都为 3 秒。 |
| --- | --- |

### 2. 导入素材

(Step01) 单击菜单栏中 File（文件）>Import（导入）命令，或在 Project（项目）窗口的空白处双击，导入本书配套光盘"素材\第 16 章"文件夹中的 10 张儿童照片、4 张背景素材和"背景音乐.mp3"文件，如图 16-6 所示。

图16-6　导入素材

(Step02) 在 Project（项目）窗口中选择"背景A.jpg"素材，单击鼠标右键，在弹出的快捷菜单中选择 Speed/Duration（速度/持续时间）命令，设置素材的 Duration（持续时间）为 30，如图 16-7 所示。

图16-7　设置素材持续时间

(Step03) 同样地，设置"背景 B.jpg"、"背景 C.jpg"和"背景 D.jpg"素材的持续时间为 30 秒。

### 3. 创建文字

(Step01) 单击 Project（项目）窗口底部的 ■（新建素材）按钮，在弹出的列表中选择 Title（字幕）选项，并命名为"记忆"，单击 ■OK■ 按钮，如图 16-8 所示。

图16-8　新建字幕

(Step02) 打开 Title（字幕）窗口后，选择 ■ Vertical Title（竖排字幕）工具，在屏幕正中创建"记忆"文字，并设置相关参数，如图 16-9 所示。

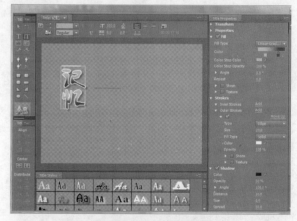

图16-9　创建字幕

### 4. 添加素材到轨道

在 Project（项目）窗口中选择"背景A.jpg"、"背景.jpg"和"记忆"字幕素材，将它们添加到时间线轨道，如图 16-10 所示。

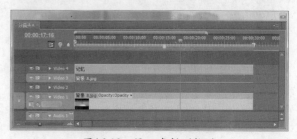

图16-10　添加素材到轨道

提示 空出 Video 2（视频 2）轨道为下一步做准备。

5. 制作素材关键帧动画

（Step01）选择"背景 B.jpg"素材，打开 Effect Controls（效果控制）面板，设置 Position（位置）的参数值为（355，185）。将时间指针移到 0 帧处，单击 Scale（缩放比例）参数前面的 ⏱（关键帧开关）按钮，在此时间位置创建一个关键帧，并设置关键帧参数值为 100。将时间指针移到 30 秒帧处，单击 Scale（缩放比例）参数后面的 ◀ ◆ ▶（关键帧搜索）按钮中间的小菱形，在此位置创建一个关键帧，并设置关键帧的参数值为 130，如图 16-11 所示。

图 16-11 添加缩放比例关键帧

（Step02）为"背景 B.jpg"素材添加 Color Balance (RGB)［颜色平衡（RGB）］滤镜。打开 Effects（效果）窗口中 Video Effects（视频特效）>Image Control（图像控制）滤镜组，选择 Color Balance(RGB)［颜色平衡（RGB）］特效，将它拖曳添加到 Effect Controls（效果控制）面板。将时间指针移到 0 帧处，单击 Red（红）、Green（绿）和 Blue（蓝）参数前面的 ⏱（关键帧开关）按钮，在此时间位置创建关键帧，并设置关键帧参数值，如图 16-12 所示。

图 16-12 添加关键帧

（Step03）将时间指针移到 15 秒处，单击 Red（红）、Green（绿）和 Blue（蓝）参数后面的 ◀ ◆ ▶（关键帧搜索）按钮中间的小菱形，在此位置创建一个关键帧，并设置关键帧参数，如图 16-13 所示。

图 16-13 在 15 秒帧处创建关键帧

（Step04）将时间指针移到 30 秒帧处，单击 Red（红）、Green（绿）和 Blue（蓝）参数后面的 ◀ ◆ ▶（关键帧搜索）按钮中间的小菱形，在此位置创建一个关键帧，并设置关键帧参数，如图 16-14 所示。

图 16-14 在 30 秒帧处创建关键帧

（Step05）选择"背景 A.jpg"素材，打开 Effect Controls（效果控制）面板，设置 Position（位置）的参数值为（360，545），Scale（缩放比例）的参数值为 60。打开 Effects（效果）窗口中 Video Effects（视频特效）>Perspective（透视）滤镜组，选择 Drop Shadow（投影阴影）特效，将它拖曳添加到 Effect Controls（效果控制）面板，并设置相应参数值，如图 6-15 所示。

图16-15 添加特效

### 6. 制作文字关键帧动画

(Step01) 选择"记忆"字幕，打开 Effect Controls（效果控制）面板，将时间指针移到 0 帧处，单击 Scale（缩放比例）和 Opacity（透明度）参数前面的 ◎（关键帧开关）按钮，在此时间位置创建关键帧，并设置 Scale（缩放比例）关键帧参数值为 0，Opacity（透明度）关键帧参数值为 0，如图 16-16 所示。

图16-16 添加关键帧

(Step02) 将时间指针移到 4 秒帧处，单击 Scale（缩放比例）和 Opacity（透明度）参数后面的 ◁◆▷（关键帧搜索）按钮中间的小菱形，在此位置创建关键帧，并设置 Scale（缩放比例）关键帧参数值为 100，Opacity（透明度）关键帧参数值为 100，如图 16-17 所示。

图16-17 添加关键帧

### 7. 添加照片素材到轨道

(Step01) 激活 Video 2（视频2）轨道，然后在 Project（项目）窗口中依次选择 5 张儿童照片，单击 Project（项目）窗口底部的 ▥（自动匹配到序列）按钮，在 Automate To Sequence（自动匹配到序列）对话框中，将 Ordering（顺序）设为 Selection Order（顺序选择），Placement（放置）设为 Sequentially（按顺序），Method（方法）设为 Overlay Edit（覆盖编辑），Clip Overlap（素材重叠）设为 25 帧，勾选 Apply Default Video Transition（应用默认视频转场切换）复选框，如图 16-18 所示。

图16-18 自动匹配到序列

(Step02) 自动匹配到序列后，素材在轨道中的显示效果如图 16-19 所示。

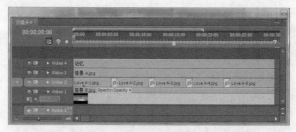

图16-19 自动匹配素材到轨道

### 8. 设置照片关键帧动画

(Step01) 将时间指针移到 0 帧处，选择时间线轨道 3 中的"Loves-1.jpg"图像素材，打开 Effect Controls（效果控制）面板，将时间指针移到 0 帧处，单击 Scale（缩放比例）参数前面的 ◎（关键帧开关）按钮，在此时间位置创建一个关键帧，并设置关键帧参数值为 10。将时间指针移到 6 秒帧处，单击 Scale（缩放比例）参数后面的 ◁◆▷（关键帧搜索）按钮中间的小菱形，在此位置创建一个关键帧，并设置关键帧参数值为 30，如图 16-20 所示。

图16-20　添加关键帧

**Step02** 为素材添加阴影特效。打开 Effects（效果）窗口中 Video Effects（视频特效）>Perspective（透视）滤镜组，选择 Drop Shadow（投影阴影）特效，将它拖曳添加到 Effect Controls（效果控制）面板，并设置相应参数值，如图 6-21 所示。

图16-21　添加特效

**Step03** 同样地，依照步骤 1 和步骤 2 的操作，对其余 4 张照片素材做相同的参数设置。

> **提示**　可以通过粘贴属性的方法快速设置相同的属性，相关知识见前面章节。

## 16.2.2　分镜头B

"分镜头 B" 与 "分镜头 A" 的制作方法相同，可参见前面的操作步骤。

> **提示**　大家可以打开配书光盘中提供的工程文件来参照制作，在此不再赘述。

## 16.2.3　最终合成

### 1. 新建序列

**Step01** 单击 Project（项目）窗口底部的 ⬛（新建素材）按钮，在弹出的列表中选择 Sequence（序列）选项，如

图 16-22 所示。

图16-22　新建序列

**Step02** 弹出 New Sequence（新建序列）对话框，在列表中选择 DV PAL 视频制式，设置音频采样为 Standard 48kHz（标准 48kHz），在 Sequence Name（序列名称）栏中输入序列名 "最终合成"，单击 OK 按钮，如图 16-23 所示。

图16-23　新建序列

### 2. 添加素材到轨道

在 Project（项目）窗口中选择 "分镜头 A" 序列、"分镜头 B" 序列和 "背景音乐 .mp3" 音频素材，添加到如图 16-24 所示的轨道中。

图16-24　添加素材到轨道

| 提示 | 素材在轨道中的顺序以上图为准。 |

### 3. 添加过渡特技

**Step01** 为序列添加过渡特技。打开 Effects（效果）窗口中 Video Transitions（视频过渡）>Dissolve（叠化）滤镜组，选择 Cross Dissolve（交叉叠化）过渡，将它拖曳添加到序列首尾衔接处，如图 16-25 所示。

图16-25　添加过渡特技

**Step02** 在轨道中双击 Cross Dissolve（交叉叠化）过渡素材，打开 Effect Controls（效果控制）面板，设置相应参数，如图 16-26 所示。

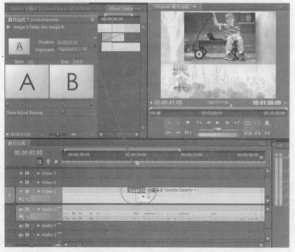

图16-26　设置过渡参数

### 4. 添加音频素材关键帧

**Step01** 将时间指针移到 54 秒帧处，选择轨道中的"背景音乐.mp3"音频素材，打开 Effect Controls（效果控制）面板，展开 Volume（音量）参数项，单击 Level（级别）参数前面的 ⏱（关键帧开关）按钮，在此时间位置创建一个关键帧，并设置关键帧参数值为 0，如图 16-27 所示。

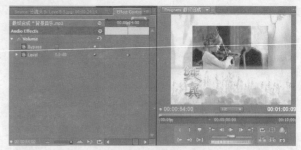

图16-27　添加关键帧

**Step02** 将时间指针移到 60 秒帧处，单击 Level（级别）参数后面的 ◁ ◇ ▷（关键帧搜索）按钮中间的小菱形，在此位置创建一个关键帧，并设置关键帧参数值为 -100，如图 16-28 所示。

图16-28　添加关键帧

## 16.2.4　渲染输出影片

**Step01** 设置 Timelines（时间线）窗口的工作区范围条为 60 秒，单击菜单栏中 File（文件）>Export（导出）>Media（媒体）命令，如图 16-29 所示。

图16-29　导出为Media（媒体）文件

**Step02** 打开 Export Settings（导出设置）对话框，设置 Format（格式）为 MPEG 2，Preset（预置）为 PAL

DV，在 Output Name（输出名称）栏内指定视频保存的
路径和文件名，勾选 Export Video（导出视频）、Export
Audio（导出音频）复选框，其他参数保持默认状态，如
图 16-30 所示。

Step03 最后单击 Export Settings（导出设置）对话框右下角
的 Queue 按钮，打开 Adobe Media Encoder 窗口，单击
"开始队列" 按钮，开始渲染生成影片，如图 16-31 所示。

图16-30　设置影片的输出参数

图16-31　渲染文件

# 第 17 章
# 纪录片片头——《中国建筑》

## 17.1　实例概述

　　本例将应用字幕、图形、视频滤镜和序列嵌套等知识，制作一个具有中国特色的纪录片片头。本例制作流程如图 17-1 所示，本例最终效果如图 17-2 所示。

图17-1　操作流程图

图17-2　效果图

　　本例所用素材"白云 -A.MOV"、"白云 -B.MOV"、"白云 -C.MOV"、"中国建筑 1.tif"、"中国建筑 2.tif"、"中国建筑 3.tif"、"中国建筑 4.tif"、"中国建筑 5.tif"、"中国建筑 6.tif"和"背景音乐 .mp3"放在本书配套光盘"素材\第 17 章"文件夹中。

提示 | 本案例会用到 Shine（发光）特效滤镜，大家可通过网络搜索下载，本书不提供安装程序。

## 17.2 操作步骤

### 17.2.1 分镜头A

#### 1. 新建项目、导入素材

**Step01** 启动 Premiere Pro CS5 软件，单击 New Project（新建项目）按钮，弹出 New Project（新建项目）对话框，在 Action and Title Safe Areas（活动与字幕安全区域）区域中输入活动和字幕的安全值，在 Video（视频）、Audio（音频）和 Capture（采集）区域中设置视、音频素材的显示格式及采集素材时所使用的格式。在 Name（名称）栏中输入"中国建筑"，在 Location（位置）选项中指定项目的保存路径，单击 OK 按钮，如图 17-3 所示。

图17-4 新建序列

图17-3 新建项目

**Step02** 弹出 New Sequence（新建序列）对话框，在列表中选择 DV PAL 视频制式，设置音频采样为 Standard 48kHz（标准48kHz），在 Sequence Name（序列名称）栏中输入序列名"分镜头A"，单击 OK 按钮进入 Premiere Pro CS5 操作界面，如图 17-4 所示。

**Step03** 单击菜单栏中 File（文件）>Import（导入）命令，或在 Project（项目）窗口的空白处双击，导入本书配套光盘"素材\第17章"文件夹中的"白云-A.MOV"、"白云-B.MOV"、"白云-C.MOV"、"中国建筑1.tif"、"中国建筑2.tif"、"中国建筑3.tif"、"中国建筑4.tif"、"中国建筑5.tif"、"中国建筑6.tif"和"背景音乐.mp3"，如图 17-5 所示。

图17-5 导入素材

#### 2. 绘制渐变图形

**Step01** 单击 Project（项目）窗口底部的 ▣（新建素材）按钮，在弹出的列表中选择 Title（字幕）选项，在弹出的对话框中将其命名为"颜色渐变"，单击 OK 按钮，如图 17-6 所示。

**Step02** 打开 Title（字幕）窗口，选择 □（直角矩形）工具，在屏幕正中绘制一个矩形，然后在右侧的参数区设置相关参数值，如图 17-7 所示。

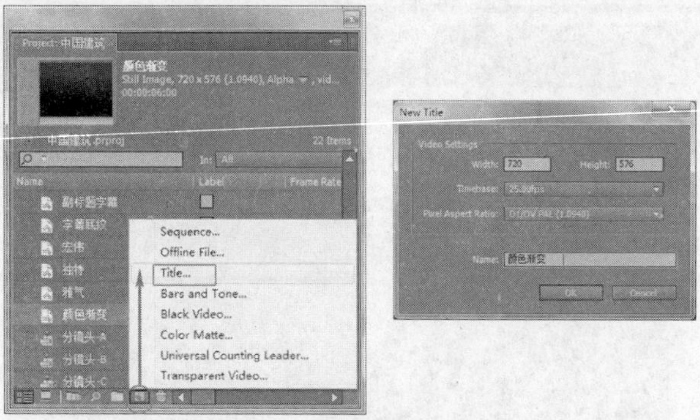

图17-6 新建图形素材

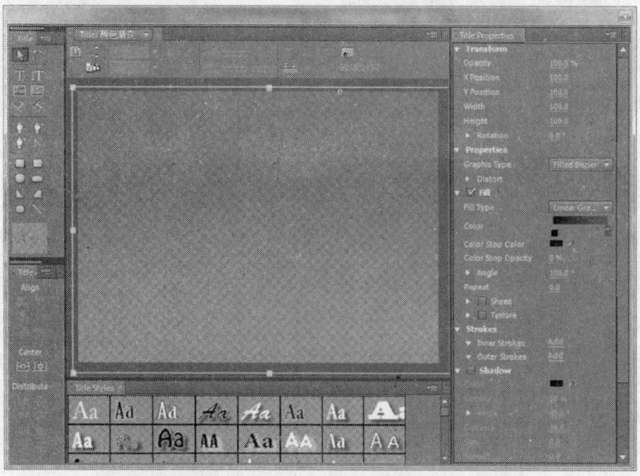
图17-7 绘制矩形

## 3. 创建文字

Step01 单击 Project（项目）窗口底部的（新建素材）按钮，在弹出的列表中选择 Title（字幕）选项，在弹出的对话框中将其命名为“独特”，单击 OK 按钮，如图 17-8 所示。

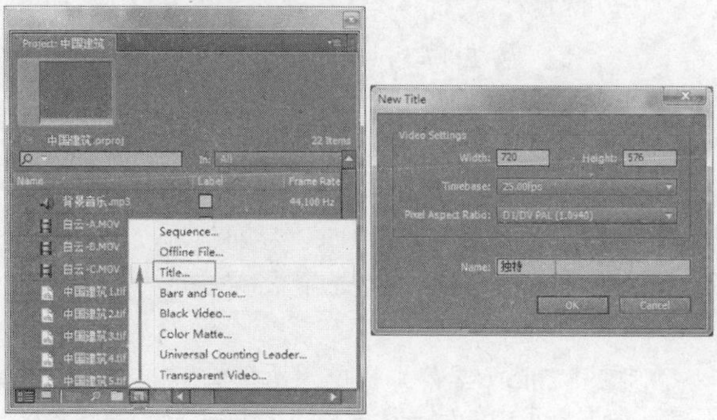

图17-8 新建字幕

Step02 打开 Title（字幕）窗口，选择（直角矩形）工具，在屏幕右上方绘制一个矩形，然后在右侧的参数区设置相关参数值，如图 17-9 所示。

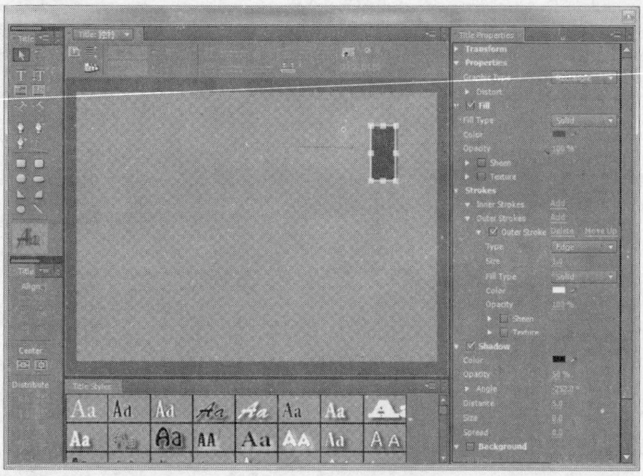
图17-9 绘制矩形

Step03 选择 Vertical Title（竖排字幕）工具，在屏幕正中创建“独特”文字，并设置相关参数，如图 17-10 所示。

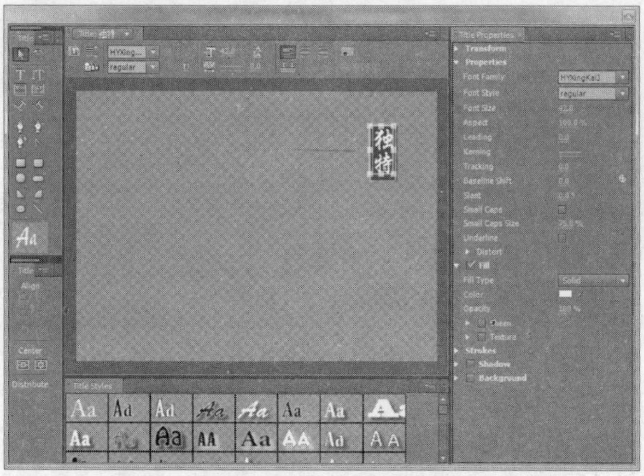
图17-10 创建字幕

## 4. 设置素材时长

Step01 在 Project（项目）窗口中选择“颜色渐变”图形素材，单击鼠标右键，在弹出的快捷菜单中选择 Speed/Duration（速度 / 持续时间）命令，设置素材的 Duration（持续时间）为 6 秒 5 帧，如图 17-11 所示。

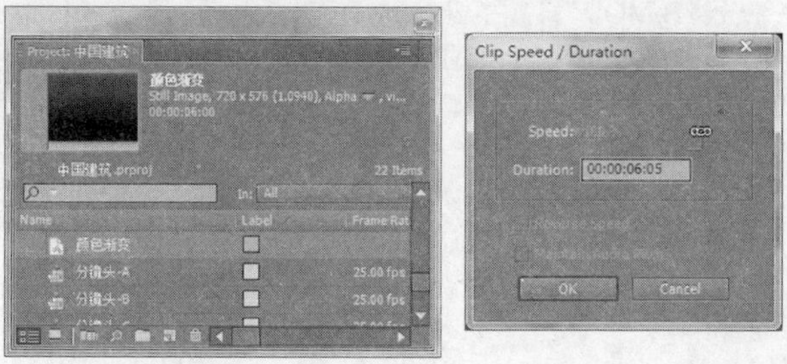

图17-11 修改素材的持续时间

(Step02) 同样地，设置"中国建筑 2.tif"和"独特"字幕素材的持续时间为 6 秒 5 帧。

**5. 添加素材到轨道**

在 Project（项目）窗口中选择"白云 -B. MOV"素材、"颜色渐变"图形、"中国建筑 2.tif"素材和"独特"字幕素材，添加到如图 17-12 所示的轨道中。

图17-12 添加素材到轨道

> **提示** "中国建筑 2.tif"素材要重复添加到不同的轨道中，产生图形叠加的效果。

> **提示** 素材在轨道中的顺序以上图为准。

**6. 设置素材的混合模式**

(Step01) 选择轨道中的"颜色渐变"素材，打开 Effect Controls（效果控制）面板，展开 Opacity（透明度）面板，设置 Opacity（透明度）参数值为 40，同时将 Blend Mode（混合模式）设为 Linear Light（线性变亮），如图 17-13 所示。

图17-13 设置素材混合模式

(Step02) 选择 Video 3（视频 3）轨道中的"中国建筑 2.tif"素材，打开 Effect Controls（效果控制）面板，设置 Position（位置）参数值为（475，350），Opacity（透明度）参数值为 100，同时将 Blend Mode（混合模式）设为 Screen（滤色），如图 17-14 所示。

图17-14 设置素材混合模式

(Step03) 选择 Video 4（视频 4）轨道中的"中国建筑 2.tif"素材，打开 Effect Controls（效果控制）面板，设置 Position（位置）参数值为（115，475），Opacity（透明度）参数值为 100，同时将 Blend Mode（混合模式）设为 Soft Light（柔光），如图 17-15 所示。

图17-15 设置素材混合模式

**7. 制作关键帧动画**

(Step01) 选择 Video 5（视频 5）轨道中的"中国建筑 2.tif"素材，打开 Effect Controls（效果控制）面板，将时间指针移到 0 帧处，单击 Position（位置）参数前面的 （关键帧开关）按钮，在此时间位置创建一个关键帧，并设置关键帧参数值为（190，440），如图 17-16 所示。

图17-16 添加关键帧

(Step02) 将时间指针移到 4 秒帧处，单击 Position（位置）参数后面的 （关键帧搜索）按钮中间的小菱形，在此位置创建一个关键帧，并设置关键帧的值为

（305，300），如图17-17所示。

图17-17　添加关键帧

**Step03** 将时间指针停留在4秒帧处，单击Scale（缩放比例）参数前面的🕐（关键帧开关）按钮，在此时间位置创建一个关键帧，并设置关键帧参数值为100。将时间指针移到6秒5帧处，单击Scale（缩放比例）参数后面的 ◁ ◆ ▷ （关键帧搜索）按钮中间的小菱形，在此位置创建一个关键帧，并设置关键帧参数值为115，如图17-18所示。

图17-18　添加缩放比例关键帧

**Step04** 为"中国建筑2.tif"素材添加Color Balance (RGB)［颜色平衡（RGB）］滤镜。打开Effects（效果）窗口中Video Effects（视频特效）>Color Correction（色彩校正）滤镜组，选择Color Balance(RGB)［颜色平衡（RGB）］特效，将它拖曳添加到Effect Controls（效果控制）面板，并设置相关参数，如图17-19所示。

图17-19　添加特效

**Step05** 为"中国建筑2.tif"素材添加Brightness & Contrast（亮度与对比度）滤镜。打开Effects（效果）窗口中Video Effects（视频特效）>Color Correction（色彩校正）滤镜组，选择Brightness&Contrast（亮度与对比度）特效，将它拖曳添加到Effect Controls（效果控制）面板，并设置相关参数，如图17-20所示。

图17-20　添加特效

**Step06** 为"中国建筑2.tif"素材添加Channel Blur（通道模糊）滤镜。打开Effects（效果）窗口中Video Effects（视频特效）>Blur&Sharpen（模糊与锐化）滤镜组，选择Channel Blur（通道模糊）特效，将它拖曳添加到Effect Controls（效果控制）面板，并设置相关参数，如图17-21所示。

图17-21　添加特效

### 8. 制作文字关键帧动画

**Step01** 选择"独特"字幕，打开Effect Controls（效果控制）面板，将时间指针移到0帧处，单击Scale（缩放比例）参数前面的🕐（关键帧开关）按钮，在此时间位置创建一个关键帧，并设置关键帧参数值为100。将时间指针分别移到2秒2帧和4秒1帧处，单击Scale（缩放比例）参数后面的 ◁ ◆ ▷ （关键帧搜索）按钮中间的小菱形，创建关键帧，并设置2秒2帧处的Scale（缩放比例）值为100，4秒1帧处的Scale（缩放比例）值为146，如图17-22所示。

图17-22 添加缩放比例关键帧

**Step02** 将时间指针移到 1 秒 24 帧处，单击 Opacity（透明度）参数前面的 █（关键帧开关）按钮，在此时间位置创建一个关键帧，并设置关键帧参数值为 0。将时间指针移到 4 秒 1 处，单击 Opacity（透明度）参数后面的 █（关键帧搜索）按钮中间的小菱形，在此位置创建一个关键帧，并设置关键帧参数值为 100，如图 17-23 所示。

图17-23 添加透明度关键帧

**Step03** 为"独特"字幕添加 Shine（发光）滤镜。打开 Effects（效果）窗口中 Video Effects（视频特效）>Trapcode（粒子）滤镜组，选择 Shine（发光）特效，将它拖曳添加到 Effect Controls（效果控制）面板，并设置相关参数，如图 17-24 所示。

图17-24 添加特效

## 17.2.2 分镜头B

### 1. 新建序列

**Step01** 单击 Project（项目）窗口底部的 █（新建素材）按钮，在弹出的列表中选择 Sequence（序列）选项，如图 17-25 所示。

图17-25 新建序列

**Step02** 弹出 New Sequence（新建序列）对话框，在列表中选择 DV PAL 视频制式，设置音频采样为 Standard 48kHz（标准 48kHz），在 Sequence Name（序列名称）栏中输入序列名"分镜头 B"，单击 ▉OK▉ 按钮，如图 17-26 所示。

图17-26 新建序列

### 2. 创建文字

**Step01** 单击 Project（项目）窗口底部的 █（新建素材）按钮，在弹出的列表中选择 Title（字幕）选项，并将其命名为"宏伟"，如图 17-27 所示。

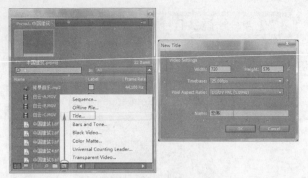

图17-27　新建字幕

**Step02** 打开 Title（字幕）窗口，选择 □（直角矩形）工具，在屏幕中上方绘制一个矩形，然后在右侧的参数区设置相关参数值，如图 17-28 所示。

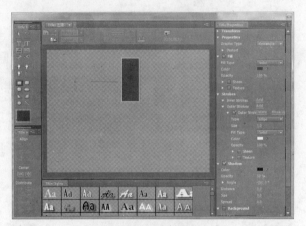

图17-28　绘制矩形

**Step03** 选择 ⅠT Vertical Title（竖排字幕）工具，在屏幕正中创建"宏伟"文字，并设置相关参数，如图 17-29 所示。

图17-29　创建字幕

**3. 设置素材时长**

**Step01** 在 Project（项目）窗口中选择"宏伟"字幕，单击鼠标右键，在弹出的快捷菜单中选择 Speed/Duration（速度/持续时间）命令，设置素材的 Duration（持续时间）为 5 秒 10 帧，如图 17-30 所示。

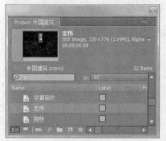 

图17-30　修改素材的持续时间

**Step02** 同样地，设置"中国建筑 4.tif"素材的持续时间为 5 秒 10 帧。

**4. 添加素材到轨道**

在 Project（项目）窗口中选择"白云-A.MOV"素材、"中国建筑 4.tif"素材和"宏伟"字幕素材，添加到如图 17-31 所示的轨道中。

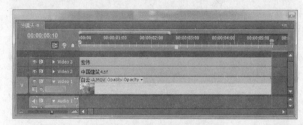

图17-31　添加素材到轨道

**提示** 素材在轨道中的顺序以上图为准。

**5. 添加关键帧动画**

**Step01** 选择 Video 2（视频 2）轨道中的"中国建筑 4.tif"素材，打开 Effect Controls（效果控制）面板，将时间指针移到 0 帧处，单击 Position（位置）参数前面的 ⏱（关键帧开关）按钮，在此时间位置创建一个关键帧，并设置关键帧参数值为（362，507），如图 17-32 所示。

**Step02** 将时间指针移分别移到 2 秒 23 帧和 5 秒 9 帧处，单击 Position（位置）参数后面的 ◀ ◆ ▶（关键帧搜索）按钮中间的小菱形，在此位置创建关键帧，并设置 2 秒 23 帧处的 Position（位置）参数值为（362，440），5 秒 9 帧处的 Position（位置）参数值为（362，430），如

图 17-33 所示。

图17-32 添加关键帧

图17-33 添加关键帧

**Step03** 为"中国建筑4.tif"素材添加Brightness&
Contrast（亮度与对比度）滤镜。打开Effects（效果）
窗口中Video Effects（视频特效）>Color Correction
（色彩校正）滤镜组，选择Brightness&Contrast（亮
度与对比度）特效，将它拖曳添加到Effect Controls
（效果控制）面板，并设置相关参数，如图17-34
所示。

图17-34 添加特效

### 6. 制作文字关键帧动画

**Step01** 选择"宏伟"字幕，打开Effect Controls（效果
控制）面板，将时间指针移到0帧处，单击Scale（缩
放比例）参数前面的 （关键帧开关）按钮，在此时间
位置创建一个关键帧，并设置关键帧参数值为0。将时
间指针分别移到1秒18帧和5秒10帧处，单击Scale
（缩放比例）参数后面的 （关键帧搜索）按钮中
间的小菱形，创建关键帧，并设置1秒18帧处的Scale
（缩放比例）值为80，5秒10帧处的Scale（缩放比例）
值为100，如图17-35所示。

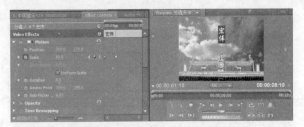

图17-35 添加缩放比例关键帧

**Step02** 将时间指针移到0处，单击Opacity（透明度）
参数前面的 （关键帧开关）按钮，在此时间位置创建
一个关键帧，并设置关键帧参数值为0。将时间指针分
别移到1秒18帧和5秒10帧处，单击Opacity（透明
度）参数后面的 （关键帧搜索）按钮中间的小
菱形，创建关键帧，并设置1秒18帧处的Opacity（透
明度）值为100，5秒10帧处的Opacity（透明度）值
为90，如图17-36所示。

图17-36 添加透明度关键帧

**Step03** 为"宏伟"字幕添加Shine（发光）滤镜。打
开Effects（效果）窗口中Video Effects（视频特效）
>Trapcode（粒子）滤镜组，选择Shine（发光）特效，
将它拖曳添加到Effect Controls（效果控制）面板，并设
置相关参数，如图17-37所示。

图17-37 添加特效

### 17.2.3　分镜头C

#### 1. 新建序列

(Step01) 单击 Project（项目）窗口底部的 （新建素材）按钮，在弹出的列表中选择 Sequence（序列）选项，如图 17-38 所示。

图17-38　新建序列

(Step02) 弹出 New Sequence（新建序列）对话框，在列表中选择 DV PAL 视频制式，设置音频采样为 Standard 48kHz（标准 48kHz），在 Sequence Name（序列名称）栏中输入序列名"分镜头C"，单击 OK 按钮，如图 17-39 所示。

图17-39　新建序列

#### 2. 创建文字

(Step01) 单击 Project（项目）窗口底部的 （新建素材）按钮，在弹出的列表中选择 Title（字幕）选项，并将其命名为"雅气"，如图 17-40 所示。

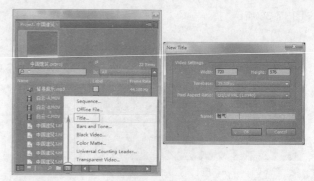

图17-40　新建字幕

(Step02) 打开 Title（字幕）窗口，选择 □（直角矩形）工具，在屏幕左侧正中绘制一个矩形，然后在右侧的参数区设置相关参数值，如图 17-41 所示。

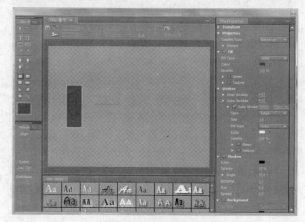

图17-41　绘制矩形

(Step03) 选择  Vertical Title（竖排字幕）工具，在屏幕正中创建"雅气"文字，并设置相关参数，如图 17-42 所示。

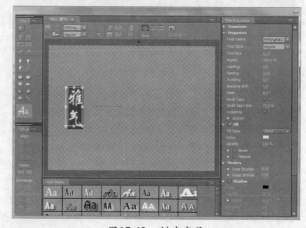

图17-42　创建字幕

## 3. 设置素材时长

**Step01** 在 Project（项目）窗口选择"雅气"字幕，单击鼠标右键，在弹出的快捷菜单中选择 Speed/Duration（速度 / 持续时间）命令，设置素材的 Duration（持续时间）为 6 秒 19 帧，如图 17-43 所示。

图17-43　修改素材的持续时间

**Step02** 同样地，设置"中国建筑 5.tif"素材的持续时间为 6 秒 19 帧。

## 4. 添加素材到轨道

在 Project（项目）窗口中选择"白云 -C. MOV"素材、"中国建筑 5.tif"素材和"雅气"字幕素材，添加到如图 17-44 所示的轨道中。

图17-44　添加素材到轨道

> **提示** 素材在轨道中的顺序以上图为准。

## 5. 添加关键帧动画

**Step01** 选择 Video 2（视频 2）轨道中的"中国建筑 5.tif"素材，打开 Effect Controls（效果控制）面板，设置 Scale（缩放比例）参数值为 150，Opacity（透明度）参数值为 100，Blend Mode（混合模式）设为 Hard Light（强光），如图 17-45 所示。

图17-45　设置基本参数

**Step02** 将时间指针移到 0 帧处，单击 Position（位置）参数前面的 ○（关键帧开关）按钮，在此时间位置创建一个关键帧，并设置关键帧参数值为（350，420）。将时间指针移分别移到 3 秒 21 帧和 6 秒 19 帧处，单击 Position（位置）参数后面的 ◀ ◆ ▶（关键帧搜索）按钮中间的小菱形，在此位置创建关键帧，并设置 3 秒 21 帧处的 Position（位置）参数值为（350，305），6 秒 19 帧处的 Position（位置）参数值为（350，280），如图 17-46 所示。

图17-46　添加关键帧

**Step03** 为"中国建筑 5.tif"素材添加 Brightness & Contrast（亮度与对比度）滤镜。打开 Effects（效果）窗口中 Video Effects（视频特效）>Color Correction（色彩校正）滤镜组，选择 Brightness&Contrast（亮度与对比度）特效，将它拖曳添加到 Effect Controls（效果控制）面板，并设置相关参数，如图 17-47 所示。

图17-47　添加特效

#### 6. 制作文字关键帧动画

**Step01** 为字幕制作位移关键帧动画。选择"雅气"字幕，打开 Effect Controls（效果控制）面板，将时间指针移到 0 帧处，单击 Position（位置）参数前面的 ⏱（关键帧开关）按钮，在此时间位置创建一个关键帧，并设置关键帧参数值为（145，245）。将时间指针分别移到 24 帧和 6 秒 19 帧处，单击 Position（位置）参数后面的 ◀ ◆ ▶（关键帧搜索）按钮中间的小菱形，在此位置创建关键帧，并设置 24 帧处的 Position（位置）参数值为（360，245），6 秒 19 帧处的 Position（位置）参数值为（400，245），如图 17-48 所示。

图17-48　添加位移关键帧

**Step02** 将时间指针移到 1 秒 4 帧处，单击 Scale（缩放比例）参数前面的 ⏱（关键帧开关）按钮，在此时间位置创建一个关键帧，并设置关键帧参数值为 87。将时间指针移到 6 秒 19 帧处，单击 Scale（缩放比例）参数后面的 ◀ ◆ ▶（关键帧搜索）按钮中间的小菱形，创建关键帧，并设置 Scale（缩放比例）值为 110，如图 17-49 所示。

图17-49　添加缩放比例关键帧

**Step03** 将时间指针移到 0 帧处，单击 Opacity（透明度）参数前面的 ⏱（关键帧开关）按钮，在此时间位置创建一个关键帧，并设置关键帧参数值为 0。将时间指针移到 24 帧处，单击 Opacity（透明度）参数后面的 ◀ ◆ ▶（关键帧搜索）按钮中间的小菱形，创建关键帧，并设置 Opacity（透明度）值为 100，如图 17-50 所示。

图17-50　添加透明度关键帧

**Step04** 为"雅气"字幕添加 Shine（发光）滤镜。打开 Effects（效果）窗口中 Video Effects（视频特效）>Trapcode（粒子）滤镜组，选择 Shine（发光）特效，将其拖曳添加到 Effect Controls（效果控制）面板，并设置相关参数，如图 17-51 所示。

图17-51　添加特效

### 17.2.4　分镜头D

#### 1. 新建序列

**Step01** 单击 Project（项目）窗口底部的 🗋（新建素材）按钮，在弹出的列表中选择 Sequence（序列）选项，如图 17-52 所示。

图17-52　新建序列

**Step02** 弹出 New Sequence（新建序列）对话框，在列表中选择 DV PAL 视频制式，设置音频采样为 Standard 48kHz（标准 48kHz），在 Sequence Name（序列名称）栏中输入序列名"分镜头 D"，单击 OK 按钮，如图 17-53 所示。

图17-53 新建序列

### 2. 创建文字

**Step01** 单击 Project（项目）窗口底部的 （新建素材）按钮，在弹出的列表中选择 Title（字幕）选项，并命名为"主标题字幕"，如图 17-54 所示。

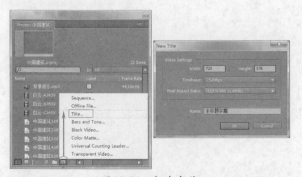

图17-54 新建字幕

**Step02** 打开 Title（字幕）窗口，选择 Vertical Title（竖排字幕）工具，在屏幕右侧创建"中国建筑"文字，并设置相关参数，如图 17-55 所示。

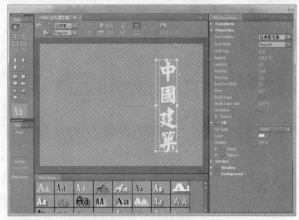

图17-55 创建字幕

**Step03** 单击 Project（项目）窗口底部的 （新建素材）按钮，在弹出的列表中选择 Title（字幕）选项，并命名为"副标题字幕"，如图 17-56 所示。

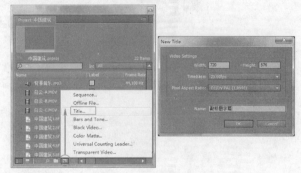

图17-56 新建字幕

**Step04** 打开 Title（字幕）窗口，选择 （直角矩形）工具，在屏幕右侧绘制一个矩形，并设置相关参数，如图 17-57 所示。

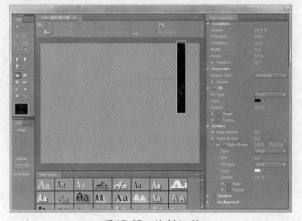

图17-57 绘制矩形

Step05 选择 IT Vertical Title（竖排字幕）工具，在屏幕右侧创建"大型电视纪录片"文字，并设置相关参数，如图 17-58 所示。

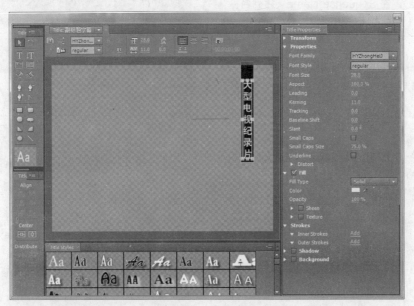

图17-58　创建字幕

Step06 单击 Project（项目）窗口底部的 按钮（新建素材）按钮，在弹出的列表中选择 Title（字幕）选项，并命名为"字幕底纹"，如图 17-59 所示。

Step07 打开 Title（字幕）窗口，选择 □（直角矩形）工具，在屏幕右侧绘制一个矩形，并设置相关参数，如图 17-60 所示。

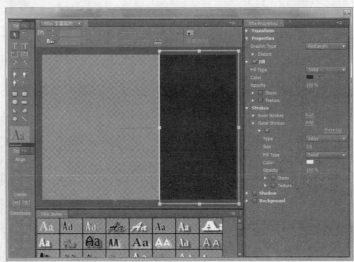

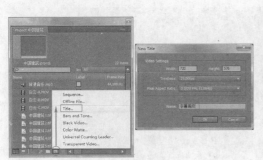

图17-59　新建字幕

图17-60　绘制矩形

### 3. 设置素材时长

Step01 在 Project（项目）窗口选择"主标题字幕"素材，单击鼠标右键，在弹出的快捷菜单中选择 Speed/Duration（速度 / 持续时间）命令，设置素材的 Duration（持续时间）为 5 秒 10 帧，如图 17-61 所示。

图17-61 修改素材的持续时间

图17-63 添加关键帧

**Step02** 同样地，设置"中国建筑6.tif"和"中国建筑1.tif"素材的持续时间为2秒12帧，"中国建筑3.tif"、"副标题字幕"和"字幕底纹"素材的持续时间为5秒10帧。

**4. 添加素材到轨道**

在Project（项目）窗口中选择"白云-A.MOV"素材、"中国建筑1.tif"、"中国建筑3.tif"、"中国建筑6.tif"、"主标题字幕"、"副标题字幕"和"字幕底纹"素材，添加到如图17-62所示的轨道中。

图17-62 添加素材到轨道

> **提 示** 素材在轨道中的顺序以上图为准。

**5. 制作关键帧动画**

**Step01** 选择Video 2（视频2）轨道中的"中国建筑6.tif"素材，打开Effect Controls（效果控制）面板，设置Scale（缩放比例）参数值为133。将时间指针移到0帧处，单击Position（位置）参数前面的 ⏱（关键帧开关）按钮，在此时间位置创建一个关键帧，并设置关键帧参数值为（240，350）。将时间指针移到2秒21帧处，单击Position（位置）参数后面的 ◁◆▷（关键帧搜索）按钮中间的小菱形，在此位置创建关键帧，并设置Position（位置）参数值为（240，290），如图17-63所示。

**Step02** 为"中国建筑6.tif"素材添加Channel Blur（通道模糊）滤镜。打开Effects（效果）窗口中Video Effects（视频特效）>Blur&Sharpen（模糊与锐化）滤镜组，选择Channel Blur（通道模糊）特效，将它拖曳添加到Effect Controls（效果控制）面板，并设置相关参数，如图17-64所示。

图17-64 添加特效

**Step03** 选择Video 2（视频2）轨道中的"中国建筑1.tif"素材，打开Effect Controls（效果控制）面板，设置Scale（缩放比例）参数值为100。将时间指针移到2秒21帧处，单击Position（位置）参数前面的 ⏱（关键帧开关）按钮，在此时间位置创建一个关键帧，并设置关键帧参数值为（250，360）。将时间指针移到5秒10帧处，单击Position（位置）参数后面的 ◁◆▷（关键帧搜索）按钮中间的小菱形，在此位置创建关键帧，并设置Position（位置）参数值为（250，230），如图17-65所示。

图17-65 添加关键帧

(Step04) 为"中国建筑 1.tif"素材添加 Channel Blur（通道模糊）滤镜。打开 Effects（效果）窗口中 Video Effects（视频特效）>Blur&Sharpen（模糊与锐化）滤镜组，选择 Channel Blur（通道模糊）特效，将它拖曳添加到 Effect Controls（效果控制）面板，并设置相关参数，如图 17-66 所示。

图17-66　添加特效

(Step05) 选择 Video 4（视频 4）轨道中的"中国建筑 3.tif"素材，打开 Effect Controls（效果控制）面板，设置 Scale（缩放比例）参数值为 53，设置 Position（位置）参数值为（605，435），如图 17-67 所示。

图17-67　设置基本参数

### 6. 制作文字关键帧动画

(Step01) 为字幕制作位移关键帧动画。选择"主标题字幕"素材，打开 Effect Controls（效果控制）面板，将时间指针移到 1 秒 20 帧处，单击 Position（位置）参数前面的 ◎（关键帧开关）按钮，在此时间位置创建一个关键帧，并设置关键帧参数值为（430，288）。将时间指针移到 3 秒 8 帧处，单击 Position（位置）参数后面的 ◄ ◆ ►（关键帧搜索）按钮中间的小菱形，在此位置创建关键帧，并设置 Position（位置）参数值为（350，255），如图 17-68 所示。

图17-68　添加位移关键帧

(Step02) 将时间指针移到 1 秒 20 帧处，单击 Opacity（透明度）参数前面的 ◎（关键帧开关）按钮，在此时间位置创建一个关键帧，并设置关键帧参数值为 0。将时间指针移到 2 秒 12 帧处，单击 Opacity（透明度）参数后面的 ◄ ◆ ►（关键帧搜索）按钮中间的小菱形，创建关键帧，并设置 Opacity（透明度）值为 100，如图 17-69 所示。

图17-69　添加透明度关键帧

(Step03) 为"主标题字幕"文字添加 Shine（发光）滤镜。打开 Effects（效果）窗口中 Video Effects（视频特效）>Trapcode（粒子）滤镜组，选择 Shine（发光）特效，将它拖曳添加到 Effect Controls（效果控制）面板。将时间指针移到 2 秒 6 帧处，单击 Ray Length（光线长度）和 Boost Light（发光强度）参数前面的 ◎（关键帧开关）按钮，在此时间位置创建关键帧，并设置 Ray Length（光线长度）参数值为 0，Boost Light（发光强度）参数值为 0。将时间指针移到 3 秒 5 帧处，单击 Ray Length（光线长度）和 Boost Light（发光强度）参数后面的 ◄ ◆ ►（关键帧搜索）按钮中间的小菱形，在此时间位置创建关键帧，并设置 Ray Length（光线长度）参数值为 2.3，Boost Light（发光强度）参数值为 2.4，如图 17-70 所示。

图17-70 添加特效

**Step04** 选择"副标题字幕"素材，打开 Effect Controls（效果控制）面板，将时间指针移到 0 帧处，单击 Position（位置）参数前面的 📷（关键帧开关）按钮，在此时间位置创建一个关键帧，并设置关键帧参数值为（360，-75）。将时间指针移到 2 秒 16 帧处，单击 Position（位置）参数后面的 ◄ ◆ ►（关键帧搜索）按钮中间的小菱形，在此位置创建关键帧，并设置 Position（位置）参数值为（360，288），如图 17-71 所示。

图17-71 添加位移关键帧

## 17.2.5 最终合成

### 1. 新建序列

**Step01** 单击 Project（项目）窗口底部的 🔲（新建素材）按钮，在弹出的列表中选择 Sequence（序列）选项，如图 17-72 所示。

**Step02** 弹出 New Sequence（新建序列）对话框，在列表中选择 DV PAL 视频制式，设置音频采样为 Standard 48kHz（标准 48kHz），在 Sequence Name（序列名称）栏中输入序列名"最终合成"，单击 OK 按钮，如图 17-73 所示。

### 2. 添加素材到轨道

在 Project（项目）窗口中选择"分镜头 A"序列、"分镜头 B"序列、"分镜头 C"序列、"分镜头 D"素材和"背景音乐 .mp3"音频素材，添加到如图 17-74 所示的轨道中。

图17-72 新建序列

图17-73 新建序列

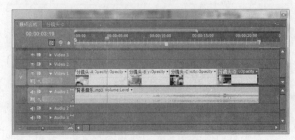

图17-74 添加素材到轨道

**提 示** 素材在轨道中的顺序以上图为准。

### 3. 添加过渡特技

**Step01** 为序列添加过渡特技效果。打开 Effects（效果）

窗口中 Video Transitions（视频过渡）>Dissolve（叠化）滤镜组，选择 Cross Dissolve（交叉叠化）过渡，将其拖曳添加到序列首尾衔接处，如图 17-75 所示。

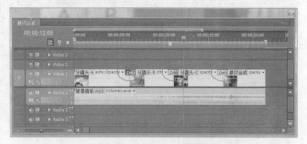

图17-75　添加过渡特技

Step02 在轨道中双击 Cross Dissolve（交叉叠化）过渡素材，打开 Effect Controls（效果控制）面板，设置相应参数，如图 7-76 所示。

图17-76　设置过渡参数

| 提示 | 3 个 Cross Dissolve（交叉叠化）过渡的参数值应相同。 |

4. 添加音频素材关键帧

Step01 将时间指针移到 18 秒 1 帧处，选择轨道中的"背景音乐.mp3"音频素材，打开 Effect Controls（效果控制）面板，展开 Volume（音量）参数项，单击 Level（级别）参数前面的 ⏱（关键帧开关）按钮，在此时间位置创建一个关键帧，并设置关键帧参数值为 0，如图 17-77 所示。

Step02 将时间指针移到 21 秒 10 帧处，单击 Level（级别）参数后面的 ◁ ◆ ▷（关键帧搜索）按钮中间的小菱形，在此位置创建一个关键帧，并设置关键帧的值为 -100，如图 17-78 所示。

图17-77　添加关键帧

图17-78　添加关键帧

## 17.2.6　渲染输出影片

Step01 设置 Timelines（时间线）窗口的工作区范围条为 21 秒 24 帧，单击菜单栏中 File（文件）>Export（导出）>Media（媒体）命令，如图 17-79 所示。

图17-79　导出为Media（媒体）文件

Step02 打开 Export Settings（导出设置）对话框，设置 Format（格式）为 MPEG 2，Preset（预置）为 PAL DV，在 Output Name（输出名称）栏内指定视频保存的路径和文件名，勾选 Export Video（导出视频）、Export Audio（导出音频）复选框，其他参数保持默认状态，如图 17-80 所示。

图17-80 设置影片的输出参数

**Step03** 最后单击 Export Settings（导出设置）对话框右下角的 Queue 按钮，打开 Adobe Media Encoder 窗口，单击"开始队列"按钮，开始渲染生成影片，如图 17-81 所示。

图17-81 渲染文件

# 第18章
## 音乐栏目片头——《摇滚世界》

**18.1** 实例概述

本例将应用字幕、图形、视频滤镜和序列嵌套等知识，制作一个动感十足的音乐栏目片头。本例制作流程如图 18-1 所示，本例最终效果如图 18-2 所示。

图18-1　操作流程图

图18-2　效果图

本例所用素材"吉它 .tif"、"键盘 .tif"、"麦克风 -a.tif"、"麦克风 -b.tif"、"麦克风 -c.tif"、"扬声器 .tif"、"音箱 .tif"和"背景音乐 .mp3"放在本书配套光盘"素材 \ 第 18 章"文件夹中。

## 18.2 操作步骤

### 18.2.1 分镜头A

#### 1. 新建项目、导入素材

(Step01) 启动 Premiere Pro CS5 软件，单击 New Project（新建项目）按钮，弹出 New Project（新建项目）对话框，在 Action and Title Safe Areas（活动与字幕安全区域）区域中输入活动和字幕的安全值，在 Video（视频）、Audio（音频）和 Capture（采集）区域中设置视、音频素材的显示格式及采集素材时所使用的格式。在 Name（名称）栏中输入"Music（音乐）片头"，在 Location（位置）选项中指定项目的保存路径，单击 OK 按钮，如图 18-3 所示。

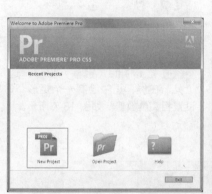

图18-3 新建项目

(Step02) 弹出 New Sequence（新建序列）对话框，在列表中选择 DV PAL 视频制式，设置音频采样为 Standard 48kHz（标准 48kHz），在 Sequence Name（序列名称）栏中输入序列名"分镜头 A"，单击 OK 按钮进入 Premiere Pro CS5 操作界面，如图 18-4 所示。

图18-4 新建序列

(Step03) 单击菜单栏中 File（文件）>Import（导入）命令，或在 Project（项目）窗口的空白处双击，导入本书配套光盘"素材\第18章"文件夹中的"吉它.tif"、"键盘.tif"、"麦克风-a.tif"、"麦克风-b.tif"、"麦克风-c.tif"、"扬声器.tif"、"音箱.tif"和"背景音乐.mp3"文件，如图 18-5 所示。

图18-5　导入素材

### 2. 绘制图形背景

(Step01) 单击 Project（项目）窗口底部的 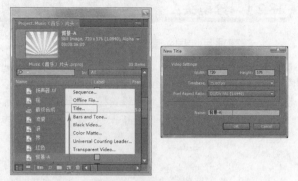（新建素材）按钮，在弹出的列表中选择 Title（字幕）选项，并命名为"背景-A"，如图 18-6 所示。

图18-6　新建图形背景

(Step02) 打开 Title（字幕）窗口，选择 □（直角矩形）工具，在屏幕正中绘制一个矩形，然后在右侧的参数区设置相关参数值，如图 18-7 所示。

图18-7　绘制矩形

(Step03) 继续绘制图形。选择 ✎（钢笔）工具，在屏幕中央绘制一个长三角图形，如图 18-8 所示，并设置相关参数。

(Step04) 复制三角形。选择刚绘制好的长三角形，单击 ▶（选择）工具，按住键盘上的 Alt 键拖曳长三角图形，复制出一个副本图形，然后用 ▶（选择）工具和 ↻（旋转）工具微调副本图形的位置和角度，最终效果如图 18-9 所示。

(Step05) 同样地，继续复制多个三角图形，并调整其位置和角度，如图 18-10 所示。

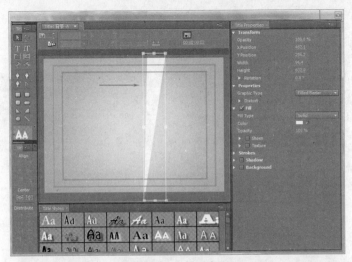

图18-8 绘制三角形

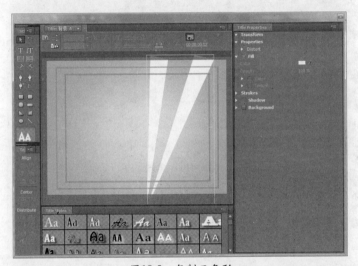

图18-9 复制三角形

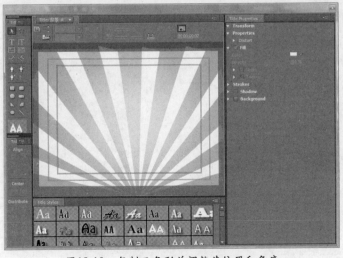

图18-10 复制三角形并调整其位置和角度

### 3. 绘制花纹图形

**Step01** 单击 Project（项目）窗口底部的 ▣（新建素材）按钮，在弹出的列表中选择 Title（字幕）选项，并命名为"花纹"，如图 18-11 所示。

**Step02** 打开 Title（字幕）窗口，选择 ✏（钢笔）工具，在屏幕中央绘制一个曲线图形，并设置相关参数，如图 18-12 所示。

图18-11　新建花纹图形

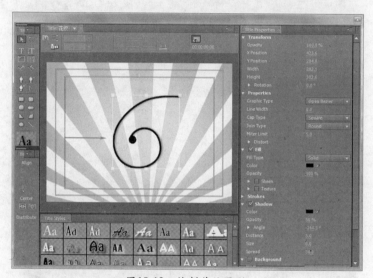

图18-12　绘制花纹图形

**Step03** 同样地，继续绘制花纹图形的其他组成部分，如图 18-13 所示。

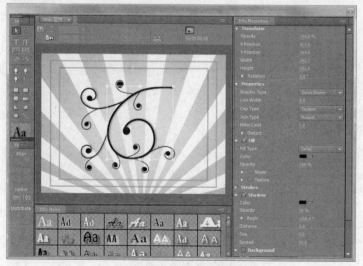

图18-13　绘制花纹图形

**4. 绘制流痕图形**

**Step01** 单击 Project（项目）窗口底部的 ▣（新建素材）按钮，在弹出的列表中选择 Title（字幕）选项，并命名为"流痕"，如图 18-14 所示。

**Step02** 打开 Title（字幕）窗口，选择 ✒（钢笔）工具，在屏幕中央绘制一个圆滑的图形，并设置相关参数，如图 18-15 所示。

图18-14　新建流痕图形

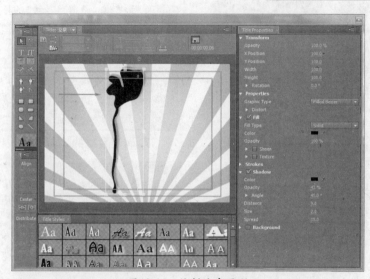

图18-15　绘制流痕图形

**Step03** 同样地，继续绘制流痕图形的装饰点，如图 18-16 所示。

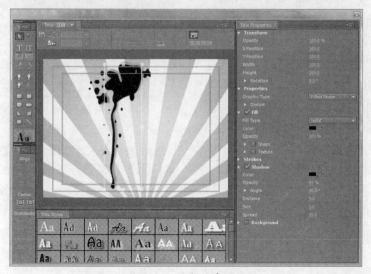

图18-16　绘制流痕图形

## 5. 设置素材时长

**Step01** 在 Project（项目）窗口中选择"背景 -A"图形素材，单击鼠标右键，在弹出的快捷菜单中选择 Speed/Duration（速度 / 持续时间）命令，设置素材的 Duration（持续时间）为 6 秒，如图 18-17 所示。

图18-17 修改素材的持续时间

**Step02** 同样地，设置"流痕"图形、"麦克风 -c.tif"和"扬声器 .tif"素材的持续时间为 6 秒。

## 6. 添加素材到轨道

**Step01** 在 Project（项目）窗口中选择"背景 -A"图形、"花纹"图形、"流痕"图形、"麦克风 -c.tif"和"扬声器 .tif"素材，添加到如图 18-18 所示的轨道中。

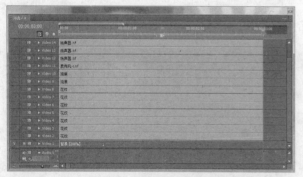

图18-18 添加素材到轨道

> **提示** "花纹"图形、"流痕"图形和"扬声器 .tif"素材要重复添加到不同的轨道，产生图形叠加的效果。

> **提示** 素材在轨道中的顺序以上图为准。

**Step02** 设置"分镜头 A"序列的剪辑时长为 3 秒，如图 18-19 所示。

图18-19 设置序列的剪辑时长

**Step03** 同样地，设置"花纹"图形、"流痕"图形、"麦克风 -c.tif"和"扬声器 .tif"素材的剪辑时长为 3 秒，与"分镜头 A"的剪辑时长相同。

> **提示** 剪辑时长与素材的持续时长并非一个概念。剪辑时长是视频最终输出的时长，而持续时长则是素材在轨道中的时长。

## 7. 调整素材的位置、缩放比例及角度

**Step01** 首先对轨道中的 7 个"花纹"图形的位置和大小做调整。选择其中一个轨道中的"花纹"图形，打开 Effect Controls（效果控制）面板，展开 Motion（运动）参数，分别设置 Position（位置）、Scale（缩放比例）和 Rotation（旋转）参数值，将它移到合适的位置并调整缩放比例及角度，如图 18-20 所示。

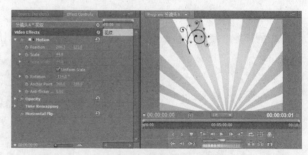

图18-20 设置花纹参数

**Step02** 同样地，对其余 6 个"花纹"图形的位置、缩放比例和角度进行调整，最终调整结果如图 18-21 所示。

图18-21　调整"花纹"图形的位置、比例和角度

> **提示** 　7个"花纹"图形的位置、比例和角度参数，大家可随意设置，只要构图上没有视觉冲突即可。

Step03 同样地，对轨道中的两个"流痕"图形的位置和大小进行调整，最终调整结果如图8-22所示。

图18-22　调整"流痕"图形的位置、缩放比例和角度

### 8. 制作关键帧动画

Step01 选择轨道中的"背景A"图形，打开Effect Controls（效果控制）面板，显示Scale（缩放比例）参数，将时间指针移到0帧处，单击Scale（缩放比例）参数前面的 ⌚（关键帧开关）按钮，在此时间位置创建一个关键帧，并设置关键帧参数值为100，如图18-23所示。

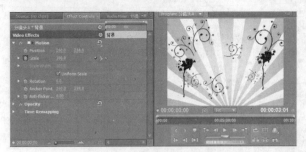

图18-23　添加缩放比例关键帧

Step02 将时间指针移到3秒帧处，单击Scale（缩放比例）参数后面的 ◁ ◆ ▷ （关键帧搜索）按钮中间的小菱形，在此位置创建一个关键帧，并设置关键帧参数值为180，如图18-24所示。

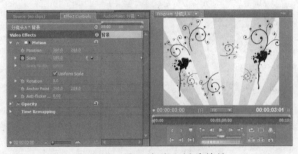

图18-24　添加缩放比例关键帧

Step03 选择轨道中的"麦克风-c"素材，打开Effect Controls（效果控制）面板，显示Scale（缩放比例）参数，设置Scale（缩放比例）参数值为35.5，同时将"麦克风"素材的Anchor Point（中心点）调整到素材边缘底部，如图18-25所示。

图18-25　设置缩放比例及中心点

Step04 将时间指针移到0帧处，单击Rotation（旋转）参数前面的 ⌚（关键帧开关）按钮，在此时间位置创建一个关键帧，并设置关键帧参数值为-25，如图18-26所示。

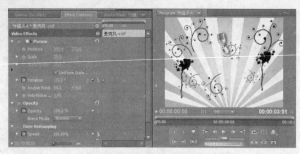

图18-26　添加旋转关键帧

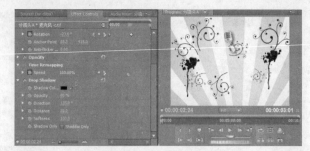

图18-29　添加特效

**Step05** 将时间指针移到 1 秒 15 帧处，单击 Rotation（旋转）参数后面的 ❮ ◆ ❯（关键帧搜索）按钮中间的小菱形，在此位置创建一个关键帧，并设置关键帧参数值为 25，如图 18-27 所示。

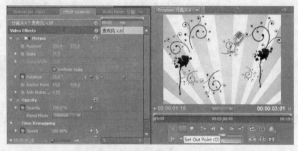

图18-27　添加旋转关键帧

**Step06** 将时间指针移到 3 秒帧处，单击 Rotation（旋转）参数后面的 ❮ ◆ ❯（关键帧搜索）按钮中间的小菱形，在此位置创建一个关键帧，并设置关键帧参数值为 25，如图 18-28 所示。

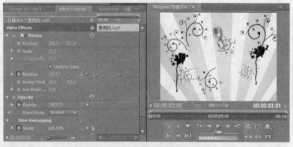

图18-28　添加旋转关键帧

**Step07** 为"麦克风 -c"素材添加 Drop Shadow（投影阴影）滤镜。打开 Effects（效果）窗口中 Video Effects（视频特效）>Perspective（透视）滤镜组，选择 Drop shadow（投影阴影）特效，将它拖曳添加到 Effect Controls（效果控制）面板，并设置相关参数，如图 18-29 所示。

### 9. 制作扬声器关键帧动画

**Step01** 选择 Video 12（视频 12）轨道中"扬声器 .tif"素材，将其位置移到屏幕正中，将时间指针移到 0 帧处，单击 Rotation（旋转）参数前面的 ⏱（关键帧开关）按钮，在此时间位置创建一个关键帧，并设置关键帧参数值为 90，如图 18-30 所示。

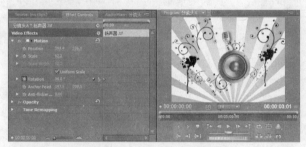

图18-30　添加旋转关键帧

**Step02** 将时间指针移到 3 秒帧处，单击 Rotation（旋转）参数后面的 ❮ ◆ ❯（关键帧搜索）按钮中间的小菱形，在此位置创建一个关键帧，并设置关键帧参数值为 300，如图 18-31 所示。

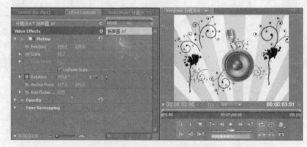

图18-31　添加旋转关键帧

**Step03** 选择 Video 13（视频 13）轨道中的"扬声器 .tif"素材，打开 Effect Controls（效果控制）面板，展开 Motion（运动）参数，分别在 1 秒 14 帧、1 秒 15 帧、1 秒 16 帧、1 秒 17 帧、1 秒 19 帧、1 秒 20 帧、1 秒 22 帧、1 秒 24 帧、2 秒 1 帧 和 2 秒 2 帧 处

添加 Scale（缩放比例）关键帧，并设置 1 秒 14 帧处的 Scale（缩放比例）值为 47，1 秒 15 帧处的 Scale（缩放比例）值为 65，1 秒 16 帧处的 Scale（缩放比例）值为 87，1 秒 17 帧处的 Scale（缩放比例）值为 60，1 秒 19 帧处的 Scale（缩放比例）值为 100，1 秒 20 帧处的 Scale（缩放比例）值为 47，1 秒 22 帧处的 Scale（缩放比例）值为 30，1 秒 24 帧处的 Scale（缩放比例）值为 55，2 秒 1 帧处的 Scale（缩放比例）值为 40，2 秒 2 帧处的 Scale（缩放比例）值为 47，如图 18-32 所示。

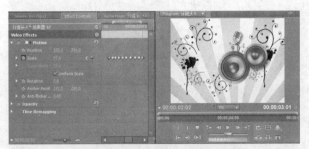

图18-32　添加缩放比例关键帧

**Step04** 为 Video 13（视频 13）轨道中的"扬声器 .tif"素材添加 Drop Shadow（投影阴影）滤镜。打开 Effects（效果）窗口中 Video Effects（视频特效）>Perspective（透视）滤镜组，选择 Drop Shadow（投影阴影）特效，将它拖曳添加到 Effect Controls（效果控制）面板，并设置相关参数，如图 18-33 所示。

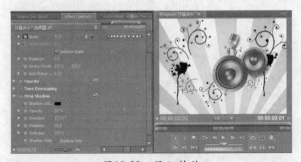

图18-33　添加特效

**Step05** 选择 Video 14（视频 14）轨道中的"扬声器 .tif"素材，打开 Effect Controls（效果控制）面板，展开 Motion（运动）参数，分别在 0 帧、1 帧、2 帧、4 帧、5 帧、7 帧、8 帧、9 帧、11 帧、13 帧、14 帧和 16 帧处添加 Scale（缩放比例）关键帧，并设置 0 帧处的 Scale（缩放比例）值为 75，1 帧处的 Scale（缩放比例）值为 65，2 帧处的 Scale（缩放比例）值为 86，4 帧处的 Scale（缩放比例）值为 60，5 帧处的 Scale（缩放比例）值为 40，

7 帧处的 Scale（缩放比例）值为 70，8 帧处的 Scale（缩放比例）值为 80，9 帧处的 Scale（缩放比例）值为 50，11 帧处的 Scale（缩放比例）值为 80，13 帧处的 Scale（缩放比例）值为 65，14 帧处的 Scale（缩放比例）值为 40，16 帧处的 Scale（缩放比例）值为 80，如图 18-34 所示。

图18-34　添加缩放比例关键帧

**Step06** 为 Video 14（视频 14）轨道中的"扬声器 .tif"素材添加 Drop Shadow（投影阴影）滤镜。打开 Effects（效果）窗口中 Video Effects（视频特效）>Perspective（透视）滤镜组，选择 Drop shadow（投影阴影）特效，将它拖曳添加到 Effect Controls（效果控制）面板，并设置相关参数，如图 18-35 所示。

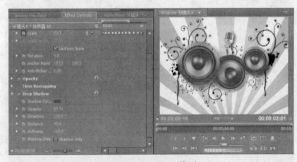

图18-35　添加特效

### 18.2.2　分镜头B

#### 1. 新建序列

**Step01** 单击 Project（项目）窗口底部的 按钮，在弹出的列表中选择 Sequence（序列）选项，如图 18-36 所示。

图18-36　新建序列

图18-38　新建音符图形

**Step02** 弹出 New Sequence（新建序列）对话框，在列表中选择 DV PAL 视频制式，设置音频采样为 Standard 48kHz（标准 48kHz），在 Sequence Name（序列名称）栏中输入序列名"分镜头 B"，单击 OK 按钮，如图 18-37 所示。

图18-37　新建序列

**2. 绘制音符图形**

**Step01** 单击 Project（项目）窗口底部的 （新建素材）按钮，在弹出的列表中选择 Title（字幕）选项，并命名为"音乐符号-1"，如图 18-38 所示。

**Step02** 打开 Title（字幕）窗口，选择 （钢笔）工具，在屏幕中央绘制一个音符图形，并设置相关参数，如图 18-39 所示。

图18-39　绘制音符图形

**Step03** 同样地，用前面的方法，绘制"音乐符号-2"和"音乐符号-3"音符图形，最终完成效果如图 18-40 和图 18-41 所示。

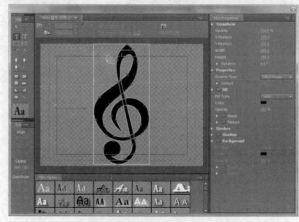

图18-40　绘制"音乐符号-2"图形

图18-41　绘制"音乐符号-3"图形

### 3. 绘制圆形

(Step01) 单击 Project（项目）窗口底部的 ▣（新建素材）按钮，在弹出的列表中选择 Title（字幕）选项，并命名为"圆图形"，如图 18-42 所示。

图18-42　新建圆形

(Step02) 打开 Title（字幕）窗口，选择 ◯（椭圆）工具，绘制一个边框圆形，并设置相关参数，如图 18-43 所示。

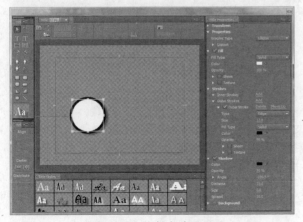

图18-43　绘制音符图形

(Step03) 同样地，绘制两个边框小圆形叠加在大圆形之上，最终效果如图 18-44 所示。

图18-44　绘制圆形

(Step04) 复制圆形。选择刚绘制好的三个圆形，单击 ▨（选择）工具，按住键盘上的 Alt 键拖曳圆形，复制出多个副本圆形，然后用 ▨（选择）工具微调副本圆形的位置和大小，最终效果如图 18-45 所示。

图18-45　复制圆形

### 4. 绘制图形背景

(Step01) 单击 Project（项目）窗口底部的 ▣（新建素材）按钮，在弹出的列表中选择 Title（字幕）选项，并命名为"背景 -B"，如图 18-46 所示。

图18-46　新建图形背景

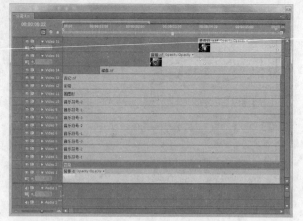

图18-48　添加素材到轨道

**Step02** 打开 Title（字幕）窗口，选择 ▢ （直角矩形）工具，在屏幕正中绘制一个矩形，然后在右侧的参数区设置相关参数值，如图 18-47 所示。

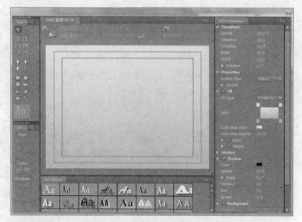

图18-47　绘制矩形

**Step03** 同样地，用前面的方法，创建一个空白的"彩带"图形素材。

> **提示** 所谓空白的"彩带"图形素材就是在打开 Title（字幕）窗口后，不绘制任何图形，直接保存就可以了。

**5. 添加素材到轨道**

**Step01** 在 Project（项目）窗口中选择"背景-B"图形、"花纹"图形、"音乐符号-1"图形、"音乐符号-2"图形、"音乐符号-3"图形、"圆图形"、"彩带"图形、"吉它.tif"素材、"键盘.tif"素材、"音箱.tif"素材和"麦克风-a.tif"素材，添加到如图 18-48 所示的轨道中。

> **提示** 音符图形素材要重复添加到不同的轨道中，产生叠加的效果。

> **提示** 素材在轨道中的顺序以上图为准。

**Step02** 设置"分镜头B"序列的剪辑时长为6秒，设置"键盘.tif"素材的时长为5秒、"音箱.tif"素材的时长为3秒15帧、"麦克风-a.tif"素材的时长为2秒10帧，将它们尾部对齐"分镜头B"的结束点，如图 18-49 所示。

图18-49　设置素材时长

**6. 制作关键帧动画**

**Step01** 选择 Video 2（视频2）轨道中的"花纹"图形素材，打开 Effect Controls（效果控制）面板，设置 Scale（缩放比例）参数值为 77.4，Rotation（旋转）参数值为 145，Opacity（透明度）参数值为 80，如图 18-50 所示。

图18-50 设置素材参数

Step02 为 Video 2（视频 2）轨道中的"花纹"图形素材添加 Tint（着色）滤镜。打开 Effects（效果）窗口中 Video Effects（视频特效）>Color Correction（色彩校正）滤镜组，选择 Tint（着色）特效，将它拖曳添加到 Effect Controls（效果控制）面板，并设置相关参数，如图 18-51 所示。

图18-51 添加特效

Step03 选择 Video 3（视频 3）轨道中的"音乐符号 -1"图形素材，打开 Effect Controls（效果控制）面板，设置 Scale（缩放比例）参数值为 74.6，Rotation（旋转）参数值为 10。打开 Effects（效果）窗口中 Video Effects（视频特效）>Color Correction（色彩校正）滤镜组，选择 Tint（着色）特效，将它拖曳添加到 Effect Controls（效果控制）面板，并设置相关参数，如图 18-52 所示。

图18-52 添加特效

Step04 选择 Video 4（视频 4）轨道中的"音乐符

号 -2"图形素材，打开 Effect Controls（效果控制）面板，设置 Scale（缩放比例）参数值为 68.4，Rotation（旋转）参数值为 -10。打开 Effects（效果）窗口中 Video Effects（视频特效）>Color Correction（色彩校正）滤镜组，选择 Tint（着色）特效，将它拖曳添加到 Effect Controls（效果控制）面板，并设置相关参数，如图 18-53 所示。

图18-53 添加特效

Step05 选择 Video 5（视频 5）轨道中的"音乐符号 -3"图形素材，打开 Effect Controls（效果控制）面板，设置 Scale（缩放比例）参数值为 24.3，Opacity（透明度）参数值为 70。打开 Effects（效果）窗口中 Video Effects（视频特效）>Color Correction（色彩校正）滤镜组，选择 Tint（着色）特效，将它拖曳添加到 Effect Controls（效果控制）面板，并设置相关参数，如图 18-54 所示。

图18-54 添加特效

Step06 选择 Video 5（视频 5）轨道中的"音乐符号 -3"图形素材，将时间指针移到 0 帧处，单击 Position（位置）和 Rotation（旋转）参数后面的 ◀ ◆ ▶（关键帧搜索）按钮中间的小菱形，在此位置创建一个关键帧，并设置 Position（位置）值为（72.2，420），Rotation（旋转）值为 0，如图 18-55 所示。

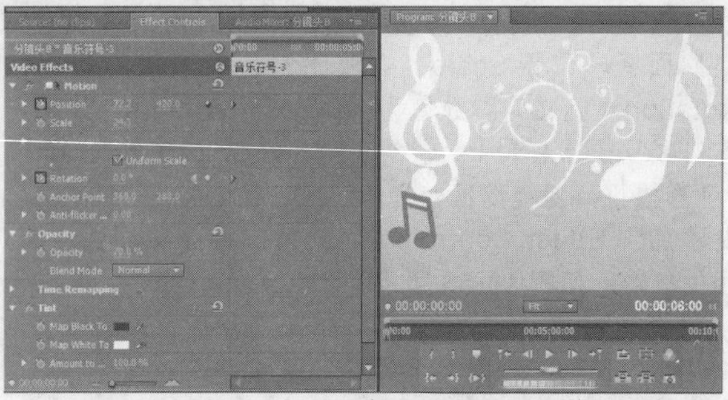

图18-55 设置关键帧参数值

Step07 同样地，分别在 1 秒 22 帧、3 秒 20 帧和 5 秒 23 帧处添加 Position（位置）和 Rotation（旋转）关键帧，并设置 1 秒 22 帧处 Position（位置）关键帧参数值为（162，223），Rotation（旋转）关键帧参数值为 30；3 秒 20 帧处 Position（位置）关键帧参数值为（100，207），Rotation（旋转）关键帧参数值为 0；5 秒 23 帧处 Position（位置）关键帧参数值为（185，100），Rotation（旋转）关键帧参数值为 30，如图 18-56 所示。

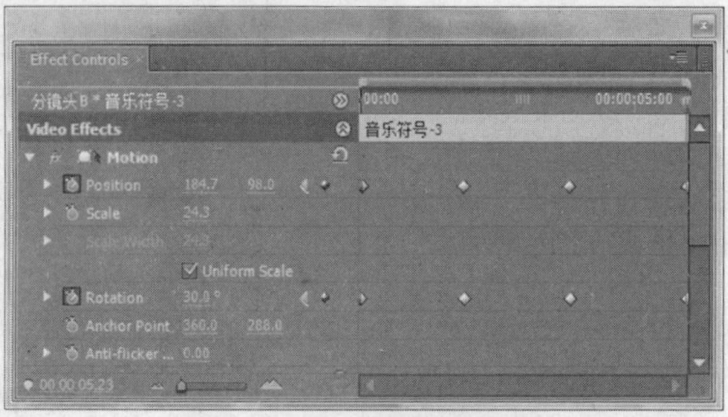


图18-56 设置关键帧参数值

Step08 选择 Video 6（视频 6）轨道中的“音乐符号 -1”图形素材，打开 Effect Controls（效果控制）面板，设置 Scale（缩放比例）参数值为 24.3，Opacity（透明度）参数值为 60。打开 Effects（效果）窗口中 Video Effects（视频特效）>Color Correction（色彩校正）滤镜组，选择 Tint（着色）特效，将它拖曳添加到 Effect Controls（效果控制）面板，并设置相关参数，如图 18-57 所示。

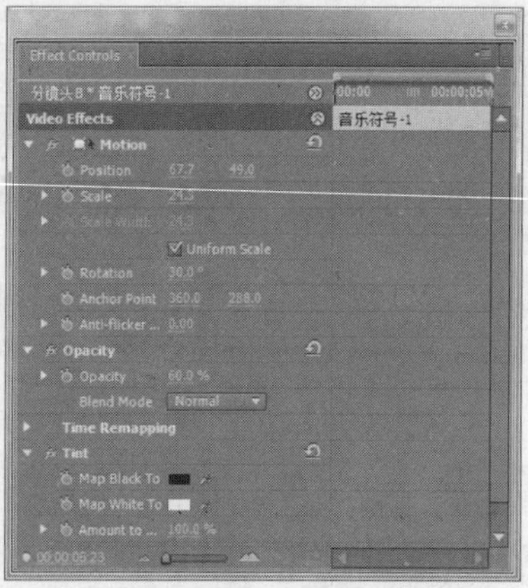


图18-57 添加特效

Step09 选择 Video 6（视频 6）轨道中的“音乐符号 -1”图形素材，将时间指针移到 0 帧处，单击 Position（位置）和 Rotation（旋转）参数后面的（关键帧搜索）按钮中间的小菱形，在此位置创建一个关键帧，并设置 Position（位置）关键帧参数值为（72.2，420），Rotation（旋转）关键帧参数值为 0。同样地，分别在 1 秒 22 帧、3 秒 20 帧和 5 秒 23 帧处添加 Position（位置）和 Rotation（旋转）关键帧，并设置 1 秒 22 帧处 Position（位置）关键帧参数值为（75，425），Rotation（旋转）关键帧参数值为 30；3 秒 20 帧处 Position（位置）关键帧参数值为（175，80），Rotation（旋转）关键帧参数值为 0；5 秒 23 帧处 Position（位置）关键帧参数值为（67，50），Rotation（旋转）关键帧参数值为 30，如图 18-58 所示。

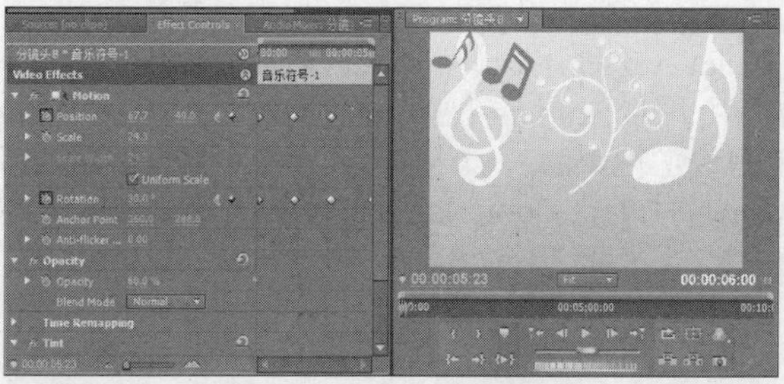

图18-58 设置关键帧参数值

Step10 选择 Video 7（视频 7）轨道中的“音乐符号 -2”图形素材，打开 Effect Controls（效果控制）面板，设置 Scale（缩放比例）参数值为 24.3，Opacity（透明度）参数值为 80，如图 18-59 所示。

* 本书 P469 ～ P484 内容请参见光盘中根目录下的“第 18 章 音乐片栏目片头——《摇滚世界》”PDF 文档。